前馈神经网络分析与设计

Analysis and Design of Feedforward Neural Networks

乔俊飞　韩红桂　著

科学出版社
北　京

内 容 简 介

本书系统地论述了前馈神经网络的主要理论、设计基础及应用实例，旨在使读者了解神经网络的发展背景和研究对象，理解和熟悉它的基本原理和主要应用，掌握它的结构模型和设计应用方法，特别是前馈神经网络的参数学习算法和结构设计方法，为深入研究和应用开发打下基础。为了便于读者理解，书中尽量避免烦琐的数学推导，加强了应用举例，并在内容的选择和编排上注意到读者初次接触新概念的易接受性和思维的逻辑性。作为扩充知识，书中还介绍了前馈神经系统的基本概念、体系结构、控制特性及信息模式。

本书适合高校控制与信息类专业研究生、智能科学技术专业本科生以及各类科技人员阅读。

图书在版编目 CIP 数据

前馈神经网络分析与设计＝Analysis and Design of Feedforward Neural Networks/乔俊飞，韩红桂著. —北京：科学出版社，2012

ISBN 978-7-03-033593-7

Ⅰ.①前…　Ⅱ.①乔…　②韩…　Ⅲ.①前馈-人工神经网络-研究
Ⅳ.①TP183

中国版本图书馆 CIP 数据核字（2012）第 025536 号

责任编辑：钱　俊 / 责任校对：包志虹
责任印制：徐晓晨 / 封面设计：耕者设计工作室

科学出版社出版
北京东黄城根北街 16 号
邮政编码：100717
http://www.sciencep.com
北京建宏印刷有限公司 印刷
科学出版社发行　各地新华书店经销
*
2012 年 10 月第　一　版　　开本：B5（720×1000）
2018 年 5 月第三次印刷　　印张：18 1/2
字数：373 000
定价：128.00元
（如有印装质量问题，我社负责调换）

总　　序

“211 工程”是中华人民共和国成立以来教育领域唯一的国家重点建设工程，面向 21 世纪重点建设一百所高水平大学，使其成为我国培养高层次人才，解决经济建设、社会发展和科技进步重大问题的基地，形成我国高等学校重点学科的整体优势，增强和完善国家科技创新体系，跟上和占领世界高层次人才培养和科技发展的制高点。

中国高等教育发展迅猛，尤其是 1 400 所地方高校已经占全国高校总数的 90%，成为我国高等教育实现大众化的重要力量，成为区域经济和社会发展服务的重要生力军。

在北京市委、市政府的高度重视和大力支持下，1996 年 12 月北京工业大学通过了“211 工程”部门预审，成为北京市属高校唯一进入国家“211 工程”重点建设的百所大学之一。北京工业大学紧紧抓住“211 工程”建设和举办 2008 年奥运的重要机遇，实现了两个历史性的转变：一是实现了从单科性大学向以工科为主，理、工、经、管、文、法相结合的多科性大学的转变；二是实现了从教学型大学向教学研究型大学的转变。“211 工程”建设对于北京工业大学实现跨越式发展、增强服务北京的能力起到了重大的推动作用，学校在学科建设、人才培养、科学研究、服务北京等方面均取得了显著的成绩，综合实力和办学水平得到了大幅度的提升。

至 2010 年底，北京工业大学的学科门类已经覆盖了 8 个：工学、理学、经济学、管理学、文学、法学、哲学和教育学。现拥有 8 个一级学科博士学位授权点、37 个二级学科博士学位授权点、15 个博士后科研流动站、15 个一级学科硕士学位授权点和 81 个二级学科硕士学位授权点；拥有 6 种类型硕士研究生专业学位授权资格，工程硕士培养领域 19 个，拥有 3 个国家重点学科、16 个北京市重点学科和 18 个北京市重点建设学科。

目前，学校有专职教师 1 536 人、全职两院院士 5 名、博士研究生导师 220 人、有正高职称 294 人和副高职称 580 人，专任教师中具有博士学位教师的比例达到 54.6%。有教育部“长江学者”特聘教授 4 人、国家杰出青年基金获得者 6 人、入选中组部“千人计划”1 人、北京市“海聚工程”3 人、教育部新(跨)世纪优秀人才支持计划 15 人。

2010 年学校的到校科研经费为 6.2 亿元。“十一五”期间，学校承担了国家科技重大专项 28 项、“973 计划”项目 16 项、“863 计划”项目 74 项、国家杰出青年基金 2 项、国家自然科学基金重点项目 8 项、科学仪器专项 2 项、重大国际合作项目

1 项、面上和青年基金项目 347 项、北京市自然科学基金项目 180 项、获国家级奖励 14 项。现有 1 个共建国家工程研究中心、7 个部级或省部共建科研基地、11 个北京市重点实验室和 3 个行业重点实验室。

为了总结和交流北京工业大学"211 工程"建设的科研成果，学校设立了"211 工程"专项资金，用于资助出版系列学术专著。这些专著从一个侧面代表了北京工业大学教授、学者的学科方向、研究领域、学术成果和教学经验。

展望未来，我们任重而道远。我坚信，只要珍惜"211 工程"建设的重要机遇，构建高层次学科体系，营造优美的大学校园，北京工业大学在建设国际知名、有特色、高水平大学的进程中就一定能够为国家，特别是为北京市的经济建设和社会发展作出更大的贡献。

中国工程院院士
北京工业大学原校长 左铁镛
2011 年 6 月

前　　言

在人类几千年的文明发展史中，人们始终在探索人类自身高级智能的奥秘。人们从认知科学、生物学、生物物理和生物化学、医学、数学、信息与计算科学等领域进行广泛的探索和研究。在这个过程中逐步形成了一门具有广泛学科交叉特点的学科——“人工神经网络”(artificial neural network, ANN)。它力图构建“人造”的生物神经细胞(即神经元)和神经网络，在不同程度和不同层次上实现人脑神经系统在信息处理、学习、记忆、知识的存储和检索方面的功能。随着生产力发展水平的提高和实验手段的进步，人们在这个技术领域的各个方面都取得了巨大的进步。但是由于人脑结构和运行机理无比的复杂性，应该说到目前为止，人们对人脑活动的深层次机理和规律的认识还是相当粗浅的。

人工神经网络包括神经网络模型结构与神经网络学习算法，是在细胞的水平上模拟脑结构和脑功能的科学。人工神经网络模型结构与人工神经网络学习算法两者相互联系，人工神经网络模型结构是人工神经网络学习算法的前提，而人工神经网络学习算法是人工神经网络模型结构中神经信息运动或演化的过程。人工神经网络的中心目标是，在神经细胞的水平上，模拟生物神经系统的结构特征和生物神经信息的演化规律，构造人工神经网络模型结构，并建立那些在人工神经网络模型结构中有效的人工神经网络学习算法。

从 20 世纪 40 年代 M-P 神经元模型的提出开始，人工神经网络的发展过程可谓是一波三折。1965 年 Minsky 和 Papert 的《感知机》使得人工神经网络的研究停滞了 10 余年，直到 80 年代初误差反向传播算法等的提出，人工神经网络的研究才步入恢复期。时至今日，人工神经网络系统研究的重要意义已经得到广泛承认，涉及电子科学与技术、信息与通信工程、计算机科学与技术、电气工程、控制科学与技术等诸多学科，其应用领域包括：建模、时间序列分析、模式识别和控制等，并在不断拓展。可以说人工神经网络作为目前非线性科学和计算智能研究的主要内容之一，已经成为一种解决许多实际问题的必要的技术手段。

本书系统地论述了前馈神经网络的主要理论、设计基础及应用实例，旨在使读者了解前馈神经网络的发展背景和研究对象，理解和熟悉它的基本原理和主要应用，掌握它的结构模型和设计应用方法，特别是前馈神经网络的参数学习算法和结构设计方法。为了便于读者理解，书中尽量避免烦琐的数学推导，加强了应用举例，并在内容的选择和编排上注意到读者初次接触新概念的易接受性和思维的逻辑性。在编写过程中，有许多内容取材于最近的国内外文献。各章后都附有较多的参考文献,以便读者查阅。

本书第 1 章为绪论,主要讲述了前馈神经网络结构和学习算法的发展历史和背景,以及编写本书的动机,可作为后续章节的阅读基础。本书包括以下 3 个部分。

(1) 第 2 章～第 4 章构成了本书的第一部分,主要介绍前馈神经网络的一些经典方法。具体介绍如下:

第 2 章描述感知器神经网络的结构以及学习算法。首先介绍单神经元的结构和表述,其次介绍了感知器神经网络的结构,分别介绍单隐含层和多隐含层感知器神经网络,最后分析感知器神经网络的学习算法:BP 算法和 BP 算法的改进算法。重点介绍感知器神经网络的结构特点和学习算法。

第 3 章详细讲述了 RBF 神经网络。首先讨论了 RBF 神经网络的原理,给出了 RBF 神经网络的结构。其次,基于 RBF 神经网络结构介绍其学习算法,讨论了采用插值理论的 RBF 神经网络隐含层神经元中心学习算法。最后,讨论了神经网络隐含层和输出层连接权值的学习算法。

第 4 章详细介绍了模糊神经网络。首先,详细讨论了模糊推理系统,主要对模糊集合、隶属函数和模糊运算进行阐述。其次,基于模糊系统和人工神经网络的理论基础引入模糊神经网络,并对一种典型性的模糊神经网络结构进行了剖析。然后,基于模糊神经网络结构介绍其学习算法,讨论了标准型模糊神经网络通常采用 BP 算法(FBP)。

这三章通过对不同概念的介绍揭示了其共同特点:它们都是前馈神经网络。更为重要的是,它们从各自的角度深入、细致地讨论了学习过程的深层知识——这一特征将在后续章节中进一步探讨。

(2) 第二部分包括第 5 章和第 6 章,讨论了前馈神经网络的两种有效的学习算法——快速下降算法和改进型递归最小二乘算法。

第 5 章介绍一种用于结构动态设计的前馈神经网络学习算法——快速下降算法。快速下降算法主要与参数修改项、学习率、隐含层输出以及当前神经网络输出误差有关,避免了求解导数的过程,减少运算量,提高了人工神经网络的训练速度。

第 6 章基于递归最小二乘算法提出了一种改进型递归最小二乘算法,并且对该算法进行了理论和实验分析。最后将基于递归最小二乘算法的 RBF 神经网络应用于非线性函数逼近、双螺旋模式分类以及污泥膨胀预测。

这两章描述了两种前馈神经网络的两种有效的学习算法——快速下降算法和改进型递归最小二乘算法,这两种学习算法不但适合固定结构的前馈神经网络,而且满足人工神经网络结构动态调整的需要。

(3) 第 7 章～第 10 章构成本书的第三部分,讨论自组织前馈神经网络。从第 7 章开始介绍了四种自组织神经网络。具体介绍如下:

第 7 章描述了一种基于显著性分析的快速修剪型感知器神经网络。以规模过大的感知器神经网络为研究对象，构造误差曲面的模型，分析网络连接权值的扰动对网络输出误差所造成的影响，进行隐含层神经元显著性分析，直接剔除冗余的隐含层神经元实现神经网络结构自组织设计。基于显著性分析的神经网络快速修剪方法适用于规模过大的神经网络结构设计。实验结果表明，快速修剪算法与常规的最优脑外科算法等修剪算法相比，具有更简单的网络结构和更快的学习速度。

第 8 章描述了一种增长-修剪型多层感知器神经网络。介绍了一种神经网络输出敏感度分析方法，以感知器神经网络为研究对象，进而获得一种增长-修剪型感知器神经网络。增长-修剪型感知器神经网络通过分析隐含层神经元输出对神经网络输出的贡献，对贡献太小的神经元予以删除，对贡献值较大的神经元利用最邻近法在其附近插入新的神经元，从而调整神经网络结构，并利用快速下降算法修改神经网络连接权值，实现了感知器神经网络的结构和参数自校正。通过对非线性函数逼近、数据聚类，以及污水处理过程关键参数预测证明了该方法的有效性。

第 9 章描述了一种弹性 RBF 神经网络。针对 RBF 神经网络的结构设计问题，介绍了一种神经元修复准则。基于神经元的活跃度以及神经元修复准则，判断增加或删除 RBF 神经网络隐含层中的神经元，获得一种弹性 RBF 神经网络。利用快速下降算法修改神经网络连接权值，快速下降算法保证了最终 RBF 网络的精度。弹性 RBF 神经网络实现了神经网络的结构和参数自校正，解决了 RBF 神经网络结构过大或过小的问题，并给出了神经网络结构动态变化过程中收敛性证明。通过对非线性函数的逼近、非线性系统的建模以及污水处理过程溶解氧(DO)的预测控制，结果证明了弹性 RBF 神经网络具有良好的自适应能力和逼近能力，尤其是在泛化能力、最终网络结构等方面较之其他自组织，RBF 神经网络有较大的提高。

第 10 章描述了一种自组织模糊神经网络。针对模糊神经网络的结构设计，介绍了一种模糊神经网络结构自组织设计方法，自组织模糊神经网络利用神经网络输出敏感度方法分析规则化层神经元的敏感度，判断规则层中需要增加或删除的神经元，并优化网络中的模糊规则。同时，自组织模糊神经网络利用改进型递归最小二乘算法修改神经网络连接权值，并给出了其结构动态变化过程中收敛性证明。利用自组织模糊神经网络对非线性系统建模、Mackey-Glass 混沌系统预测、污水处理过程关键水质参数预测以及污水处理 DO 控制，结果证明了自组织模糊神经网络具有良好的自适应能力和逼近能力。

这四章通过对三种典型的前馈神经网络——感知器神经网络、RBF 神经网络、模糊神经网络的结构自组织神经和参数自调整进行讨论，运用不同的自组织方法实现了各自的自组织。这部分内容是本书的一个重点；更为重要的是，这部分内容也是作者近几年的工作积累。

作者在本书写作过程中特别注重基础知识的积累，增加了基础的介绍，使得读者能够较快理解前馈神经网络结构基础、前馈神经网络学习算法基础以及数学基础；介绍两种有效的前馈神经网络学习算法，并重点分析了其设计方法，以便读者通过学习与练习获得独立设计前馈神经网络算法的能力；主要介绍了作者取得较大突破的前馈神经网络结构设计方法，这些设计方法已经取得业界的认可，并且都是近几年的研究成果，以便读者通过学习获得较新的知识；在内容的选择和编排上注意到读者初次接触新概念的易接受性和思维的逻辑性，力求深入浅出，自然流畅。

本书可作为电子科学与技术、信息与通信工程、计算机科学与技术、电气工程、控制科学与技术等专业研究生和高年级本科生的教材，同时对有关专业领域的研究人员和工程技术人员也有重要的参考价值。

本书部分工作得到了国家自然科学基金重点项目（No. 61034008）、国家自然科学基金项目（No. 61203099，No. 60873043）、北京市自然科学基金项目（No. 4122006，No. 4092010）、北京市创新人才建设计划项目（No. PHR201006103）、教育部新世纪优秀人才支持计划项目（No. NCET-08-0616）、教育部博士点基金项目（No. 200800050004）的支持。在此表示衷心的感谢！

本书第 1 章～第 4 章由乔俊飞编写，第 5 章～第 10 章由韩红桂编写。北京工业大学博士研究生杨刚为本书的编写出版做了大量工作，在此表示衷心的感谢。同时，感谢参与本书前期准备的全体人员，他们是高学金、于建均、李民爱、柴伟、武利等老师，张昭昭、博迎春、陈启丽、李荣、韩广等博士研究生，没有他们的辛勤工作，本书的编写是无法顺利完成的；还要感谢北京工业大学电子信息与控制工程学院的支持。

限于作者的思想境界和学术水平，另外人工神经网络本身也在不断得到丰富和发展，书中不妥之处在所难免，恳请广大读者批评指正。

乔俊飞　韩红桂
2012 年 2 月 15 日

目　　录

第1章　绪　　论

1.1　引　　言

脑和神经系统是人体结构、功能中最复杂的系统，随着分子生物学、细胞生物学的发展，大规模开展脑研究成为可能[1]。众所周知，数字计算机具有很强的计算和信息处理能力，但是它对于模式识别、感知以及在复杂环境中作决策等问题的处理能力却远不如人。神经生理学研究结果表明，人的智能主要取决于大脑皮层，而大脑皮层是一个大规模互连的生物神经网络[2]。探求大脑的组织结构和运行机制，从模仿人脑智能的角度出发，寻求新的信息处理方法是当前人工智能领域的研究热点问题。国家中长期科学和技术发展规划纲要中也明确指出：脑功能的细胞和分子机理、脑学习记忆和思维等高级认知功能的过程及其神经基础、脑信息表达等研究方向属于当前的科学前沿问题[3]。

高性能、低成本、普适计算和智能化等是当前信息科学发展的主要方向，寻求新的计算与处理方式和物理实现是未来信息技术领域面临的重大挑战[3]。人工神经网络的研究正是在与传统计算方法挑战的过程中得以发展、壮大，目前已经成为人工智能领域中最活跃的研究方向之一。一般来说，神经网络主要研究 ABC^2 等问题，即人工神经网络(artificial neural network, ANN)、生物神经网络(biological neural network, BNN)、认知科学(cognitive science)和混沌(chaos)[4]。人工神经网络的研究主要集中在神经网络结构和学习算法的研究两方面[5]。近年来随着脑科学、神经生物学的发展，人工神经网络结构的研究开始全面向生物神经系统靠拢。

人工神经网络是智能科学的重要组成部分，已经成为脑科学、认知科学、计算机科学、数学和物理学等学科共同关注的焦点。其应用研究已经渗透到工业、农业、国防、航空等领域，并且在信号处理、智能控制、模式识别、图像处理、非线性优化、知识处理等方面取得了令人鼓舞的进展[6~11]。

从20世纪80年代初复苏以来，人工神经网络在计算能力、对任意连续映射的逼近能力、学习理论以及动态网络稳定性分析等方面都取得了丰硕的成果[12]。在结构设计方面，除了经典的神经网络外却鲜有突破性进展，但这方面的工作已引起了学者们的广泛关注[13~15]。神经网络实际应用的需求驱动了其理论研究的发展，其实每一个成功的应用都需要对神经网络进行精心设计。可见，人工神经网络结构优化设计是神经网络成功应用的核心技术，对其展开研究也是神经网络推广应用的客观需要。

人工神经网络就是借鉴生物神经网络结构和生物神经元工作机理，在一定程度上模拟人脑功能的信息处理系统。人工神经网络已经在模式识别、组合优化、函数逼近、智能控制、过程建模等方面得到成功应用，应用前景不容置疑。但目前的神经网络多数是通过足够的设计经验和充足的数据确定其结构，且神经网络结构一旦确定之后将不再调整。对一些工况变化不大、动态特性比较平稳的任务，理论和实践都已经证明通过调整神经网络参数可以满足实际需要。但是对于工况变化异常剧烈、动态特性呈现出很强的非线性的任务，其效果往往不佳。传统的固定结构人工神经网络性能仅仅由参数学习算法提供，在工作过程中，只是通过改变神经网络的参数以适应任务的变化。而神经计算领域的研究结果显示生物神经网络之所以有如此强大的信息处理能力，与生物神经网络的结构有很大的关系，生物神经网络的信息传输和信息处理能够根据信息量和复杂度进行自组调整神经网络结构连接方式。为了进一步推进人工神经网络对人脑功能的模拟，解决人工神经网络结构动态优化设计的问题，本书详细介绍了几种典型前馈神经网络；并描述了几种前馈神经网络学习算法；最后分析了神经网络性能与神经网络结构之间的联系，介绍了前馈神经网络结构生长和削减的演化机制，基于此获得几种自组织前馈神经网络。

1.2 神经网络及其发展

1.2.1 神经网络的定义

人工神经网络，简称神经网络，是由大量简单的处理单元——人工神经元(artificial neuron)互相连接而组成的一个高度非线性、并行的自适应的信息处理系统。神经网络是一个非线性的动力学系统，打破了传统的串行处理计算机的局限，以并行分布式存储和处理信息，尽管单个神经元的结构和功能都比较简单，但大量的神经元组合起来却具有强大的处理问题的能力。神经网络旨在模仿人脑或生物的信息处理系统，是对人脑功能的一种模仿与简化，具有学习、记忆、联想、类比、计算以及智能处理的能力，是现代神经科学研究与工程技术相结合的产物。神经网络理论的开创与发展，对智能科学和信息技术的发展产生了重大的影响和积极的推动作用。

1943 年美国神经生理学家 McCulloch 和 Pitts 提出的第一个神经网络模型 M-P 模型[16]，开创了微观人工智能的研究工作，奠定了人工神经网络发展的基础。人工神经网络经过几十年的发展，无论是在理论研究还是在工程应用方面都取得了较为丰富的科研成果。

1.2.2　神经网络的功能

神经网络是通过对人类大脑结构和功能的模拟建立起来的一个非线性、自适应的高级信息处理系统。它是现代神经科学研究与工程技术应用相结合的产物，通过对大脑的模拟进行信息处理。神经网络具有强大的计算能力，是由其本身大规模的并行分布式结构和较好的学习能力以及由此延伸而来的泛化能力决定。神经网络具有非线性、分布/处理、容错性、自适应性等显著特点，如图1-1所示。

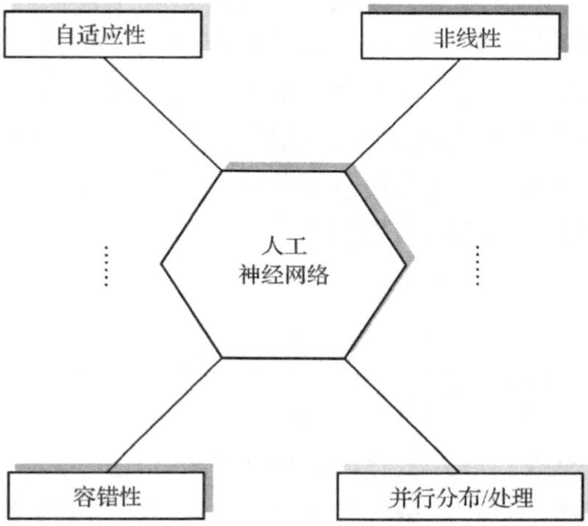

图1-1　神经网络的特点

1. 非线性

神经网络的单个处理单元——人工神经元可以是线性或非线性的，但是由此互相连接而成的神经网络本身却是非线性的。此外，非线性是一种分布于整个网络的特殊性质。因此，神经网络具有非线性映射能力，且理论研究已经表明一个三层的神经网络能够以任意精度逼近非线性系统。

2. 并行分布/处理

神经网络是为模拟大脑的结构和功能而建立的一种数学模型，大量的人工神经元相互连接成一个高度并行的非线性动力学系统。尽管单个人工神经元的功能都十分简单，但大量神经元的并行活动使得整个网络呈现出较强大的处理能力。神经网络中信息的存储体现在神经元之间互相连接的并行分布结构上，进而使得信息的处理必然采用大规模的并行分布方式进行，即神经网络中信息的存储和处理是在整个网络中同时进行的，信息不是存储在神经网络中的某个局部，而是分布在网络的所有单元之中。一个神经网络可以存储多种信息,而神经元连接权值中只存储多种信息的一部分。神经网络的内在结构的并行分布方式,使得信息的存储和处理在空间与时间分布上均是并行的。神经网络中的数据及其处理是全局的而不是局部的。

3. 容错性

神经网络善于联想、概括、类比和推广,加之神经网络信息存储和处理的并行特性,使得神经网络在以下两个方面表现出较好的容错性。一方面,由于网络的信息采用分布式存储,分布在各个神经元的连接权值之中,当网络中某一神经元或连接权值出现问题时,局部的改变将不会影响网络的整体非线性映射。这一点,与人的大脑中每时每刻都有神经细胞的正常死亡和分裂,但不会影响大脑的整体功能相类似。另一方面,当网络的输入信息模糊、残缺或不完整时,神经网络能够通过联想、记忆等实现对输入信息的正确识别。

4. 自适应性

自适应性是指系统能够通过改变自身的某些性能以适应外界环境变化的能力。自适应性是神经网络的一个重要特性。神经网络的自学习能力表现在,当外界环境发生改变,即网络的输入变化时,神经网络通过一段时间的学习和训练,能够自动调整网络的结构和参数,从而给出期望的输出。可以在学习过程中不断地完善自身,具有创新的特点。而其自组织特性则表现在,神经网络在接收外部激励后可以根据一定的规则通过对网络权值的调整以及神经元的增减来重新构建新的神经网络。神经网络不但可以处理各种变化的信息,而且在其学习阶段可以根据流过网络的外部和内部信息对自身的连接权值(结构)进行调整,从而改变网络本身的非线性动力学特性,从而实现对外界环境的变化。

1.2.3 神经网络的发展

人工神经网络是一门新兴交叉学科,是人类智能研究的重要组成部分,人工神经网络借鉴了神经科学的研究成果,基于模仿人类大脑的结构和功能构成的一种信息处理系统,具有广泛的应用前景。已成为脑科学、神经科学、认知科学、心理学、计算机科学、数学和物理学等共同关注的焦点。它模仿人脑神经网络的结构和某些工作机制建立一种计算模型,在过去半个多世纪中一直统治着信息处理的程序化计算。人工神经网络的应用和发展不但推动神经动力学本身的发展,而且为智能计算提供了新的现代化方法,有可能给信息科学带来革命性的变化。虽然目前人工神经网络的研究正处在前所未有的热潮中,但它的发展却不是一帆风顺的。从研究时间递推的角度看,人工神经网络研究主要经历了兴起与高潮、萧条、稳步发展的较为曲折的道路，如图 1-2 所示。

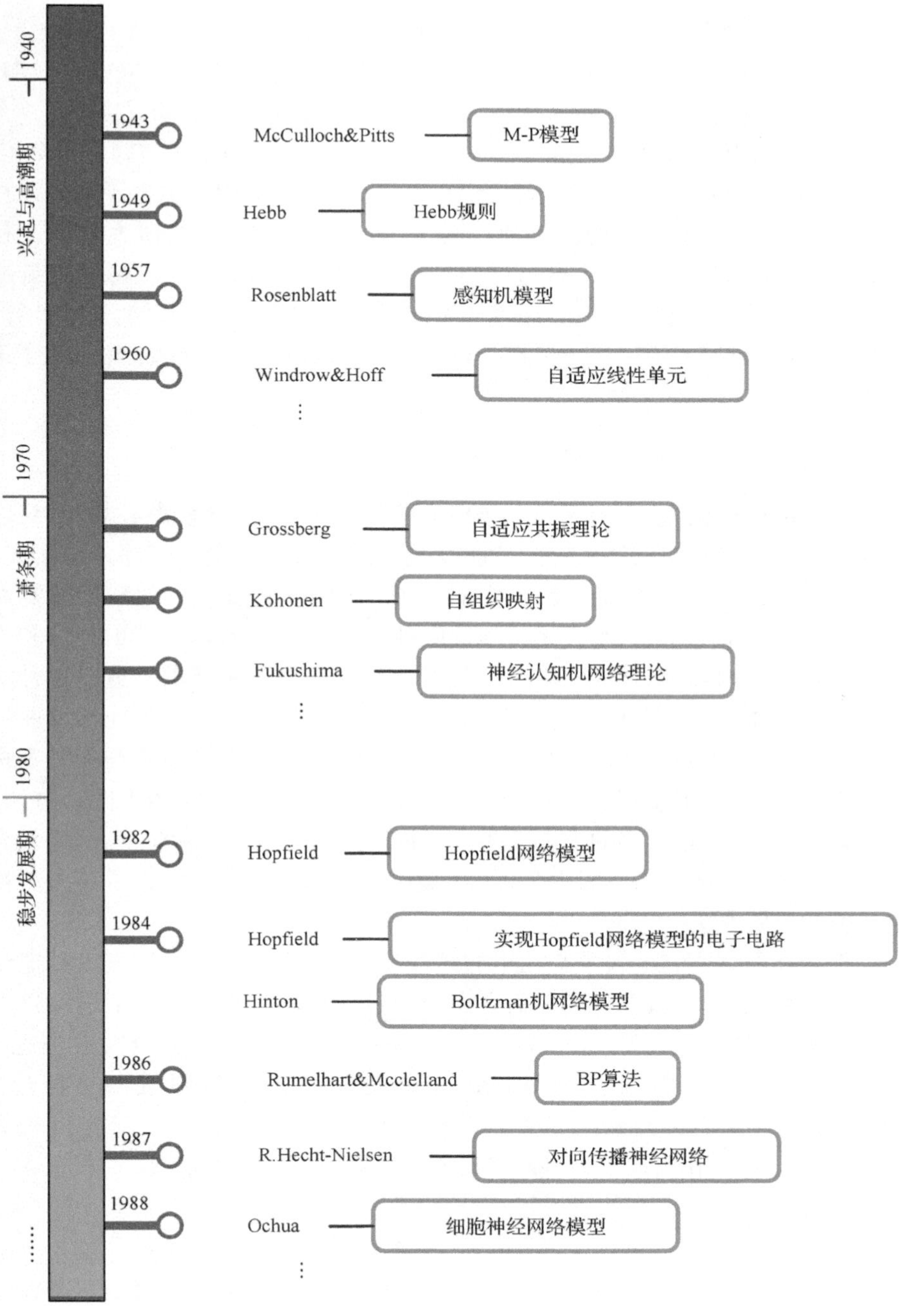

图 1-2　人工神经网络的发展

1. 兴起与高潮期(1940～1970 年)

1943 年,心理学家 McCulloch 和数理逻辑学家 Pitts 提出了 M-P 模型[16],这是第一个用数理语言描述脑的信息处理过程的模型,虽然神经元的功能比较弱,但它为以后的研究工作提供了依据。1949 年,心理学家 Hebb 提出突触联系可变的假设[17],根据这一假设提出的学习规律为神经网络的学习算法奠定了基础。1957 年,计算机科学家 Rosenblatt 提出了著名的感知机模型[18],它的模型包含了现代计算机的一些原理,是第一个完整的人工神经网络,第一次把神经网络研究付诸工程实现。1960 年,Windrow 提出了自适应线性单元(ADAIINE)[19],主要用于自适应系统。这些简单网络中所体现的许多性质,如并行处理、分布式存储、连续计算、可学习性等,因而引起了不少人的兴趣。至此,人工神经网络的研究工作进入了第一个高潮[20]。

2. 萧条期(1970～1980 年)

人工智能的创始人之一,美国麻省理工学院的 Minsky 教授潜心数年,对以感知器为代表的人工神经网络系统的功能及其局限性从数学上作了深入的研究,并于 1969 年出版了颇具影响的《感知器:计算几何引论》一书[21]。他对于感知器分析的结论是悲观的,甚至认为其无科学价值可言。Minsky 在学术界的地位和影响使得其后若干年内,人工神经网络这一领域的研究一直处于低潮。造成这种结局的另一个重要原因是,传统的 Von Neumann 型数字计算机当时正处在发展的全盛时期,人工智能得到迅速发展并取得了显著的成就,整个学术界陶醉于计算机的成功之中,从而掩盖了发展新型模拟计算机和人工智能技术的必要性和迫切性。由于上述原因,当时相当多的人都认为人工神经网络的研究前途渺茫,因而放弃了在该领域继续探索的努力。对人工神经网络批评声音的高涨,导致了对人工神经网络研究的投资大大缩水。

人工神经网络研究陷入了十几年的暗淡境地,大多数有关的研究人员把注意力转向人工智能。然而,在此期间仍有少数学者在极端艰难的条件下继续致力于人工神经网络的研究。如 Carpenter 和 Grossberg 提出了自适应共振理论[22],Kohonen提出了自组织映射[23],Fukushima 提出了神经认知机网络理论[24],Amari 则致力于人工神经网络有关数学理论的研究[25],Anderson 等提出了 BSB 模型[26]等。这些工作为人工神经网络研究的发展奠定了理论基础。

3. 稳步发展期(1980 年～)

美国生物物理学家 Hopfield 于 1982 年、1984 年在美国科学院院刊发表的两篇文章有力地推动了神经网络的研究[27,28],引起了研究神经网络的又一次热潮。

1982年,他提出了一个新的神经网络模型——Hopfield网络模型[29]。他在这种网络模型的研究中,首次引入了网络能量函数的概念,并给出了网络收敛性的判定依据。1984年,他又提出了网络模型实现的电子电路,为神经网络的工程实现指明了方向,他的研究成果开拓了神经网络用于联想记忆优化计算的新途径,并为神经计算机研究奠定了基础。1984年Ackley等将模拟退火算法引入到神经网络中,提出了Boltzmann机网络模型[30],Boltzmann网络算法为神经网络优化计算提供了一个有效的方法。1986年,McClelland等提出了误差反向传播算法[31],成为至今为止影响最大的一种网络学习方法。1987年美国神经计算机专家Robert提出了对向传播神经网络[32],该网络具有分类灵活,算法简练的优点,可用于模式分类、函数逼近、统计分析和数据压缩等领域。1988年Reid等提出了细胞神经网络模型[33],它在视觉初级加工上得到了广泛应用。这些研究成果为神经网络的研究和发展起了推波助澜的作用,人工神经网络步入了稳步发展的时期。在经历了曲折的历程之后,人工神经网络的确取得了不少成绩,然而,人工神经网络还有很长的路要走。

人脑是一个功能十分强大、结构异常复杂的信息系统,随着信息论、控制论、生命科学、计算机科学的发展,人们越来越惊异于大脑的奇妙,人类大脑信号处理机制对人类自身来说,仍是一个黑盒子,要揭示人脑的奥秘需要神经学家、计算机科学家、微电子学家、数学家等专家的共同努力,对人类智能行为不断深入研究,为人工神经网络发展提供丰富的理论源泉。另外,通过哲学思想和多种自然科学的深层结合,逐步孕育出探索人类思维本质和规律的新方法。纵观神经网络的发展历史,没有相关学科的贡献,不同学科专家的竞争与协同,神经网络就不会有今天。当然,人工神经网络在各个学科领域应用的研究反过来又推动其他学科的发展,推动自身的完善和发展。总之,人工神经网络研究是人类智能研究的一个重要组成部分,对人类智能的发展特别是计算智能的发展起到了重要的推动作用。

1.2.4 神经网络的应用

神经网络属于连接主义,是一种并行分布式的信息处理系统,采用不同于传统人工智能和信息处理技术,突破了传统的、串行处理的数字电子计算机的局限,可用于解决知识表达、联想记忆、推理学习以及一些复杂系统问题。神经网络的实用性在于其可以通过观测值推导出对应的函数关系,尤其是当数据或任务的复杂性使得采用手动推导不切实际时,采用神经网络建模推导函数关系格外有效。

由于神经网络众多的优点,神经网络已广泛应用于众多应用领域,在工业、农业、商业、国防和其他科学技术方面都得到了广泛而成功的应用。神经网络的应用领域主要包含系统辨识和控制(车辆控制、过程控制、工厂自动化机械控制等),量子化学,博弈和决策制定(国际象棋),模式识别(雷达系统、人脸识别、语音识别、目标识别、边缘检测、视觉搜索引擎等)，序列识别(姿态、语音、手写体识别)，语音合成(文本朗读——NETtalk 等)，医学诊断，数据挖掘，数据压缩(语音信号、图像等)，可视化以及垃圾邮件过滤等，如图 1-3 所示。

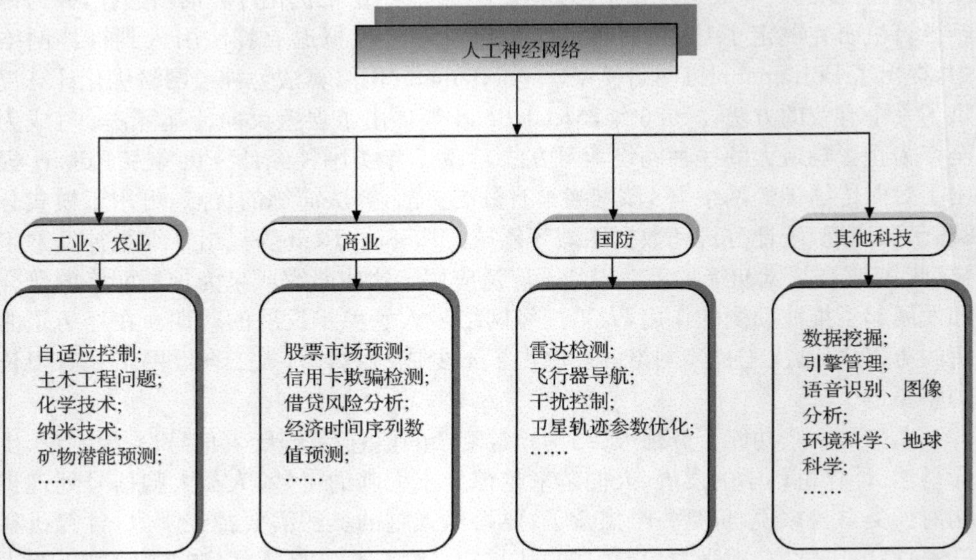

图 1-3　神经网络的应用

根据神经网络应用性质的不同，其应用领域主要从以下两个方面体现。

1. 理论分析

理论分析主要是应用神经网络的函数逼近能力，或称回归分析，包含时间序列预测、适应度逼近和建模。理论研究表明，给定一个合适结构的人工神经网络，能够以任意精度逼近任意的非线性映射。这一点为人工神经网络的应用提供了理论依据和保障。在人工神经网络的应用上，很多方面就是应用神经网络的这一特性进行的。最基本的是对非线性系统的黑箱建模，神经网络可以根据系统的输入-输出数据对，经过学习对数据之间的非线性关系进行映射。这一方面广泛应用于序列的预测、函数的逼近、系统的建模等方面。

2. 工程实践

由于神经网络良好的辨识模式和数据趋势的能力，能够满足预测的需求，因此神经网络已广泛应用于实际的商业问题和工业应用之中。例如，销售预测、工业过程控制、视觉导航、轨迹控制、消费者研究、数据验证、风险管理等方面。此外，对于给定的特殊问题，神经网络也应用于下列领域，如说话者在交流中的分辨、疾病诊断、三维目标识别、手写体识别等。

1.3　人工神经网络的结构设计

1.3.1　人工神经网络的结构

人工神经网络的研究主要包括两方面[34]，即人工神经网络结构的研究和人工神经网络学习算法的研究。

为实现神经网络的信息处理、记忆及学习等功能，神经元之间需要按照一定的规则连接成网络。神经网络的结构，是决定神经网络功能的一个至关重要的因素。神经元之间的连接方式可以是任意的，因此神经网络的结构是多种的。已提出的上百种人工神经网络模型，涉及学科之多，令人目不暇接，其应用领域之广，令人叹为观止，但常见的网络结构是前馈神经网络和反馈神经网络。

1. 前馈神经网络

在前馈神经网络中，各个神经元接收前一层神经元的输出作为自己的输入，将自己的计算结果输出并传送至下一层作为其输入。前馈神经网络既可以是单层，也可是多层。如图1-4所示即为一个三层前馈神经网络。该神经网络有一个输入层、一个输出层和一个隐含层。

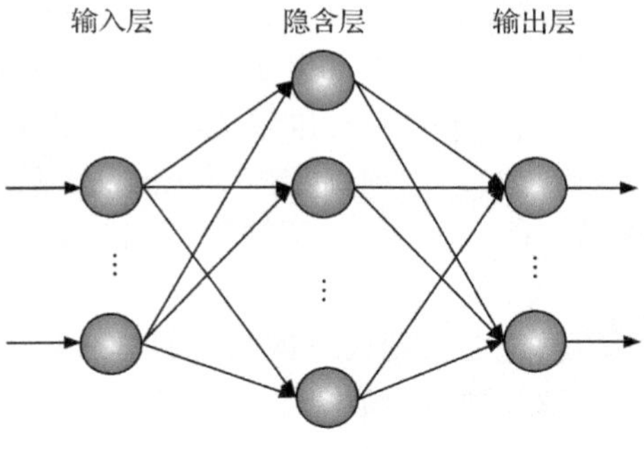

图1-4　前馈神经网络

2. 反馈神经网络

反馈神经网络，又称递归神经网络，与前馈神经网络最大的区别是神经元之间的连接至少存在一个回路即反馈环。因此，反馈神经网络是指连接中存在环路的神经网络。如图1-5所示即为反馈神经网络。

由于当前应用最为广泛的神经网络依然是前馈神经网络[16～39]，因此，本书主要对前馈神经网络算法和结构进行深入分析，通过本书的介绍希望有助于理解前

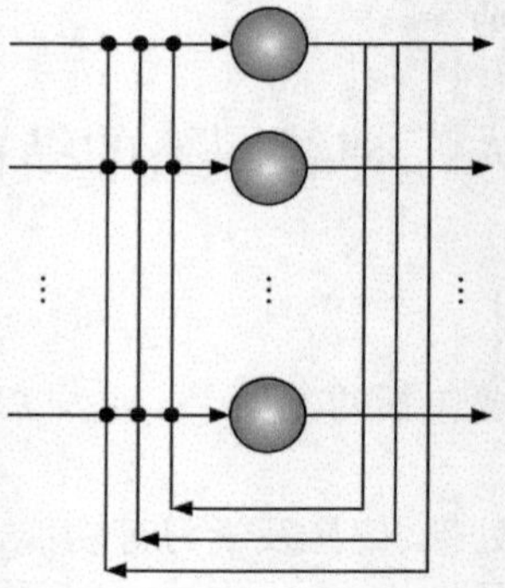

图 1-5　反馈神经网络

馈神经网络研究现状，扩大其应用范围，推动其进一步发展。

1.3.2　前馈神经网络结构设计研究现状

前馈神经网络是当前应用最为广泛的神经网络，因此，本书将详细介绍前馈神经网络分析与设计。

人工神经网络旨在模拟人脑组织机构和运行机制，人工神经网络的一个重要特点是神经网络的结构在进行训练前必须确定，在神经网络参数修改过程中已确定的神经网络结构不再发生变化。在人工神经网络的应用中，对于给定的任务，其输入层神经元个数、输出层神经元个数均是已知的。如果隐含层神经元个数也被求出，则神经网络的结构就被完全确定下来了。所谓确定神经网络的结构，就是根据给定的输入层、输出层神经元个数及标准输入样本导出隐含层神经元数。然而，在实际使用时，神经网络的初始结构的确定需要充分的经验，而且结构一旦确定将会关系到神经网络最终的性能。因此，人工神经网络初始结构固定在一定程度上限制了其性能的发挥。

人工神经网络结构的确定关系到最终网络的性能[35]。一方面，规模过大的人工神经网络能很好地学习训练样本，输出误差小，但是往往会出现以下问题：神经网络的计算与存储量增大，容易产生“过拟合”现象。而对于神经网络而言，“过拟合”现象的出现，会导致泛化能力大大降低，其原因在于：神经网络的训练样本中，包含大量有用信息特征的同时，无疑也含有噪声，而噪声的产生多少与具体的函数拟合方法和精度有关。网络对输入函数中所包含噪声的大量快速提取导致网络泛化性能随之下降[36]。因此，当神经网络一旦产生“过拟合”现象时，会出现随着训练误差的逐渐变小，测试误差迅速增大的情况。另一方面，规模过小的神经网络虽具有较好的泛化能力，但对于复杂问题的信息处理能力又不足，不能满足人工神经网络处理信息的要求。人工神经网络性能由网络的训练算法和网络的结构共同确定，严格意义上说，现有的人工神经网络模型[16～33, 37～39]并没有解决神经网络结构优化设计的问题。因此,根据研究对象实时改变人工神经网络中隐含层神经元的个数与神经网络的拓扑结构,提高人工神经网络的性能已成为当今研究的一个热点。

为了使前馈神经网络具有最佳的网络结构,进而获得良好性能,神经网络结构优化设计已经成为智能研究领域广泛关注的问题。近年来,相继有一些神经网络结构优化方法被提出:①凑试法,由模型查找优化结构,主要通过训练和比较不同网络结构的途径来实现,备受推崇的方法有交叉校验[40,41];②增长法,由一个小规模的神经网络结构开始调整,训练过程中,根据神经网络性能要求逐步增加结构复杂性,直至满足性能要求;③修剪法,与网络增长法相反,初始给定一个含有冗余节点的大规模网络结构,在训练过程中逐步删除神经网络不必要的节点或权值,降低网络的复杂性,提高其收敛速度和泛化能力;④进化法,遗传算法是基于生物进化原理的搜索算法,具有很好的鲁棒性和全局搜索能力,适用于神经网络结构的优化和调整。从研究现状看,增长法和修剪法更加适合神经网络结构的设计,并取得了较大的突破。

1. 增长型神经网络

增长型神经网络,通过在线自动增加神经网络中隐含层数或者隐含层神经元个数调整神经网络拓扑结构的策略,改进网络性能,解决由神经元过少而导致学习效果差的问题[42]。增长型神经网络主要有两类:非系统增长型和系统增长型。前者是对研究对象进行分析,直接确定神经网络的神经元个数和拓扑结构,非系统增长型神经网络一般只考虑单隐含层神经网络结构,增长过程中只对隐含层神经元数进行调整[43~59]。但是由于非系统增长型神经网络在学习过程中都要判断神经网络的结构是否满足预设条件,而且网络结构只增不减,这就增加其计算量和存储空间,而且对结构调整后神经网络的收敛性一般都是以实验数据形式给出的,很少通过理论证明获得。而后者是一种类似于树型拓扑结构的增长型机制,其增长方式为:具有单层隐含层的神经网络经过结构增长,在与输出层相连的隐含层和输出层之间插入新的隐含层,由上到下,根据性能要求寻求和增加适当的树枝,以求获得最终合适的神经网络结构,在神经网络隐含层神经元增长的同时隐含层数也发生改变[60~66]。

系统增长型与非系统增长型神经网络增长机制类似,系统增长型神经网络的思想在其他领域中也得到了一些应用[67],还有一些研究利用非系统增长型对单隐含层中神经元进行增加,当神经网络性能在单层神经元增加后无法再提高或提高很慢时就增加新隐含层。

目前,增长型神经网络主要还是基于聚类方法进行神经元或者神经树的增长,取得了一些成果[69~72]。增长型神经网络能够根据信息处理的需要对初始神经网络结构进行修改,从而提高其性能[73~75]。

(1) 神经网络结构能够在线修改,降低了神经网络性能受初始神经网络结构的影响,提高了神经网络的信息处理能力。

(2) 通过神经网络结构的调整,减少了神经网络训练陷入局部最小的可能。

(3) 对神经网络的结构和参数同时进行修改,提高了神经网络的自适应能力。

虽然增长型神经网络能够增大神经网络结构以获得处理信息更强的网络,但是增长型神经网络还有以下问题尚未解决[76~79]:

(1) 增长型神经网络增长判断条件的选取比较困难。

(2) 增长型神经网络很容易出现结构过大的情况,这样就会增加计算时间和存储空间。

(3) 增长型神经网络新增加神经元的初始权值一般给定任意值,很容易破坏原有的网络收敛性,增加网络训练负担。

(4) 修改后的神经网络的收敛性基本以实验数据给出,很少给出充分的理论证明。

2. 修剪型神经网络

在研究神经网络中神经元过少而影响其性能的同时,也有一些研究者注意到神经网络中神经元冗余同样也影响神经网络的最终性能,因此,如何获得简洁而又高效的神经网络成为神经网络优化设计的另外一个方向。修剪型神经网络,通过在线修改神经网络的参数,删去神经网络中冗余的神经元或连接权值的策略,提高网络性能,解决由于神经元过多而过拟合的问题。

修剪型神经网络的思想最初利用修改 Hessian 矩阵的方法对神经网络的误差函数进行调整,从而降低神经网络的复杂度[80]。在神经网络训练过程中,神经网络的连接权值根据性能指标的要求不断进行调整,通过对连接权值分析,删除较小的连接权值。同时,为了突出修剪型神经网络的性能,Hassibi 和 Stork 给出了修剪后神经网络的收敛性证明,但是修剪过程的收敛性目前还是一个开放的问题[81]。基于以上方法,很多学者对其进行改进和应用[82~92]。然而,基于 Hessian 矩阵的修剪算法的较大问题是 Hessian 矩阵及其逆的求解过程需要耗费较多时间。为了避免求解 Hessian 矩阵的逆,一些学者提出了基于敏感度分析(SA)的修剪型神经网络[93~102]。

近年来,修剪型神经网络除以上两类以外,Mozer 和 Smolensky 提出了 Skeletonization 神经网络[103],Sietsma 和 Dow 提出的 NC 神经网络[104]等,这些神经网络修剪算法是利用聚类或神经网络复杂性尺度分析的方法直接删除神经元,进而删除冗余神经元或冗余神经元连接权值。

修剪型神经网络适用于初始结构过大而且存在冗余的神经网络,具有以下优点[105~107]:

(1) 对初始条件的要求不是很高,能够提高网络的泛化能力。

(2) 对神经网络的结构和参数同时进行修改，提高了神经网络的学习效率。

(3) 由于对冗余神经元和权值进行删除，神经网络结构更加紧凑，利于硬件实现。

修剪型神经网络虽然具有以上优点，但是不难发现修剪型神经网络还存在以下问题亟待解决[108~112]：

(1) 修剪型神经网络虽然能够对冗余的神经网络进行修剪，但是对于特定的研究对象，初始神经网络怎么选取才算冗余仍是一个问题。

(2) 现有的修剪型神经网络要求初始神经网络足够大，但是初始神经网络过大会直接影响其训练速度、浪费存储空间，然而如果初始神经网络不足够大，修剪方法又会失效。

(3) 修剪型神经网络在结构调整后很少考虑结构调整对网络学习的影响，原有神经网络在结构调整后一般都会发生误差震荡的现象，如果结构调整后不对剩余网络进行额外处理将会增加网络训练负担。

(4) 与增长型神经网络一样，结构调整后的神经网络的收敛性也基本以实验数据给出，很少给出充分的理论证明。

综上所述，神经网络结构优化设计方法仍是一个开放的问题[113~117]，尤其是神经网络动态结构调整过程的收敛性仍是一个悬而未决的问题[118~122]。

虽然神经网络结构动态设计的方法尚未完善，但是较之静态结构神经网络，动态结构神经网络已经能够根据研究对象在线改变神经网络结构，从而有效地提高神经网络的性能。如何基于现有研究的基础，获得更优异的神经网络结构优化设计方法，从发展的角度看，神经网络结构优化设计研究的主要方向是[123~125]：

(1) 人工神经网络的结构将越来越多地趋向于生物神经网络结构。

(2) 从认知科学的角度出发，通过对大脑认知过程的研究，寻求适合人工神经网络结构动态设计的性能评价准则。

(3) 借鉴生物神经细胞学的研究成果，寻求合适的结构演化机制。

(4) 神经网络的结构对其性能的影响、保证结构稳定性、高效的学习算法等都是值得关注的问题。

1.4 本书主要内容

人工神经网络是一个典型的交叉学科的产物，经过数十年的发展，一些经典的人工神经网络在很多领域都得到成功应用[16~33]，但以上神经网络的应用都必须提前离线确定神经网络的结构。神经网络结构一旦确立，在工作过程中将不再改变，其弊端是：当神经网络初始结构设计过于复杂时会浪费计算时间和存储空间，当初始结构设计过于简单时很难达到期望的效果。此外，这些神经网络的结构也不会随着承担任务变化而变化，其适应复杂任务的能力相对有限。正是这样，本书着手研究人工神经网络结构动态自组织设计方法，希望通过对神经网络结构分析建立人工神经网络结构自组织设计模型，从本质上解决神经网络结构优化设计的问题，从而提高神经网络的性能。

书中主要阐述了前馈神经网络参数学习算法和结构优化方法的部分研究成果，并将其应用于污水处理建模与控制中，获得了一些研究成果，本书完整、详尽地讨论了各个主题，除此之外，本书还有以下几个截然不同的特色。

1.4.1 神经网络参数学习算法研究

(1) 快速下降算法。基于非线性连续动态系统的稳定性理论提出了快速下降算法，采用误差反传和优化算法建立了神经网络参数在线调整方法，该算法不需要对误差函数进行求导，具有较快的学习速度。同时讨论了快速下降算法的收敛性及其训练性能，实验研究结果显示：快速下降算法在训练速度和拟合精度上明显优于 BP 算法和梯度下降算法。

(2) 改进型递归最小二乘算法。基于递归最小二乘算法，提出一种改进型递归最小二乘算法，改进型递归最小二乘算法在保证训练过程的收敛性的基础上提高训练速度，降低了神经网络连接权值维数对训练速度的影响。同时为了保证改进型递归最小二乘算法的应用，给出了改进型递归最小二乘算法收敛性理论证明，实验结果验证了其训练速度和泛化能力优于递归最小二乘算法和梯度下降算法。

1.4.2 神经网络结构设计方法研究

(1) 显著性分析算法。通过对误差函数的泰勒级数展开，构造误差曲面的局部模型，基于误差函数泰勒级数展开模型，分析隐含层神经元连接权值的均值对误差函数改变量的增量影响，获得隐含层神经元在神经网络中的显著性。通过判断显著性特征值确定隐含层神经元的显著性，具有运算简单、快速的特点。

(2) 输出敏感度分析算法。根据神经网络连接特点确定隐含层神经元与神经网络输出之间的定量关系，通过研究和分析隐含层神经元输出对网络输出结果贡献的程度，确定隐含层神经元的敏感度值。同时，在频域中讨论敏感度方法，通过频域中讨论神经网络敏感度解决了神经网络结构优化设计过程中调整时间的问题(何时调整网络结构)，而且确定了需要调整的隐含层神经元的位置(何地调整网络结构)。

(3) 神经元修复准则。借助干细胞高度发育可塑性，提出一种神经网络神经元修复准则。首先，利用神经元的活跃度函数判断神经元的活跃性，对活跃度较强的神经元进行分裂；其次，计算交互信息(MI)相关性函数，分析神经网络各层神经元间的连接强度，根据 MI 强度对网络结构进行调整，从而实现神经网络结构优化设计。神经元修复准则不但适用于单隐含层神经网络，而且适用于多隐含层神经网络，突破了网络层数的限制。

1.4.3 自组织神经网络结构算法研究

(1) 基于显著性分析的快速修剪感知器神经网络。基于显著性分析方法直接剔除冗余的隐含层神经元实现神经网络结构自组织设计，获得一种神经网络快速修剪算法。通过实验分析，经过调整后的神经网络具有更紧凑的结构和更快的学习速度，是一种有效的修剪型神经网络结构设计方法。

(2) 增长-修剪型多层感知器神经网络。基于隐含层神经元输出对神经网络输出敏感度分析，提出一种增长-修剪型多层感知器神经网络。增长-修剪型多层感知器神经网络通过删除贡献较小的隐含层神经元，并利用最邻近法在神经网络处理信息能力不够时插入新的神经元，调整神经网络结构。实验结果显示增长-修剪型多层感知器神经网络不依赖于神经网络初始结构，能够同时对网络进行修剪和增长，具有较好的训练速度和泛化能力。

(3) 弹性 RBF 神经网络。针对 RBF 神经网络的结构设计问题，提出一种弹性 RBF 神经网络。弹性 RBF 神经网络基于神经元的活跃度以及神经元修复准则，判断增加或删除 RBF 神经网络隐含层神经元，解决了 RBF 神经网络结构过大或过小的问题。同时，弹性 RBF 神经网络利用快速下降算法保证了 RBF 网络的精度，实现了 RBF 神经网络的参数自校正。通过非线性函数逼近、非线性系统建模以及污水处理溶解氧模型预测控制验证了弹性 RBF 训练速度快、逼近精度高、泛化能力强等性能。

(4) 自组织模糊神经网络。针对模糊神经网络模糊规则数难以预先确定的问题，利用神经网络敏感度分析方法确定规则化层神经元输出加权的敏感度值，调整规则化层神经元数，通过分析规则化层和模糊化层的关系进而优化模糊化层神经元数，获得一种自组织模糊神经网络。同时利用改进型递归最小二乘参数修正算法保证了模糊神经网络的精度，实现了模糊神经网络的结构自组织和参数自校正，并给出了自组织模糊神经网络的收敛性证明。实验研究结果显示了自组织模糊神经网络性能的优越性。

1.4.4 应用研究

(1) 基于结构优化设计神经网络的污水处理溶解氧控制。污水处理过程控制系统是多变量控制系统，需要同时控制溶解氧浓度、污泥浓度、污泥龄、化学药剂量等。溶解氧(DO)浓度的控制是目前污水处理过程中最重要的控制变量，而且 DO 也是活性污泥法污水处理运行操作的最重要的关键变量。结构优化设计神经网络具有非常好的自适应能力和非线性逼近能力，实验结果表明，基于结构优化神经网络的控制器具有准确性高、超调量小、调节时间短、静态误差小等特点。并且当期望值改变时该控制器有较强的自适应能力，能够减小整个污水处理过程中的能耗。

(2) 基于结构优化设计神经网络的污水处理关键水质参数预测。污水处理的控制目标就是使出水达到国家排放标准，主要涉及的参数有生化需氧量(BOD)、化学需氧量(COD)等。其中水质参数 BOD 和 COD 是指在规定时间内分解单位有机物所需要的氧量，不能在线测量，直接导致污水处理过程难以实现闭环控制。书中主要对 BOD 和 COD 进行在线预测，实验结果表明基于构优化设计神经网络的预测方法已具备较高预测精度，书中提出的几种构优化设计神经网络在训练时间和检测精度上都具有优势。基于结构优化设计神经网络的 COD 和 BOD 在线预测软测量模型的实现，便于开发出 BOD 虚拟测量仪，在实际污水处理过程中推广应用。

本书共分 3 部分进行阐述，各章内容安排如图 1-6 所示。

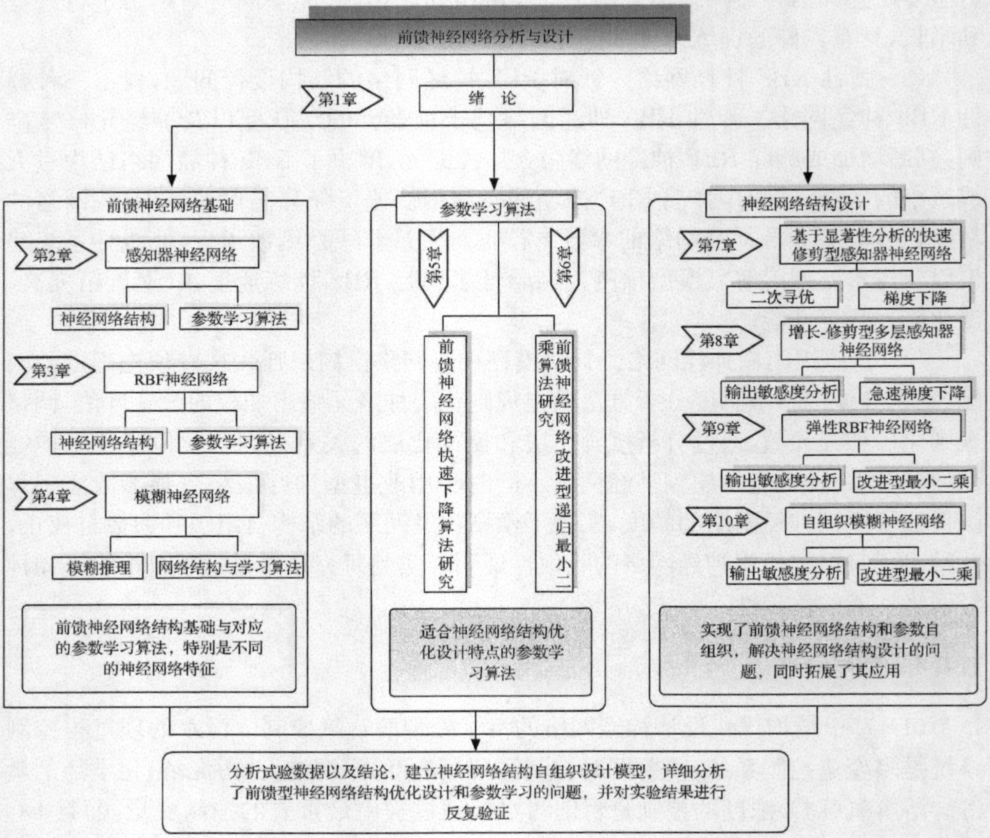

图 1-6 本书布局

参考文献

[1] 韩济生，童道玉，王书荣，等. 我国神经科学的发展前景. 中国科学基金，2002，5：260-263.

[2] Hunt R R, Ellis H C. Fundamentals of Cognitive Psychology. McGraw-Hill Publications，2004.

[3] 中华人民共和国国务院. 国家中长期科学和技术发展规划纲要(2006－2020 年). http://www.gov.cn/jrzg/2006-02/09/content_183787.htm. 2011-11-15.

[4] Neves G，Cooke S F, Bliss T V P. Synaptic plasticity，memory and the hippocampus：a neural network approach to causality. Nature Reviews Neuroscience，2008，9(1)：65-75.

[5] 金聪. 进化规划和逐步二次规划实现前馈神经网络的结构优化. 系统工程理论与实践，2003，23(3)：106-110.

[6] 廖晓峰，李传东. 神经网络研究的发展趋势. 国际学术动态，2006，5：43,44.

[7] Bimal K B. Neural network applications in power electronics and motor drives—an introduction and perspective. IEEE Transactions on Industrial Electronics，2007，54(1)：14-23.

[8] Magali R G M，Almeida P E M，Simoes M G. A comprehensive review for industrial applicability of artificial neural networks. IEEE Transactions on Industrial Electronics，2003，50(3)：585-601.

[9] Temurtas F，Gunturkun R，Yumusaka N，et al. Harmonic detection using feedforward and recurrent neural networks for active filters. Electric Power System Research，2004，72(1)：33-40.

[10] Chen Z Z，Michael A H，Paul B，et al. Nonlinear model predictive control of high purity distillation columns for cryogenic air separation. IEEE Transaction on Control Systems Technology，2010，18(4)：811-821.

[11] Ferrari S，Bellocchio F，Piuri V，et al. A hierarchical RBF online learning algorithm for real-time 3-D scanner. IEEE Transaction on Neural Networks，2010，21(2)：375-385.

[12] 阎平凡，张长水. 人工神经网络与模拟进化计算. 北京：清华大学出版社，2005.

[13] 杨国为，王守觉，闫庆旭. 分式线性神经网络及其非线性逼近能力研究. 计算机学报，2007，30(2)：189-199.

[14] 周志华，陈世福. 神经网络集成. 计算机学报，2002，25(1)：1-8.

[15] 高大启. 自适应 RBF-LBF 串联神经网络结构与参数优化方法. 计算机学报，2003，26(5)：575-586.

[16] McCulloch W，Pitts W. A logical calculus of the ideas immanent in nervous activity. Bulletin of Mathematical Biophysics，1943，5(4)：115-133.

[17] Hebb D O. The Organization of Behavior：A Neuropsychological Theory. New York：Wiley-Interscience，1949.

[18] Rosenblatt F. The perception：a perceiving and recognizing automaton. Cornell Aeronautical Laboratory Report No. 85-460-1，1957.

[19] Windrow B. Generalization and information storage in networks of adelin neurons. //Yovitz M C, Jacobi G T，Goldstein G D. Self-Organizing Systems. Washington D C：Spartam Books，1962：435-461.

[20] Bishop C M. Neural Networks for Pattern Recognition. Oxford：Oxford University Press，1995.

[21] Minsky M，Papert S. Perceptrons：An Introduction to Computational Geometry. Cambridge：MIT Press，1969.

[22] Carpenter G A，Grossberg S. Adaptation and transmitter gating in vertebrate photoreceptors. Journal of Theoretical Neurobiology，1981，1：1-42.

[23] Kohonen T. Self-organized formation of topologically correct feature maps. Biological Cybernetics，1982，

43(1)：59-69.

[24] Fukushima K. Cognition：a self-organizing multi-layered neural network. Biological Cybernetics，1975，20(3-4)：121-136.

[25] Amari S. Neural theory of association and concept-formation. Biological Cybernetics，1977，26(3)：175-185.

[26] Anderson J A，Silverstein J W，Ritz S A，et al. Distinctive features，categorical perception，and probability learning：some applications of a neural model. Psychological Review，1977，84(5)：413-451.

[27] Hopfield J J. Neural networks and physical systems with emergent collective computational abilities. Proceedings of the National Academy of Sciences，1982，79(8)：2554-2558.

[28] Hopfield J J. Neurons with graded response have collective computational properties like those of two-state neurons. Proceedings of the National Academy of sciences，1984，81(10)：3088-3092.

[29] Hopfield J J，Tank D W. "Neural" computation of decisions in optimization problems. Biological Cybernetics，1985，52(3)：141-146.

[30] Ackley D H，Hinton G E，Sejnowski T J. A learning algorithm for Boltzmann machines. Cognitive Science，1985，9(1)：147-169.

[31] McClelland J L，Feldman J，Adelson B，et al. Connectionist models and cognitive science：goals，directions，and implications. Report to the National Science Foundation，1986.

[32] Robert H N. Counterpropagation networks. Applied Optics，1987，26(23)：4979-4983.

[33] Reid M B，Spirkovska L，Ochoa E. Rapid training of higher-order neural networks for invariant pattern recognition. International Joint Conference of Neural Networks，San Diego，1989：689-692.

[34] Kremer S C. Spatiotemporal connectionist networks：a taxonomy and review. Neural Computation，2001，13(2)：249-306.

[35] Esteban J，Starr A，Willetts R，et al. A Review of data fusion models and architectures：towards engineering guidelines. Neural Computation & Application，2005，14(4)：273-281.

[36] Giles C L，Omlin C W. Pruning recurrent neural networks for improved generalization performance. IEEE Transaction on Neural Networks，1994，5(5)：848-851.

[37] Kohavi R，John G. Wrappers for feature selection. Artificial Intelligence，1997，97(1-2)：273-324.

[38] Albus J S. A new approach to manipulator control：the cerebellar model articulation controller (CMAC). Transactions of the ASME Journal of Dynamic Systems，Measurement，and Control，1975，97(3)：220-227.

[39] Moody J，Darken C J. Fast learning in networks of locally tuned processing units. Neural Computation，1989，1(2)：281-294.

[40] Akaike H. New look at the statistical-model identification. IEEE Transactions on Automatic Control，1974，AC19(6)：716-723.

[41] Yin H J，Allinson N M. Self-organizing mixture networks for probability density estimation. IEEE Transactions on Neural Networks，2001，12(2)：405-411.

[42] Everit B S. Cluster Analysis. London：Edward Arnold，1993.

[43] Fritzke B. Growing grid-a self-organizing network with constant neighborhood range and adaptation strength. Neural Processing Letters，1995，2(5)：9-13.

[44] Platt J. A resource-allocating network for function interpolation. Neural Computation，1991，3(2)：213-225.

[45] Fritzke B. Unsupervised clustering with growing cell structures. Proceeding of the International Joint Conference of Neural Networks (IJCNN), Seattle W A, USA, 1991: 531-536.

[46] Fritzke B. Kohonen feature map and growing cell structures-a performance comparison. Advances in Neural Information Processing Systems, San Francisco, CA, 1993: 123-130.

[47] Fritzke B. Growing cell structure-A self-organizing neural network for unsupervised and supervised learning. Neural Networks, 1994, 7(9): 1441-1460.

[48] Stephen M, Jonathan S, Ulrich N. A self-organizing network that grows when required. Neural Networks, 2002, 15(8-9):1041-1058.

[49] Chu K L, Mandava R, Rao M V C. Novel direct and self-regulating approaches to determine optimum growing multi-experts network structure. IEEE Transactions on Neural Networks, 2004, 15(6): 1378-1395.

[50] Felix F. Locally weighted interpolating growing neural gas. IEEE Transactions on Neural Networks, 2006,17(6): 1382-1393.

[51] Wu S, Chow T W S. Self-organizing and self-evolving neurons: a new neural network for optimization. IEEE Transactions on Neural Networks, 2007, 18(2): 385-396.

[52] Lacerda E, Carvalho A D, Ludermir T. Evolutionary optimization of RBF networks. International Journal of Neural Systems, 2001, 11(3): 287-294.

[53] Sheta A F, Jong K D. Time-series forecasting using G A-tuned radial basis functions. Information Science, 2001, 133(3-4): 221-228.

[54] 吴艳辉，陈雄. 多输入模糊神经网络结构优化的快速算法. 复旦学报(自然科学版), 2005, 44(1): 56-64.

[55] 乔俊飞，王会东. 模糊神经网络的结构自组织算法及应用. 控制理论与应用，2008, 25(4): 703-707.

[56] Li S Y, Chen Q, Huang G B. Dynamic temperature modeling of continuous annealing furnace using GGAP-RBF neural network. Neurocomputing, 2006, 69(4-6): 523-536.

[57] Wu L H, Liu L, Li J, et al. Modeling user multiple interests by an improved GCS approach. Expert Systems with Applications, 2005, 29(4): 757-767.

[58] Herve F B. Following non-stationary distributions by controlling the vector quantization accuracy of a growing neural gas network. Neurocomputing, 2008, 71(7-9): 1191-1202.

[59] 杨慧中，王伟娜，丁锋. 神经网络的两种结构优化算法研究. 信息与控制，2006, 35(6): 700-704.

[60] Burzevski V, Mohan C K. Hierarchical growing cell structures. Proceedings of the IEEE International Conference on Neural Networks (ICNN'96). New York: Syracuse Univ, Syracuse, 1996: 1658-1663.

[61] Dittenbach M, Merkel D, Rauber A. The growing hierarchical self-organizing map: exploratory analysis of high-dimensional data. IEEE Transactions on Neural Networks, 2002, 13(6): 1331-1341.

[62] Adams R G, Butchart K, Davey N. Hierarchical classification with a competitive evolutionary neural tree. Neural Networks, 1999, 12(3): 541-551.

[63] Herrero J, Valencia A, Dopazo J. A hierarchical unsupervised growing neural network for clustering gene expression patterns. Bioinformatics, 2001, 17(2):126-136.

[64] Pampalk E, Widmer G, Chan A. A new approach to hierarchical clustering and structuring of data with self-organizing maps. Intelligent Data Analysis, 2004, 8(2): 131-149.

[65] Brugger D, Bogdan M, Rosenstiel W. Automatic cluster detection in kohonen's SOM. IEEE Transactions on Neural Networks, 2008, 19(3): 442-459.

[66] Ontrup J,Ritter H. Large-scale data exploration with the hierarchically growing hyperbolic SOM. Neural Networks, 2006, 19(6-7): 751-761.

[67] Er M J, Zhou Y. A novel framework for automatic generation of fuzzy neural networks. Neurocomputing, 2008, 71(4-6): 584-591.

[68] Lee J S, Lee H, Kim J Y, et al. Self-organizing neural network by construction and pruning. IEICS Transactions on Information & Systems, 2004, 87-D: 2489-2498.

[69] Feng L, Khan L, Bastan F, et al. A dynamically growing self-organizing tree (DGSOT) for hierarchical clustering gene expression profiles. Bioinformatics, 2004, 20(16): 2605-2617.

[70] Hsu A L, Halgamuge S K. Enhancement of topology preservation and hierarchical dynamic self-organizing maps for data visualization. International Journal of Approximate Reasoning, 2003, 32: 259-279.

[71] Bednar J A, Kelkar A, Miikkulainen R. Modeling large cortical networks with growing self-organizing maps. Neurocomputing, 2002, 44-46: 315-321.

[72] Wong J W H, Cartwright H M. Deterministic projection by growing cell structure networks for visualization of high-dimensionality datasets. Journal of Biomedical Informatics, 2005, 38(4): 322-330.

[73] Yen G G, Zheng W. Ranked centroid projection: a data visualization approach with self-organizing maps. IEEE Transactions on Neural Networks, 2008, 19(2): 245-259.

[74] Hugh M C. Artificial neural networks in biology and chemistry—the evolution of a new analytical tool. Artificial Neural Networks-Methods in Molecular Biology, 2009, 458: 1-13.

[75] Rego R L M E, Araujo A F R, Lima Neto F B. Growing self-reconstruction maps. IEEE Transactions on Neural Networks, 2010, 21(2): 211-223.

[76] Wu F J, Wang T Y, Lee J. An online adaptive condition-based maintenance method for mechanical systems. Mechanical Systems and Signal Processing, 2010, 24(8): 2985-2995.

[77] Sudo A, Sato A, Hasegawa O. Associative memory for online learning in noisy environments using self-organizing incremental neural network. IEEE Transactions on Neural Networks, 2009, 20(6): 964-972.

[78] Xu L, Xu Y, Chow T W S. PolSOM: a new method for multidimensional data visualization. Pattern Recognition, 2010, 43(4): 1668-1675.

[79] Sharpless N E, DePinho R A. How stem cells age and why this makes us grow old. Nature Reviews Molecular Cell Biology, 2007, 8(9): 703-713.

[80] LeCun Y, Denker J, Solla S, et al. Optimal brain damage. Advances in Neural Information Processing Systems, CA: Morgan Kauffman, 1990: 598-605.

[81] Hassibi B, Stork D G. Second order derivatives for network pruning: optimal brain surgeon. Advances in Neural Information Processing Systems, CA: Morgan Kauffman, 1993,5: 164-171.

[82] 李倩,王永县,朱友芹. 人工神经网络混合剪枝算法. 清华大学学报(自然科学版), 2005, 45(6): 831-834.

[83] Qiao J F, Zhang Y, Han H G. Fast unit pruning algorithm for feedforward neural network. Applied Mathematics and Computation, 2008, 205(2): 622-627.

[84] 乔俊飞,张颖. 一种多层前馈神经网络的快速修剪算法. 智能系统学报, 2008, 3(2): 206-210.

[85] Xu J H, Ho D W C. A new training and pruning algorithm based on node dependence and Jacobian rank deficiency. Neurocomputing, 2006, 70(1-3): 544-558.

[86] Mak B, Chan K W. Pruning hidden markov models with optimal brain surgeon. IEEE Transactions on

Speech and Audio Processing, 2005, 13(5): 993-1003.

[87] Wan W S, Mabu S, Shimada K, et al. Enhancing the generalization ability of neural networks through controlling the hidden layers. Applied Soft Computing, 2009, 9(1): 404-414.

[88] Corani G. Air quality prediction in Milan: feed-forward neural networks, pruned neural networks and lazy learning. Ecological Modelling, 2005, 185(2-4): 513-529.

[89] Romero E, Sopena J M. Performing feature selection with multilayer perceptrons. IEEE Transactions on Neural Networks, 2008, 19(3): 431-441.

[90] Liang X. Removal of hidden neurons in multilayer perceptrons by orthogonal projection and weight crosswise propagation. Neural Computing & Applications, 2007, 16(1): 57-68.

[91] Nielsen A B, Hansen L K. Structure learning by pruning in independent component analysis. Neurocomputing, 2008, 71(10-12): 2281-2290.

[92] Kotaleski J H, Blackwell K T. Modelling the molecular mechanisms of synaptic plasticity using systems biology approaches. Nature Reviews Neuroscience, 2010, 11(1): 239-251.

[93] Engelbretch A P. A new pruning heuristic based on variance analysis of sensitivity information. IEEE Transactions on Neural Networks, 2001, 12(6): 1386-1399.

[94] Saltelli A, Tarantola S, Chan K S. A quantitative model independent method for global sensitivity analysis of model output. Technometrics, 1999, 41(1): 39-56.

[95] Philippe L, Eric F, Thierry A M. A node pruning algorithm based on a fourier amplitude sensitivity test method. IEEE Transactions on Neural Networks, 2006, 17(2): 273-293.

[96] Zeng H W, Trussell H J. Constrained dimensionality reduction using a mixed-norm penalty function with neural networks. IEEE Transactions on Knowledge and Data Engineering, 2010, 22(3): 365-380.

[97] Zeng X, Yeung D S. Hidden neuron pruning of multilayer perceptrons using a quantified sensitivity measure. Neurocomputing, 2005, 69(7-9): 825-837.

[98] Jorgensen T D, Haynes B P, Norlund C C. Pruning artificial neural networks using neural complexity measures. International Journal of Neural Systems, 2008, 18(5): 389-403.

[99] Nayak R. Generating rules with predicates, terms and variables from the pruned neural networks. Neural Networks, 2009, 22(4): 405-414.

[100] Pastor-Bárcenas O, Soria-Olivas E, Martín-Guerrero J D, et al. Unbiased sensitivity analysis and pruning techniques in neural networks for surface ozone modeling. Ecological Modelling, 2005, 182(2): 149-158.

[101] Lawryńczuk M. Modelling and nonlinear predictive control of a yeast fermentation biochemical reactor using neural networks. Chemical Engineering Journal, 2008, 145(2): 290-307.

[102] Ni J, Song Q. Pruning based robust backpropagation training algorithm for RBF network tracking controller. Journal of Intelligent & Robotic Systems, 2007, 48(3): 375-396.

[103] Mozer M, Smolensky P. Skeletonization: a technique for trimming the fat from network via relevance assessment. Advances in Neural Information Processing Systems, CA: Morgan Kaufmann, 1991, 107-115.

[104] Sietsma J, Dow R. Creating artificial neural networks that generalize. Neural Networks, 1991, 4(1): 67-79.

[105] Kevin I J H, Leung C S, Sum J. Convergence and objective functions of some fault/noise-injection-based online learning algorithms for RBF networks. IEEE Transactions on Neural Networks, 2010,

21(6): 938-947.

[106] Alippi C, Scotti F. Exploiting application locality to design low-complexity, highly performing, and power-aware embedded classifiers. IEEE Transactions on Neural Networks, 2006, 17(3): 745-754.

[107] Liang X. Removal of hidden neurons by crosswise propagation. Neural Information Processing-Letters and Reviews, 2005, 6(3): 79-86.

[108] Stathakis D. How many hidden layers and nodes. International Journal of Remote Sensing, 2009, 30(8): 2133-2147.

[109] Gutierrez-Osuna R. Pattern analysis for machine olfaction: a review. IEEE Transactions on Sensors Journal, 2002, 2(3): 189-202.

[110] Silver R A. Neuronal arithmetic. Nature Reviews Neuroscience, 2010, 11(7): 474-489.

[111] Rocha J D L, Doiron B, Shea-Brown E, et al. Correlation between neural spike trains increases with firing rate. Nature, 2007, 448: 802-806.

[112] Vinje W E, Gallant J L. Sparse coding and decorrelation in primary visual cortex during natural vision. Science, 2000, 287(5456): 1273-1276.

[113] Guo D Q, Li C G. Self-sustained irregular activity in 2-D small-world networks of excitatory and inhibitory neurons. IEEE Transactions on Neural Networks, 2010, 21(6): 895-905.

[114] Olmi S, Livi R, Politi A, et al. Collective oscillations in disordered neural networks. Physical Review E, 2010, 81: 046119.

[115] Castro D D, Meir R, Yavneh I. Delays and oscillations in networks of spiking neurons: a two-timescale analysis. Neural computation, 2009, 21(4): 1100-1124.

[116] Gros C. Cognitive computation with autonomously active neural networks: an emerging field. Cognitive Computation, 2009, 1(1): 77-90.

[117] Chen C C, Jasnow D. Mean-field theory of a plastic network of integrate-and-fire neurons, Physical Review E, 2010, 81: 011907.

[118] London M, Larkum M E, Häusser M. Predicting the synaptic information efficacy in cortical layer 5 pyramidal neurons using a minimal integrate-and-fire model. Biological Cybernetics, 2008, 99(4-5): 393-401.

[119] Nir Y, Mukamel R, Dinstein I, et al. Interhemispheric correlations of slow spontaneous neuronal fluctuations revealed in human sensory cortex. Nature Neuroscience, 2008, 11(8): 1100-1108.

[120] Teddy S D, Lai E M K, Quek C. Hierarchically clustered adaptive quantization CMAC and its learning convergence. IEEE Transactions on Neural Networks, 2007, 18(6): 1658-1682.

[121] Singh A, Quek C, Cho S Y. DCT-Yager FNN: a novel yager-based fuzzy neural network with the discrete clustering technique. IEEE Transactions on Neural Networks, 2008, 19(4): 625-644.

[122] Zhang N M, Wu W, Zheng G F. Convergence of gradient method with momentum for two-layer feedforward neural networks. IEEE Transactions on Neural Networks, 2006, 17(2): 522-525.

[123] Qiao J F, Wang H D. A self-organizing fuzzy neural network and its applications to function approximation and forecast modeling. Neurocomputing, 2008, 71(4-6): 564-569.

[124] Wang Y N, Li C S, Zuo Y. A selection model for optimal fuzzy clustering algorithm and number of clusters based on competitive comprehensive fuzzy evaluation. IEEE Transaction on Fuzzy Systems, 2009, 17(3): 568-577.

[125] Juang C F, Hsiao C M, Hsu C H. Hierarchical cluster-based multispecies particle-swarm optimization for fuzzy-system optimization. IEEE Transaction on Fuzzy Systems, 2010, 18(1): 14-26.

第 2 章　感知器神经网络

2.1 引　　言

20 世纪 50 年代后期，美国 Cornell 航空实验室的 Rosenblatt 为了试图模拟人的记忆、学习和认知过程，开始着手设计一种其称为感知器的神经计算模型，经过几年的努力，1958 年，Rosenblatt 发表了名为 *The Perception: A Perceiving and Recognizing Automaton*[1] 的论文，文中其构造了一种著名的神经计算模型，即感知器(perceptron)。感知器是最早被设计并被实现的人工神经网络，它在神经计算科学发展史上具有里程碑作用，使神经计算科学上升到一个前所未有的理论研究的高度。

前馈神经网络是神经网络中一种典型分层结构，信息流从输入层进入网络后逐层向前传递至输出层。根据前馈神经网络中神经元转移函数、隐层数以及权值调整规则的不同，可形成具有各种功能特点的神经网络。前馈神经网络是目前应用最为广泛的神经网络模型之一，其神经节点分层排列，组成输入层、隐含层(一层或多层)和输出层，每层节点只接收前层神经节点的输出信号。感知器神经网络是一种前馈神经网络，是神经网络中的一种典型结构。因此，感知器神经网络的信息从输入进入网络，逐层一步步向前传递直至输出层。同时根据感知器神经元变换函数、隐层数以及权值调整规则的不同，可以形成具有各种功能特点的神经网络[2]。感知器神经网络(多隐含层)由于具有理论上可逼近任意非线性连续映射的能力，因而非常适合非线性系统的建模和控制，尤其是误差反向传播算法(back-propagation algorithm，BP)[3] 提出以后，更是得到了广泛的应用。

本章主要介绍感知器神经网络的结构以及学习算法。首先介绍感知器神经网络的结构，分别介绍单隐含层和多隐含层感知器神经网络，然后介绍感知器神经网络的学习算法：BP 算法和 BP 算法的改进算法，同时，为了便于更好地认识感知器神经网络以及后续章节的学习，给出了部分数学运算知识，这部分知识读者可以有选择性地进行阅读。最后给出感知器神经网络的总结。

2.2 感知器神经网络分析

感知器神经网络是神经网络中一种典型分层结构，信息从输入层进入网络后逐层向前传递至输出层。根据隐含层层数的不同可分为单层感知器神经网络和多层感知器神经网络。

2.2.1 单神经元分析

人工神经网络是一种模仿动物神经网络行为特征,进行分布式并行信息处理的模型。人工神经网络依靠系统的复杂程度,通过调整内部大量神经元之间相互连接的关系,从而达到处理信息的目的。人工神经网络具有自学习和自适应的能力,可以通过预先提供的一批相互对应的输入-输出数据,分析掌握两者之间潜在的规律,最终根据这些规律,用新的输入数据来推算输出结果。神经元是神经网络基本元素,大量的形式相同的神经元连接在一起就组成了神经网络,只有了解神经元才能认识神经网络的本质。神经网络是一个高度非线性动力学系统。神经网络的基本组成单元是神经元,在数学上的神经元模型是和在生物学上的神经细胞对应的,虽然每个神经元的结构和功能都不复杂,但是神经网络的动态行为则是十分复杂的[1~3]。

权值、偏置、输入和传输函数:一个单神经元如图 2-1 所示。标量输入 x 乘上标量权值 w 得到 wx,再将其送入累加器。另外一个输入 1 乘上偏置值 b,再将其送入累加器。累加器输出 n 通常被称为净输入,它被送入一个传输函数 f,在 f 中产生神经元的标量输出 y。

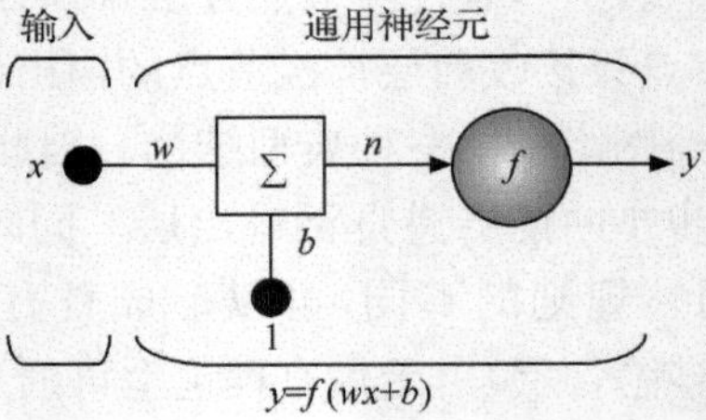

图 2-1 单神经元

神经元输入按下式计算:

$$y = f(wx + b) \tag{2-1}$$

例如,若 $w=3, x=2, b=-1.5, y=f(3\times2-1.5)=f(4.5)$。

偏置除了有常数输入值 1 之外,它很像一个权值。但是,如果不想在神经元中使用偏置值,也可以忽略它。w 和 b 是神经元的可调整标量参数。设计者也可以选择特定的传输函数,在一些学习规则中调整参数 w 和 b,以满足特定的需要。实际输入取决于所选择的特定传输函数。

同时,神经网络是门新兴学科,迄今为止,人们还并没有对其建立严格的数学符号和机构化表示。另外,神经网络方面的论文和书籍均是来自诸如工程、物理、心理学和数学等许多不同领域，作者都习惯用本专业的特殊词汇。于是，神经网络的许多文献都难以阅读，概念也较实际情况更为复杂。本书的图、数学公式以及解释图和数学公式的正文，将使用以下符号：

标量：小写或大写的斜体字母，如 a,b,c,A,B,C。

向量和矩阵：小写或大写的黑斜体字母，如 $\boldsymbol{a},\boldsymbol{b},\boldsymbol{c},\boldsymbol{A},\boldsymbol{B},\boldsymbol{C}$。

2.2.2　单层感知器神经网络

生物神经系统的记忆和学习行为是生物智能行为的重要特征。Rosenblatt 基于 Hebb 突触修饰理论[4]，Hebb 突触修饰理论揭示了生物神经系统记忆和学习的原理，并且表明了神经系统的记忆是其神经细胞间突触联系效率的某种保持，而神经系统的学习则是其神经细胞间突触联系效率的演变。在 *The Perception：A Perceiving and Recognizing Automaton*[1] 一文中 Rosenblatt 将感知器的记忆和学习功能的神经生理学基础归纳为五项假设：①不同生物体有关学习和识别的神经系统，其物理连接是不同的。出生时生物体最重要的神经系统的结构是极为随机的，并遵循遗传约束最小数原则。②神经细胞互连形成的原始神经系统具有可塑性，这种可塑性应该来自于 Hebb 突触的可修饰特性。神经系统在其自身的活动过程中，可能会因为神经细胞突触联系效率的改变而形成某种长久的结构上的变化。神经系统结构上的改变可能使一群神经细胞受到刺激而引发另一群神经细胞反应的概率发生变化，进而形成神经系统某种"刺激-反应"的输入输出关系。③神经系统在大量的刺激作用下，传入神经和传出神经之间可能形成某种特定的通道，而这些通道的形成依赖于神经细胞之间突触联系效率的修饰或改变。对于神经系统，相似的刺激倾向于形成相似的通道和相似的反应，而相异的刺激则倾向于形成相异的通道和相异的反应。④正强化可以促成神经系统正在发展中的神经细胞间的突触联系的形成，而负强化则可能阻碍神经系统正在发展的神经细胞间的突触联系的形成。⑤神经系统中的相似性代表了神经系统激活同一群神经细胞的倾向性的水平，即引发相似的"刺激-反应"的水平。神经系统中的相似性依赖于认知系统的组织，这一组织通过与环境的交互而发展和进化。这里的"组织"是神经细胞间突触联系的状况或突触联系的模式。神经系统结构及其"刺激-环境"均衡体系将影响并决定知觉世界对事物的划分。神经系统对客观世界的认识依赖于神经系统的结构，而这种结构即神经细胞间的突触联系模式是可塑的。在这五项假设中，依 Rosenblatt 的观点，神经网络结构或结构的演化决定了或表现了神经系统的记忆和学习行为，而神经系统结构的演化依赖于神经细胞间突触联系效率的修饰或改变，Rosenblatt 的假设为其构造具有记忆和学习功能的人工神经系统奠定了基础。因此，感知器的设计思想源于 McCulloch 和 Pitts 关于神经元和神经网络的概念，源于 Hebb 的突触修饰理论，同时，也源于 Rosenblatt 对神经系统的认识和理解[5,6]。

在众多人工神经网络模型中，最为简单的就是所谓的单层前向网络，它是指拥有的计算节点（神经元）是单层的。单层感知器也是感知器的一种，它的结构和功能比较简单，在解决实际问题时应用不是很多，但是它在神经网络的研究中具有重要意义，是研究其他复杂网络的基础，而且较易学习和理解，适合于作为学习神经网络的起点。

单层感知器结构简单，只有一层处理单元，包括输入层在内，一共有两层。其拓扑结构如图 2-2 所示。

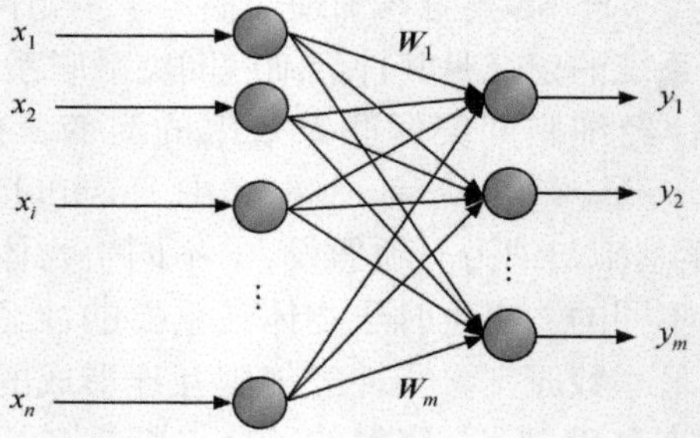

图 2-2　单层感知器

图中输入层也称为感知层，有 n 个神经元节点，这些神经元引入外部信息，自身不进行信息处理，每个神经元接收一个输入信号，n 个输入信号构成输入列向量 $\boldsymbol{X}$。输出层也称为处理层，有 m 个神经元节点，每个神经元均具有信息处理能力，m 个神经元向外部输出处理信息，构成输出列向量 $\boldsymbol{Y}$。两层之间的连接权值用权值向量表示，m 个权值向量构成单层感知器的权值矩阵 $\boldsymbol{W}$。输入、输出以及权值用列向量可以分别表示为

$$\begin{aligned}\boldsymbol{X} &= (x_1, x_2, \cdots, x_n)^{\mathrm{T}} \\ \boldsymbol{Y} &= (y_1, y_2, \cdots, y_m)^{\mathrm{T}} \\ \boldsymbol{W}_j &= (w_{1j}, w_{2j}, \cdots, w_{ij}, \cdots, w_{nj})^{\mathrm{T}}\end{aligned} \tag{2-2}$$

由图 2-2 感知器的模型可知，对于处理层中任一神经元，其输入 net_j 为来自输入层各神经元的输入加权和：

$$\mathrm{net}_j = \sum_{i=1}^{n} w_{ij} x_i \tag{2-3}$$

其中，$j=1,2,\cdots,m$，则处理层第 j 个神经元的输出 y_j 为

$$y_j = f_j(\mathrm{net}_j) \tag{2-4}$$

其中，函数 $f_j(\cdot)$ 为处理层神经元的传输函数，感知器神经网络中所用的大多数传输函数如表 2-1 所示。

表 2-1　传输函数

名称	输入/输出关系
硬极限函数	$f_j=0,\quad \mathrm{net}_j<0$ $f_j=1,\quad \mathrm{net}_j\geqslant 0$
对称硬极限函数	$f_j=-1,\quad \mathrm{net}_j<0$ $f_j=+1,\quad \mathrm{net}_j\geqslant 0$
线性函数	$f_j=\mathrm{net}_j$
饱和线性函数	$f_j=0,\quad \mathrm{net}_j<0$ $f_j=\mathrm{net}_j,\quad 0\leqslant \mathrm{net}_j\leqslant 1$ $f_j=1,\quad \mathrm{net}_j\geqslant 1$
对称饱和线性函数	$f_j=-1,\quad \mathrm{net}_j<-1$ $f_j=\mathrm{net}_j,\quad -1\leqslant \mathrm{net}_j\leqslant 1$ $f_j=1,\quad \mathrm{net}_j\geqslant 1$
对数 S 形函数	$f_j=\dfrac{1}{1+\mathrm{e}^{-\mathrm{net}_j}}$
双曲正切 S 形函数	$f_j=\dfrac{\mathrm{e}^{\mathrm{net}_j}-\mathrm{e}^{-\mathrm{net}_j}}{\mathrm{e}^{\mathrm{net}_j}+\mathrm{e}^{-\mathrm{net}_j}}$
正线性函数	$f_j=0,\quad \mathrm{net}_j<0$ $f_j=n,\quad \mathrm{net}_j\geqslant 0$

传输函数常见的对数 S 形函数和双曲正切 S 形函数如图 2-3 和图 2-4 所示。

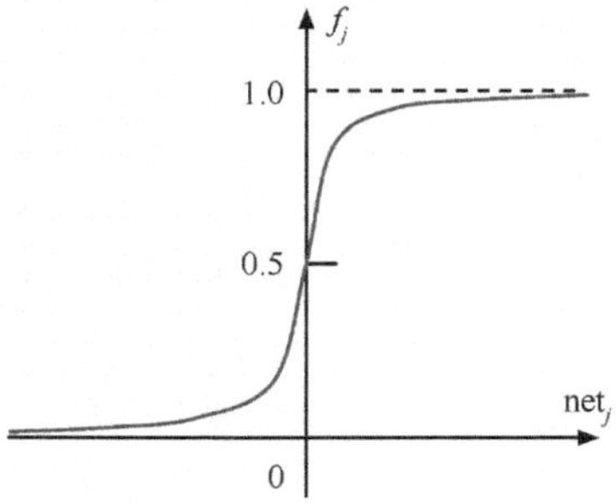

图 2-3　对数 S 形函数

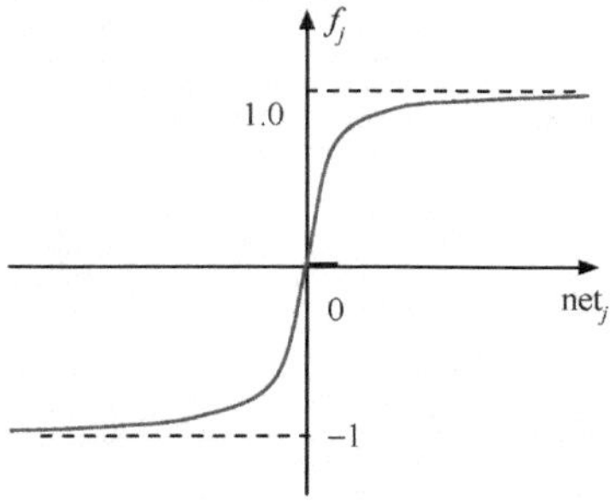

图 2-4　双曲正切 S 形函数

一般情况下，单层感知器神经网络可以用来解决只有两类模式的模式识别问题，这时，输入空间被 $n-1$ 维超平面 $\boldsymbol{W}^{\mathrm{T}}\boldsymbol{X}=0$ 分成两部分；若 $\boldsymbol{W}^{\mathrm{T}}\boldsymbol{X}>0$，则判断 $\boldsymbol{X}$ 属于第一类；若 $\boldsymbol{W}^{\mathrm{T}}\boldsymbol{X}\leqslant 0$，则判断 $\boldsymbol{X}$ 属于第二类。凡具有线性边界的两类模式的识别问题均可用单层感知器神经网络解决，而那些具有非线性边界的问题感知器则无法解决[7]。

2.2.3 多层感知器神经网络

多层感知器是单层感知器的推广，但是它能够解决单层感知器所不能解决的非线性可分问题。多层感知器由输入层、隐含层和输出层组成，其中隐含层可以为一层或多层。为了便于理解，这部分分为单隐含层和多隐含层（两层）对多层感知器神经网络的进行讨论。

1. 单隐含层感知器神经网络

单隐含层感知器神经网络结构一般由输入层、单隐含层、输出层组成，其结构如图 2-5 所示（多输入单输出）。神经网络各层的具体功能如下。

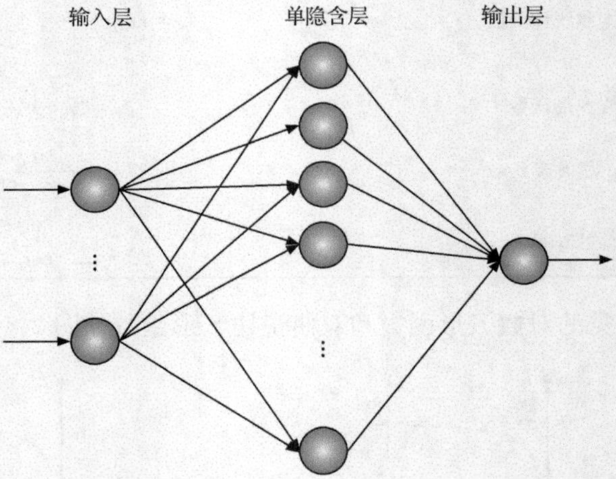

图 2-5 单隐含层感知器神经网络结构图

1）输入层

输入层有 M 个节点，分别是输入 $\boldsymbol{x}=(x_1,\cdots,x_M)$。

$$u_i = x_i \tag{2-5}$$

其中，$i=1,2,\cdots,M$，u_i 表示输入层第 i 个神经元的输出。

2）单隐含层

单隐含层对输入量进行处理，有 K 个神经元。

$$h_j = f_j\left(\sum_{i=1}^{M} w_{i,j}u_i\right) \quad (i=1,2,\cdots,M;\ j=1,2,\cdots,K) \tag{2-6}$$

其中，函数 $f_j(\cdot)$ 为处理层神经元的传输函数，h_j 表示隐含层第 j 个神经元的输出，$w_{i,j}$ 为输入层第 i 个神经元与隐含层第 j 个神经元间的连接权值。

3）输出层

输出层为了描述方便，只设有一个输出神经元，其输出可以由下式来计算：

$$y = \sum_{j=1}^{K} w_j h_j \tag{2-7}$$

其中，$j=1,2,\cdots,K$，w_j表示隐含层第 j 个神经元和输出层神经元间的连接权值。

2. 多隐含层感知器神经网络

多隐含层感知器神经网络结构一般由输入层、隐含层（多层）、输出层组成，为了便于描述，只对两个隐含层神经网络进行讨论，其结构如图 2-6 所示（多输入单输出）。以下给出多隐含层感知器神经网络每层的功能。

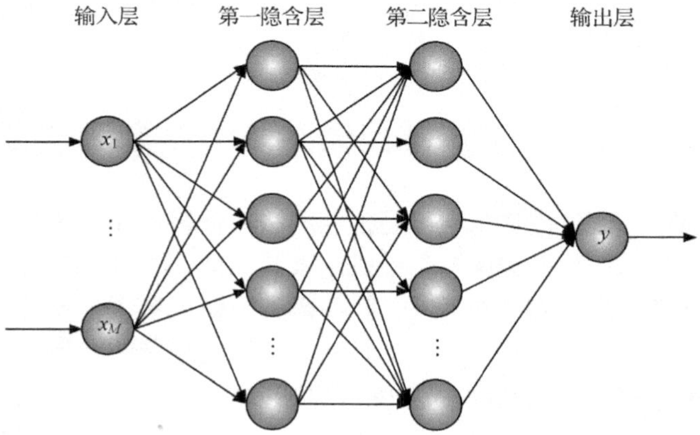

图 2-6　多隐含层感知器神经网络结构图

1）输入层

输入层有 M 个节点，分别是输入 $\boldsymbol{x}=(x_1,\cdots,x_M)$。

$$u_i = x_i \tag{2-8}$$

其中，$i=1,2,\cdots,M$，u_i表示输入层第 i 个神经元的输出。

2）第一隐含层

设第一隐含层有 H 个神经元，则该层神经元的输出可表示为

$$h_j^1 = f^{(1)}\left[\sum_{i=1}^{M} \omega_{ij} u_i\right] = f^{(1)}\left[\sum_{i=1}^{M} \omega_{ij} x_i\right] \tag{2-9}$$

其中，h_j^1 为第 j 个神经元的输出，$f^{(1)}(\cdot)$为第一隐含层神经元的传输函数，ω_{ij} 为第 i 个输入神经元与第一隐含层第 j 个神经元之间的连接权值。

3）第二隐含层

设第二隐含层有 L 个神经元，则该层神经元的输出为

$$h_l^2 = f^{(2)}\Big[\sum_{l=1}^{H}\omega_{jl}o_j^1\Big] = f^{(1)}\Big[\sum_{l=1}^{H}\omega_{jl}\Big(f^{(1)}\Big[\sum_{i=1}^{M}\omega_{ij}x_i\Big]\Big)\Big] \tag{2-10}$$

其中，$l=1,2,\cdots,H$，h_l^2 为第 l 个神经元的输出，$f^{(2)}(\cdot)$为第二隐含层神经元的激活函数，ω_{jl} 为第一隐含层第 j 个神经元与第二隐含层第 j 个神经元之间的连接权值。

4）输出层

输出层为了描述方便，假设只有一个输出神经元，其输出可以由下式来计算：

$$y = \sum_{k=1}^{K}\omega_k h_l^2 = \sum_{k=1}^{K}\omega_k f^{(2)}\Big[\sum_{l=1}^{H}\omega_{jl}h_j^1\Big] = \sum_{k=1}^{K}\omega_k f^{(2)}\Big[\sum_{l=1}^{H}\omega_{jl}\Big(f^{(1)}\Big[\sum_{i=1}^{M}\omega_{ij}x_i\Big]\Big)\Big] \tag{2-11}$$

其中，$k=1,2,\cdots,K$，ω_k 为第二隐含层第 k 个神经元和输出层神经元间的连接权值。

2.3 感知器神经网络学习算法

在神经网络的诸多特点中，学习是神经网络一种最重要也最令人注目的特点。神经网络的学习能力，与人类认知思维机制极其相似，又是传统计算机技术所缺少的。因此，在神经网络的发展进程中，学习算法的研究有着十分重要的地位。目前，人们所提出的神经网络模型多数都是和学习算法相应的[8~13]。

自从 20 世纪 40 年代 Hebb 提出学习规则以来[14]，人们相继提出了各种各样的学习算法。1974 年 Werbos 第一次提出了一个训练多层神经网络的反向传播算法[15]，由于该算法是在一般网络中描述的，它只是将神经网络作为一个特例，因此，在神经网络研究领域内没有得到广泛传播。直到 80 年代中期，反向传播算法才被重新发现并广泛宣扬[16,17]，为解决多层神经网络的学习提供了保证。

本节在前一节给出感知器神经网络结构的基础上，详细讨论应用于感知器神经网络的反向传播算法，BP 算法是以一种有教师的方式进行学习，由教师对每一种输入模式设定一个期望值，然后对网络输入实际的学习记忆模式，并由输入层经中间层向输出层传播(称为模式顺向传播)。实际输出与期望输出的差即为误差，依据使平方误差最小的学习规则，由输出层往中间层逐层修正连接权值，此过程称为“误差逆向传播”。BP 算法是应用于感知器神经网络最广泛的算法[18~20]，主要由信息的正向传播和误差的反向传播两个过程组成。输入层各神经元负责接收来自外界的输入信息，并传递给中间层各神经元；中间层是内部信息处理层，负责信息变换，根据信息变化能力的需求，中间层可以设计为单隐含层或者多隐含层结构；最后一个隐含层传递到输出层各神经元的信息，经进一步处理后，完成一次学习的正向传播处理过程，由输出层向外界输出信息处理结果。当实际输出与期望输出不符时，进入误差的反向传播阶段。误差通过输出层，按误差梯度下降的方式修正各层权值，向隐含层、输入层逐层反传。周而复始的信息正向传播和误差反向传播过程，是各层权值不断调整的过程，也是神经网络学习训练的过程，此过程一直进行到网络输出的误差减少到可以接受的程度，或者预先设定的学习次数达到为止。

为了清晰地描述 BP 算法，以下主要针对多输入多输出感知器神经网络进行讨论。多层感知器神经网络一般包含三个部分：输入层、隐含层及输出层，其中输入、输出层为一层，隐含层可以有多层。为简单起见，这里仅以隐含层只有一层的多层感知器神经网络为例说明 BP 算法的权值学习过程，如图 2-7 所示，给出多层感知器神经网络。

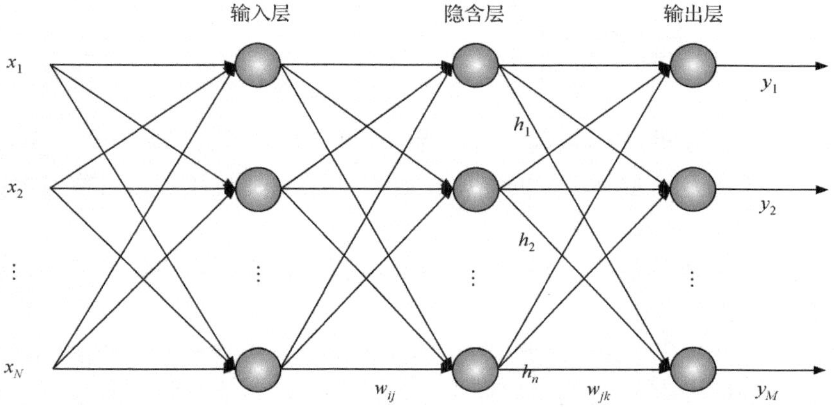

图 2-7　多层感知器神经网络结构图

设多层感知器神经网络的输入为 $\boldsymbol{x}=(x_1,x_2,\cdots,x_N)^{\mathrm{T}}$，其中 N 为输入维数。设隐含层神经元输出为 $\boldsymbol{h}_{\mathrm{o}}$，其中，$\boldsymbol{h}_{\mathrm{o}}=[h_{\mathrm{o}1},h_{\mathrm{o}2},\cdots,h_{\mathrm{o}n}]^{\mathrm{T}}$，$n$ 为隐含层神经元个数，隐含层神经元的输入为 $\boldsymbol{h}_{\mathrm{i}}$，其中，$\boldsymbol{h}_{\mathrm{i}}=(h_{\mathrm{i}1},h_{\mathrm{i}2},\cdots,h_{\mathrm{i}n})^{\mathrm{T}}$，输出层神经元的输出为 $\boldsymbol{y}=(y_1,y_2,\cdots,y_M)^{\mathrm{T}}$，其中，$M$ 为输出神经元个数。再设输入层第 i 个神经元到隐含层第 j 个神经元的连接权值为 w_{ij}，隐含层第 j 个神经元到输出层第 k 个神经元的连接权值为 w'_{jk}。

感知器神经网络各层神经元的输出可写为

$$\begin{cases} h_{\mathrm{o}j}=\sum\limits_{i=1}^{N}w_{ij}x_i-\theta_h \\ y_k=\sum\limits_{j=1}^{n}w_{jk}h_{\mathrm{o}j}-\theta_y \end{cases} \tag{2-12}$$

其中，θ_h，θ_y 分别为隐含层及输出层阈值，$x_{\mathrm{o}i}$ 为输入层第 i 个神经元的输出。式

(2-11)也可写成矩阵的形式：

$$\begin{cases} \boldsymbol{h}_{\circ} = \boldsymbol{f}(\boldsymbol{W}_1 \boldsymbol{x}) \\ \boldsymbol{y} = \boldsymbol{f}(\boldsymbol{W}_2 \boldsymbol{h}) \end{cases} \tag{2-13}$$

其中，$\boldsymbol{W}_1$为输入层到隐含层的连接权值矩阵，$\boldsymbol{W}_2$为隐含层到输出层的连接权值矩阵，

$$\boldsymbol{W}_1 = \begin{bmatrix} w_{01} & w_{11} & \cdots & w_{N1} \\ w_{02} & w_{12} & \cdots & w_{N2} \\ \vdots & \vdots & & \vdots \\ w_{0n} & w_{1n} & \cdots & w_{Nn} \end{bmatrix}_{n\times(N+1)}$$

$$\boldsymbol{W}_2 = \begin{bmatrix} w'_{01} & w'_{11} & \cdots & w'_{n1} \\ w'_{02} & w'_{12} & \cdots & w'_{n2} \\ \vdots & \vdots & & \vdots \\ w'_{0n} & w'_{1n} & \cdots & w'_{nm} \end{bmatrix}_{M\times(n+1)} \tag{2-14}$$

这里为分析方便起见，将阈值也作为一个相应的神经元，即$x_0 = \theta_h$，$h_{\circ 0} = \theta_y$，其中输入x_0与各隐含层神经元的连接权值为$(w_{01}, \cdots, w_{0n})^{\mathrm{T}}$，$h_{\circ 0}$与输出神经元的连接权值为$(w'_{01}, \cdots, w'_{0n})^{\mathrm{T}}$。

由此可见，BP算法将完成从$N+1$维输入空间（考虑到阈值神经元）到M维输出空间的映射。

给定一组样本$((\boldsymbol{x}^1, \boldsymbol{d}^1), (\boldsymbol{x}^2, \boldsymbol{d}^2), \cdots, (\boldsymbol{x}^P, \boldsymbol{d}^P))$，其中$\boldsymbol{x}$为样本输入，$\boldsymbol{d}$为给定输入下期望的样本输出，$P$为学习样本个数。神经网络学习的目的是通过改变各神经元的连接权值实现在给定输入$\boldsymbol{x}^p$下神经网络的输出$\boldsymbol{y}^p$与相应输入下样本的输出$\boldsymbol{d}^p$尽可能地接近。即神经网络的实际输出尽可能地接近期望输出。

当一个样本（假设为第p个样本）输入网络，神经网络产生相应的输出$\boldsymbol{y}^p$，显然，神经网络输出$\boldsymbol{y}^p$与期望的输出$\boldsymbol{d}^p$的接近程度可以用如下的误差指标来衡量，即

$$E^p = \frac{1}{2}\sum_{k=1}^{M}(y_k^p - d_k^p)^2 \tag{2-15}$$

这个误差也称为一个样本的方差。对于神经网络而言，只针对一个样本进行训练，进而使其误差E^p最小是不够的，其必须考虑训练能够使所有训练样本的综合误差最小。这个综合误差可表示为

$$E_T = \frac{1}{2}\sum_{p=1}^{P}\sum_{j=1}^{M}(y_j^p - d_j^p)^2 \tag{2-16}$$

这个误差也称为所有样本的方差和。

设w为神经网络的任一连接权值，按照梯度下降，权值的修正量为

$$\Delta w = -\eta \frac{\partial E_T}{\partial w} \tag{2-17}$$

其中，η 为一个小的正数，称为学习率。这种权值修正方法是将所有样本输入神经网络后，进行一次权值修正。此外，还可以采用增量的方法修正权值，即每次只采用当前的输入的样本方差作为性能指标来修正权值。一般情况下，对于离线的学习过程，一般采取批处理的方式修正权值，对于在线的学习过程（如神经网络用于控制），则可采用增量的方式进行权值的修正。

$$\Delta w = -\eta \frac{\partial E^p}{\partial w} \tag{2-18}$$

增量学习是每个样本输入网络后，都进行一次相应的权值修正。

BP 学习算法的权值修正过程是按照误差反向传播的方向进行的，即首先修正隐含层与输出层之间的连接权值，待隐含层与输出层的连接权值修正完毕后，隐含层与输出层的权值保持不变，继续修正输入层与隐含层之间的连接权值，即权值的修正方向是自后向前的[21,22]。下面具体说明神经网络的权值修正过程。

2.3.1　隐含层与输出层之间的权值修正

图 2-8 给出了隐含层与输出层之间的信息流向。

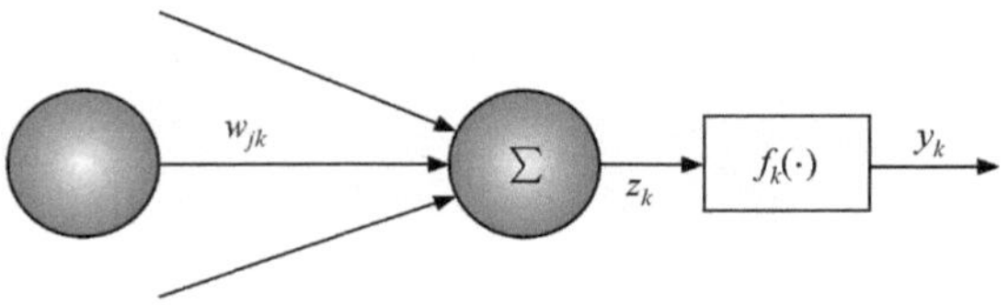

图 2-8　隐含层与输出层信息流向示意图

对于第 p 个输入样本，有

$$\begin{cases} E^p = \dfrac{1}{2}\displaystyle\sum_{k=1}^{M}(y_k^p - d_k^p)^2 \\ y_k^p = f_k(z_k^p) \\ z_k^p = \displaystyle\sum_{j=1}^{n} w_{jk} h_{oj} \end{cases} \tag{2-19}$$

其中，n 为隐含层神经元个数，h_j 为隐含层第 j 个神经元的输出，f_k 为第 k 个输出神经元的激活函数。

根据梯度下降的原理：

$$\Delta w'_{jk}(l+1) = -\eta_2 \frac{\partial E_T}{\partial w'_{jk}(l)} \tag{2-20}$$

其中，η_2 为训练隐含层到输出层权值的学习率，l 为迭代次数。根据偏导数的链式

法则，可以得出

$$\frac{\partial E_T(l)}{\partial w'_{jk}(l)} = \sum_{p=1}^{P} \frac{\partial E^p(l)}{\partial w'_{jk}(l)} = \sum_{p=1}^{P} \frac{\partial E^p(l)}{\partial y_k^p(l)} \frac{\partial y_k^p(l)}{\partial z_k^p(l)} \frac{\partial z_k^p(l)}{\partial w'_{jk}(l)} \tag{2-21}$$

根据式(2-19)，可以计算式(2-20)中相应的偏导数，结果如下：

$$\begin{cases} \dfrac{\partial E^p(l)}{\partial y^p(l)} = y_k^p(n) - d_k^p(l) \\ \dfrac{\partial y_k^p(l)}{\partial z_k^p(l)} = f'_k(z_k^p(l)) \\ \dfrac{\partial z_k^p(l)}{\partial w'_{jk}(l)} = h_{oj}(l) \end{cases} \tag{2-22}$$

将式(2-22)各项代入式(2-21)可得

$$\Delta w'_{jk}(l+1) = -\eta_2 \frac{\partial E_T}{\partial w'_{jk}(l)} = -\eta_2 \sum_{p=1}^{P} (y_k^p(l) - d_k^p(l)) f'_k(z_k^p(l)) h_{oj}(l) \tag{2-23}$$

其中 f'_k 是神经元激活函数的偏导数，若神经元 f 取为 Sigmoid 函数，且

$$f(u) = \frac{1}{1+\mathrm{e}^{-u}} \tag{2-24}$$

则其导数为

$$f'(u) = f(u)(1-f(u)) \tag{2-25}$$

此时

$$\begin{aligned} \Delta w'_{jk}(l+1) &= -\eta_2 \frac{\partial E_T}{\partial w'_{jk}(l)} \\ &= -\eta_2 \sum_{p=1}^{P} (y_k^p(l) - d_k^p(l)) f(z_k^p(l))(1 - f(z_k^p(l))) h_{oj}(l) \\ &= -\eta_2 \sum_{p=1}^{P} \delta_{jk} h_{oj}(l) \end{aligned} \tag{2-26}$$

其中

$$\delta_{jk} = (y_k^p(l) - d_k^p(l)) f(z_k^p(l))(1 - f(z_k^p(l))) \tag{2-27}$$

基于以上推导过程，此部分完成了根据误差信息修正隐含层到输出层权值的过程。

2.3.2 输入层与隐含层之间的权值修正

为简单起见，在讨论 BP 算法的权值学习过程时仅以只有一层的隐含层感知器神经网络为例，已经讨论了根据误差信息修正隐含层到输出层权值的过程。那么，对于隐含层到输出层间的连接权值 BP 算法的修改过程在这一节详细介绍。

由于感知器神经网络信息流从输入层进入网络后逐层向前传递至输出层，

图 2-9给出了神经网络的信息流向，根据图 2-9 可得

$$\begin{cases} E^p = \dfrac{1}{2}\sum\limits_{k=1}^{M}(y_k^p - d_k^p)^2 \\ y_k^p = f_k(z_k^p) \\ z_k^p = \sum\limits_{j=1}^{n} w_{jk} h_{oj} \\ h_{oj} = f(h_{ij}) \\ h_{ij} = \sum\limits_{i=1}^{N} w_{ij} x_i \end{cases} \tag{2-28}$$

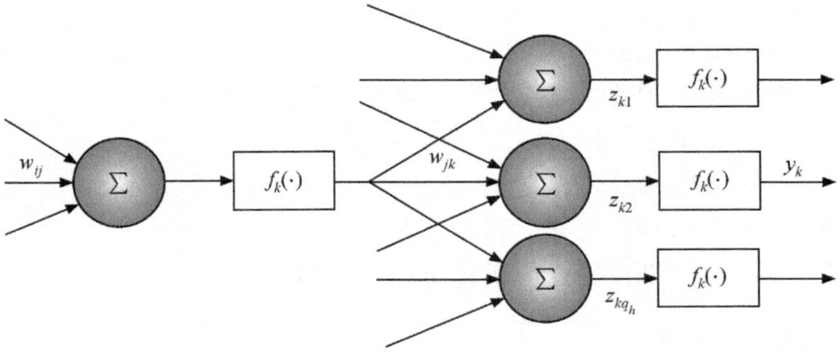

图 2-9　神经网络输入-隐含层信息流向示意图

输入层与隐含层之间的权值修正仍然按照梯度下降的方法来推导：

$$\Delta w_{ij}(l+1) = -\eta_1 \frac{\partial E_T}{\partial w_{ij}(l)} = -\eta_1 \sum_{p=1}^{P} \frac{\partial E^p(l)}{\partial w_{ij}(l)} \tag{2-29}$$

根据偏导数的链式法则，可得

$$\Delta w_{ij}(l+1) = -\eta_1 \sum_{p=1}^{P}\sum_{k=1}^{M} \frac{\partial E^p(l)}{\partial y_k^p(l)} \frac{\partial y_k^p(l)}{\partial z_k^p(l)} \frac{\partial z_k^p(l)}{\partial h_{oj}^p(l)} \frac{\partial h_{oj}^p(l)}{\partial h_{ij}^p(l)} \frac{\partial h_{ij}^p(l)}{\partial w_{ij}(l)} \tag{2-30}$$

根据式(2-28)的信息流向，可以计算式(2-30)中每一项的偏导数值。

$$\begin{cases} \dfrac{\partial E^p(l)}{\partial y_k^p(l)} = y_k^p(l) - d_k^p(l) \\ \dfrac{\partial y_k^p(l)}{\partial z_k^p(l)} = f(z_k^p(l))(1 - f(z_k^p(l))) \\ \dfrac{\partial z_k^p(l)}{\partial h_{oj}^p(l)} = w_{jk} \\ \dfrac{\partial h_{oj}^p(l)}{\partial h_{ij}^p(l)} = f(h_{ij}^p(l))(1 - f(h_{ij}^p(l))) \\ \dfrac{\partial h_{ij}^p(l)}{\partial w_{ij}(l)} = x_i \end{cases} \tag{2-31}$$

将式(2-31)各项代入式(2-30)可得

$$\begin{aligned}\Delta w_{ij}(l+1) &= -\eta_1 \sum_{p=1}^{P}\sum_{k=1}^{M}(y_k^p(l)-d_k^p(l))f(z_k^p(l)) \\ &\quad \cdot (1-f(z_k^p(l)))w_{jk}f(h_{ij}^p(l))(1-f(h_{ij}^p(l)))x_i \\ &= -\eta_1 \sum_{p=1}^{P}\sum_{k=1}^{M}\delta_{ij}x_i\end{aligned} \tag{2-32}$$

其中

$$\delta_{ij} = (y_k^p(l)-d_k^p(l))f(z_k^p(l))(1-f(z_k^p(l)))w_{jk}f(h_{ij}^p(l))(1-f(h_{ij}^p(l))) \tag{2-33}$$

标准反向传播算法的训练步骤总结如下：

第一步：权值初始化；

第二步：依次输入 P 个样本，设当前样本为第 p 个样本；

第三步：对于每个输入样本，依次计算各层的输出；

第四步：计算各层的反传误差；

第五步：若 $p<P$，转第二步，否则进行第六步；

第六步：按照权值修正公式依次计算各层权值的修正量。

2.3.3 BP 算法的改进

BP 算法具有逼近非线性函数的能力，其训练误差随着训练次数的增加逐渐减小，并最终达到一个稳定的状态。对于函数逼近问题而言，一般期望神经网络具有较高的学习精度，同时还具备较好的泛化能力，所谓泛化是指神经网络对于未学习的样本的逼近能力。基于 BP 算法的前馈神经网络逼近能力与输出神经元类型隐含层数、隐含层神经元数、网络的初始连接权值、学习率等多方面的因素相关。

1. 输出神经元类型

基于 BP 算法的前馈神经网络输出神经元激活函数的选择根据应用的不同而异：如果基于 BP 算法的前馈神经网络用于分类，则输出神经元激活函数一般选择为 Sigmoid 函数或硬极限函数，如果神经网络用于函数逼近，则输出节点激活函数为线性函数。

2. 隐含层数

已经证明，在隐含层神经元数目足够多的情况下，三层感知器神经网络可以以任意精度逼近有界区域上的任意连续函数。一般认为，增加隐含层可以降低网络误差(也有文献认为不一定能有效降低)、提高精度，但也使网络复杂化，从而增加了网络的训练时间和出现“过拟合”的倾向。Hornik 等早已证明[23]：若输入层和输出层采用线性转换函数，隐含层采用 Sigmoid 转换函数，则含一个隐含层的多层感知器神经网络能够以任意精度逼近任何有理函数。显然，这是一个存在性结论。在设计基于 BP 算法的前馈神经网络时可参考这一点，应优先考虑三层感知器神经网络（即有一个隐含层）。一般地，靠增加隐含层神经元数来获得较低的误差，其训练效果要比增加隐层数更容易实现。

3. 隐含层神经元数

在基于 BP 算法的前馈神经网络中，在神经网络输出神经元为线性神经元的情况下。神经网络的第 k 个输出为

$$y_k = \sum_{j=1}^{n} w_{jk} h_j \tag{2-34}$$

也就是说，神经网络输出是隐含层神经元输出的线性函数。为了获得较好的逼近效果，隐含层神经元输出需要具有较强的代表能力。当隐含层神经元个数不足时，隐含层的代表能力不足，则难以实现输入输出的非线性映射，从而造成学习误差和测试误差均较大。若隐含层神经元个数较多，则各个隐含层神经元输出的相关性也会较大，这又会造成“过拟合”现象。所以，合理地选择隐含层神经元个数尤为重要。关于隐含层神经元的选取问题，本书后面部分将会详细介绍针对不同的问题动态选择隐含层神经元的方法，这也成为神经网络的结构自组织问题[24~29]。

为尽可能避免训练时出现“过拟合”现象，保证足够高的网络性能和泛化能力，确定隐含层神经元数的最基本原则是：在满足精度要求的前提下取尽可能紧凑的结构，即取尽可能少的隐含层神经元数。研究表明，隐含层神经元数不仅与输入/输出层的神经元数有关，更与需解决的问题的复杂程度和转换函数的形式以及样本数据的特性等因素有关。

在确定隐含层神经元数时必须满足下列条件：①隐含层神经元数必须小于 $N-1$（其中 N 为训练样本数），否则，神经网络的系统误差与训练样本的特性无关而趋于零，即建立的网络模型没有泛化能力，也没有任何实用价值。同理可推得输入层的节点数（变量数）必须小于 $N-1$。②训练样本数必须多于网络模型的连接权数，一般为 2～10 倍，否则，样本必须分成几部分并采用“轮流训练”的方法才可能得到可靠的神经网络模型。总之，若隐含层神经元数太少，网络可能根本不能训练或网络性能很差；若隐含层神经元数太多，虽然可使网络的系统误差减小，但一方面使网络训练时间延长，另一方面训练容易陷入局部极小点而得不到最优点，也是训练时出现“过拟合”的内在原因。因此，合理隐含层神经元数应在综合考虑网络结构复杂程度和误差大小的情况下用节点删除法和扩张法确定。

4. 网络的初始连接权值

对于基于 BP 算法的前馈神经网络来说，初始连接权值的选择不同，每次训练的结果也不同，这是由于误差曲面的局部极小点非常多。BP 算法本质上是梯度下降算法，易陷入局部极小点。不同的网络初始连接权值直接决定了 BP 算法收敛于哪个局部极小点或是全局极小点。一般情况下，网络的初始连接权值要取小的随机值，保证各神经元的输入较小，从而使神经元的工作区域在斜率较大的区域，否则，若初始连接权值较大，可能会使神经元的输出陷入饱和区，这会恶化网络的性能。Sigmoid 转换函数的特性，一般要求初始连接权值分布在－0.5～0.5 比较有效[30,31]。

5. 学习率

学习率影响神经网络学习过程的稳定性。大的学习率可能使神经网络权值每一次的修正量过大，甚至会导致权值在修正过程中超出某个误差的极小值呈不规则跳跃而不收敛；但过小的学习率将会导致学习时间过长，不过能保证收敛于某个极小值。一般情况下，当误差曲面到达平坦区域时，可以选择较大的学习率以加快收敛速度，而当误差曲面在变化比较剧烈的区域时，选择较小的学习率以保证收敛[32～34]。

虽然误差反传的 BP 学习算法是一个较为简单且实用的学习算法，但在实用中，标准的 BP 算法通常学习收敛的速度较慢，而且很容易陷入局部最小，为此，人们提出了不少的改进方案。

1) 带动量项的 BP 算法[35～37]

为了提高收敛速度，最简单的方法是加动量项。加动量项的 BP 算法权值调整规则如式(2-35)所示：

$$\boldsymbol{w}(l+1)=\boldsymbol{w}(l)+\Delta\boldsymbol{w}(l+1)+\alpha\Delta\boldsymbol{w}(l) \tag{2-35}$$

其中

$$\Delta\boldsymbol{w}(l+1)=\eta(l)\boldsymbol{d}(l)$$

$$\boldsymbol{d}(l)=\frac{\partial E_T}{\partial\boldsymbol{w}(l)}$$

$$\Delta\boldsymbol{w}(l)=\boldsymbol{w}(l)-\boldsymbol{w}(l-1)=\eta(l-1)\boldsymbol{d}(l-1) \tag{2-36}$$

这时权值修正量加上了一个有关上一时刻权值修改方向的记忆，这一项称为动量项，式中第二项是标准 BP 算法的修正项，α 称为动量因子，一般取为 0.1～0.8。

动量项的作用分析如下：①当本次权值变化 $\Delta\boldsymbol{w}(l+1)$ 与前一次权值变化 $\Delta\boldsymbol{w}(l)$ 同号时，其加权求和的值增大，这就使得权值的变化幅度增大，学习过程加快。

②当本次权值变化 $\Delta \boldsymbol{w}(l+1)$ 与前一次权值变化 $\Delta \boldsymbol{w}(l)$ 异号时，这说明权值修正有一定的震荡，增加动量项可以对权值的变化起到抑制作用，从而保持学习过程的平稳。

这种方法对有些问题能够有效地提高 BP 神经网络的学习能力。使用该方案可以使收敛速度大大加快，有时甚至可以使训练次数减少到标准 BP 算法的十分之一。同时如果神经网络在的权值调整处于误差曲面的平坦区域运行，则动量的出现则会提高权值变化率，其收敛速度会增加。

$$\begin{aligned}\Delta w_{ij}(l+1) &= -\eta \frac{\partial E_T}{\partial w_{ij}} + \alpha \Delta w_{ij}(l) \\ &= -\eta \frac{\partial E_T}{\partial w_{ij}} - \alpha\eta \frac{\partial E_T}{\partial w_{ij}} - \alpha^2 \eta \frac{\partial E_T}{\partial w_{ij}} + \cdots \\ &= -\eta(1+\alpha+\alpha^2+\cdots)\frac{\partial E_T}{\partial w_{ij}} \\ &\approx -\frac{\eta}{1-\alpha}\frac{\partial E_T}{\partial w_{ij}}\end{aligned} \tag{2-37}$$

因为处于误差的平坦区域时，所有时刻的 $\partial E_T/\partial w_{ij}$ 基本不变，动量算法的原理如图 2-10 所示。

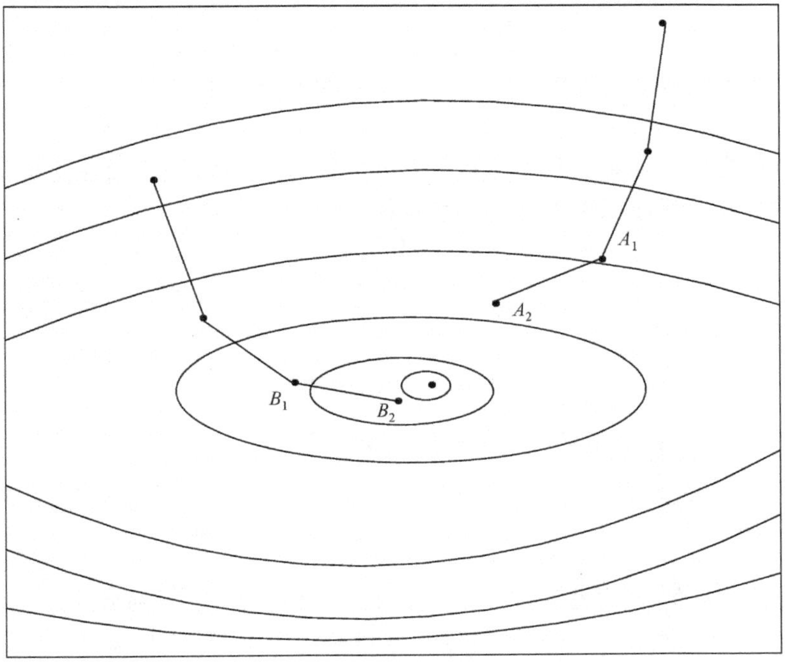

图 2-10　动量算法原理图

若第 l 次迭代在 A_1 点，$l+1$ 次迭代在 A_2 点，由于两点处的梯度方向(相邻迭代点之间的连线方向)是一致的，因此动量项可加速 A_2 点的收敛，而若第 l 次迭代在 B_1 点，$l+1$ 次迭代在 B_2 点，这两点的梯度方向是相反的，这是表明 $-\nabla E(l)$ 和 $-\nabla E(l+1)$ 都没有准确指向极小点，因此在 B_2 点的修正方向为 $-\eta\nabla E(l+1)+\alpha\Delta \boldsymbol{w}(l)$，这可以使收敛方向更准确地指向极小点。

2) 可变学习率[38,39]

可变学习率的批量权值更新代表提高批量更新的反向传播算法收敛速度的一个简单启发式策略。该策略的思想是，如果前一步的学习已经降低了总误差函数，则增加学习率的范围。相反地，如果增加误差函数则学习率要降低。算法可以描述如下：如果在整个训练集合中误差函数已经降低，通过乘一个数 $\rho_1>1$(典型地，$\rho_1=1.05$)来增加学习率。如果误差函数增加超过一个阈值 ε，可以通过乘一个数 $\rho_2<1$(典型地，$\rho_2=0.7$)来降低学习率。如果误差功能增加小于阈值 ε，学习率维持不变。

以上分析可以用公式表示如下：

$$\eta=\begin{cases}\rho_1\eta, & \Delta E<0\\ \rho_2\eta, & \Delta E>0,\quad 且\ \Delta E/E>\varepsilon\\ \eta, & \Delta E>0,\quad 且\ \Delta E/E<\varepsilon\end{cases}\tag{2-38}$$

这种学习率改变的方法计算量小，但有时效果不明显，该方法一般用于批处理 BP 算法。

另一种常用的可变学习率的算法为增呈式 BP 算法，该方法在每次学习时都寻找最优步长，增量式 BP 算法的训练目标为

$$E^p=\frac{1}{2}\sum_{k=1}^{M}(y_k^p-d_k^p)^2\tag{2-39}$$

假设 $M=1$，则

$$E^p=\frac{1}{2}(y_k^p-d_k^p)^2\tag{2-40}$$

可变学习率的 BP 算法权值调整规则为

$$\Delta\boldsymbol{w}^p=-\eta\frac{\partial E^p}{\partial\boldsymbol{w}^p}=-\eta(y_k^p-d_k^p)\frac{\mathrm{d}y_k^p}{\mathrm{d}\boldsymbol{w}^p}=-\eta(f((\boldsymbol{w}^{p+1})^{\mathrm{T}}z)-d_k^p)f'((\boldsymbol{w}^{p+1})^{\mathrm{T}}z)\tag{2-41}$$

权值修正后的 y^p 输出值，$f((\boldsymbol{w}^{p+1})^{\mathrm{T}}z)$ 可展开为一阶泰勒级数：

$$f((\boldsymbol{w}^{p+1})^{\mathrm{T}}z)=f((\boldsymbol{w}^{p})^{\mathrm{T}}z)+[f'((\boldsymbol{w}^{p})^{\mathrm{T}}z)]^{\mathrm{T}}\Delta\boldsymbol{w}^p\tag{2-42}$$

对最优步长 η，应使权值修正后的 $y^p=f((\boldsymbol{w}^{p+1})^{\mathrm{T}}z)$ 非常接近 d^p，即

$$d^p\approx f((\boldsymbol{w}^{p+1})^{\mathrm{T}}z)\approx f((\boldsymbol{w}^{p})^{\mathrm{T}}z)+[f'((\boldsymbol{w}^{p})^{\mathrm{T}}z)]^{\mathrm{T}}\Delta\boldsymbol{w}^p\tag{2-43}$$

将 $\Delta\boldsymbol{w}^p$ 的修正公式代入上式，可得

$$d^p - f((\boldsymbol{w}^{p+1})^{\mathrm{T}}z) \approx \eta(d^p - f((\boldsymbol{w}^{p+1})^{\mathrm{T}}z)) \| f'((\boldsymbol{w}^{p+1})^{\mathrm{T}}z) \|^2 \tag{2-44}$$

即最优的步长为

$$\eta = \frac{1}{\| f'((w^{p+1})^{\mathrm{T}}z) \|^2} \tag{2-45}$$

3) Newton 法[40~42]

常规的 BP 算法修正权值时只用到了误差函数对权值的梯度，即一阶导数信息，如果采用二阶倒数信息进行权值调整，则可以加速收敛。假定神经网络权值修正的目标是极小化误差函数 $E(\boldsymbol{w})$，且神经网络的当前连接权值为 $\boldsymbol{w}(t)$，其连接权值修正量为 $\Delta\boldsymbol{w}(t)$，于是下一时刻的连接权值 $\boldsymbol{w}(t+1)=\boldsymbol{w}(t)+\Delta\boldsymbol{w}(t)$。则对 $E(\boldsymbol{w}(t+1))$ 进行二阶泰勒级数展开，可得

$$E(\boldsymbol{w}(k+1)) = E(\boldsymbol{w}(k)) + \boldsymbol{g}_k^{\mathrm{T}}\Delta\boldsymbol{w}(t) + \frac{1}{2}\Delta\,\boldsymbol{w}^{\mathrm{T}}(k)\,A_k\Delta\boldsymbol{w}(k)$$

$$\Delta\boldsymbol{w}(k) = \boldsymbol{w}(k+1) - \boldsymbol{w}(k) \tag{2-46}$$

其中，$\boldsymbol{g}(t)$ 为 $E(\boldsymbol{w})$ 对参数 $\boldsymbol{w}$ 的梯度向量。方阵 $\boldsymbol{A}(t)$ 称为 $E(\boldsymbol{w})$ 的 Hessian 矩阵，其元素为 $E(\boldsymbol{w})$ 对各权值的二阶导数。即

$$\boldsymbol{g}_k = \left(\frac{\partial E(\boldsymbol{w})}{\partial w_1(k)}, \cdots, \frac{\partial E(\boldsymbol{w})}{\partial w_N(k)}\right)^{\mathrm{T}}$$

$$\boldsymbol{A}_k = \begin{bmatrix} \dfrac{\partial^2 E(\boldsymbol{w})}{\partial^2 w_1} & \dfrac{\partial^2 E(\boldsymbol{w})}{\partial w_1 \partial w_2} & \cdots & \dfrac{\partial^2 E(\boldsymbol{w})}{\partial w_1 \partial w_N} \\ \dfrac{\partial^2 E(\boldsymbol{w})}{\partial w_2 \partial w_1} & \dfrac{\partial^2 E(\boldsymbol{w})}{\partial^2 w_2} & \cdots & \dfrac{\partial^2 E(\boldsymbol{w})}{\partial w_2 \partial w_N} \\ \vdots & \vdots & & \vdots \\ \dfrac{\partial^2 E(\boldsymbol{w})}{\partial w_N \partial w_1} & \dfrac{\partial^2 E(\boldsymbol{w})}{\partial w_N \partial w_2} & \cdots & \dfrac{\partial^2 E(\boldsymbol{w})}{\partial^2 w_N} \end{bmatrix} \tag{2-47}$$

其中，N 为参数个数，可以通过计算 $E(\boldsymbol{w})$ 对 $\boldsymbol{w}$ 的梯度来估计能量函数 $E(\boldsymbol{w})$ 的最小值。

$$\frac{\partial E(\boldsymbol{w}(k+1))}{\partial \boldsymbol{w}(k+1)} = \frac{\partial}{\partial \boldsymbol{w}(k+1)}\left(E(\boldsymbol{w}(k)) + \boldsymbol{g}^{\mathrm{T}}(k)\Delta\boldsymbol{w}(k) + \frac{1}{2}\Delta\,\boldsymbol{w}^{\mathrm{T}}(k)\,\boldsymbol{A}_k\Delta\boldsymbol{w}(k)\right)$$

$$= \boldsymbol{g}_k^{\mathrm{T}} + \boldsymbol{A}_k\boldsymbol{w}(k+1) - \boldsymbol{A}_k\boldsymbol{w}(k) \tag{2-48}$$

显然，当误差函数达到最小值时，则

$$\frac{\partial E(\boldsymbol{w}(k+1))}{\partial \boldsymbol{w}(k+1)} = 0 \tag{2-49}$$

即

$$\boldsymbol{g}_k^{\mathrm{T}} + \boldsymbol{A}_k\boldsymbol{w}(k+1) - \boldsymbol{A}_k\boldsymbol{w}(k) = 0 \tag{2-50}$$

由此可得

$$\boldsymbol{w}(k+1) = \boldsymbol{w}(k) + \boldsymbol{A}_k^{-1}\,\boldsymbol{g}_k^{\mathrm{T}}$$

$$\Delta\boldsymbol{w}(k) = \boldsymbol{A}_k^{-1}\,\boldsymbol{g}_k^{\mathrm{T}} \tag{2-51}$$

式(2-51)就是 Newton 法的基本原理，Newton 法收敛速度比一阶梯度快，但是，Newton 法的一个明显问题是计算 Hessian 矩阵的逆所涉及的计算需求较大，即使是对中等规模的神经网络，该计算量也是十分大的，这限制了 Newton 法的实际应用。

4) Levenberg-Marquardt 算法[43~49]

Levenberg-Marquardt(LM)算法实际上是梯度下降法和牛顿法的结合，它的优点在于神经网络连接权值数目较少时收敛非常迅速。应用 LM 优化算法比传统的 BP 及其他改进算法(如共轭梯度法、附加动量法、自适应调整法及拟牛顿法等)迭代次数少，收敛速度快，精确度高。

考虑寻找向量 $\boldsymbol{w}$ 以最小化给定能量函数 $E(\boldsymbol{w})$，针对 BP 神经网络，误差函数或能量函数构造如下：

$$E(\boldsymbol{w}) = \frac{1}{2}\sum_{p=1}^{P}\sum_{j=1}^{M}(y_j^p - d_j^p)^2 = \frac{1}{2}\sum_{q=1}^{Q}e_q^2 \tag{2-52}$$

其中

$$e_q = y_j^q - d_j^q \tag{2-53}$$

按照 Newton 法，权值的变化规则为

$$\boldsymbol{w}(k+1) = \boldsymbol{w}(k) + \boldsymbol{A}_k^{-1}\boldsymbol{g}_k^{\mathrm{T}} \tag{2-54}$$

其中

$$\begin{aligned}\boldsymbol{g}_k &= \left(\frac{\partial E(\boldsymbol{w})}{\partial w_1},\cdots,\frac{\partial E(\boldsymbol{w})}{\partial w_N}\right)^{\mathrm{T}} = \left(\frac{\partial\sum\limits_{q=1}^{Q}\frac{1}{2}e_q^2}{\partial w_1},\cdots,\frac{\partial\sum\limits_{q=1}^{Q}\frac{1}{2}e_q^2}{\partial w_N}\right)^{\mathrm{T}} \\ &= \left(\sum_{q=1}^{Q}e_q\frac{\partial e_q}{\partial w_1},\cdots,\sum_{q=1}^{Q}e_q\frac{\partial e_q}{\partial w_N}\right)^{\mathrm{T}} = \boldsymbol{J}_k^{\mathrm{T}}\boldsymbol{e}\end{aligned} \tag{2-55}$$

$\boldsymbol{J}$ 是一个 Jacobi 矩阵，其值为

$$\boldsymbol{J}_k = \begin{bmatrix}\frac{\partial e_1}{\partial w_1} & \frac{\partial e_1}{\partial w_2} & \cdots & \frac{\partial e_1}{\partial w_N} \\ \frac{\partial e_2}{\partial w_1} & \frac{\partial e_2}{\partial w_2} & \cdots & \frac{\partial e_2}{\partial w_N} \\ \vdots & \vdots & & \vdots \\ \frac{\partial e_Q}{\partial w_1} & \frac{\partial e_Q}{\partial w_2} & \cdots & \frac{\partial e_Q}{\partial w_N}\end{bmatrix} \tag{2-56}$$

Hessian 矩阵 $\boldsymbol{A}_k$ 中的元素 $[\boldsymbol{A}_k]_{ij}$ 可表示为

$$[\boldsymbol{A}_k]_{ij} = \frac{\partial E^2(\boldsymbol{w})}{\partial w_i \partial w_j} = \sum_{q=1}^{Q}\frac{\partial e_q}{\partial w_i}\frac{\partial e_q}{\partial w_j} + e_q\frac{\partial^2 e_q}{\partial w_i \partial w_j} \tag{2-57}$$

将 $\boldsymbol{J}_k$ 代入式(2-57)可得

$$[\boldsymbol{A}_k]=\boldsymbol{J}_k^{\mathrm{T}}\boldsymbol{J}+\boldsymbol{S} \tag{2-58}$$

$\boldsymbol{S}$ 是一个二阶导数矩阵：

$$\boldsymbol{S}=\sum_{q=1}^{Q} e_q\,\nabla^2 e_q \tag{2-59}$$

当靠近能量函数的最小值时，矩阵 $\boldsymbol{S}$ 的元素变得很小，Hessian 矩阵 $\boldsymbol{A}$ 可近似地表达为

$$\boldsymbol{A}_k\approx\boldsymbol{J}_k^{\mathrm{T}}\boldsymbol{J} \tag{2-60}$$

由此可得

$$\Delta\boldsymbol{w}(k)=[\boldsymbol{J}_k^{\mathrm{T}}\boldsymbol{J}_k]^{-1}\boldsymbol{J}_k^{\mathrm{T}}\boldsymbol{e}_k \tag{2-61}$$

上述的迭代过程涉及 $\boldsymbol{J}_k{}^{\mathrm{T}}\boldsymbol{J}_k$ 求逆的问题，由于 $\boldsymbol{J}_k{}^{\mathrm{T}}\boldsymbol{J}_k$ 可能是病态甚至有可能是奇异的，这个问题可以通过增加一个辅助项来解决。

$$\boldsymbol{A}_k\approx\boldsymbol{J}_k^{\mathrm{T}}\boldsymbol{J}_k+\mu_k\boldsymbol{I} \tag{2-62}$$

其中，μ_k 是一个很小的正数，$\boldsymbol{I}$ 为单位阵。则

$$\Delta\boldsymbol{w}(k)=[\boldsymbol{J}_k^{\mathrm{T}}\boldsymbol{J}_k+\mu_k\boldsymbol{I}]^{-1}\boldsymbol{J}_k^{\mathrm{T}}\boldsymbol{e}_k \tag{2-63}$$

LM 算法实质上是最速下降法到牛顿法的过度算法，当 μ_k 较大时，中括号的第二项成为优势项：

$$\Delta\boldsymbol{w}(k)\approx[\mu_k\boldsymbol{I}]^{-1}\boldsymbol{J}_k^{\mathrm{T}}\boldsymbol{e}_k \tag{2-64}$$

若令 $\alpha_k=1/\mu_k$，则有

$$\Delta\boldsymbol{w}(k)\approx\alpha_k\boldsymbol{J}_k^{\mathrm{T}}e_k=\alpha_k\boldsymbol{g}_k \tag{2-65}$$

式(2-64)即为最速下降法。

其他一些感知器神经网络的学习算法可以参考文献[50]～[56]。

为了更好地认识感知器神经网络以及其他前馈神经网络，读者首先了解以下预备知识。

2.4　本章小结

人工神经网络由大量简单的处理单元经广泛并行互连而构成，用于模拟人脑神经系统的结构和功能。神经网络在模拟生物神经计算方面有一定优势，以分布式存储和并行协同处理为特色；具有很强的自组织、自学习、自适应、联想记忆及模糊推理等能力；还具备高度的容错性和鲁棒性。它的出现为非线性系统建模提供了一种新的工具。

根据感知器神经网络的不同结构，本章主要介绍了两种感知器神经网络——单层感知器神经网络和多层感知器神经网络。同时，介绍了感知器神经网络的常用学习算法——BP 算法和 BP 改进型算法。对感知器神经网络结构以及其学习

算法的介绍，使得读者从直观上对神经网络，尤其是前馈神经网络有一个初步的认识。当然，本章内容也是后续部分章节的基础内容，通过对本章内容的初步了解可以加深后续章节的学习和理解。

本章虽然对感知器神经网络结构以及其学习算法进行了介绍，但是，由于应用领域的不同，在感知器神经网络的应用方面本章没有给出详细的例子，读者可以参照参考文献部分的文章，从而找出不同领域的应用实例。另外，读者可以先参考后续章节中感知器神经网络的应用，在后续章节感知器神经网络的应用仅仅是学习算法不同。

附录A 数学基础

附录 A.1 泰勒引理

神经网络模型是以神经元的数学模型为基础来描述的，为了正确分析和设计人工神经网络，需要有坚实的数学基础。在这一节介绍神经网络的数学基础——泰勒分析。目的是要介绍神经计算的必备的数学背景知识，读者可以在掌握了研究神经网络的必备数学技能知识的基础上进行神经网络分析和设计。

泰勒公式是高等数学中一个非常重要的内容，它将一些复杂的函数近似地表示为简单的多项式函数，这种化繁为简的功能，使它成为分析和研究其他数学问题的有力工具。18 世纪早期英国牛顿学派最优秀的代表人物之一的数学家泰勒(Brook Taylor)，其主要著作是 1715 年出版的《正的和反的增量方法》，书中陈述出他于 1712 年 7 月给其老师梅钦信中首先提出的著名定理——泰勒定理。于 1717 年，泰勒以泰勒定理求解了数值方程。泰勒公式是从格雷戈里——牛顿插值公式发展而成的，它是一个用函数在某点的信息描述其附近取值的公式。如果函数足够光滑的话，在已知函数在某一点的各阶导数值的情况之下，泰勒公式可以用这些导数值作系数构建一个多项式来近似函数在这一点的邻域中的值。1772 年，拉格朗日强调了此公式的重要性，称其为微分学基本定理，但是泰勒与证明当中并没有考虑级数的收敛性，因而证明其不严谨，这个工作直至 19 世纪 20 年代才由柯西完成。泰勒定理开创了有限差分理论，使任何单变量函数都可以展开成幂级数，因此，泰勒成了有限差分理论的奠基者。泰勒的书中还讨论了微积分对一系列物理问题的应用，其中以有关弦的横向振动结果尤为重要。他通过求解方程导出了基本频率公式，开创了研究弦振问题的先河。此外，书中还包括了他在数学之上的其他创造性工作，如论述常微分方程的奇异解、曲率问题研究等。

众所周知，泰勒公式是数学分析中非常重要的内容，是研究函数极限和估计误差等方面不可或缺的数学工具，集中体现了微积分“逼近法”的精髓，在近似计算上有着独特的优势，利用它可以将非线性问题化为线性问题，且有很高的精确度，在微积分的各个方面都有重要的应用。它可以应用于求极限、判断函数极值、求高阶导数在某些点的数值、判断广义积分收敛性、近似计算、不等式证明等方面。本节分两部分进行讨论，首先给出了泰勒定理和推论的预备引理；其次是一元泰勒公式的推导和证明、多元泰勒公式以及泰勒级数的介绍。

1. 柯西中值定理[57,58]

法国数学家柯西对微分中值定理进行了较系统的研究，他首先讨论了中值定理的重要作用，使其成为微分学的主要定理，并于1823年将拉格朗日定理推广为广义的柯西定理。由于柯西中值定理在微积分学中的作用越来越重要，许多学者对其证明方法、推广和应用进行了广泛的讨论。尤其是从代数和几何方面给出了柯西中值定理的多种证明方法，以及多个函数、多元函数和高阶等情形的柯西中值定理形式。

柯西中值定理主要描述为：设有函数 $f(x)$，$g(x)$满足在$[a,b]$上连续，在(a,b)内可导，$g'(x)\neq 0(x\in(a,b))$则至少存在一点 $\xi\in(a,b)$，使得

$$\frac{f'(\xi)}{g'(\xi)}=\frac{f(b)-f(a)}{g(b)-g(a)} \tag{A-1}$$

若令 $u=f(x)$，$v=g(x)$，这个形式可理解为参数方程，而$[f(a)-f(b)]/[g(a)-g(b)]$则是连接参数曲线的端点斜率，$f'(\xi)/g'(\xi)$表示曲线上某点处的切线斜率，在定理的条件下，可理解如下：用参数方程表示的曲线上至少有一点，它的切线平行于两端点所在的弦，这一点拉格朗日中值定理也具有，但是柯西中值定理除了适用 $y=f(x)$表示的曲线外，还适用于参数方程表示的曲线。当柯西中值定理中的 $g(x)=x$ 时，柯西中值定理就是拉格朗日中值定理。

柯西中值定理证明方法很多，常用的证明方法有函数法、几何辅助法、极坐标变换法、反证法。从不同的角度用不同方法进行求证。据以上分析，构造辅助函数几乎是证明柯西中值定理的一座桥梁，它广泛应用于其他证明方法中，是证明的基础，而如何构造辅助函数则是证明的难点。另外，函数法是思路最清晰的方法，几何辅助法是最直观且最能体现柯西中值定理几何特征的方法，而极坐标变换法和反证法则是证明推广形式的柯西中值定理的重要研究方向。不管哪种方法，它们都从不同角度体现了柯西中值定理与罗尔定理、拉格朗日中值定理、达布定理、闭区间套定理、反函数和复合函数等的因果联系。同时，这些方法在基本定理证明中的应用是研究柯西中值定理推广形式的证明的重要依据。比如，三维空间、多元函数和高阶形式的柯西中值定理的证明可用构造函数法得证，其中高阶形式的柯西中值定理还可以用反证法来证明[59]。

2. 拉格朗日中值定理[60,61]

拉格朗日中值定理是微分学的基础定理之一,是高等数学中一个重要的知识点,在理论和应用上都有极其重要的意义。由于拉格朗日中值定理具有活跃的性态,它在微积分中具有广泛的应用。通过对拉格朗日中值定理的研究,以起到对定理的深入理解,熟练掌握并能够正确应用的作用。

拉格朗日中值定理:当柯西中值定理中,取 $g(x)=x$ 时,

$$f'(\xi)=\frac{f(b)-f(a)}{b-a} \tag{A-2}$$

此式即为拉格朗日中值定理。

从拉格朗日中值定理的条件与结论可见,若 $f(x)$ 在闭区间 $[a,b]$ 两端点的函数值相等,即 $f(a)=f(b)$,则拉格朗日中值定理就是罗尔中值定理。换句话说,罗尔中值定理是拉格朗日中值定理的一个特殊情形。函数在某一点的导数,只反映了函数在这点领域的性质,是局部的。要从导数给出的局部性质推导出函数在整个定义域上的性质,要利用微分中值定理来实现,而拉格朗日中值定理正是函数在一点的导数与全局性的平均变化率之间建立了一个关系。拉格朗日中值定理从理论上支持了用函数的一阶导数判定函数在某一区间的增减性,使导数的应用得以扩大,也说明中值定理起到了用导数的局部性来研究函数全局性的作用。除此之外,拉格朗日中值定理也为利用导数来研究函数的某些性态、解决极值、最值等实际问题提供了理论依据[62]。

3. 连续函数介值定理[63,64]

连续函数介值定理是高等数学连续函数的一个重要性质,其在命题的推导、解不等式、判断方程的根与反函数的存在性等方面都具有广泛的应用。

连续函数介值定理:函数 $f(x)$ 在闭区间 $[a,b]$ 上连续,则在该闭区间必有最大值和最小值 $f_{\max}$,$f_{\min}$,且 $f_{\max}\neq f_{\min}$。那么,对于 $\forall\alpha\in[f_{\min},f_{\max}]$ 在开区间 (a,b) 内至少存在一点 ξ,使得 $f'(\xi)=\alpha\ (a<\xi<b)$。

特别地,当 $f_{\min}<0$,$f_{\max}>0$ 时,在开区间 (a,b) 内至少存在一点 ξ,使得 $f'(\xi)=0$。

介值定理不仅在一些连续函数中起着重要的作用,而且在许多定理推导中也体现了它的推导作用。介值定理的出现为一些重要定理推出和一些证明推理奠定了坚实的基础。正因为如此,其应用范围常见而又广泛[65]。

附录 A.2 泰勒定理和推论

1. 问题的提出

多项式是函数中最简单的一种,用多项式近似表达函数是近似计算中的一个

重要内容，常用近似计算公式：$\sin x \approx x$，$e^x \approx 1+x$（$|x|$充分小）等，就是将复杂函数用简单的一次多项式函数近似地表示，虽然这是一个进步，但是这种近似表示式还比较粗糙（尤其当$|x|$较大时），从图 2-11 可以看出。

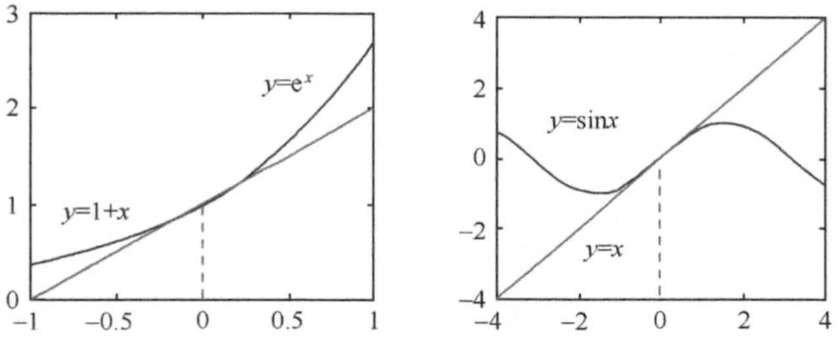

图 2-11　近似计算

上述近似表达式至少可在下述两个方面进行改进：一方面提高近似程度，其可能的途径是提高多项式的次数。另一方面任何一种近似，应指出它的误差。

将上述两个想法作进一步地数学化：对复杂函数 $f(x)$，想找多项式 $P_n(x)$来近似表示它。自然地，我们希望 $P_n(x)$尽可能多地反映出函数 $f(x)$所具有的性态，如在某点处的值与导数值，$P_n(x)$的形式如何确定，$P_n(x)$近似 $f(x)$所产生的误差 $R_n(x)=f(x)-P_n(x)$。

2. 一元泰勒公式

由上述问题，一个通用表达式 $f(x)=f(x_0)+f'(x_0)(x-x_0)+\alpha$，根据拉格朗日中值定理导出的有限增量定理有 $\lim\limits_{\Delta x\to 0} f(x_0+\Delta x)-f(x_0)=f'(x_0)\Delta x$，其中误差 α 是在 $\Delta x\to 0$，即 $x\to x_0$ 的前提下才趋于 0，在近似计算中往往不够精确，下面将推广到一个更广泛、更高精度的近似公式。

设 $f(x)$ 在 x_0 的某一开区间内具有直到 $(n+1)$ 阶导数，试求一个多项式：

$$P_n(x)=a_0+a_1(x-x_0)+a_2(x-x_0)^2+\cdots+a_n(x-x_0)^n \quad (A\text{-}3)$$

式(A-3)近似表达 $f(x)$，并且 $P_n(x)$和 $f(x)$在 x_0点有相同的函数值和直到 n 阶的导数，则 $P_n(x)$的一元泰勒公式为[66]

$$P_n(x)=f(x_0)+f'(x_0)(x-x_0)+\frac{f''(x_0)}{2!}(x-x_0)^2+\cdots+\frac{f^{(n)}(x_0)}{n!}(x-x_0)^n \quad (A\text{-}4)$$

3. 多元泰勒公式

除了上面的一元泰勒公式外，多元泰勒公式的应用也非常广泛，特别是在微分方程数值解和最优化上，有着很大的作用。

1）二元函数的泰勒展开

引入记号：$h=x-x_0$，$t=y-y_0$。设 $z=f(x,y)$ 在点 (x_0,y_0) 的某一邻域内连续且有直到 $(n+1)$ 阶的连续偏导数，(x_0+h,y_0+t) 为此邻域内任一点，则有[67]

$$\begin{aligned} f(x,y) &= f(x_0+h,y_0+t) \\ &= f(x_0,y_0)+\left(h\frac{\partial}{\partial x}+t\frac{\partial}{\partial y}\right)f(x_0,y_0)+\frac{1}{2!}\left(h\frac{\partial}{\partial x}+t\frac{\partial}{\partial y}\right)^2 f(x_0,y_0) \\ &\quad +\cdots+\frac{1}{n!}\left(h\frac{\partial}{\partial x}+t\frac{\partial}{\partial y}\right)^n f(x_0,y_0)+R_n \end{aligned} \tag{A-5}$$

其中，$R_n=\dfrac{1}{(n+1)!}\left(h\dfrac{\partial}{\partial x}+t\dfrac{\partial}{\partial y}\right)^{n+1} f(x_0+\theta h,y_0+\theta t)$ $(0<\theta<1)$ 是二元泰勒公式的余项。

2）多元函数的泰勒展开[68,69]

$f(\boldsymbol{x})$在 $\boldsymbol{x}^*$ 的一阶泰勒展开式：多元函数 $f(\boldsymbol{x})\in\mathbf{R}$，$\boldsymbol{x},\boldsymbol{x}^*\in\mathbf{R}^n$，则 $f(\boldsymbol{x})$在 $\boldsymbol{x}^*$ 的一阶泰勒展开为

$$\begin{aligned} f(\boldsymbol{x}) &= f(\boldsymbol{x}^*)+\nabla f(\boldsymbol{x}^*)^{\mathrm{T}}(\boldsymbol{x}-\boldsymbol{x}^*) \\ &\quad +\frac{1}{2}(\boldsymbol{x}-\boldsymbol{x}^*)^{\mathrm{T}}\,\nabla^2 f(\boldsymbol{x}^*+\theta(\boldsymbol{x}-\boldsymbol{x}^*))(\boldsymbol{x}-\boldsymbol{x}^*) \end{aligned} \tag{A-6}$$

其中 $0<\theta<1$。

$f(\boldsymbol{x})$在 $\boldsymbol{x}^*$ 的二阶泰勒展开式：

$$\begin{aligned} f(\boldsymbol{x}) &= f(\boldsymbol{x}^*)+\nabla f(\boldsymbol{x}^*)^{\mathrm{T}}(\boldsymbol{x}-\boldsymbol{x}^*) \\ &\quad +\frac{1}{2}(\boldsymbol{x}-\boldsymbol{x}^*)^{\mathrm{T}}\,\nabla^2 f(\boldsymbol{x}^*)(\boldsymbol{x}-\boldsymbol{x}^*)+o(\|\boldsymbol{x}-\boldsymbol{x}^*\|^2) \end{aligned} \tag{A-7}$$

多元泰勒公式主要应用在微分方程数值解和最优化上面。

4. 泰勒级数

在数学上，一个定义在开区间$(a-r,a+r)$上的无穷可微实变函数或复变函数 f 的泰勒级数是如下的幂级数：

$$\sum_{n=0}^{\infty}\frac{f^{(n)}(a)}{n!}(x-a)^n \tag{A-8}$$

如果泰勒级数对于区间$(a-r,a+r)$中的所有 x 都收敛并且级数的和等于 $f(x)$，那么就称函数 $f(x)$ 为解析的。当且仅当一个函数可以表示成为幂级数的形式时，它才是解析的。为了检查级数是否收敛于 $f(x)$，通常采用泰勒定理估计级数的余项。上面给出的幂级数展开式中的系数正好是泰勒级数中的系数。如果 $a=0$，那么这个级数也可以被称为麦克劳伦级数。

泰勒级数的重要性体现在以下三个方面[70~72]：

(1) 幂级数的求导和积分可以逐项进行，因此求和函数相对比较容易。

(2) 一个解析函数可被延伸为一个定义在复平面上的一个开片上的解析函数，并使得复分析这种手法可行。

(3) 泰勒级数可以用来近似计算函数的值。

参考文献

[1] Rosenblatt F. The perception：a perceiving and recognizing automaton. Cornell Aeronautical Laboratory Report No. 85-460-1，1957.

[2] Minsky M L，Papert S. Perceptrons：An Introduction to Computational Geometry. Cambridge：MIT Press，1972.

[3] Rumelhart D E，Hinton G E，Williams R J. Learning representations by back-propagating errors. Nature，1986，323(6088)：533-536.

[4] Hebb D O. The Organization of Behavior：A Neuropsychological Theory. New York：L Erlbaum Associates，2002.

[5] McCulloch W，Pitts W. A logical calculus of the ideas immanent in nervous activity. Bulletin of Mathematical Biology，1943，5(4)：115-133.

[6] Rosenblatt F. The perception：a probabilistic model for information storage and organization in the brain. *In*：Neurocomputing：Foundations of Research. Cambridge：MIT Press，1988：89-114.

[7] Shynk J J. Performance surfaces of a single-layer perceptron. IEEE Transactions on Neural Networks，1990，1(3)：268-274.

[8] Thamarai Selvi S，Arumugam S，Ganesan L. Bionet：an artificial neural network model for diagnosis of diseases. Pattern Recognition Letters，2000，21(8)：721-740.

[9] Huang G，Saratchandran P，Sundararajan N. A generalized growing and pruning rbf (ggap-rbf) neural network for function approximation. IEEE Transactions on Neural Networks，2005，16(1)：57-67.

[10] Wen C T，Ma X Y. A max-piecewise-linear neural network for function approximation. Neurocomputing，2008，71(4-6)：843-852.

[11] Han H G，Chen Q L，Qiao J F. Research on an on-line self-organizing radial basis function neural network. Neural Computing & Applications，2010，19(5)：667-676.

[12] Han H G，Qiao J F. A self-organizing fuzzy neural network based on a growing-and-pruning algorithm. IEEE Transactions on Fuzzy Systems，2010，18(6)：1129-1143.

[13] Ling S H. A new neural network structure：node-to-node-link neural network. Journal of Intelligent Learning Systems and Applications，2010，2(1)：1-11.

[14] Hebb D O. The organization of behavior. New York：Wiley & Sons，1949.

[15] Werbos P J. Beyond regression：new tools for prediction and analysis in the behavioral sciences. PhD thesis，Harvard University，1974.

[16] Alpaydin E. Introduction to Machine Learning. Cambridge：MIT Press，2004.

[17] Werbos P J. Backpropagation through time：what it does and how to do it. Proceedings of the IEEE，1990，78(10)：1550-1560.

[18] Widrow B，Lehr M A. 30 years of adaptive neural networks：perceptron，madaline，and backpropaga-

tion. Proceedings of the IEEE, 1990, 78(9): 1415-1442.

[19] Parlos A G, Fernandez B, Atiya A F, et al. An accelerated learning algorithm for multilayer perceptron networks. IEEE Transactions on Neural Networks, 1994, 5(3): 493-497.

[20] Gallant S I. Perceptron-based learning algorithms. IEEE Transactions on Neural Networks, 1990, 1(2): 179-191.

[21] Alsmadi M K S, Omar K B, Noah S A. Back propagation algorithm: the best algorithm among the multi-layer perceptron algorithm. International Journal of Computer Science and Network Security, 2009, 9(4): 378-383.

[22] Werbos P J. The Roots of Backpropagation: from Ordered Derivatives to Neural Networks and Political Forecasting. New York: J Wiley & Sons, 1994.

[23] Hornik K, Stinchcombe M, White H. Multilayer feedforward networks are universal approximators. Neural Networks, 1989, 2(5): 359-366.

[24] Reed R. Pruning algorithms-a survey. IEEE Transactions on Neural Networks, 1993, 4(5): 740-747.

[25] Hassibi B, Stork D G, Wolff G J. Optimal brain surgeon and general network pruning. *In*: Proceedings of 1993 IEEE International Conference on Neural Networks (ICNN '93). 1993: 293-299.

[26] Fukushima K. Neocognitron: a self-organizing neural network model for a mechanism of pattern-recognition unaffected by shift in position. Biological Cybernetics, 1980, 36(4): 193-202.

[27] Carpenter G A, Grossberg S. The art of adaptive pattern recognition by a self-organizing neural network. Computer, 1988, 21(3): 77-88.

[28] Fritzke B. Growing cell structures: a self-organizing network for unsupervised and supervised learning. Neural Networks, 1994, 7(9): 1441-1460.

[29] Fukushima K. Cognitron: a self-organizing multilayered neural network. Biological Cybernetics, 1975, 20(3-4): 121-136.

[30] Harrington P D B. Sigmoid transfer functions in backpropagation neural networks. Analytical Chemistry, 1993, 65(15): 2167,2168.

[31] Hirose Y, Yamashita K, Hijiya S. Back-propagation algorithm which varies the number of hidden units. Neural Networks, 1991, 4(1): 61-66.

[32] Jacobs K A. Increased rates of convergence through learning rate adaptation. Neural Networks, 1988, 1(4): 295-307.

[33] Luo Z. On the convergence of the lms algorithm with adaptive learning rate for linear feedforward networks. Neural Computation, 1991, 3(2): 226-245.

[34] Magoulas G D, Vrahatis M N, Androulakis G S. Improving the convergence of the backpropagation algorithm using learning rate adaptation methods. Neural Computation, 1999, 11(7): 1769-1796.

[35] Phansalkar V V, Sastry P S. Analysis of the back-propagation algorithm with momentum. IEEE Transactions on Neural Networks, 1994, 5(3): 505-506.

[36] Hagiwara M. Theoretical derivation of momentum term in back-propagation. *In*: International Joint Conference on Neural Networks. 1992: 682-686.

[37] Drago G P, Morando M, Ridella S. An adaptive momentum back propagation Baltimore, Maryland. IEEE. Press. Neural Computing & Applications, 1995, 3(4): 213-221.

[38] Yu X, Chen G, Cheng S. Dynamic learning rate optimization of the backpropagation algorithm. IEEE Transactions on Neural Networks, 1995, 6(3): 669-677.

[39] Magoulas G D, Vrahatis M N, Androulakis G S. Improving the convergence of the backpropagation algorithm using learning rate adaptation methods. Neural Computation, 1999, 11(7): 1769-1796.

[40] White R H. The learning rate in back-propagation systems: an application of newton's method. *In*: International Joint Conference on Neural Networks. San Diego,California ,IEEE Press,1990: 679-684.

[41] Battiti R. First- and second-order methods for learning: between steepest descent and newton's method. Neural Computation,1992, 4(2): 141-166.

[42] Levenberg K C. A method for the solution of certain problems in least squares. Quarterly of Applied Mathematics, 1944, 2: 164-168.

[43] Marquardt D W. An algorithm for least-squares estimation of nonlinear parameters. Journal of Society for Industrial and Applied Mathematics, 1963, 11(2): 431-441.

[44] Brown K M, Dennis J E. Derivative free analogues of the levenberg-marquardt and gauss algorithms for nonlinear least squares approximation. Numerische Mathematik, 1971, 18(4): 289-297.

[45] Lourakis M I A. Arggros A A. Is levenberg-marguardt the most efficient optimization algorithm for implementing bundle adjustment. *In*: 10th IEEE. International Conferena on computer vision,2005,Beijing,China. IEEE Press. 1526-1531.

[46] Moré J. The levenberg-marquardt algorithm: implementation and theory. Numerical Analysis, 1978, 630(1978): 105-116.

[47] Hagan M H, Menhaj M B. Training feedforward networks with the marquardt algorithm. IEEE Transactions on Neural Networks,1994, 5(6): 989-993.

[48] 程正群，李歧强. 一种快速有效的神经网络新算法. 浙江大学学报(自然科学版),2000, 34(3): 338-340.

[49] Ma C, Jiang L. Some research on levenberg-marquardt method for the nonlinear equations. Applied Mathematics and Computation, 2007, 184(2): 1032-1040.

[50] Ho K L, Hsu Y Y, Yang C C. Short term load forecasting using a multilayer neural network with an adaptive learning algorithm. IEEE Transactions on Power Systems, 1992, 7(1): 141-149.

[51] Wang G, Chen C. A fast multilayer neural-network training algorithm based on the layer-by-layer optimizing procedures. IEEE Transactions on Neural Networks, 1996, 7(3): 768-775.

[52] Yingwei L, Sundararajan N, Saratchandran P. Performance evaluation of a sequential minimal radial basis function (rbf) neural network learning algorithm. IEEE Transactions on Neural Networks, 1998, 9(2): 308-318.

[53] Frean M. The upstart algorithm: a method for constructing and training feedforward neural networks. Neural Computation, 1990, 2(2): 198-209.

[54] Parma G G, Menezes B R, Braga A P. Sliding mode algorithm for training multilayer artificial neural networks. Electronics Letters, 1998, 34(1): 97-98.

[55] Leung H, Haykin S. The complex backpropagation algorithm. IEEE Transactions on Signal Processing, 1991, 39(9): 2101-2104.

[56] Osowski S, Bojarczak P, Stodolski M. Fast second order learning algorithm for feedforward multilayer neural networks and its applications. Neural Networks, 1996, 9(9): 1583-1596.

[57] Sahoo P, Riedel T. Mean Value Theorems and Functional Equations. World Scientific, 1998.

[58] Hardy G H, Korner T W. A Course of Pure Mathematics. Cambridge: Cambridge University Press, 2008.

[59] Akcoglu M A, Bartha P F A, Ha D M. Analysis in Vector Spaces: A Course in Advanced Calculus . Wiley-Interscience, 2009.

[60] Chatterjee D. Real Analysis. Prentice-Hall of India Pvt. Ltd. , 2005.

[61] Garg K M. Theory of Differentiation: A Unified Theory of Differentiation Via New Derivate Theorems and New Derivatives. Wiley, 1998.

[62] Ernsdorff L E. The Mean Value Theorem. Chicago: University of Notre Dame, 1940.

[63] Davidson K, Davidson K R, Donsig A P. Real Analysis and Applications: Theory in Practice. Springer, 2010.

[64] Hoeven J. Transseries and Real Differential Algebra. Springer, 2006.

[65] Howland J S. Basic Real Analysis. Boston: Jones and Bartlett Publishers, 2009.

[66] Riestra J A. A Generalized Taylor's Formula for Functions of Several Variables and Certain of its Applications. Longman, 1995.

[67] Hille E, Phillips R S. Functional Analysis and Semi-Groups. American Mathematical Society, Washington DC. USA 1982.

[68] Ciesielski M J, Kalla P, Zhihong Z, et al. Taylor expansion diagrams: a compact, canonical representation with applications to symbolic verification. *In*: Bob Werner. Design, Automation and Test in Europe Conference and Exhibition, Paris, IEEE Press, 2002: 285-289.

[69] Catherine S T A J. A multipole-taylor expansion for the potential of the gravitational lens mg j0414+0534. The Astrophysical Journal, 2000, 535(2): 671-691.

[70] Abel U. On the lagrange remainder of the taylor formula. The American Mathematical Monthly, 2003, 110(7): 627-633.

[71] Feller W. An Introduction to Probability Theory and Its Applications. New York: Wiley & Sons, 1971.

[72] Ziemian B. Taylor Formula for Distributions. Warsaw: Państwowe Wydawn. Nauk, 1988.

第3章 RBF神经网络

3.1 引 言

神经网络的设计可以看成是一个高维空间中的曲线逼近问题，而网络的学习可以等价于在多维空间中寻找一个最佳的训练拟合曲面。通常所说的泛化是指利用这个多维曲面对测试数据进行插值，这也是径向基函数方法的出发点。在神经网络的背景下，径向基(radial basis function, RBF)神经网络隐含层提供一个函数集，当输入向量扩展到隐含层空间上时，该函数集为隐含层构建一个任意的“基”，这个函数集中的函数就被称为径向基函数。

事实上，RBF神经网络的隐含层神经元的局部特性同样也模仿了某些生物神经元“内兴奋外抑制”的功能[1]。眼是人接收来自外部信息的最主要的接收器官，外界物体的光线射入眼中，聚焦后在视网膜上成像，视网膜发出神经冲动达到大脑皮层视区，产生视觉。在所有的感官系统中，视网膜的结构最复杂。视网膜为感光系统，能感受光的刺激，发放神经冲动。它不仅有一级神经元(感光细胞)，还有二级神经元(双极细胞)和三级神经无(神经节细胞)。感光细胞与双极细胞形成突触联系，双极细胞外端与感光细胞相连，内端与神经节细胞相接，神经节细胞的轴突则组成视神经束。来自两侧的视神经在脑下垂体前方会合成视交叉。在这里组成每一根视神经的神经纤维束在进一步进入脑部之前被重新分组。在重新分组时，来自两眼视网膜右侧的纤维合成一束传向脑的右半部。来自两眼视网膜左侧的纤维合成另一束传向脑的左半部。这两束经过改组的纤维视束继续向脑内行进，大部分终止于丘脑的两个被分成外侧膝状体的神经核。视网膜上的感光细胞通过光化学反应和光生物化学反应，产生的光感受器电位和神经脉冲沿着视觉通路进行传播。其中视神经元反应的视网膜或视野的区域称为中枢神经元的感受野。通过电生理学试验记录感受野的形状发现，当光束照到视网膜上，如果该细胞被激活，通过这一区域的电脉冲就增加；反之，如果该细胞被抑制，通过这一区域的电脉冲就减少。每个视皮层，外侧膝状体的神经元或视网膜神经细胞节细胞在视网膜上均有其特定的感受范围(简称感受野)[2~4]。

因此，RBF神经网络是基于以上基础的一种特殊类型的前馈神经网络，其中，RBF神经网络的隐含层神经元的数目、隐含层神经元的径向基函数中心、中心宽度以及输出权值是其重要组成部分。RBF神经网络的参数优化问题不仅涉及隐含层神经元数目的增减，还包括径向基函数中心、中心宽度以及输出权值等参数的优化。RBF 神经网络的径向基函数中心、中心宽度以及输出权值的作用机理与人类视神经系统的功能极其相似，如果神经网络结构、径向基函数中心、中心宽度以及输出权值选择不当，RBF 神经网络的能力将会受到很大的影响，因此，对 RBF 神经网络的研究实际上就是对以上几种参数的优化，使得 RBF 神经网络具有较强的形象处理能力[5,6]。

本章详细介绍了 RBF 神经网络：首先，详细讨论了 RBF 神经网络的原理，并给出了 RBF 神经网络的结构，RBF 神经网络结构一般由输入层、隐含层、输出层组成。其次，基于 RBF 神经网络结构介绍其学习算法，讨论了采用插值理论的 RBF 神经网络隐含层神经元中心学习算法，即学习过程中各隐含层神经元中心值的变化情况；同时讨论了神经网络隐含层和输出层连接权值的学习算法，即学习过程中各隐含层与输出层连接权值的变化情况。然后，为了便于更好地认识 RBF 神经网络和学习后续章节，给出了部分数学运算知识，这部分知识读者可以有选择性地进行阅读。最后，本章对 RBF 神经网络进行总结。

3.2 RBF 神经网络原理

1985 年 Powell 提出多变量插值的径向基函数[7]，其方法在某种程度上是利用多维空间中传统的严格插值法的研究成果。Hubel 和 Wiesel 从生物神经元的角度出发，比较了生物视觉神经元的特性，结果发现生物视觉神经元具有近兴奋远抑制或远兴奋近抑制功能[8]。基于以上数学和生物学的研究成果，Moody 和 Darken 于 20 世纪 80 年代末提出 RBF 神经网络[9]，RBF 神经网络模拟了人脑中局部调整、相互覆盖接受域的前馈神经网络结构。本节主要讨论插值计算、模式可分性和正规化法则与 RBF 神经网络结构之间的关系，同时给出了 RBF 神经网络的基本结构形式。

3.2.1 插值计算

在神经计算科学的范畴内，前馈神经网络的功能在于表达非线性映射。非线性映射的表达问题实际上是一个函数逼近问题。函数逼近问题本质上是数值分析研究的内容，而插值计算是实现函数逼近的重要途径。RBF 神经网络的隐含层空间起到非线性转换的功能，网络的实现从输入层到隐含层是非线性映射，而从隐含层到输出层是线性映射，相当于一个从高维空间到低维空间的映射[10]。设输入空间为 n 维，输入空间为 m 维，则上述映射可表示为

$$H: R^n \to R^m \tag{3-1}$$

将映射 H 看做一个超曲面 Γ，差值问题就是如何在 n 为空间中构造 Γ 的问

题，其中 Γ 需穿越所有给定点，即为输出空间的多维曲面。

插值问题是如何在高维空间中构造穿越所有给定点的合适曲面 Γ 的问题，而这些给定点是期望逼近函数 F 的样本点，Γ 就是对 F 的逼近。插值计算是在样本点张成的合适曲面 Γ 中嵌入测试点以计算 F 的逼近值。

一般地，插值问题可表述为：给定一个包含 N 个不同点的集合 $\{x_i \in \mathbf{R}^n \mid i=1,2,\cdots,N\}$ 和相应点的集合 $\{t_i \in \mathbf{R}^m \mid i=1,2,\cdots,N\}$，其插值问题是寻找某个函数 $F:\mathbf{R}^n \to \mathbf{R}^m$ 以使其满足

$$F(x_i)=t_i \tag{3-2}$$

式(3-2)为插值条件，严格插值就是曲面 Γ 必须通过所有训练点。

通常情况下，超曲面 Γ 是未知的，而那些给定点是期望逼近函数 F 的样本点，H 就是对 F 的逼近，所以插值计算可视为在样本点张成的合适曲面 Γ 中插入测试点以计算 F 逼近值。确定超曲面 Γ 的过程，是一个学习的过程，学习可分为训练和泛化两个结算，RBF 就是要选择一个函数 F，即

$$F(x)=\sum_{i=1}^{N}\omega_i\varphi(\|x-c_i\|) \tag{3-3}$$

其中，$\{\varphi(\|x-c_i\|) \mid i=1,2,\cdots,N\}$ 称为径向基函数，为 N 个任意函数的集合，$\|\ \|$ 表示范数，通常为 Euclid 范数，ω_i 为 F 与 φ 的内积，即 F 可用 φ 的现行组合逼近。由于径向基函数 $\varphi(\|x-c_i\|)$ 是非负的对称函数，它唯一确定了 Γ，所以空间中的任何函数都可用 φ 为基底来表示，c_i 为 φ 的中心，求函数在未知点 x 的值相当于函数的插值。一般情况下，RBF 中所用的大多数传输函数如表 3-1 所示。

表 3-1　RBF 传输函数

RBF 名称	输入/输出关系
Gaussian 函数	$\varphi(r)=\exp\left(-\frac{r^2}{2\sigma^2}\right),\quad \sigma>0$
Multiquadratic 函数	$\varphi(r)=(r^2+\sigma^2)^{1/2},\quad \sigma>0$
Generalized Multiquadratic 函数	$\varphi(r)=(r^2+\sigma^2)^{\beta},\quad \sigma>0,0<\beta<1$
Inverse Multiquadratic 函数	$\varphi(r)=(r^2+\sigma^2)^{-1/2},\quad \sigma>0$
Generalized Inverse Multiquadratic 函数	$\varphi(r)=(r^2+\sigma^2)^{-\beta},\quad \sigma>0,\beta>0$
Thin Plate Spline 函数	$\varphi(r)=r^2\ln(r)$
Cubic 函数	$\varphi(r)=r^3$
Linear 函数	$\varphi(r)=r$

不失一般性，我们只考虑输出空间维数为 $m=1$ 的情形，将插值条件式(3-2)代入式(3-3)中，可得到一组关于未知系数 ω_i 展开的线性方程组，即

$$\begin{bmatrix} \varphi_{11} & \varphi_{12} & \cdots & \varphi_{1N} \\ \varphi_{21} & \varphi_{22} & \cdots & \varphi_{2N} \\ \vdots & \vdots & & \vdots \\ \varphi_{N1} & \varphi_{N2} & \cdots & \varphi_{NN} \end{bmatrix} \begin{bmatrix} \omega_1 \\ \omega_2 \\ \vdots \\ \omega_N \end{bmatrix} = \begin{bmatrix} t_1 \\ t_2 \\ \vdots \\ t_N \end{bmatrix} \tag{3-4}$$

其中，$\varphi_{ji} = \varphi(\| x_j - c_i \|)$，$c_i$ 为中心，$i,j = 1,2,\cdots,N$。写成矩阵形式，即

$$\boldsymbol{\phi\omega} = \boldsymbol{t} \tag{3-5}$$

其中，$\boldsymbol{\phi} = (\varphi_{ji})_{N\times N}$ 为插值矩阵，$\boldsymbol{\omega}$ 和 $\boldsymbol{t}$ 分别表示连接权值和输出向量。

若 $\boldsymbol{\phi}$ 是非奇异矩阵，则存在逆矩阵 $\boldsymbol{\phi}^{-1}$，就可以利用式(2-15)解出权向量 $\boldsymbol{\omega}$，表示为

$$\boldsymbol{\omega} = \boldsymbol{\phi}^{-1}\boldsymbol{t} \tag{3-6}$$

如果 $\boldsymbol{\phi}$ 是奇异矩阵，则存在广义逆矩阵(伪逆) $\boldsymbol{\phi}^{+}$，利用式(2-15)解出权向量 $\boldsymbol{\omega}$，表示为

$$\boldsymbol{\omega} = \boldsymbol{\phi}^{+}\boldsymbol{t} \tag{3-7}$$

Micchelli 定理指出，如果 $\{x_i \mid i = 1,2,\cdots,N\}$ 是 $\mathbf{R}^n$ 中 N 个互不相同的点的集合，则 $N\times N$ 阶插值矩阵 $\boldsymbol{\phi} = (\varphi_{ji})_{N\times N} = (\varphi_{ji} = \varphi(\| x_j - x_i \|))_{N\times N}$ 是非奇异的[10]。径向基函数均满足 Micchelli 定理[11,12]。

3.2.2 模式可分性

当用 RBF 神经网络处理复杂的模式分类任务时，问题的解决可以通过用非线性方式将其变换到一个高维空间。它的潜在合理性来自模式可分性的 Cover 定理[13]，可以在定性地表述为“将复杂的模式分类问题非线性地映射到高维空间将比映射到低维空间更可能是现行可分的”。即如果希望将某种复杂的或非线性可分的模式分类问题变换为某种线性可分的问题，则应该通过某种非线性变换，将问题空间映射到一个高维空间。

如果经过一个合适的非线性变换，把 $\mathbf{R}^n$ 中原来非线性可分的点变换到一个高维的空间 $\boldsymbol{\varphi}$ 上去，则很可能变成线性可分的。设有一组实值函数 $\{\varphi_i(x) \mid i=1,2,\cdots,M\}$ 构成的向量 $\boldsymbol{\varphi}(x)$，他们把原来 $\mathbf{R}^n$ 中的 N 个模式 $x_1, x_2, \cdots, x_N$ 映射到 M 维的空间，如果存在 M 维向量 $\boldsymbol{\omega} = (\omega_1, \omega_2, \cdots, \omega_M)$，使得

$$\begin{cases} \boldsymbol{\omega}^{\mathrm{T}}\boldsymbol{\varphi}(x) \geqslant 0, & x \in X^{+} \\ \boldsymbol{\omega}^{\mathrm{T}}\boldsymbol{\varphi}(x) < 0, & x \in X^{-} \end{cases} \tag{3-8}$$

其中，X^{+}，X^{-} 分别表示两个不同区域，则由 $\boldsymbol{\omega}^{\mathrm{T}}\boldsymbol{\varphi}(x) = 0$ 代表的(在 $\boldsymbol{\varphi}$ 空间中的)超平面是一个分界面，它在原来空间($\mathbf{R}^n$)中则代表一个超曲面(此时称原空间中的 N 个点为 $\boldsymbol{\varphi}$ 可分的)。

若 N 个点是随机独立选取的，当 $M \leqslant N$ 时，且 N 个点 $\{\boldsymbol{\varphi}(x_1), \boldsymbol{\varphi}(x_2), \cdots, \boldsymbol{\varphi}(x_N)\}$ 中不存在 $M+1$ 个点位于 $\boldsymbol{\varphi}$ 空间中同一超平面上，则称这 N 个点是在“$\boldsymbol{\varphi}$

一般位置上”，这相当于在原来空间 $\mathbf{R}^n$ 中不存在 $M+1$ 个点位于同一超曲面上。在 $\boldsymbol{\varphi}$ 空间中线性划分的结论是成立的，即对 N 个在 $\boldsymbol{\varphi}$ 一般位置上的点来说，$\boldsymbol{\varphi}$ 空间中的区分平面数为

$$\boldsymbol{C}(N,M)=2\sum_{i=0}^{M-1}\binom{N-1}{i} \tag{3-9}$$

Cover 将 Euclid 空间中处于一般位置上的 $\boldsymbol{\varphi}$ 的划分方案记 $\boldsymbol{P}(N,M)$，则 X^+ 和 X^- 能被单个 $\boldsymbol{\varphi}$ 函数区分 N 个($\boldsymbol{\varphi}$ 一般位置上)点的概率为

$$\boldsymbol{P}(N,M)=\frac{\boldsymbol{C}(N,M)}{2^N}=\left(\frac{1}{2}\right)^{N-1}\sum_{i=0}^{M-1}\binom{N-1}{i} \tag{3-10}$$

可见 M 越大，X^+ 和 X^- 线性可分的概率 $\boldsymbol{P}(N,M)$ 就越大，同样 $2M$ 也是一个临界点。如果把 $\boldsymbol{\varphi}(x)$ 当做隐含层单元的激活函数，则在隐单元空间输入是线性可分的。

将低维空间映射至高维空间，将非线性可分问题变化为线性可分问题，其途径很多，这些途径真是插值计算所要研究的。依据 Cover 定理，非线性可分问题向线性可分问题变换一般需要满足一下两个条件：第一，变换是低维空间向高维空间的变换；第二，变换是非线性[14,15]。

3.2.3　正规化法则

基函数是函数插值计算的基本元素，一般地，基函数是一组非线性的有界函数。设有 N 个样本的模式集合，则依式(2-14)成立：

$$\underbrace{\begin{bmatrix}\varphi_{11} & \varphi_{12} & \cdots & \varphi_{1N}\\ \varphi_{21} & \varphi_{22} & \cdots & \varphi_{2N}\\ \vdots & \vdots & & \vdots\\ \varphi_{N1} & \varphi_{N2} & \cdots & \varphi_{NN}\end{bmatrix}}_{\boldsymbol{\varphi}}\underbrace{\begin{bmatrix}\omega_1\\ \omega_2\\ \vdots\\ \omega_N\end{bmatrix}}_{\boldsymbol{\omega}}=\underbrace{\begin{bmatrix}t_1\\ t_2\\ \vdots\\ t_N\end{bmatrix}}_{\boldsymbol{t}} \tag{3-11}$$

其中，矩阵 $\boldsymbol{\varphi}$ 被称为插值矩阵。显然，插值矩阵 $\boldsymbol{\varphi}$ 接近奇异时，式(3-11)的解 $\boldsymbol{\omega}$ 会变得不稳定。因此，对于奇函数 $\boldsymbol{\varphi}$，一个最基本的要求是，能使式(3-11)中的插值矩阵 $\boldsymbol{\omega}$ 非奇异。

插值问题中，除了基本的插值矩阵 $\boldsymbol{\varphi}$ 的奇异性问题之外，还有更为复杂并且重要的泛化问题。样本数据点是关于期望映射 $F(x)$的信息或知识。插值函数试图从超曲面 $F(x)$上有限的数据点的信息中探寻期望函数 $F(x)$的规律性，通过有限的数据点重构超曲面 $F(x)$。这是一个由特殊的数据点集到一般的函数曲面的问题，是一个泛化问题。然而，不同的数据点所携带的关于 $F(x)$的信息也不相同。样本数据的信息量必定影响样本数据点到超曲面 $F(x)$的泛化，影响 $F(x)$函数的重构。

样本信息量的问题是样本的质量问题，样本质量问题涉及两个概念："适定"(well-posed)和"不适定"(ill-posed)[16,17]。一般地，一个不适定的函数 $F(x)$ 重构问题意味着一个大的样本数据集携带了极少的关于期望映射 $F(x)$ 的信息。

一个映射 $F(x)$ 的重构问题是适定的，则需要满足以下条件：

(1) 存在性　$\forall x \in U \subseteq \mathbf{R}^n, \exists t \in V \subseteq \mathbf{R}, t = F(x)$；

(2) 唯一性　$\forall x_i, x_j \in U \subseteq \mathbf{R}^n, F(x_i) = F(x_j)$，当且仅当 $x_i = x_j$；

(3) 连续性　$F(x)$ 是连续的。

否则，映射 $F(x)$ 的重构问题是不适定的。

正则化理论是一种将不适定问题转变为适定问题的方法，1963 年，Tikhonov 建立了正规化理论(regularization theroy)[18]，以解决适定问题。正规化理论是一种将不适定问题转变为适定问题的方法，基本思想是：利用嵌入关于解的先验信息的辅助非负函数对解进行稳定。一个最常见的先验假设是：被重构映射 $F(x)$ 足够平滑以表现相似输入产生相似输出。

3.2.4 RBF 神经网络结构

RBF 神经网络结构一般由输入层、隐含层、输出层组成，其中隐含层一般只有一层，其结构如图 3-1 所示(多输入单输出)。

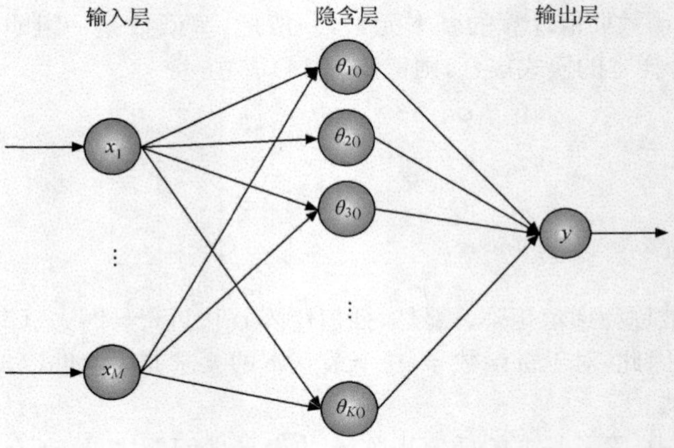

图 3-1　RBF 神经网络结构图

对于多输入单输出 RBF 神经网络，其输出可描述为

$$y = \sum_{k=1}^{K} w_k \varphi_k(\boldsymbol{x}) \tag{3-12}$$

其中，$\boldsymbol{x} = (x_1, x_2, \cdots, x_M)^{\mathrm{T}}$ 是输入向量，w_k 是隐含层第 k 个神经元与输出神经元之间的连接权值，K 是神经网络隐含层神经元数，φ_k 是隐含层第 k 个神经元的输出。

$$\varphi_k(\boldsymbol{x}) = \mathrm{e}^{(-\|\boldsymbol{x}-\mu_k\|/\sigma_k^2)} \tag{3-13}$$

其中，μ_k 和 σ_k 分别为隐含层神经元 k 的中心值和方差。

3.3　RBF 神经网络学习算法

根据 2.3 节分析，多层感知器神经网络的隐含层神经元基函数采用线性函数，激活函数则采用 Sigmoid 函数或硬极限函数。然而与多层感知器不同，RBF 神经网络的最显著的特点是隐节点的基函数采用距离函数(如欧氏距离)，并使用径向基函数(如高斯函数)作为激活函数。径向基函数关于 n 维空间的一个中心点具有径向对称性，而且神经元的输入离该中心点越远，神经元的激活程度就越低。隐含层神经元的这一特性常被称为"局部特性"，因此 RBF 神经网络的每个隐含层神经元都具有一个数据中心。

通过 3.2 节对 RBF 神经网络的分析，其特点可概括如下：①单隐含层，且输入层到隐含层的连接权值固定为 1。②用于函数逼近时，隐含层神经元为非线性激活函数，输出节点线性函数。隐节点确定后，输出权值可通过解线性方程组得到。③具有"局部映射"特性，是一种有局部响应特性的神经网络，如果神经网络有输出，必定激活了一个或多个隐含层神经元。④RBF 神经网络隐含层神经元的非线性变换作用与多层感知器神经网络类似，都是把线性不可分问题转化为线性可分问题。

对 RBF 神经网络来说，由于局部特性的影响，其学习动态将明显不同于多层感知器神经网络。如果不考虑其理论背景，RBF 神经网络采取的学习过程与神经网络输出神经元相连的权值与隐含层神经元的非线性激活函数更新相关，而权值与非线性激活函数是在一种不同"时间尺度"上的更新。因此，当隐含层神经元的激活函数根据某种非线性最优策略进行缓慢更新的时候，输出权值却是根据线性最优策略进行快速调整。重要的是，对于神经网络隐含层神经元中心值和隐含层与输出层间的连接权值采用不同的最优策略是合理的，也许可以使用不同的时间尺度来实现[18]。

由于神经网络径向基函数中心值和隐含层与输出层间的连接权值的确定方法不同，在设计 RBF 神经网络上有不同的学习策略。这一节讨论了采用插值理论的 RBF 神经网络隐含层神经元中心学习算法，即学习过程中各隐含层神经元中心值的变化情况；同时讨论了神经网络隐含层和输出层连接权值的学习算法，即学习过程中各隐含层与输出层连接权值的变化情况。

3.3.1　中心值学习策略

根据 RBF 神经网络隐含层神经元中心的确定方法不同，这里我们将介绍三种方法。

1. 随机选取固定中心

假设隐含层神经元的激活函数是固定径向基函数，此时 RBF 神经网络径向基函数中心位置可以随机从训练数据集合中选择。如果训练数据是以当前问题的典型方式分布的，则该方法可以被认为是一个“明智”的方法[19]。对于 RBF 神经网络径向基函数本身，可以用一个同性的高斯函数，它的标准偏差是根据中心的散布而固定的。特别地，一个以 c_i 为中心的(归一化的)径向基函数定义为

$$G(\| x-c_i \|^2)=\exp\left(-\frac{m_1}{d_{\max}^2}\| x-c_i \|^2\right),\quad i=1,2,\cdots,m_1 \tag{3-14}$$

其中，m_1 是中心的数目，$d_{\max}$ 是所选径向基函数中心之间最大距离。可以看出，所有 Gaussian 径向基函数的标准偏差(即宽度)都固定为

$$\sigma=\frac{d_{\max}}{\sqrt{2m_1}} \tag{3-15}$$

式(3-15)保证每一个径向基函数的图像尽量避免两种极端情况：不会太尖，也不会太平。同时，作为式(3-15)的另一种选择，也可以在数据密度较低的区域上使用个别放大的宽度较大的中心，这要求对训练数据进行分析。在这种方法中，唯一需要学习的参数就是输出层上的连接权值。求输出连接权值的一个直接的方法就是伪逆法[20]。假设 RBF 神经网络的隐含层与输出层间的连接权值为 w，则连接权值可求解为

$$\boldsymbol{w}=\boldsymbol{G}^{+}\boldsymbol{d} \tag{3-16}$$

其中，$\boldsymbol{d}$ 是训练集合的期望响应向量。矩阵 $\boldsymbol{G}^{+}$ 是矩阵 $\boldsymbol{G}$ 的伪逆，而矩阵 $\boldsymbol{G}$ 定义为

$$\boldsymbol{G}=| g_{ji} | \tag{3-17}$$

其中

$$g_{ji}=\exp\left(-\frac{m_1}{d_{\max}^2}\| x-c_i \|^2\right),\quad j=1,2,\cdots,N,i=1,2,\cdots,m_1 \tag{3-18}$$

式(3-18)中 N 是训练样本总数。

求一个矩阵的伪逆的基础是奇异值分解(SVD)[21]，如果 $\boldsymbol{G}$ 是一个 $N\times M$ 阶的实矩阵，则存在正交矩阵 $\boldsymbol{U}=(u_1,u_2,\cdots,u_N)$ 和 $\boldsymbol{V}=(v_1,v_2,\cdots,v_M)$ 使得

$$\begin{gathered}\boldsymbol{U}^{\mathrm{T}}\boldsymbol{G}\boldsymbol{V}=\operatorname{diag}(\sigma_1,\sigma_2,\cdots,\sigma_k)\\ K=\min(M,N)\\ \sigma_1\geqslant\sigma_2\geqslant\cdots\geqslant\sigma_k>0\end{gathered} \tag{3-19}$$

矩阵 $\boldsymbol{U}$ 的列向量称为 $\boldsymbol{G}$ 左奇异向量，矩阵 $\boldsymbol{V}$ 的列向量称为 $\boldsymbol{G}$ 右奇异向量。并且 $\sigma_1,\sigma_2,\cdots,\sigma_k$ 称为奇异值。根据奇异值分解定理，矩阵 $\boldsymbol{G}$ 的 $M\times N$ 阶伪逆定义为

$$G^{+} = V\Lambda^{+} U^{\mathrm{T}} \tag{3-20}$$

其中，Λ^{+}是一个由奇异值决定的 $N \times N$ 阶矩阵，计算矩阵的伪逆的有效方法在文献[21]中有详细介绍。

2. 中心的自组织选择

虽然随机选取固定中心有一定的优势，但是固定中心的方法为了达到性能的满意水平需要一个巨大的训练集合，这一特点是其主要缺陷，克服这一限制的一个方法就是使用一种混合学习过程，包括下面两个不同的阶段[22~24]：①自组织阶段，它的目的是为隐藏层径向基函数的中心估计一个合适的位置；②监督学习阶段，它通过估计输出层的权值完成神经网络的设计。

对于自组织学习过程，需要一个聚类的算法将所给的数据点部分分成几个不同的部分，每一部分的数据都尽量有相同的性质。通过数学分析，获得一种能够实现这种功能的算法——k 均值聚类算法[25]，k 均值聚类算法将径向基函数的中心放在输入空间中重要数据点所在的区域上，令 m_1 表示 n 次迭代时的中心。那么 k 均值聚类算法进行如下：

步骤一：初始化。选择随机值作为中心 $c_k(0)$ 的初始值；唯一限制是要求每一个中心的初值不同，将中心的欧几里得范数保持为较小的值可能会更理想一些。

步骤二：抽取样本。在输入空间中以某种概率抽取样本向量 x，作为第 n 次迭代的输入向量。

步骤三：相似匹配。令 $c(x)$表示输入向量 x 的最佳匹配（竞争获胜）中心的下标值。第 n 次迭代时按欧几里得最小距离准则确定 $c(x)$的值：

$$c(x) = \arg\min_{k} \| x(n) - c_k(n) \|, \quad k = 1,2,\cdots,m_1 \tag{3-21}$$

步骤四：更新。用下述规则调整径向基函数的中心：

$$c_k(n+1) = \begin{cases} c_k(n) + \eta[x(n) - c_k(n)], & c_k = c(x) \\ c_k(n), & \text{其他情况} \end{cases} \tag{3-22}$$

步骤五：继续。将 n 的值加 1，回到第二步，重复上述过程，直到中心 c_k 的改变量很小时为止。

k 均值聚类算法在此的利用实际上是竞争（胜者全得）学习过程的一种特殊情况，通称其为自组织映射。k 均值聚类算法的一个局限在于它只能达到依赖于所选中心初值的局部最优解。因此，计算资源就有可能浪费，因为一些中心的初始值可能位于输入空间中稀少数据点的区域，因此这些初始值没有机会移到它们所需的新位置去。最终的结果可能就会形成不必要的大网络。为了克服以上所述的 k 均值聚类算法的局限，Chen[26]提出了使用一种增强 k 均值聚类算法，该算法归功于 Chinrungrueng 和 Sequin[27]，增强 k 均值聚类算法建立在变差加权度量的聚类基础上，可以使算法收敛于一个最优结果或者近似最优结果，而与其他中心的初始位置无关。在利用 k 均值聚类算法或者它的增强形式得到每一个高斯型径向基函数的中心及其宽度后，混合学习过程余下的最后一步计算是估计输出层的权值[28～30]。

3. 中心的监督选择

在中心的监督选择方法中，径向基函数的中心以及神经网络的所有其他自由参数都将经历一个监督学习的过程。换句话说，RBF 神经网络将采取其最一般的方式。中心的监督选择方法是采用误差修正学习过程，这种方法可以很方便地采用梯度下降法，它代表 BP 算法的一种推广。

首先，建立这种学习过程的代价函数的瞬时值：

$$\xi = \frac{1}{2}\sum_{j=1}^{N} e_j^2 \tag{3-23}$$

其中 N 是用于学习的训练样本数目，e_j 是误差信号，定义如下：

$$e_j = d_j - F^N(x_j) = d_j - \sum_{i=1}^{M} w_i G(\| x_j - c_i \| / \sigma_i) \tag{3-24}$$

目标函数是找到使 ξ 最小的自由参数 w_i，c_i 和 δ_i 的值。最小化的结果列于表 3-2中，表 3-2 中有几点值得注意：①代价函数 ξ 对于连接权值 w_i 是凸的，但是对于中心 c_i 来说是非凸的；②参数 w_i 和 c_i 的更新公式中的学习率应为不同；③梯度向量 $\partial\xi(n)/\partial c_i$ 的效果和聚类算法相似，是依赖于任务的[31]。

表 3-2　RBF 神经网络连接权值和中心的调整公式

名称	调整公式
连接权值	$\frac{\partial\xi(n)}{\partial w_i(n)} = \sum_{j=1}^{N} e_j(n) G'(\| x_j - c_i(n) \| / \sigma_i)$ $w_i(n+1) = w_i(n) - \eta_1 \frac{\partial\xi(n)}{\partial w_i(n)}, \quad i=1,2,\cdots,m_1$
中心位置	$c_i(n+1) = c_i(n) - \eta_2 \frac{\partial\xi(n)}{\partial c_i(n)}, \quad i=1,2,\cdots,m_1$

在梯度下降法的初始化过程中，通常都希望由参数空间的一个结构化初始条件开始，并且限制搜索的参数空间域，使得算法在已知的有用区域中搜索，该目标可以通过标准的模式分类法实现。应用这一方法，收敛到权值空间非期望的局部最小值的可能性将减小。例如，可以从一个高斯分类器开始，该分类器假设每一类中的每一个模式都是从高斯分布中抽取的。

然而自适应选取径向基函数的中心的位置能得到什么好处？这个问题的答案需要依赖于实际应用。虽然如此，根据一些文献报告的结果，允许中心移动确实能得到一些实际的好处。Lowe 将 RBF 神经网络应用于语音识别的工作结果表明，用一个更大的 RBF 神经网络可以达到同样的泛化效果，这里所谓更大的 RBF 神经网络就是隐含层具有更多的固定中心和线性优化的方法来调整输出层的神经网络。

Wettschereck 和 Dietterich[32] 曾经对应用固定中心的（高斯型）RBF 神经网络和应用可调中心的广义 RBF 神经网络的性能作过比较；广义 RBF 神经网络的中心位置是由监督学习确定。这两种 RBF 神经网络的性能比较是通过对 NETtalk 任务进行的。最早的 NETtalk 试验是由 Sejnowski 和 Rosenberg[33] 使用多层感知器神经网络进行的，训练所用的算法是反向传播算法。Wettschereck 和 Dietterich 在 NETtalk 上所做的试验研究可以小结如下：①RBF 神经网络（对中心位置采用无监督学习，对输出权值向量采用监督学习）不如多层感知器神经网络模型（采用反向传播算法）推广得好；②广义 RBF 神经网络（中心位置与输出权值均采用监督学习）的泛化能力可以明显好于多层感知器神经网络。

以上介绍了确定 RBF 神经网络隐含层神经元中心的三种不同方法，近年来，一些学者根据 RBF 神经网络隐含层神经元中心的特点，又提出了一些有效的学习算法[34~36]。

3.3.2　隐含层和输出层连接权值学习策略

一般情况下，RBF 神经网络要求网络的隐含层神经元数等于训练样本数，在训练样本较多时该方法显然不能令人满意，因此有必要寻找更适合的 RBF 神经网络学习方法。给定了训练样本，RBF 神经网络的学习算法应该解决以下问题：结构设计，即如何确定神经网络隐含层神经元数；确定各径向基函数的中心 c_i 及中心宽度 δ_i；隐含层与输出层之间的连接权值修正。如果知道了 RBF 神经网络的隐含层神经元数、基函数的中心和中心宽度，RBF 神经网络从输入到输出就成了一个线性方程组，此时连接权值可采用方法求解。

这一节主要介绍用于 RBF 神经网络隐含层与输出层间连接权值的聚类方法、梯度训练方法及正交最小二乘（OLS）算法。这些算法也是最常用的 RBF 神经网络学习算法，其他的算法，如递归最小二乘算法、快速下降算法、改进型最小二乘算法等，将在以后章节中介绍。在以下 RBF 神经网络学习算法中，$x_1, x_2, \cdots, x_N$ 为样本输入，相应的样本输出（教师信号）为 $y_1, y_2, \cdots, y_N$。神经网络中第 j 个隐含层神经元的激活函数为 φ_j。

1. 聚类方法

聚类方法是最经典的 RBF 神经网络学习算法，由 Moody 与 Darken 提出[9]。其思路是先用无监督学习（用 k 均值算法对样本输入进行聚类）方法确定 RBF 神经网络中隐含层神经元的径向基函数中心，并根据各径向基函数中心之间的距离确定隐含层神经元的中心宽度，然后用有监督学习（梯度法）训练各隐含层神经元的输出权值。

假设 n 为迭代次数，第 n 次迭代时的聚类中心为 $c_1(n), c_2(n), \cdots, c_k(n)$，相应的聚类域为 $w_1(n), w_2(n), \cdots, w_k(n)$。$k$ 均值聚类算法确定 RBF 神经网络隐含层神经元的径向基函数中心 c 和中心宽度 δ 的步骤如 3.3.1 节所示，这里主要讨论隐含层神经元的径向基函数中心和中心宽度确定后隐含层与输出层间连接权值的学习方法。

当 RBF 神经网络隐含层神经元的径向基函数中心和中心宽度确定确定后，连接权值矢量 $\boldsymbol{w}=(w_1, w_2, \cdots, w_k)^{\mathrm{T}}$ 就可以用有监督学习方法训练得到，但更简洁的方法是使用最小二乘方法直接计算。假定当输入为 $x_i(i=1,2,\cdots,N)$ 时，则隐含层的输出为

$$\boldsymbol{\varphi} = [\varphi_{ij}] \tag{3-25}$$

则 $\boldsymbol{\varphi} \in \mathbf{R}^{N\times k}$，如果 RBF 神经网络隐含层与输出层间的当前连接权值为 $\boldsymbol{w}=(w_1, w_2, \cdots, w_k)^{\mathrm{T}}$，则对所有样本，RBF 神经网络输出矢量为

$$\hat{\boldsymbol{y}} = \boldsymbol{\varphi}\boldsymbol{w} \tag{3-26}$$

令 $\varepsilon = \| \boldsymbol{y} - \hat{\boldsymbol{y}} \|$ 为逼近误差，则如果给定了教师信号 $\boldsymbol{y} = (y_1, y_2, \cdots, y_N)^{\mathrm{T}}$ 并确定了 $\boldsymbol{\varphi}$，便可通过最小化求出 RBF 神经网络隐含层与输出层间的连接权值 $\boldsymbol{w}$：

$$\varepsilon = \| \boldsymbol{y} - \hat{\boldsymbol{y}} \| = \| \boldsymbol{y} - \boldsymbol{\varphi}\boldsymbol{w} \| \tag{3-27}$$

通常 $\boldsymbol{w}$ 可用最小二乘法求得

$$\boldsymbol{w} = \boldsymbol{\varphi}^{+} \boldsymbol{y} \tag{3-28}$$

其中，$\boldsymbol{\varphi}^{+}$ 为 $\boldsymbol{\varphi}$ 的伪逆：

$$\boldsymbol{\varphi}^{+} = (\boldsymbol{\varphi}^{\mathrm{T}}\boldsymbol{\varphi})^{-1}\boldsymbol{\varphi}^{\mathrm{T}} \tag{3-29}$$

2. *梯度训练方法*

RBF 神经网络的梯度训练方法[37]与 BP 算法训练多层感知器神经网络的原理类似，也是通过最小化目标函数实现对各隐含层神经元的径向基函数中心、中心宽度和输出权值的调节。这里给出一种带遗忘因子的单输出 RBF 神经网络学习方法，此时神经网络学习的目标函数为

$$E = \frac{1}{2}\sum_{j=1}^{N}\beta_j e_j^2 \tag{3-30}$$

其中 β_j 为遗忘因子，误差信号 e_j 定义为

$$e_j = y_j - F(\boldsymbol{x}_j) = y_j - \sum_{i=1}^{k} w_i \varphi_i(\boldsymbol{x}_j) \tag{3-31}$$

由于神经网络函数 $F(\boldsymbol{x})$ 对各隐含层神经元的径向基函数中心、中心宽度和输

出权值的梯度分别为

$$\nabla_{c_i}F(\boldsymbol{x})=\frac{2w_i}{\sigma_i^2}\varphi_i(\boldsymbol{x})(\boldsymbol{x}-c_i)$$

$$\nabla_{\sigma_i}F(\boldsymbol{x})=\frac{2w_i}{\sigma_i^3}\varphi_i(\boldsymbol{x})\parallel\boldsymbol{x}-c_i\parallel^2$$

$$\nabla_{w_i}F(\boldsymbol{x})=\varphi_i(\boldsymbol{x}) \tag{3-32}$$

考虑所有训练样本和遗忘因子的影响，各隐含层神经元的径向基函数中心 c、中心宽度 δ 和输出权值 w 的调节量为

$$\Delta c_i=\eta\frac{w_i}{\sigma_i^2}\sum_{j=1}^{N}\beta_j e_j\varphi_i(\boldsymbol{x}_j)(\boldsymbol{x}-c_i)$$

$$\Delta\sigma_i=\eta\frac{w_i}{\sigma_i^3}\sum_{j=1}^{N}\beta_j e_j\varphi_i(\boldsymbol{x}_j)\parallel\boldsymbol{x}-c_i\parallel^2$$

$$\Delta w_i=\eta\sum_{j=1}^{N}\beta_j e_j\varphi_i(\boldsymbol{x}_j) \tag{3-33}$$

其中，φ_i 为第 i 个隐含层神经元对 $\boldsymbol{x}_j$ 的输出，η 为学习率。也有些学习算法为了取得更好的学习效果，将隐含层神经元的径向基函数中心、中心宽度和输出权值的学习率取不同的值。

3. 正交最小二乘算法

RBF 神经网络的另一种学习方法是由 Chen 等提出的正交最小二乘算法[38]。OLS 算法从样本输入中选取数据中心，思路如下：如果把所有样本输入均作为数据中心，并令各隐含层神经元的中心宽度取相同值，则根据前面分析，隐含层神经元的输出矩阵 $\boldsymbol{\varphi}\in\mathbf{R}^{N\times N}$ 是可逆的，于是目标输出 $\boldsymbol{y}$ 可以由 $\boldsymbol{\varphi}$ 的 N 个列向量线性表出。这种方法在选择了 RBF 神经网络隐含层神经元的径向基函数中心的同时，还避免了数值病态情况的发生。但是，$\boldsymbol{\varphi}$ 的 N 个列向量对 $\boldsymbol{y}$ 的能量贡献显然是不同的，因此我们可以从 $\boldsymbol{\varphi}$ 的 N 个列向量中按能量贡献大小依次找出 $M\leqslant N$ 个向量构成 $\boldsymbol{\varphi}\in\mathbf{R}^{N\times M}$，直至满足给定误差 ε，即

$$\parallel\boldsymbol{y}-\boldsymbol{\varphi}\boldsymbol{w}_0\parallel<\varepsilon \tag{3-34}$$

其中，其中 $\boldsymbol{w}_0$ 是使 $\parallel\boldsymbol{y}-\boldsymbol{\varphi}\boldsymbol{w}_0\parallel$ 最小的最优权矢量 $\boldsymbol{w}$ 的值。显然，选择不同的 $\boldsymbol{\varphi}$，式(3-34)的逼近误差是不同的。是否选择了一个最优的 $\boldsymbol{\varphi}$，直接影响着 RBF 神经网络的性能。而一旦确定了 $\boldsymbol{\varphi}$，也就确定了 RBF 神经网络的各隐含层神经元的中心。

因此，假定目标输出 $\boldsymbol{y}$ 可由 N 个互相正交的矢量(不一定是单位矢量)$\boldsymbol{x}_1$，$\boldsymbol{x}_2$，…，$\boldsymbol{x}_N$ 线性表出，即

$$\boldsymbol{y}=\sum_{i=1}^{N}a_i\boldsymbol{x}_i \tag{3-35}$$

式(3-35)右乘 $\boldsymbol{x}_i^{\mathrm{T}}$ 后,获得

$$\boldsymbol{x}_i^{\mathrm{T}}\boldsymbol{y} = a_i \|\boldsymbol{x}_i\|^2, \quad i = 1,2,\cdots,N \tag{3-36}$$

于是

$$\boldsymbol{y}^{\mathrm{T}}\boldsymbol{y} = \sum_{i=1}^{N} a_i \|\boldsymbol{x}_i\|^2$$

$$1 = \sum_{i=1}^{N} \frac{a_i \|\boldsymbol{x}_i\|^2}{\boldsymbol{y}^{\mathrm{T}}\boldsymbol{y}} \tag{3-37}$$

由此选择 M 个基矢量时的能量总贡献为

$$g_A = \sum_{i=1}^{M} g_i = \sum_{i=1}^{M} \frac{a_i \|\boldsymbol{x}_i\|^2}{\boldsymbol{y}^{\mathrm{T}}\boldsymbol{y}} \tag{3-38}$$

式(3-38)中 $0 \leqslant g_A \leqslant 1$。$M$ 越大,g_A 就越大,逼近精度就越高。如果 $M=N$,即选择了所有的基矢量,则逼近精度最高,此时 $g_A=1$。

式(3-35)中的各 $\boldsymbol{x}_i$ 是相互正交的,而 $\boldsymbol{\varphi}$ 的各列并不正交,因此正交最小二乘算法对 $\boldsymbol{\varphi}$ 的列的选择是在对 $\boldsymbol{\varphi}$ 作 Gram-Schmidt 正交化的过程中实现的。Gram-Schmidt 正交化选择数据中心的步骤如下:

步骤一:计算 RBF 神经网络隐含层神经元输出 $\boldsymbol{\varphi}$,并令 $\boldsymbol{\varphi}$ 的 N 个列向量为 $\boldsymbol{P}_1^1,\boldsymbol{P}_1^2,\cdots,\boldsymbol{P}_1^N$,它们构成 N 维欧氏空间 E_N^H。

步骤二:把输出数据矢量 $\boldsymbol{y}$ 投影到 $\boldsymbol{P}_1^1,\boldsymbol{P}_1^2,\cdots,\boldsymbol{P}_1^N$ 上,如果 $\boldsymbol{y}$ 与某一个 $\boldsymbol{P}_1^k$ 具有最大的夹角,即$\dfrac{\boldsymbol{y}^{\mathrm{T}}\boldsymbol{P}_1^k}{\|\boldsymbol{y}\|\,\|\boldsymbol{P}_1^k\|}$的绝对值达最大(表示该 $\boldsymbol{P}_1^k$ 对 $\boldsymbol{y}$ 有最大能量贡献),则把 $\boldsymbol{P}_1^k$ 对应的样本输入选为第一个数据中心,$\boldsymbol{P}_1^k$ 构成一维欧氏空间 E_1。

步骤三:用前面提到的广义逆的方法计算网络的输出权值,并得到网络对样本的训练误差,如果误差小于目标值则终止算法,否则对前一步中剩下的 $N-1$ 个向量作 Gram-Schmidt 正交化,使之正交于 E_1,得到 $\boldsymbol{P}_2^1,\boldsymbol{P}_2^2,\cdots,\boldsymbol{P}_2^{N-1}$。

步骤四:找出与 $\boldsymbol{y}$ 有最大投影的 $\boldsymbol{P}_2^j$,选择与之对应的样本输入为第二个数据中心;计算输出权值和训练误差,并判断是否终止算法。

步骤五:重复以上步骤,直至找到 M 个数据中心,使 RBF 神经网络的训练误差小于给定值。

由于在选择 RBF 神经网络隐含层神经元的径向基函数中心时是按从大到小的顺序进行的,如果有一个向量为零,按照正交最小二乘算法选择原则该中心就不会被选中,因此就避免了数值病态情况的发生。正交最小二乘算法的特点在于:它通过正交化方法得到正交基函数,可以方便地通过误差减小比从一批候选基函数中选择主要的基函数留在最终的模型中,并且进行参数辨识,很适合用于非线性建模。但是正交最小二乘算法计算量大、速度慢,可以用无需计算正交项的方法对其快速性进行改进,这些改进型正交最小二乘算法可以参考文献[39]~[48]。

以上几种 RBF 神经网络的隐含层与输出层间连接权值的算法是最常用的 RBF 神经网络学习算法，但是近年来又有一些快速、精确的学习算法被提出，对于 RBF 神经网络的连接权值训练算法我们也作了深入的研究，如快速下降算法、改进型最小二乘算法等[49~62]。

3.4　本章小结

这一章主要对一种特殊的前馈神经网络——RBF 神经网络进行详细分析，首先，基于插值计算、模式可分性、正规化法则和 RBF 神经网络结构对 RBF 神经网络原理进行讨论和分析，详细给出了基于插值计算、模式可分性和正规化法则与 RBF 神经网络结构之间的关系，从整体上对 RBF 神经网络有一些初步认识。

对 RBF 神经网络的参数学习算法进行详细阐述，主要分为两部分进行：一是 RBF 神经网络隐含层神经元中心值和中心宽度，二是隐含层与输出层间的连接权值。这两种参数的学习分别采用不同的学习策略，RBF 神经网络隐含层神经元中心值和中心宽度采用随机选取固定中心、中心的自组织选择以及中心的监督选择三种方法；隐含层与输出层间的连接权值则采用聚类方法、梯度训练方法以及正交最小二乘算法。通过对隐含层神经元中心值、中心宽度和隐含层与输出层间连接权值的训练算法的介绍进一步加深对 RBF 神经网络的理解。

针对神经网络计算与数学计算存在内在的联系，简单介绍一些有用的数学概念和运算——域和向量空间、矩阵的表示和运算、矩阵的性质和矩阵范数的运算。这部分数学基础知识不但能够加深对 RBF 神经网络的理解，同时，也便于理解后续章节中对其他前馈神经网络的分析。

当然，本章并未给出应用实例，读者可以参照参考文献部分的文章，从而找出不同领域的应用实例。同样，读者也可以先参考后续章节中 RBF 神经网络的应用。

附录 B　数学运算

根据上述分析和讨论不难看出神经网络计算与数学计算存在内在的联系，因此，为了更好地理解 RBF 神经网络以及其他前馈神经网络，下面简单介绍一些有用的数学概念和运算。

附录 B.1　域和向量空间

域的定义：一个域 $\mathfrak{R}$ 包含一组元素和两个运算，即加法和乘法。在 $\mathfrak{R}$ 中定义的这个两个运算需满足如下条件[63,64]：

(1) 对于 $\Re$ 中的每对元素 α 和 β，对应的元素 $\alpha+\beta$ 也属于 $\Re$，称为 α 和 β 的和；元素 $\alpha\cdot\beta$ 也属于 $\Re$，称为 α 和 β 的积。

(2) 加法和乘法都满足交换律，即对于 $\Re$ 中任意 α 和 β，有 $\alpha+\beta=\beta+\alpha$ 和 $\alpha\cdot\beta=\beta\cdot\alpha$。

(3) 加法和乘法都满足结合律，即对于 $\Re$ 中任意 α，β 和 γ，有 $(\alpha+\beta)+\gamma=\beta+(\alpha+\gamma)$ 和 $(\alpha\cdot\beta)\cdot\gamma=\beta\cdot(\alpha\cdot\gamma)$。

(4) 乘法对加法满足分配律，即对于 $\Re$ 中任意 α，β 和 γ，有 $(\alpha+\beta)\cdot\gamma=\alpha\cdot\gamma+\beta\cdot\gamma$。

(5) 对于 $\Re$ 中的每一个元素 α，存在一个元素 $\beta\in\Re$，使得 $\alpha+\beta=0$。这个元素 β 称为 α 的负元素。

(6) 对于 $\Re$ 中的每一个非零元素 α，存在一个元素 γ，使得 $\alpha\cdot\gamma=1$，这个元素 γ 称为 α 的逆元素。

根据以上分析，所有的实数及其加法和乘法运算构成一个域，称为实数域 $\Re$。复数及其加法和乘法运算也构成一个域，即复数域 l。

对于通常意义下的加法和乘法，集合 $\{0,1\}$ 是无法形成域的。这很容易看出，因为 $1+1=2$ 不属于集合 $\{0,1\}$。然而，可以这样定义运算：

$$0+0=0,\quad 0+1=1,\quad 1+1=2,\quad 0\cdot 1=0,\quad 0\cdot 0=0,\quad 1\cdot 1=1 \tag{B-1}$$

这样，集合 $\{0,1\}$ 就构成一个域，这个域称为二进制数域。

对于所有形如 $[w,-z;z,w]$ 的 2×2 的矩阵构成的集合，其中 w 和 z 是任意实数，与矩阵加法和乘法的标准定义构成域。在这种情况下，域中的元素 0 和 1 分别是零矩阵 $[0,0;0,0]$ 和单位矩阵 $[1,0;0,1]$。但是，所有形式的 2×2 矩阵集合并不能构成域，例如，在一些情况下乘法矩阵的逆并不存在。

向量空间有一个简单的几何解释。例如，在普通的二维几何平面，如果定义一个参考点为原点，这样平面内每一个点都可以看做一个向量。也就是说，在平面内所有由原点指向任意一个点的"箭头"，有各自的方向和数量。每一个向量可以进行收缩和扩大，并且任两个向量可以相加。但是两个向量不能相乘。这个平面成为向量空间（或线性空间，或线性向量空间）。向量空间总是定义一个特殊的域，包括数乘和向量加法。

向量空间的定义：一个域 $\Re$ 中的向量（线性）空间记为 $(\Im,\Re)$，包含元素集 $\Im$，称为向量（任意长度），一个域 $\Re$，和两种运算，即数乘和向量加法，在 $\Re$ 和 $\Im$ 上定义的两个运算必须满足以下条件[65,66]：

(1) 对于向量集 $\Im$ 中的每一个向量 $\boldsymbol{x}_1$ 和 $\boldsymbol{x}_2$，相应地 $\boldsymbol{x}_1+\boldsymbol{x}_2$ 也在 $\Im$ 中，称为 $\boldsymbol{x}_1$ 和 $\boldsymbol{x}_2$ 的和。

(2) 向量加法满足交换律，即对于 $\Im$ 中的任意 $\boldsymbol{x}_1$，$\boldsymbol{x}_2$，有 $\boldsymbol{x}_1+\boldsymbol{x}_2=\boldsymbol{x}_2+\boldsymbol{x}_1$。

(3) 向量加法满足结合律,即对于 $\Im$ 中的任意 $\boldsymbol{x}_1$,$\boldsymbol{x}_2$ 和 $\boldsymbol{x}_3$,有$(\boldsymbol{x}_1+\boldsymbol{x}_2)+\boldsymbol{x}_3=\boldsymbol{x}_1+(\boldsymbol{x}_2+\boldsymbol{x}_3)$。

(4) 向量集合 $\Im$ 包含一个向量为 $\mathbf{0}$,对于 $\Im$ 中的每一个 $\boldsymbol{x}$ 满足 $\mathbf{0}+\boldsymbol{x}=\boldsymbol{x}$。向量 $\mathbf{0}$ 称为零向量或向量空间中的原点。

(5) 对于 $\Im$ 中每一个 $\boldsymbol{x}$,存在一个向量 $\boldsymbol{y}=-\boldsymbol{x}$ 属于 $\Im$,使得 $\boldsymbol{y}+\boldsymbol{x}=\mathbf{0}$。

(6) 对于 $\Re$ 中每一个 α 和 $\Im$ 中每一个 $\boldsymbol{x}$,相应地向量 $\alpha\boldsymbol{x}$ 也属于 $\Im$,称为 α 和 $\boldsymbol{x}$ 的数乘。

(7) 数乘满足结合律,即对于 $\Re$ 中任意中任意 α,β 和 $\Im$ 中的任意 $\boldsymbol{x}$,有 $\alpha(\beta\boldsymbol{x})=(\alpha\beta)\boldsymbol{x}$。

(8) 数乘对于向量加法满足分配律,即对于 $\Re$ 中的任意 α 和 $\Im$ 中的任意 $\boldsymbol{x}_1$,$\boldsymbol{x}_2$,有 $\alpha(\boldsymbol{x}_1+\boldsymbol{x}_2)=\alpha\boldsymbol{x}_1+\alpha\boldsymbol{x}_2$。

(9) 数乘对于标量加法满足分配律,即对于 $\Re$ 中任意 α,β 和 $\Im$ 中的任意 $\boldsymbol{x}$,有 $(\alpha+\beta)\boldsymbol{x}=\alpha\boldsymbol{x}+\beta\boldsymbol{x}$。

(10) 对于 $\Im$ 中的任意 $\boldsymbol{x}$,有 $1\boldsymbol{x}=\boldsymbol{x}$,其中 1 是 $\Im$ 中的单位元素 1。

一般而言,向量集中的某向量所包含的元素就是域中的元素;如果向量空间所定义的域是同一域,那么它满足向量空间定义中的几个条件。

附录 B.2　矩阵的表示和运算

一个矩阵是一组元素,一般元素就是数值。然而,矩阵的元素也可以是函数。大多数情况下,矩阵是长方形的。特殊情况下,可能为方阵、向量(行或列向量)以及标量。假设 $\boldsymbol{A}\in\mathfrak{R}^{n\times m}$ 表示所有的长方形矩阵为实数元素,$n\times m$ 维,其中 n 为矩阵的函数,m 为矩阵的列数,即

$$\mathbf{A}=\begin{bmatrix} a_{11} & a_{12} & \cdots & a_{1m} \\ a_{21} & a_{22} & \cdots & a_{2m} \\ \vdots & \vdots & & \vdots \\ a_{n1} & a_{n2} & \cdots & a_{nm} \end{bmatrix} \tag{B-2}$$

矩阵 $\boldsymbol{A}$ 的维数简单地记为 $n\times m$。$\boldsymbol{A}\in\mathfrak{R}^{n\times m}$ 表示所有矩形的复数矩阵。矩阵 $\boldsymbol{A}$ 可以记为 $\boldsymbol{A}=[a_{ij}]_{n\times m}$。这样 a_{ij} 表示位于矩阵第 i 行第 j 列的元素。$\boldsymbol{A}$ 在特殊情况下,包含如下几种情况:①如果 $n=m$,$\boldsymbol{A}$ 表示所有的实数方阵;②$m=1$,$\boldsymbol{x}\in\mathfrak{R}^{n\times 1}$ 表示所有 n 个实数的列向量;③$\boldsymbol{y}\in\mathfrak{R}^{1\times n}$ 表示所有的 n 个实数的行向量。如果定义矩阵 $\boldsymbol{A}\in\mathfrak{R}^{n\times m}$ 的列有 $\boldsymbol{a}_j$,其中 $j=1,2,\cdots,m$,矩阵 $\boldsymbol{A}$ 可以记成 $\boldsymbol{A}=(a_1,a_2,\cdots,a_m)$。

矩阵(向量)加法和减法:若 $\boldsymbol{A}\in\mathfrak{R}^{n\times m}$,$\boldsymbol{B}\in\mathfrak{R}^{n\times m}$,那么 $\boldsymbol{C}=\boldsymbol{A}\pm\boldsymbol{B}$,其中 $\boldsymbol{C}\in\mathfrak{R}^{n\times m}$。这样,两个矩阵必须有相同的行数和列数才能进行加法或减法运算。如果 $\boldsymbol{x}\in\mathfrak{R}^{n\times 1}$,$\boldsymbol{y}\in\mathfrak{R}^{n\times 1}$,那么两个列向量相加或相减就会有 $\boldsymbol{z}=\boldsymbol{x}\pm\boldsymbol{y}$,其中 $\boldsymbol{z}\in\mathfrak{R}^{n\times 1}$。对于两个相同长度的行向量,其和以及差的结果是显然的。

矩阵乘法：若 $\boldsymbol{A}\in\mathfrak{R}^{n\times m}$，其元素记作 a_{ij}，$\boldsymbol{B}\in\mathfrak{R}^{m\times p}$，其元素记作 b_{jk}，$\boldsymbol{A}$ 乘以 $\boldsymbol{B}$，有 $\boldsymbol{C}=\boldsymbol{AB}\in\mathfrak{R}^{n\times p}$，元素记作 c_{ik}（$\mathfrak{R}^{n\times p}\leftarrow\mathfrak{R}^{n\times m}\times\mathfrak{R}^{m\times p}$）。$\boldsymbol{C}$ 中的每一个元素可以写成：

$$c_{ik}=\sum_{j=1}^{m}a_{ij}b_{jk}\quad 或\quad \boldsymbol{AB}=\Big[\sum_{j=1}^{m}a_{ij}b_{jk}\Big]_{n\times p}\tag{B-3}$$

从这个结论中可以看出只有当矩阵 $\boldsymbol{B}$ 的行数和矩阵 $\boldsymbol{A}$ 的列相同时，矩阵才能相乘。这样，$\boldsymbol{BA}$ 没有意义，因为 $\boldsymbol{B}$ 有 p 列而 $\boldsymbol{A}$ 有 n 行，很明显不匹配。因此，矩阵乘法不具有可交换性。但是，矩阵乘法满足结合律和分配律。矩阵乘法的特殊情况就是一个矩阵和一个向量相乘，即，对于 $\boldsymbol{A}\in\mathfrak{R}^{n\times m}$，$\boldsymbol{x}\in\mathfrak{R}^{m\times 1}$，$\boldsymbol{b}=\boldsymbol{Ax}\in\mathfrak{R}^{n\times 1}$ 具有元素 b_i（$\mathfrak{R}^{n\times 1}\leftarrow\mathfrak{R}^{n\times m}\times\mathfrak{R}^{m\times 1}$）。

转置矩阵：矩阵 $\boldsymbol{A}\in\mathfrak{R}^{n\times m}$ 的转置记作 $\boldsymbol{A}^{\mathrm{T}}$。要转置矩阵 $\boldsymbol{A}=[a_{ij}]_{n\times m}$，交换原矩阵的行与列，即

$$\boldsymbol{A}^{\mathrm{T}}=[a_{ij}]_{n\times m}^{\mathrm{T}}=[a_{ji}]_{m\times n}\in\mathfrak{R}^{m\times n}\tag{B-4}$$

以下是转置矩阵的一些重要属性[67,68]：

(1) $(\boldsymbol{A}^{\mathrm{T}})^{\mathrm{T}}=\boldsymbol{A}$。

(2) 若 $\boldsymbol{A}\in\mathfrak{R}^{n\times m}$，$\boldsymbol{B}\in\mathfrak{R}^{m\times p}$，$(\boldsymbol{AB})^{\mathrm{T}}=\boldsymbol{B}^{\mathrm{T}}\boldsymbol{A}^{\mathrm{T}}\in\mathfrak{R}^{p\times n}$。

(3) $(\boldsymbol{A}+\boldsymbol{B})^{\mathrm{T}}=\boldsymbol{B}^{\mathrm{T}}+\boldsymbol{A}^{\mathrm{T}}$。

对角矩阵、对称矩阵和单位矩阵：对角矩阵是只有对角元素的方阵，即除了对角元素外其他元素均为零。例如，若 $\boldsymbol{A}\in\mathfrak{R}^{n\times m}$ 为对角矩阵，可以记作

$$\boldsymbol{A}=\mathrm{diag}(a_{11},a_{22},\cdots,a_{m})=\begin{bmatrix}a_{11}&0&\cdots&0\\0&a_{22}&\cdots&0\\0&\vdots&&\vdots\\0&\cdots&0&a_{m}\end{bmatrix}\tag{B-5}$$

如果 $\boldsymbol{A}^{\mathrm{T}}=\boldsymbol{A}$，那么 $\boldsymbol{A}$ 称做对称矩阵。显然对角矩阵是对称的。如果对角矩阵对角线上的元素都是单位元素，那么该矩阵称做单位矩阵。例如，一个 $n\times n$ 单位矩阵 $\boldsymbol{I}_n$ 对角线上有 n 个单位元素，其他非对角线上的元素为零，即

$$\boldsymbol{I}_n=\begin{bmatrix}1&&&0\\&1&&\\&&\ddots&\\0&&&1\end{bmatrix}=\mathrm{diag}(1,1,\cdots,1)=(e_1,e_2,\cdots,e_n)\tag{B-6}$$

其中 $\boldsymbol{I}_n$ 的第 j 列为 $\boldsymbol{e}_j$；例如，如果 $j=2$，那么 $\boldsymbol{e}_2=(0,1,0,\cdots,0)^{\mathrm{T}}$。

附录 B. 3　矩阵的性质

1. 内积和外积

假设两个 n 维列向量 $\boldsymbol{x}\in\mathfrak{R}^{n\times 1}$，$\boldsymbol{y}\in\mathfrak{R}^{n\times 1}$。这两个向量的内积为

$$\langle \boldsymbol{x},\boldsymbol{y}\rangle = \boldsymbol{x}^{\mathrm{T}}\boldsymbol{y} = \boldsymbol{y}^{\mathrm{T}}\boldsymbol{x} = \langle \boldsymbol{y},\boldsymbol{x}\rangle = \sum_{i=1}^{n} \boldsymbol{y}_i\boldsymbol{x}_i \tag{B-7}$$

如果 $\boldsymbol{x}$ 和 $\boldsymbol{y}$ 含有复数元素，即 $\boldsymbol{x}\in \ell^{n\times 1}$，$\boldsymbol{y}\in \ell^{n\times 1}$，则 $\boldsymbol{x}$ 和 $\boldsymbol{y}$ 的内积为

$$\langle \boldsymbol{x},\boldsymbol{y}\rangle = \bar{\boldsymbol{x}}^{\mathrm{T}}\boldsymbol{y} = \boldsymbol{x}^{*}\boldsymbol{y} = \sum_{i=1}^{n} \bar{\boldsymbol{x}}_i\boldsymbol{y}_i \tag{B-8}$$

其中$\bar{\boldsymbol{x}}^{\mathrm{T}}=\boldsymbol{x}^{*}$称为向量 x 的复共轭转置。假设两个 n 维列向量是随时间变化的元素 $\boldsymbol{x}(t)$和 $\boldsymbol{y}(t)$，这样对于实连续函数的向量空间，在区间 $t_1<t<t_2$上，其 $\boldsymbol{x}$ 和 $\boldsymbol{y}$ 的内积为

$$\langle \boldsymbol{x}(t),\boldsymbol{y}(t)\rangle = \frac{1}{t_2-t_1}\int_{t_1}^{t_2}\boldsymbol{x}^{\mathrm{T}}(t)\boldsymbol{y}(t) = \frac{1}{t_2-t_1}\int_{t_1}^{t_2}\left[\sum_{i=1}^{n}\boldsymbol{x}_i(t)\boldsymbol{y}_i(t)\right]\mathrm{d}t \tag{B-9}$$

两个向量 $\boldsymbol{x}\in\mathfrak{R}^{n\times 1}$ 和 $\boldsymbol{y}\in\mathfrak{R}^{n\times 1}$ 的外积产生一个秩为 1 的 $n\times n$ 维矩阵，即

$$\boldsymbol{A} = \boldsymbol{x}\boldsymbol{y}^{\mathrm{T}} = \begin{pmatrix} x_1\\ x_2\\ \vdots\\ x_n\end{pmatrix}(y_1,y_2,\cdots,y_n) = \begin{bmatrix} x_1y_1 & x_1y_2 & \cdots & x_1y_n\\ x_2y_1 & x_2y_2 & \cdots & x_2y_n\\ \vdots & \vdots & & \vdots\\ x_ny_1 & x_ny_2 & \cdots & x_ny_n\end{bmatrix} \tag{B-10}$$

2. 矩阵的秩和线性无关

矩阵 $\boldsymbol{A}$ 的秩是指最大线性无关列数，或者是最大线性无关行数。矩阵的秩用$\rho(\boldsymbol{A})$表示。如果 $\rho(\boldsymbol{A})=\min\{n,m\}$，则矩阵 $\boldsymbol{A}\in\mathfrak{R}^{n\times m}$满秩。矩阵 $\boldsymbol{A}$ 的秩也可以定义为包含在矩阵$\boldsymbol{A}$ 中的最大非奇异子矩阵（方阵）的维数。

假设$\boldsymbol{A}\in\mathfrak{R}^{n\times m}$，$\min\{n,m\}=m$，且 $\rho(\boldsymbol{A})<m$，那么称矩阵 $\boldsymbol{A}$ 为秩亏损。矩阵的秩有时称做矩阵的本质维数。下面列出矩阵 $\boldsymbol{A}\in\mathfrak{R}^{n\times m}$的一些重要特性[69,70]：

(1) $\rho(\boldsymbol{A}^{\mathrm{T}})=\rho(\boldsymbol{A})$。

(2) $\rho(\boldsymbol{A}^{\mathrm{T}}\boldsymbol{A})=\rho(\boldsymbol{A})$。

(3) $\rho(\boldsymbol{A}\boldsymbol{A}^{\mathrm{T}})=\rho(\boldsymbol{A})$。

(4) 若 $\boldsymbol{A}\in\mathfrak{R}^{n\times m}$，$\boldsymbol{B}\in\mathfrak{R}^{m\times p}$，则 $\rho(\boldsymbol{A})+\rho(\boldsymbol{B})\leqslant m+\rho(\boldsymbol{A})$。

(5) 若 $\boldsymbol{A}\in\mathfrak{R}^{n\times m}$，$\boldsymbol{B}\in\mathfrak{R}^{m\times p}$，则 $\rho(\boldsymbol{A})+\rho(\boldsymbol{B})-m\leqslant\rho(\boldsymbol{AB})\leqslant\min\{\rho(\boldsymbol{A}),\rho(\boldsymbol{B})\}$。

3. 矩阵的确定性

一个对称矩阵 $\boldsymbol{A}\in\mathfrak{R}^{n\times m}$，如果 $\boldsymbol{x}^{\mathrm{T}}\boldsymbol{A}\boldsymbol{x}>0$，$\forall\,\boldsymbol{x}\in\mathfrak{R}^{n\times 1}$（除了 $\boldsymbol{x}=\boldsymbol{0}$），则称 $\boldsymbol{A}$ 为正定矩阵。若 $\boldsymbol{x}^{\mathrm{T}}\boldsymbol{A}\boldsymbol{x}\geqslant 0$，则称 $\boldsymbol{A}$ 半正定矩阵。若 $\boldsymbol{x}^{\mathrm{T}}\boldsymbol{A}\boldsymbol{x}<0$，则称 $\boldsymbol{A}$ 负定矩阵。若 $\boldsymbol{x}^{\mathrm{T}}\boldsymbol{A}\boldsymbol{x}\leqslant 0$，则称 $\boldsymbol{A}$ 半负定矩阵。

对于对称矩阵 $\boldsymbol{A}\in\mathfrak{R}^{n\times m}$，也可以说如果 $\boldsymbol{A}$ 是正定的，那么 $\boldsymbol{A}$ 的特征值都是正实数。如果 $\boldsymbol{A}$ 是负定的，那么 $\boldsymbol{A}$ 的特征值都是负实数。如果 $\boldsymbol{A}$ 是半正定的，那么

$\boldsymbol{A}$ 的某些特征值可以是零(但不全是零),其余的必须为正实数。如果 $\boldsymbol{A}$ 是半负定的,那么 $\boldsymbol{A}$ 的某些特征值可以是零(但不全是零),其余的必须为负实数。如果一个对称矩阵 $\boldsymbol{A}\in\mathfrak{R}^{n\times n}$ 既有正特征值,又有负特征值,那么这个矩阵 $\boldsymbol{A}$ 是不确定的。对于任意 $\boldsymbol{A}$,$\boldsymbol{A}^{\mathrm{T}}\boldsymbol{A}$ 和 $\boldsymbol{A}\boldsymbol{A}^{\mathrm{T}}$ 是半正定矩阵。

若 $\boldsymbol{A}\in\mathfrak{R}^{n\times n}$ 为对称矩阵,简单记作[71]:

(1) $\boldsymbol{A}>0$,$\boldsymbol{A}$ 正定。

(2) $\boldsymbol{A}<0$,$\boldsymbol{A}$ 负定。

(3) $\boldsymbol{A}\geqslant 0$,$\boldsymbol{A}$ 半正定。

(4) $\boldsymbol{A}\leqslant 0$,$\boldsymbol{A}$ 半负定。

4. 矩阵的逆和伪逆

矩阵的逆:假设矩阵 $\boldsymbol{A}\in\mathfrak{R}^{n\times n}$,$\rho(\boldsymbol{A})=n$ 那么 $\boldsymbol{A}$ 有逆存在,或者说 $\boldsymbol{A}$ 非奇异,或则说 $\boldsymbol{A}$ 的列或行是线性无关的。$\boldsymbol{A}$ 的逆记作 $\boldsymbol{A}^{-1}$,且 $\boldsymbol{A}\boldsymbol{A}^{-1}=\boldsymbol{A}^{-1}\boldsymbol{A}=\boldsymbol{I}_n$。若 $\rho(\boldsymbol{A})<n$,则 $\boldsymbol{A}$ 是秩亏损的,$\boldsymbol{A}$ 称作奇异的。

非奇异矩阵 $\boldsymbol{A}\in\mathfrak{R}^{n\times n}$ 的逆可以表示成

$$\boldsymbol{A}^{-1}=\frac{\mathrm{adj}(\boldsymbol{A})}{|\boldsymbol{A}|}=\frac{[\mathrm{cof}(\boldsymbol{A})]^{\mathrm{T}}}{|\boldsymbol{A}|}\tag{B-11}$$

其中 adj 指伴随,cof 指余因子,$|\boldsymbol{A}|$ 为 $\boldsymbol{A}$ 的行列式。矩阵 $\boldsymbol{A}\in\mathfrak{R}^{n\times n}$ 的行列式也可以记作 $\det(\boldsymbol{A})$。若 $|\boldsymbol{A}|=0$,则 $\boldsymbol{A}$ 是奇异的。也可以说如果 $\boldsymbol{A}$ 的行或列是线性相的,或则说 $\boldsymbol{A}$ 至少有一个零特征值,那么 $\boldsymbol{A}$ 是秩亏损的,即 $\rho(\boldsymbol{A})<n$。

下面是关于矩阵的逆的一些重要特性[72]:假设 $\boldsymbol{A}\in\mathfrak{R}^{n\times n}$,$\boldsymbol{B}\in\mathfrak{R}^{n\times n}$,$\boldsymbol{C}\in\mathfrak{R}^{m\times m}$,$\boldsymbol{u}\in\mathfrak{R}^{n\times 1}$,$\boldsymbol{v}\in\mathfrak{R}^{n\times 1}$:

(1) $(\boldsymbol{A}^{-1})^{-1}=\boldsymbol{A}$。

(2) $(\boldsymbol{A}\boldsymbol{B})^{-1}=\boldsymbol{B}^{-1}\boldsymbol{A}^{-1}$。

(3) $(\boldsymbol{A}^{\mathrm{T}})^{-1}=(\boldsymbol{A}^{-1})^{\mathrm{T}}=\boldsymbol{A}^{-\mathrm{T}}$。

(4) $(\boldsymbol{A}+\boldsymbol{u}\boldsymbol{v}^{\mathrm{T}})^{-1}=\boldsymbol{A}^{-1}-\dfrac{(\boldsymbol{A}^{-1}\boldsymbol{u})(\boldsymbol{v}^{\mathrm{T}}\boldsymbol{A}^{-1})}{1+\boldsymbol{v}^{\mathrm{T}}\boldsymbol{A}^{-1}\boldsymbol{u}}$。

矩阵 $\boldsymbol{A}\in\mathfrak{R}^{n\times n}$ 的行列式在很多领域都有重要的作用,我们从上面看了怎么用矩阵的行列式定义矩阵的逆。一个 2×2 的矩阵 $\boldsymbol{A}\in\mathfrak{R}^{2\times 2}$ 的行列式可以这样计算:

$$|\boldsymbol{A}|=\begin{vmatrix}a_{11} & a_{12}\\ a_{21} & a_{22}\end{vmatrix}=a_{11}a_{22}-a_{12}a_{21}\tag{B-12}$$

3×3 的矩阵 $\boldsymbol{A}\in\mathfrak{R}^{3\times 3}$ 的行列式可以这样计算:

$$|\boldsymbol{A}|=\begin{vmatrix}a_{11} & a_{12} & a_{13}\\ a_{21} & a_{22} & a_{23}\\ a_{31} & a_{32} & a_{33}\end{vmatrix}=a_{11}\begin{vmatrix}a_{22} & a_{23}\\ a_{32} & a_{33}\end{vmatrix}-a_{12}\begin{vmatrix}a_{21} & a_{21}\\ a_{31} & a_{33}\end{vmatrix}+a_{13}\begin{vmatrix}a_{21} & a_{22}\\ a_{31} & a_{32}\end{vmatrix}\tag{B-13}$$

假设 $\boldsymbol{A}\in\mathfrak{R}^{n\times n}$，$\boldsymbol{B}\in\mathfrak{R}^{n\times n}$，如下是行列式的一些性质[73,74]：

(1) 若 $\boldsymbol{A}$ 的任意一行或一列的全部元素为零，那么 $|\boldsymbol{A}|=0$。

(2) $|\boldsymbol{A}^{\mathrm{T}}|=|\boldsymbol{A}|$；$|\boldsymbol{AB}|=|\boldsymbol{BA}|=|\boldsymbol{A}||\boldsymbol{B}|$。

(3) $$\begin{vmatrix} a_{11} & 0 & 0 & \cdots & 0 \\ a_{21} & a_{22} & 0 & \cdots & 0 \\ a_{31} & a_{32} & a_{33} & \cdots & 0 \\ \vdots & \vdots & \vdots & & \vdots \\ a_{n1} & a_{n2} & a_{n3} & \cdots & a_{nn} \end{vmatrix} = \begin{vmatrix} a_{11} & a_{12} & a_{13} & \cdots & a_{1n} \\ 0 & a_{22} & a_{23} & \cdots & a_{2n} \\ 0 & 0 & a_{33} & \cdots & a_{3n} \\ \vdots & \vdots & \vdots & & \vdots \\ 0 & 0 & 0 & \cdots & a_{nn} \end{vmatrix} = a_{11}a_{22}\cdots a_{nn}$$

$$=\prod_{i=1}^{n} a_{ii}。$$

(4) 若矩阵 $\boldsymbol{A}$ 任意交换两行或两列得到矩阵 $\boldsymbol{B}$，则 $|\boldsymbol{A}|=-|\boldsymbol{B}|$；若矩阵 $\boldsymbol{A}$ 的一行或列的每个元素乘以 $k\in\mathfrak{R}$ 的得到矩阵 $\boldsymbol{B}$，则 $|\boldsymbol{A}|=\dfrac{1}{k}|\boldsymbol{B}|$；$|k\boldsymbol{A}|=k^n|\boldsymbol{A}|$。

(5) 若矩阵 $\boldsymbol{A}$ 的一行或列的常数加倍得到另一行或列得到矩阵 $\boldsymbol{B}$，则 $|\boldsymbol{A}|=|\boldsymbol{B}|$。

(6) 若矩阵 $\boldsymbol{A}$ 的两行或列相等，则 $|\boldsymbol{A}|=0$。

(7) 若 $\lambda_1,\lambda_2,\cdots,\lambda_n$ 使 $\boldsymbol{A}\in\mathfrak{R}^{n\times n}$ 的特征是，则 $|\boldsymbol{A}|=\prod_{i=1}^{n}\lambda_i$。这样，如果 $\boldsymbol{A}$ 的特征有零。那么 $|\boldsymbol{A}|=0$，$\boldsymbol{A}$ 是奇异的。

(8) 若 $\rho(\boldsymbol{A})=n$，则 $|\boldsymbol{A}^{-1}|=\dfrac{1}{|\boldsymbol{A}|}$。

(9) 假设 $\boldsymbol{A}\in\mathfrak{R}^{n\times n}$，$\boldsymbol{B}\in\mathfrak{R}^{n\times m}$，$\boldsymbol{C}\in\mathfrak{R}^{m\times n}$，$\boldsymbol{D}\in\mathfrak{R}^{m\times m}$，如果 $\boldsymbol{A}$ 和 $\boldsymbol{D}$ 是可逆的，那么 $\det(\boldsymbol{A})\det(\boldsymbol{D}-\boldsymbol{CA}^{-1}\boldsymbol{B})=\det(\boldsymbol{D})\det(\boldsymbol{A}-\boldsymbol{BD}^{-1}\boldsymbol{C})$。

然而，在很多情况下，矩阵的逆不存在，此时要求矩阵伪逆。对于一个奇异方阵或矩形矩阵，可以计算它的广义逆。这对于解形如 $\boldsymbol{Ax}=\boldsymbol{b}$（其中 $\boldsymbol{A}\in\mathfrak{R}^{m\times n}$，$\boldsymbol{b}\in\mathfrak{R}^{m\times 1}$）的联立线性代数方程组很有用，$\boldsymbol{A}$ 的穆尔-彭罗斯广义逆记为 $\boldsymbol{A}^{+}$，有以下性质[75]：

(1) $\boldsymbol{A}^{+}=(\boldsymbol{A}\boldsymbol{A}^{\mathrm{T}})^{-1}\boldsymbol{A}^{\mathrm{T}}$。

(2) $\boldsymbol{A}^{+}\boldsymbol{AA}^{+}=\boldsymbol{A}^{+}$。

(3) $\boldsymbol{AA}^{+}\boldsymbol{A}=\boldsymbol{A}$。

(4) $(\boldsymbol{AA}^{+})^{\mathrm{T}}=\boldsymbol{AA}^{+}$。

(5) $(\boldsymbol{A}^{+}\boldsymbol{A})^{\mathrm{T}}=\boldsymbol{A}^{+}\boldsymbol{A}$。

若 $m=n$，则 $\boldsymbol{A}$ 是方阵；若 $\rho(\boldsymbol{A})=n$，则 $\boldsymbol{A}^{+}=\boldsymbol{A}^{-1}$；若假设 $m>n$，$\boldsymbol{A}^{+}=(\boldsymbol{A}^{\mathrm{T}}\boldsymbol{A})^{-1}\boldsymbol{A}$；若 $m<n$，则伪逆矩阵 $\boldsymbol{A}^{+}=\boldsymbol{A}^{\mathrm{T}}(\boldsymbol{AA}^{\mathrm{T}})^{-1}$。下面是与伪逆矩阵相关的重要性质[75]：

(1) $\alpha\neq 0$，$(\alpha\boldsymbol{A}^{+})=\alpha^{-1}\boldsymbol{A}^{+}$。

(2) $(\boldsymbol{A}^{+})^{+}=\boldsymbol{A}$。

(3) $(\boldsymbol{A}^{+})^{\mathrm{T}}=(\boldsymbol{A}^{\mathrm{T}})^{+}$。

(4) $\boldsymbol{A}^{+}=(\boldsymbol{A}\boldsymbol{A}^{\mathrm{T}})^{+}\boldsymbol{A}^{\mathrm{T}}=\boldsymbol{A}^{\mathrm{T}}(\boldsymbol{A}\boldsymbol{A}^{\mathrm{T}})^{+}$。

(5) $\boldsymbol{A}\boldsymbol{A}^{\mathrm{T}}(\boldsymbol{A}^{+})^{\mathrm{T}}=\boldsymbol{A}$。

(6) $\boldsymbol{A}^{+}\boldsymbol{A}\boldsymbol{A}^{\mathrm{T}}=\boldsymbol{A}^{\mathrm{T}}$。

(7) $(\boldsymbol{A}^{+})^{\mathrm{T}}\boldsymbol{A}^{\mathrm{T}}\boldsymbol{A}=\boldsymbol{A}$。

(8) $\boldsymbol{A}^{\mathrm{T}}\boldsymbol{A}\boldsymbol{A}^{+}=\boldsymbol{A}^{\mathrm{T}}$。

(9) $\rho(\boldsymbol{A}^{+})=\rho(\boldsymbol{A})=\rho(\boldsymbol{A}^{\mathrm{T}})$。

5. 特征值和特征向量

假设矩阵 $\boldsymbol{A}\in\mathfrak{R}^{n\times n}$，对一个标量 λ 和一个非零向量 $\boldsymbol{v}$，若

$$\boldsymbol{A}\boldsymbol{v}=\lambda\boldsymbol{v} \tag{B-14}$$

则 λ 是 $\boldsymbol{A}$ 的特征值，$\boldsymbol{v}$ 是对应的特征向量。对于 $\boldsymbol{A}$ 的特征值和特征向量，标准的特征值问题如下：

$$(\lambda_i\boldsymbol{I}-\boldsymbol{A})\boldsymbol{v}_i=\boldsymbol{0} \quad 或 \quad (\boldsymbol{A}-\lambda_i\boldsymbol{I})\boldsymbol{v}_i=\boldsymbol{0}, \quad i=1,2,\cdots,n \tag{B-15}$$

当且仅当 $|\lambda\boldsymbol{I}-\boldsymbol{A}|=0$ 时，这个方程有一个解，上式称为 $\boldsymbol{A}$ 的特征方程。

多项式 $|\lambda\boldsymbol{I}-\boldsymbol{A}|$ 的根就是特征值，即 $\{\lambda_i\}$，$i=1,2,\cdots,n$，倘若特征值是不同的，对于每一个特征值和相对应的特征向量满足 $(\lambda_i\boldsymbol{I}-\boldsymbol{A})v_i=\boldsymbol{0}$。$\boldsymbol{A}$ 的非零特征值对应的特征向量总是线性无关的。

一般，特征值可以相同也可以不同，既可以是实数也可以是复数。然而，由于 $\boldsymbol{A}$ 是实矩阵，若有一个复数特征值，那么一定存在负数共轭对。矩阵特征值的集合有时也称为矩阵谱，记作 $\sigma(\boldsymbol{A})$；一个特定的特征值记作 $\lambda_i(\boldsymbol{A})$，$i=1,2,\cdots,n$。对于 $\boldsymbol{A}$ 的不同特征值，如果构造一个矩阵 $\boldsymbol{V}=(v_1,v_2,\cdots,v_n)\in\mathfrak{R}^{n\times n}$，其中列特征使得

$$\boldsymbol{V}^{-1}\boldsymbol{A}\boldsymbol{V}=\boldsymbol{\Lambda} \tag{B-16}$$

矩阵 $\boldsymbol{\Lambda}=\mathrm{diag}(\lambda_1,\lambda_2,\cdots,\lambda_n)$，$\boldsymbol{A}$ 的特征值在对角线上，称 $\boldsymbol{A}$ 被对角化。矩阵 $\boldsymbol{V}$ 称做相似矩阵变化。对于非奇异矩阵 $\boldsymbol{A}\in\mathfrak{R}^{n\times n}$，$\rho(\boldsymbol{A})=n$，所有特征值都是非零的。其中 $\boldsymbol{A}^{-1}$ 的特征值是 $\boldsymbol{A}$ 的特征值的倒数，即 $\boldsymbol{\Lambda}^{-1}=\mathrm{diag}\left(\frac{1}{\lambda_1},\frac{1}{\lambda_2},\cdots,\frac{1}{\lambda_n}\right)$。

对于含有相同特征值的矩阵 $\boldsymbol{A}\in\mathfrak{R}^{n\times n}$，$\boldsymbol{A}$ 不一定是可对角化的。为了简单又不失一般性，假设 $\boldsymbol{A}$ 只有一组相同的特征值。m 为特征值的重数，则有 $m\leqslant n$，并且，若 $m<n$，那么剩余的 $n\leqslant m$ 个特征值是不同的。

特征值和特征向量的一些其他属性：

(1) 假设 $\boldsymbol{x}$ 是矩阵 $\boldsymbol{A}$ 对应于特征值 λ 的特征向量，同时 $\boldsymbol{A}$ 是可逆的，那么 $\boldsymbol{x}$ 是 $\boldsymbol{A}^{-1}$ 对应于特征值 λ^{-1} 的特征向量。

(2) 若 $\boldsymbol{x}$ 为 $\boldsymbol{A}$ 的特征向量，则 $k\boldsymbol{x}$ 也为 $\boldsymbol{A}$ 的特征向量，其中 $\boldsymbol{x}$ 和 $k\boldsymbol{x}$ 对应同一个特征值。

(3) 矩阵和它的转置矩阵有相同的特征值。

(4) 上三角和下三角矩阵主对角线上的元素是该矩阵的特征值。

(5) 若 $\boldsymbol{x}$ 是矩阵 $\boldsymbol{A}$ 的特征值 $\boldsymbol{x}$ 对应的特征向量，则对于任意标量 α，$\boldsymbol{x}$ 是矩阵 $\boldsymbol{A}-\alpha\boldsymbol{I}$ 的特征值 $\lambda-\alpha$ 对应的特征向量。

附录 B.4　矩阵范数的运算

向量 $\boldsymbol{x}=(x_1,x_2,\cdots,x_n)^{\mathrm{T}}$ 的 $\boldsymbol{L}_p$ 范数定义为

$$\|\boldsymbol{x}\|_p=\Big[\sum_{i=1}^{n}|\boldsymbol{x}_i|^p\Big]^{\frac{1}{p}} \tag{B-17}$$

p 通常取正整数值 $i=1,2,\cdots,\infty$，相应的范数分别为 1,2,…,无穷范数。

式(4-17)中 1 范数或 $\boldsymbol{L}_1$ 范数定义如下：

$$\|\boldsymbol{x}\|_1=\Big[\sum_{i=1}^{n}|\boldsymbol{x}_i|\Big] \tag{B-18}$$

式(4-17)中 1 范数或 $\boldsymbol{L}_2$ 范数定义如下：

$$\|\boldsymbol{x}\|_2=\Big[\sum_{i=1}^{n}|\boldsymbol{x}_i|^2\Big]^{1/2}=(\boldsymbol{x}^{\mathrm{T}}\boldsymbol{x})^{1/2}=\langle\boldsymbol{x},\boldsymbol{x}\rangle^{1/2} \tag{B-19}$$

用欧几里得范数，柯西-施瓦茨不等式可以表示如下：

$$|\langle\boldsymbol{x},\boldsymbol{y}\rangle|=|\boldsymbol{x}^{\mathrm{T}}\boldsymbol{y}|\leqslant\|\boldsymbol{x}\|_2\|\boldsymbol{y}\|_2 \tag{B-20}$$

单位向量是范数等于单位值的向量。把一个非零向量标准化是通过用它的范数去除向量的每一元素。因此，标准化向量是单位向量。当正交向量集的每一个向量都是单位长度时，称为范数正交。

向量范数的概念是向量长度的推广。如果假定任一向量 $\boldsymbol{x}\in\mathfrak{R}^{n\times1}$ 和任一标量 $\alpha\in\mathfrak{R}$，那么 $\boldsymbol{x}$ 的任一实函数记作 $\|\boldsymbol{x}\|$，如果满足下列性质，可以定义为向量范数：

(1) $\|\boldsymbol{x}\|>0$ 且 $\|\boldsymbol{x}\|=0\leftrightarrow\boldsymbol{x}=\boldsymbol{0}$。

(2) $\|\alpha\boldsymbol{x}\|=|\alpha|\,\|\alpha\boldsymbol{x}\|$。

(3) $\|\boldsymbol{x}_1+\boldsymbol{x}_2\|\leqslant\|\boldsymbol{x}_1\|+\|\boldsymbol{x}_2\|$。

方阵 $\boldsymbol{A}\in\mathfrak{R}^{n\times n}(\boldsymbol{A}=[a_{ij}]_{n\times n},i,j=1,2,\cdots,n)$ 的弗罗贝尼乌斯(Frobenius)范数为

$$\|\boldsymbol{A}\|_{\mathrm{F}}=\Big[\sum_{i=1}^{n}\sum_{j=1}^{n}|a_{ij}|^2\Big]^{1/2} \tag{B-21}$$

可以看出弗罗贝尼乌斯范数可由 $\boldsymbol{A}$ 的非零奇异值的平方和开方得到。

矩阵的典型范数表达形式有以下几种[76,77]：

(1) $\boldsymbol{L}_1$ 矩阵范数：

$$\|\boldsymbol{A}\|_1=\max_{j=1,2,\cdots,n}\Big\{\sum_{i=1}^{n}|a_{ij}|\Big\} \tag{B-22}$$

这是列绝对值和的最大值。

(2) $\boldsymbol{L}_{\infty}$矩阵范数：

$$\|\boldsymbol{A}\|_{\infty}=\max_{j=1,2,\cdots,n}\left\{\sum_{i=1}^{n}|a_{ij}|\right\} \tag{B-23}$$

这是行绝对值和的最大值。

(3) 谱范数(由欧几里得范数导出)：

$$\|\boldsymbol{A}\|_{2}=[\lambda_{\max}(\boldsymbol{A}^{*}\boldsymbol{A})]^{1/2} \tag{B-24}$$

是 $\boldsymbol{A}^{*}\boldsymbol{A}=\boldsymbol{A}^{-\mathrm{T}}\boldsymbol{A}$ 的最大特征值的平方根。可当做 $\boldsymbol{A}$ 的最大奇异值计算。

参 考 文 献

[1] Nicholls J G, Martin A R, Wallace B G, et al. From Neuron to Brain: A Cellular and Molecular Approach to the Function of the Nervous System. Sunderland: Sinauer Associates, 1992.

[2] Hubel D H. The Visual Cortex of the Brain. New York: WH Freeman, 1963.

[3] Gilbert C D, Wiesel T N. Receptive field dynamics in adult primary visual cortex. Nature, 1992, 356 (6365): 150-152.

[4] Bishop P O, Henry G H. Striate neurons: receptive field concepts. Investigative Ophthalmology & Visual Science, 1972, 11(5): 346-354.

[5] DeAngelis G C, Ghose G M, Ohzawa I, et al. Functional micro-organization of primary visual cortex: receptive field analysis of nearby neurons. The Journal of Neuroscience, 1999, 19(10): 4046-4064.

[6] Sherk H, LeVay S. The visual claustrum of the cat. III. receptive field properties. The Journal of Neuroscience, 1981, 1(9): 993-1002.

[7] Powell M J D. Radial basis functions for multivariable interpolation: a review. *In*: Mason J C, Cox M G. Algorithms for Approximation. Oxford: Clarendon Press, 1987: 143-167.

[8] Hubel D H, Wiesel T N. Receptive fields, binocular interaction and functional architecture in the cat's visual cortex. Journal of Physiology, 1962, 160(1): 106-154.

[9] Moody J, Darken C J. Fast learning in networks of locally-tuned processing units. Neural Computation, 1989, 1(2): 281-294.

[10] Rippa S. An algorithm for selecting a good value for the parameter in radial basis function interpolation. Advances in Computational Mathematics, 1999, 11(2-3): 193-210.

[11] Micchelli C A. Interpolation of scattered data: distance matrices and conditionally positive definite functions. Constructive Approximation, 1986, 2: 11-22.

[12] Beatson R K, Light W A, Billings S. Fast solution of the radial basis function interpolation equations: domain decomposition methods. SIAM Journal on Scientific Computing, 2001, 22(5): 1717-1740.

[13] Wu Z, Schaback R. Local error estimates for radial basis function interpolation of scattered data. IMA Journal of Numerical Analysis, 1992, 13: 13-27.

[14] Cover T, Hart P. Nearest neighbor pattern classification. IEEE Transactions on Information Theory, 1967, 13(1): 21-27.

[15] Cover T M, Thomas J A. Elements of Information Theory. Wiley, 2001.

[16] Cover T M. Geometrical and statistical properties of systems of linear inequalities with applications in pattern recognition. IEEE Transactions on Electronic Computers, 1965, 14(3): 326-334.

[17] Pterov Y P, Sizikov V S. Well-Posed, ill-Posed, and Intermediate Problems with Applications. AH Zeist, Netherland. V. S. P. Intl Science, 2005.

[18] Tikhonov A N. Solution of incorrectly formulated problems and the regularization method. Soviet Mathematics - Doklady, 1963, 4(4): 1035-1038.

[19] Mao K Z. Rbf neural network center selection based on fisher ratio class separability measure. IEEE Transactions on Neural Networks, 2002, 13(5): 1211-1217.

[20] Elanayar V T S, Shin Y C. Radial basis function neural network for approximation and estimation of nonlinear stochastic dynamic systems. IEEE Transactions on Neural Networks, 1994, 5(4): 594-603.

[21] Golub G, Reinsch C. Singular value decomposition and least squares solutions. Numerische Mathematik, 1970, 14(5): 403-420.

[22] Orr M J L. Regularization in the selection of radial basis function centers. Neural Computation, 1995, 7(3): 606-623.

[23] Zhang W, Guo X, Wang C, et al. A pod-based center selection for rbf neural network in time series prediction problems. The Lecture Notes in Computer Science, 2007: 4432: 189-198.

[24] Bishop C. Improving the generalization properties of radial basis function neural networks. Neural Computation, 1991, 3(4): 579-588.

[25] Hartigan J A, Wong M A. Algorithm as 136: a k-means clustering algorithm. Journal of the Royal Statistical Society. Series C (Applied Statistics), 1979, 28(1): 100-108.

[26] Chen S. Nonlinear time series modelling and prediction using gaussian rbf networks with enhanced clustering and rls learning. Electronics Letters, 1995, 31(2): 117-118.

[27] Chinrungrueng C, Sequin C H. Optimal adaptive k-means algorithm with dynamic adjustment of learning rate. IEEE Transactions on Neural Networks, 1995, 6(1): 157-169.

[28] Sing J K, Basu D K, Nasipuri M, et al. Improved k-means algorithm in the design of rbf neural networks. *In*. Sunil S, Ravi S. Conference on Convergent Technologies for Asia-Pacific Region. Bongalore, India: IEEE Press, 2003: 841-845.

[29] Scholkopf B, Sung K, Burges C J C, et al. Comparing support vector machines with gaussian kernels to radial basis function classifiers. IEEE Transactions on Signal Processing, 1997, 45(11): 2758-2765.

[30] Lay S R, Hwang J N. Robust construction of radial basis function networks for classification. *In*: Krishnaialh P R,Kanal L N. IEEE International Conference on Neural Networks. San Francisco, CA, USA: IEEE Press, 1993: 1859-1864.

[31] Wong C, Chen C. A hybrid clustering and gradient descent approach for fuzzy modeling. IEEE Transactions on Systems, Man, and Cybernetics, Part B: Cybernetics, 1999, 29(6): 686-693.

[32] Wettschereck D, Dietterich T G. An experimental comparison of the nearest-neighbor and nearest-hyperrectangle algorithms. Machine Learning, 1995, 19(1): 5-27.

[33] Sejnowski T J, Rosenberg C R. Parallel networks that learn to pronounce english text. Complex Systems, 1987, 1(1): 145-168.

[34] Bruzzone L, Prieto D F. A technique for the selection of kernel-function parameters in rbf neural networks for classification of remote-sensing images. IEEE Transactions on Geoscience and Remote Sensing, 1999, 37(2): 1179-1184.

[35] Oliveira A L I, Neto F B L, Meira S R L. Improving rbf-dda performance on optical character recognition through parameter selection. *In*: Proceedings of the 17th International Conference on Pattern Rec-

ognition. 2004：625-628.

[36] Ghodsi A，Schuurmans D. Automatic basis selection techniques for rbf networks. Neural Networks，2003，16(5-6)：809-816.

[37] Karayiannis N B. Reformulated radial basis neural networks trained by gradient descent. IEEE Transactions on Neural Networks，1999，10(3)：657-671.

[38] Chen S，Cowan C F N，Grant P M. Orthogonal least squares learning algorithm for radial basis function networks. IEEE Transactions on Neural Networks，1991，2(2)：302-309.

[39] Yu D L，Gomm J B，Williams D. A recursive orthogonal least squares algorithm for training rbf networks. Neural Processing Letters，1997，5(3)：167-176.

[40] Gomm J B，Yu D L. Selecting radial basis function network centers with recursive orthogonal least squares training. IEEE Transactions on Neural Networks，2000，11(2)：306-314.

[41] Bors A G，Pitas I. Median radial basis function neural network. IEEE Transactions on Neural Networks，1996，7(6)：1351-1364.

[42] Chen S，Chng E S，Alkadhimi K. Regularized orthogonal least squares algorithm for constructing radial basis function networks. International Journal of Control，1996，64(5)：829-837.

[43] Chen S，Wu Y，Luk B L. Combined genetic algorithm optimization and regularized orthogonal least squares learning for radial basis function networks. IEEE Transactions on Neural Networks，1999，10(5)：1239-1243.

[44] Chen S，Grant P M，Cowan C F N. Orthogonal least-squares algorithm for training multioutput radial basis function networks. IEE Proceedings F Radar and Signal Processing，1992，139(6)：378-384.

[45] Zheng G L，Billings S A. Radial basis function network configuration using mutual information and the orthogonal least squares algorithm. Neural Networks，1996，9(9)：1619-1637.

[46] Chen S，Wigger J. Fast orthogonal least squares algorithm for efficient subset model selection. IEEE Transactions on Signal Processing，1995，43(7)：1713-1715.

[47] Walczak B，Massart D L. The radial basis functions-partial least squares approach as a flexible non-linear regression technique. Analytica Chimica Acta，1996，331(3)：177-185.

[48] Lin W，Yang C，Lin J et al. A fault classification method by rbf neural network with ols learning procedure. IEEE Transactions on Power Delivery，2001，16(4)：473-477.

[49] 韩红桂，李淼，乔俊飞．基于模型输出敏感度分析法的动态 RBF 神经网络设计．信息与控制，2009，38(03)：370-375.

[50] 乔俊飞，韩红桂．RBF 神经网络的结构动态优化设计．自动化学报，2010，(06)：865-872.

[51] 乔俊飞，李淼，刘江．一种神经网络快速修剪算法．电子学报，2010，(04)：830-834.

[52] 张昭昭，乔俊飞，韩红桂．一种基于神经网络复杂度的修剪算法．控制与决策，2010，(06)：821-824，830.

[53] 韩红桂，甄博然，乔俊飞．动态结构优化神经网络及其在溶解氧控制中的应用．信息与控制，2010，(03)：354-360.

[54] Han H G，Chen Q L，Qiao J F. Research on an on-line self-organizing radial basis function neural network. Neural Computing & Applications，2010，19(5)：667-676.

[55] Qiao J F，Zhang Y. Fast unit pruning algorithm for multilayer feedforward network design. CAAI Transactions on Intelligent Systems，2008，3(2)：173-176.

[56] Qiao J F，Li M，Han H G. A self-organizing neural network using fast training and pruning. *In*：Kozma

R, Kumar G. 2009 International Joint Conference on Neural Networks IJCNN 2009, Atlanta, Georgia, USA: IEEE Press, 2009: 1470-1475.

[57] Han H G, Qiao J F. A self-organizing fuzzy neural network based on a growing-and-pruning algorithm. IEEE Transactions on Fuzzy Systems, 2010, 18(6): 1129-1143.

[58] Qiao J F. Wang H D. A self-organizing fuzzy neural network and its applications to function approximation and forecast modeling. Neurocomputing, 2008, 71(4-6): 564-569.

[59] Qiao J F, Han H G. A repair algorithm for radial basis function neural network and its application to chemical oxygen demand modeling. International Journal of Neural Systems, 2010, 20(1): 63-74.

[60] Hou M Z, Han X L. The multidimensional function approximation based on constructive wavelet RBF neural network. Applied Soft Computing, 2011, 11 (2): 2173-2177.

[61] Gan M, Peng H. Stability analysis of RBF network-based state-dependent autoregressive model for nonlinear time series. Applied Soft Computing, 2012, 12 (1): 174-181.

[62] Li Y, Sundararajan N, Saratchandran P. Neuro-controller design for nonlinear fighter aircraft maneuver using fully tuned RBF networks. Automatica, 2001, 37(8): 1293-1301.

[63] Shilov G E. Linear Algebra. Mineola, New York: Dover Publications, 1977.

[64] 张光署．线性代数．西安:西北工业大学出版社，1996.

[65] Roman S. Advanced Iinear Algebra. Springer, 2008.

[66] Strang G. Introduction to Linear Algebra. Wellesley, Norfdk, Massachusetts: Wellesley-Cambridge Press, 2003.

[67] Datta K B. Matrix and Linear Algebra. New Delhi, India, Prentice-Hall of India Pvt. Ltd. , 2004.

[68] Lipschutz S, Lipson M. Linear Algebra. Rockefeller Center, New York: McGraw-Hill, 2008.

[69] Shores T S. Applied Linear Algebra and Matrix Analysis. Berlin: Springer, 2007.

[70] Gilbert J, Gilbert L. Linear Algebra and Matrix Theory. Waltham: Academic Press, 1995.

[71] Prasolov V V, Ivanov S. Problems and Theorems in Linear Algebra. Washington D C: American Mathematical Society, 1994.

[72] Horn R A, Johnson C R. Matrix Analysis. Cambridge: Cambridge University Press, 1990.

[73] Poole D. Linear Algebra: A Modern Introduction. Sam Luis obispo, California: Brooks/Cole, 2010.

[74] Mirsky L. An Introduction to Linear Algebra. New York: Dover, 1990.

[75] Harvill L. Applied Matrix Algebra. Dartford: Xlibris Corporation, 2011.

[76] Meyer C D. Matrix Analysis and Applied Linear Algebra. Washington D C: Society for Industrial and Applied Mathematics, 2000.

[77] Lax P D. Linear Algebra and Its Applications. Hoboken, New Jersey: Wiley-Interscience, 2007.

第4章　模糊神经网络

4.1　引　言

人工神经网络主要是模拟动物尤其是人脑的结构和功能，而人脑思维的显著特点是具有模糊性，对模糊事物进行识别和判决是人脑的重要特点之一，正如控制论的创始人维纳曾经说过，由于"人具有运用模糊概念的能力"，所以人胜过任何最完善的机器。那么如何使计算机能够模拟人脑思维的模糊性，如何使模糊语言作为算法语言直接进入计算机程序，让计算机完成模糊推理？为了使计算机能够利用模糊概念，模拟人的思维进行模糊推理，这就引入了模糊系统。

模糊系统和人工神经网络系统一样都是处理不精确的、模糊的信息，它们都是直接利用数值化了的信息来建立特定的非线性映射。但是，两者在信息的获取、存储与表达、计算复杂度、计算精度要求及非线性层次映射上各有优势和缺陷[1~4]。对于人工神经网络，它通过自学习的方式获取知识，网络的能力通过反复学习来实现，而且网络还能自动地从环境内抽取特征知识[5~7]。人工神经网络所处理的信息一般是分布式存储在网络的连接权中，神经网络系统在网络的规模及训练时间不受限制的条件下，可以在任意精度上实现问题对象的非线性映射，但是人工神经网络的计算量大，导致其迭代时间长、收敛速度慢[8~10]。对于模糊系统，它是通过人为建立规则库，然后通过规则的形式存储知识，再通过存储的规则匹配实现知识的推理，由于模糊系统的基本运算是加法和乘法，它的处理速度快，但计算精度低[11~13]。在非线性映射层次上，人工神经网络实现的是点到点之间的非线性映射，所反映的输入输出关系曲面是近似光滑的，而模糊系统实现的是区域块到区域块之间的非线性映射，所对应的输入输出关系曲面是粗糙的梯形台阶。人们对计算机的要求越来越高，不仅要求它具有更高的运算速度、更大的信息存储和数据处理能力，而且还需要计算机具有一定的"智能"。因此，当人工神经网络和模糊理论面对更复杂问题和更广泛领域都遇到困难而面临困境的时候，两者的相互促进、相互补充就成为必然，它们相结合的产物就是模糊神经网络。

为了解决大系统、复杂系统中难以精确化的问题，1965年美国控制论学者查德(Zadeh)提出了模糊集[14]。1966年，Thomason和Marinos发表了模糊逻辑的内部研究报告，接着查德提出了模糊语言变量这一重要概念。1974年，他不仅进行了系统的探讨，并将模糊语言运用于似然推理的研究中[15]。同年，Mamdani把模糊逻辑与模糊语言用于工业控制，提出了模糊控制论；Lee S C 和 Lee E T 在 *Cybernetics* 杂志上发表了 *Fuzzy Sets and Neural Networks*[16]一文，首次把模糊集合和神经网络联系在一起。接着，1975 年，他们又在 *Math. Biosci* 杂志上发表了 *Fuzzy Neural Networks* 一文，明确地对模糊神经网络进行了研究[17]。1985 年，Keller 和 Huut 把模糊隶属函数和感知器算法相结合[18]。1989 年 Yamakawa 和 Tomoda 提出了初始的模糊神经元，这种模糊神经元具有模糊权值系数，但输入信号是实数[19]。1992 年，Yamakawa 等又提出了新的模糊神经元，新的模糊神经元的每个输入端不是具有单一权值系数，而是模糊权系数和实权系数串联的集合[20]。同年，Nauck 和 Kruse 提出用单一模糊权系数的模糊神经元进行模糊控制及过程学习[21]。在随后的几年里，模糊神经网络得到了更深入的研究和发展，也为人们所熟知。

本章详细介绍了模糊神经网络：首先，详细讨论了模糊推理系统，主要对模糊集合、隶属函数和模糊运算进行阐述，深入研究模糊推理的一些基础知识，获得模糊推理系统得以实现的理论基础。其次，基于模糊系统和人工神经网络的理论基础引入模糊神经网络，并对一种典型性的模糊神经网络结构进行了剖析；同时讨论了这种典型性的模糊神经网络每一层所表达的意思。然后，基于模糊神经网络结构介绍其学习算法，讨论了标准型模糊神经网络通常采用 BP 算法(FBP)，即学习过程中各隐含层神经元连接权值的；同时给出了一些改进型模糊神经网络学习算法。最后，对模糊神经网络进行了总结。

4.2　模糊推理系统描述

系统是指两个以上彼此相互作用的对象所构成的具有某种功能的集体。模糊推理系统又称为模糊系统，是以模糊集合理论和模糊推理等技术为基础，具有处理模糊信息能力的系统。模糊推理系统以模糊理论为主要计算工具，可以实现复杂的非线性映射，而且其输入输出都是精确的数值，因此具有广阔的应用前景。本节主要介绍模糊推理系统相关的模糊集合、隶属函数和模糊运算。

4.2.1　模糊集合与隶属函数

从广义角度来讲，一切具有模糊性的语言都称为模糊语言。显然，模糊语言主要是指自然语言。由于模糊语言可以对模糊性进行分析和处理，因此，在现实生活中，人们常常用模糊语言来描述事物或现象的模糊性。模糊语言是一种广泛使用的自然语言。如何将模糊语言表达出来，使计算机能够模拟人的思维去推理和判断，这就引出了语言变量这一概念。语言变量与相应的语言值之间必须遵守语法规则和语义规则。语言变量的语言值通常用模糊集合来描述，该模糊集合对应的数值变量称做基础变量。

模糊集合概念：论域U上的一个模糊集合A是指，对于论域U上的任一元素$u \in U$，都指定了[0,1]闭区间中的一个数$U \in [0,1]$与之对应，它称为u对A的隶属度，可以用映射表示：

$$\begin{aligned} u_A : U &\rightarrow [0,1] \\ u &\rightarrow u_A(A) \end{aligned} \tag{4-1}$$

这个映射称为模糊集合A的隶属函数（membership function，MF）。

对于论域U上的模糊集合A，通常有四种表示方法：矢量表示法、Zadeh表示法、序偶表示法及隶属函数表示法[22~24]。

（1）矢量表示法：当模糊集A由有限个元素构成时，模糊集A可表示为矢量形式：

$$A = \{(u, u_A(u)), u \in U\} \tag{4-2}$$

其中，$u_A(u)$为元素u属于模糊集A的隶属度，U是元素u的论域。

（2）Zadeh表示法：模糊集A的数学描述如式(4-2)，当论域中元素数目无限时，模糊集A表示为

$$A = \int_u u_A(u)/u, \quad u \in U \tag{4-3}$$

其中，$\int$并不表示积分运算，而是表示连续论域U上的元素u与隶属度$u_A(A)$一一对应的总体集合。

（3）序偶表示法。

（4）隶属函数表示法：当论域U为实数集上的某区间时，直接给出模糊隶属函数的解析式是使用十分方便的一种表达形式。如查德给出论域$U=[0,100]$上的“年老”—O与“年轻”—Y两个模糊集的隶属函数如下：

$$\begin{aligned} u_O(u) &= \begin{cases} 0, & 0 \leqslant u \leqslant 50 \\ \left[1+\left(\dfrac{u-50}{5}\right)^{-2}\right]^{-1}, & 50 < u \leqslant 100 \end{cases} \\ u_Y(u) &= \begin{cases} 0, & 0 \leqslant u \leqslant 25 \\ \left[1+\left(\dfrac{u-25}{5}\right)^{+2}\right]^{-1}, & 25 < u \leqslant 100 \end{cases} \end{aligned} \tag{4-4}$$

其中，隶属函数的特点：①隶属函数的值域为[0,1]，隶属函数的值$u_A(x)$越接近1，表示匀速x属于模糊集合A的程度越大。反之，$u_A(x)$越接近0表示元素x属于模糊集合A的程度越小。②隶属函数完全刻画了模糊集合，隶属函数是模糊数学的基本概念，不同的隶属函数所描述的模糊集合也不同。

根据以上分析，常用的隶属函数如表4-1所示。

表 4-1　常用的隶属函数

名称	输入/输出关系
S 形隶属函数	$f(x,a,c)=\dfrac{1}{1+e^{-a(x-c)}}$
广义钟形隶属函数	$f(x,a,b,c)=\dfrac{1}{1+\left\|\dfrac{x-c}{a}\right\|^{2b}}$
高斯型隶属函数	$f(x,\delta,c)=e^{-\frac{(x-c)^2}{2\delta^2}}$
三角形隶属函数	$f(x,a,b,c)=\begin{cases}0, & x\leqslant a\\ \dfrac{x-a}{b-a}, & a\leqslant x\leqslant b\\ \dfrac{c-x}{c-b}, & b<x\leqslant c\\ 0, & x>c\end{cases}$
梯形隶属函数	$f(x,a,b,c,d)=\begin{cases}0, & x\leqslant a\\ \dfrac{x-a}{b-a}, & a\leqslant x\leqslant b\\ 1, & b<x\leqslant c\\ \dfrac{d-x}{d-c}, & c<x\leqslant d\\ 0, & x>d\end{cases}$

4.2.2　模糊运算

模糊运算是一种仿生行为的近似运算方法，主要用来解决带有模糊现象的复杂推理问题。目前，模糊推理系统被广泛使用，已经在自动控制、数据处理、决策分析及模式识别等领域得到成功应用。从功能上来看，模糊推理系统主要由模糊化、模糊规则库、模糊推理方法及去模糊化等几部分组成，这几部分恰好是模糊运算的组成部分，其基本结构如图 4-1 所示。

为了满足实际信息处理需要，模糊系统的输入输出必须是精确的数值。由图 4-1看出，模糊推理系统的工作机理为：首先通过模糊化模块将输入的精确量进行模糊化处理，转换成给定论域上的模糊集合；然后激活规则库中对应的模糊规则，并且选用适当的模糊推理方法，根据已知模糊事实获得推理结果，最后将该模糊结果进行去模糊化处理，得到最终的精确输出量。

模糊推理系统对模糊规则库有何要求？如何将精确值转换成模糊集合，以及如何将模糊集合去模糊化，使之成为精确的数值？这些内容是设计模糊推理系统的基础，现在将详细阐述这方面的内容。

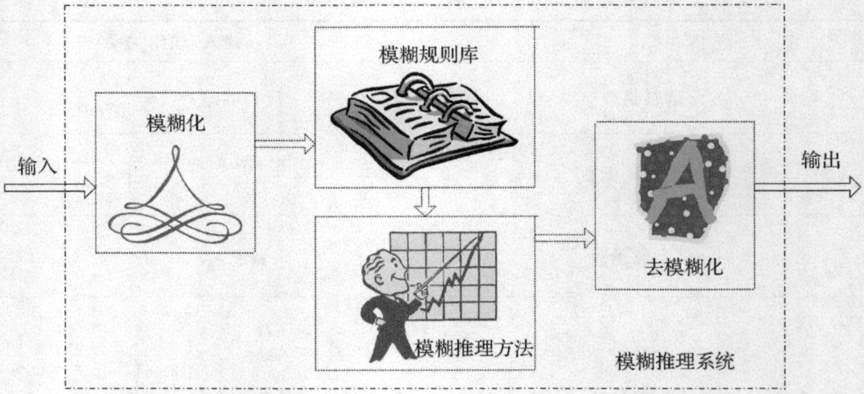

图 4-1 模糊推理系统

1. 模糊化

精确值进入模糊推理系统时，一般要将其模糊化成给定论域上的模糊集合。在模糊系统中，模糊系统的输入值、输出值有确定的清晰量，而在进行模糊运算时，模糊推理过程是通过模糊语言变量进行的，模糊化就是将清晰量转换为模糊语言变量的过程，此相应语言变量值均有对应的隶属度来定义。

以二维模糊系统输入为例，采用假设 e 和 ec 为论域中对应的变量，并设模糊化后对应的变量分别为 E 和 EC。设定变量 e 和 ec 的物理论域如下：$e=[-1.5,+1.5]$，$ec=[-0.5,+0.5]$，由于离散论域的元素个数对控制灵敏度有影响，所以离散论域的元素个数常取 5～15 个，假设确定离散论域量化级数为 13，对应的语言论域都选为

$$A_i^j=[NB,NM,NS,ZE,PS,PM,PB] \tag{4-5}$$

其中，$i=1,2$ 分别表示变量 e 和 ec，$j=1,2,\cdots,7$ 表示语言论域分为七个挡。NB,NM,NS,ZE,PS,PM,PB 分别表示负大、负中、负小、零、正小、正中、正大。e 和 ec 的模糊论域分别记为 E 和 EC。设定物理论域要转换成的整数为 $N=[-6,-5,-4,-3,-2,-1,0,1,2,3,4,5,6]$，则可以求出量化因子为

$$k_e=\frac{n}{e}=\frac{6}{1.5}=4$$

$$k_{ec}=\frac{n}{ec}=\frac{6}{0.5}=12$$

2. 模糊推理方法

推理是根据一定的规则，从一个或几个已知判断引申出一个新判断的思维过

程。一般说来，推理都包含两个部分的判断：一部分是已知的判断，作为推理的出发点，叫做前提（或前件）；由前提所推出的新判断，称为结论（或后件）。人类在认识世界的过程中不断地在使用推理，推理的形式主要有直接推理和间接推理。只有一个前提的推理称为直接推理，有两个或两个以上前提的推理称为间接推理。间接推理又可分为演绎推理、归纳推理和类比推理等，其中演绎推理是生活中最常用的推理方法，它的前提与结论之间存在着确定的蕴涵关系。

模糊推理包括三个组成部分：大前提、小前提和结论。大前提是多个多维模糊条件语句，构成规则库；小前提是一个模糊判断句，又称实事。以已知的规则库和输入变量为依据，基于模糊变换推出新的模糊命题作为结论的过程叫做模糊推理。以 Mamdani 方法来进行模糊推理为例[16]，分别求出 $e(t)$ 对 E、$ec(t)$ 对 EC 的隶属度 α_e 和 α_{ec}，并取这两个之中小的一个值作为总的模糊推理前件的隶属度，再以此为基准去切割推理后件的隶属函数，便得到结论的隶属度，推理过程如图 4-2 所示。

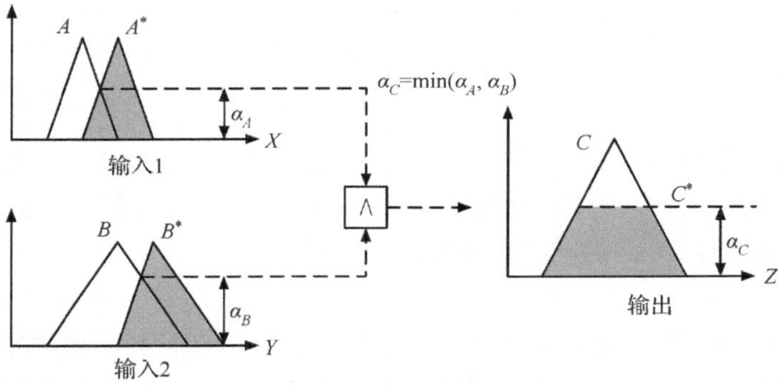

图 4-2　二维输入 Mamdani 推理过程

根据合成运算法则的不同，模糊推理方法除了 Mamdani 推理法，还有 Larsen 推理法、Zadeh 推理法等[25~27]。

3. 模糊规则库

模糊规则库是由模糊推理系统中的全部模糊规则组成，是模糊推理系统的核心部分。从某种意义上讲，模糊推理系统的其他部分都是为了有效地执行这些规则而存在。

在模糊系统中，以典型的双输入单输出模糊系统为例，其模糊规则的形式为"IF e=... and IF ec=...　then U=..."，模糊语言表示的模糊推理的合成规则如表 4-2所示：

表 4-2　经典模糊规则

U		e						
		NB	NM	NS	ZE	PS	PM	PB
ec	*NB*	*NB*	*NB*	*NB*	*NM*	*NS*	*NS*	*ZE*
	NM	*NB*	*NB*	*NM*	*NS*	*NS*	*ZE*	*PS*
	NS	*NB*	*NM*	*NS*	*NS*	*ZE*	*PS*	*PS*
	ZE	*NM*	*NS*	*NS*	*ZE*	*PS*	*PS*	*PM*
	PS	*NS*	*NS*	*ZE*	*PS*	*PS*	*PM*	*PB*
	PM	*NS*	*ZE*	*PS*	*PS*	*PM*	*PB*	*PB*
	PB	*ZE*	*PS*	*PS*	*PM*	*PB*	*PB*	*PB*

模糊规则库中模糊规则必须满足[28～30]以下方面。

1）完备性

规则完备性是指对于给定论域 X 上的任意 x，在模糊规则库中至少存在一条模糊规则与之对应。也就是说：输入空间中的任意值都至少存在一条可利用的模糊规则。这是模糊推理系统能正常工作的必要条件。

2）交叉性

为了保证模糊推理系统的输入输出行为连续、平滑，一般要求相邻的模糊规则之间有一定的交叉性。模糊规则的交叉性也反映出概念类属的不明确性，通过模糊规则的交叉设计，可以提高推理系统的鲁棒性。

3）一致性

如果两条模糊规则的条件部分相同，但结论部分相差很大，则称这两条规则相互矛盾。一致性是指模糊推理系统的规则库中不存在相互矛盾的模糊规则。因此，在设计模糊推理系统时，应该尽量避免相互矛盾的模糊规则出现。对于规则自动生成的自适应模糊推理系统，应该给出解决规则矛盾的确切方法。

4. 去模糊化

去模糊化又称为清晰化，其任务是确定一个最能代表模糊集合的精确值，它是模糊推理系统必不可少的环节。不过，由于模糊性的存在，获得的代表模糊集合的清晰值可能有所不同，也就是说去模糊化方法并不唯一。但确定去模糊化方法时，一定要考虑到以下准则：①有效性。所得到的精确值能够直观地表达该模糊集合。②简便性。去模糊化运算要足够简单，以保证模糊推理系统实时使用。③鲁棒性。模糊集合的微小变化不会使精确值发生大幅变化。

去模糊化又有多种方法，其中最简单的一种是最大隶属度法，此外还有重心法、左取大法、右取大法、加权平均法等[31～33]。

模糊推理系统由非议到认同经历了 20 多年的时间，但是，生产实践的需求始终是模糊推理系统发展的动力。正是因为模糊推理系统在多个领域取得了成功，才彻底消除了人们对模糊理论的非议[34～37]。

4.3　模糊神经网络结构

模糊理论既具有很多优点也有一定的缺点，概括来讲它是一种基于经验的方法，具有内在的非线性和并行处理机制，很难进行理论研究。正因为如此，虽然模糊理论在应用方面已经取得了公认的成功，但至今仍缺乏严密的理论体系和系统化的分析设计方法，用户只能凭经验进行设计，再通过实验反复调整，不仅费时费力，也很难达到理想的效果，更重要的是它不具备自学习的功能，模糊规则不能动态优化。但是智能计算的另一分支——神经网络却具有自学习和自适应的功能，而且可以充分逼近任意复杂的非线性关系，对大量的定量或定性信息具有分布式存储能力、并行处理能力和合成能力，但是神经网络却不能处理结构化的知识，其权值也没有明确的物理意义，以至于其知识表达很难被人理解。因此将二者结合起来，取长补短的模糊神经网络的产生就成为一种必然趋势。由于既具有模糊理论的善于利用经验知识、推理能力强的特点，又具有神经网络善于直接从数据中学习知识、学习能力强的特点，模糊神经网络作为模糊自适应方案中的一种，目前受到越来越多的重视，成为智能计算的一个重要研究方向，是一种优于模糊系统和神经网络的单独使用的技术[38～40]。

模糊神经网络是根据模糊系统的结构，决定等价的神经网络。也就是使神经网络的每个层、每个神经元对应模糊系统的一部分。因此，神经网络在这里不同于常规网络的黑箱型，它的所有参数都具有物理意义。

图 4-3 是模糊神经网络模型的标准结构图，该图是一种用神经网络模拟模糊推理机的知识模型和推理模型。

模糊神经网络的各层输入输出如下：

第一层：输入层。

根据图 4-3 所示，输入层有两个神经元，由第一层到第二层的连接权值均为 1。空白的圆圈表示在节点内对输入信号未作处理，该层神经元输入输出情况如下：

$$\mathrm{In}_i^{(1)} = x_i$$
$$\mathrm{Out}_i^{(1)} = \mathrm{In}_i^{(1)} \tag{4-6}$$
$$(i = 1,2)$$

其中，$\mathrm{In}^{(1)}$ 是模糊神经网络第一层的输入，$\mathrm{Out}^{(1)}$ 为模糊神经网络第一层的输出。x_1 和 x_2 则分别代表 E 和 EC 量化后数字论域的量。

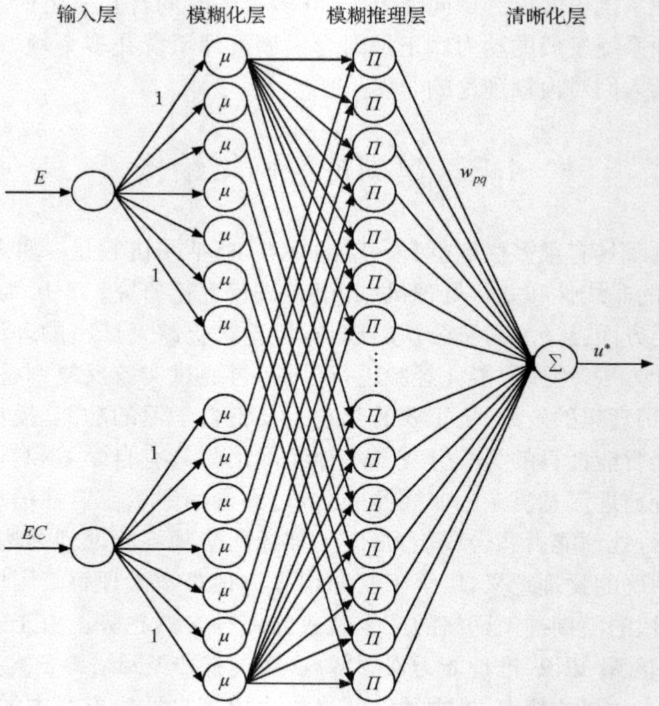

图 4-3　模糊神经网络结构

第二层:模糊化层。

模糊化层的功能是对输入量进行模糊化,求出各输入的隶属度。根据实际情况将输入量的误差及误差变化率分别分为 m 和 n 个模糊论域,对应于第 2 章中对模糊神经网络的分析,在模糊神经网络中对 E 和 EC 也取{NB,NM,NS,ZE,PS,PM,PB}7 个论域,因此模糊化层共有 14 个节点。在论域中模糊量的隶属度函数有多种,譬如三角形、梯形、正态型等。由于人的思维对事物判断沿正态分布的特点,因此,选取可微的高斯函数来作为隶属函数进行模糊化。

$$\mathrm{In}_{ij}^{(2)} = \mathrm{Out}_i^{(1)}$$

$$\mathrm{Out}_{ij}^{(2)} = \mu_{ij}(x_i) = \mathrm{e}^{-(x_i-a_{ij})^2/b_{ij}} \tag{4-7}$$

$$(i=1,2;j=1,2,\cdots,7)$$

其中,a_{ij} 和 b_{ij} 分别表示隶属函数的中心和宽度,是待定参数。高斯函数的特点是:b_{ij} 越大曲线越平缓,b_{ij} 越小曲线越陡。$\mu_{ij}(x_i)$ 表示 x_i 的隶属函数值。

第三层:模糊推理层。

模糊推理层每个神经元代表一个推理规则,经过该层的计算,可以得到对于每条规则的适应度。对输入变量进行完全组合,有 49(即 $m\times n$)个节点。第 2、3 层的连接权值均为 1。

$$\mathrm{In}_{pq}^{(3)} = \mu_{1p}(x_1) \wedge \mu_{2q}(x_2)$$
$$\mathrm{Out}_{pq}^{(3)} = \mathrm{In}_{pq}^{(3)} \tag{4-8}$$
$$(p = 1,2,\cdots,7; q = 1,2,\cdots,7)$$

其中，$\mu_{1p}(x_1)$ 和 $\mu_{2q}(x_2)$ 分别表示 E 及 EC 对每个模糊论语的隶属函数，而 $\wedge$ 表示取小运算，是 E 及 EC 的组合对于规则的适应度。

第四层：清晰化层。

清晰化层的作用是实现解模糊，这里采用重心法来进行清晰化。对应的计算公式如下式所示：

$$\mathrm{In}^{(4)} = \sum_{p=1}^{7}\sum_{q=1}^{7}(\mathrm{Out}_{pq}^{(3)} \cdot w_{pq})$$
$$\mathrm{Out}^{(4)} = u^* = \mathrm{In}^{(4)} \Big/ \sum_{p=1}^{7}\sum_{q=1}^{7}\mathrm{Out}_{pq}^{(3)} \tag{4-9}$$
$$(p = 1,2,\cdots,7; q = 1,2,\cdots,7)$$

式(4-9)中 w_{pq} 是三层、四层的连接权值，如果对结论语言值也采用钟形函数，则 w_{pq} 就是该语言变量的中心值。

模糊神经网络需要调节的参数，主要是最后一层的连接权 w_{pq}，以及隶属函数的中心值 a_{ij} 和宽度 b_{ij}。

由于模糊推理系统主要由模糊化、模糊规则库、模糊推理方法及去模糊化几部分组成，模糊推理系统的设计实质上也就是以上几个功能模块的设计。不同的模糊化、模糊推理和去模糊化方法，可以构成不同的模糊推理系统。而模糊神经网络的设计是基于神经网络的结构实现模糊推理，因此，模糊神经网络除了以上结构以外还有一些结构[41~43]，这里不详细展开。

4.4　模糊神经网络学习算法

从上述介绍可以看出，模糊系统和神经网络均属无模型的、可以数值计算的估计器和非线性动力学系统，都具有知识分布存储、并行处理的特点。模仿人的智能行为是模糊逻辑系统和神经网络共同的目标和结合的基础。它们的差异表现在样本函数估计、样本表示和存储、知识的表示以及相关推理等方面。例如，模糊系统中知识的抽取和表达比较方便，而神经网络可从样本中进行有效的学习；模糊系统适合于处理结构化的知识，而神经网络对处理非结构化信息更为有效，这种神经、模糊的协同式集成可以从神经网络和模糊系统两个方面获得好处，神经网络向模糊逻辑系统提供了连接式结构（具有容错、分布式表示性质）和学习能力，模糊逻辑系统向神经网络提供了具有高级模糊思维和推理的结构框架。将模糊系统和神经网络相结合,可以同时具有两种方法的优点而克服各自部分缺点。模糊神经网络技术之所以越来越引起人们广泛的研究兴趣,原因就在于二者特性之间的互补性质。因此如何利用二者的互补关系取长补短,提高整个系统的学习能力与表达能力,是目前最受注目的课题之一。在模糊神经网络中,模糊逻辑和神经网络可以分别作为功能独立的子系统,在同一个系统中它们各自围绕自己的工作目标运行自己的功能。

模糊神经网络是按照模糊逻辑系统的运算步骤分层构造,再利用神经网络学习算法的模糊系统,它不改变模糊逻辑系统的基本功能,如模糊化、模糊推理和解模糊化等。由于模糊逻辑系统可和多种神经网络相结合生成模糊神经网络,所以模糊神经网络的结构和学习算法也较多,本节主要针对 T-S 型模糊神经网络进行分析。模糊神经网络近年来获得了很大发展,它具有如下性质[44]:模糊神经系统是一个利用学习算法来训练的模糊逻辑系统,学习算法由神经网络导出,学习过程不仅可以基于知识,而且可以是基于数据的;模糊神经系统可以用模糊规则来说明,可以从零开始由训练数据来构造系统,或是利用先验知识来初始化模糊规则;模糊神经系统近似于一个由训练数据决定的多维未知数,模糊规则表示模糊样本,可以被视为训练数据的模糊模型;模糊神经系统的学习过程中考虑了模糊系统的语义性质。

模糊神经网络无论作为逼近器,还是模式存储器,都是需要学习和优化权系数。学习算法是模糊神经网络优化权系数的关键,模糊神经网络的学习算法,大多来自神经网络,标准型模糊神经网络通常采用 BP 算法,为了避免 BP 算法的固有缺陷,许多学者对学习算法进行了改进,如遗传算法、基于梯度下降的学习算法、基于递推最小二乘的学习算法、基于聚类的方法等[45~49]。这些算法各有其优点,可在同一个系统中采用多种学习算法。它们都有一个共同特点,那就是都具有模糊逻辑系统和人工神经网络的优点,即能有效利用语言信息又具有强大的自学习和自适应能力,并且网络参数具有较为明确的物理意义,有助于对实际系统的理解和分析。

在实际应用领域中,当人们需要用模糊神经网络来实现模式识别、自适应控制、故障检测等应用时,会遇到一些疑难问题:如何构建模糊神经网络,具体细节如何处理,等等[50~55]。建立合适的模糊神经网络主要从以下几点来考虑:首先,根据实际问题确定输入特征向量和隶属函数,特征向量实际上就是模糊系统中的模糊变量,每个模糊变量对应若干个模糊子空间,而模糊变量属于某一子空间的隶属度由相应的隶属函数来确定;其次,必须根据实际需要确定网络的拓扑结构,即网络具体由几层构成,每一层应该设置几个神经元,合理的网络结构会使网络的学习收敛过程加快,有效减少网络的复杂性;再次,选择合适的算法,现在已有许多理论成熟的神经网络算法，每一种算法都有其优缺点，都有其适用的领域，因此，选择网络算法时要考虑到实际应用的需要及网络的推广与优化能力。因此，讨论模糊神经网络的学习算法必须首先确定其网络结构。

针对模糊神经网络的四个部分：输入、模糊化、模糊推理、清晰化，本节采用基于标准模型的 4 层模糊神经网络与之对应，每层实现其一个功能，分别是：输入层，模糊化层、推理层和清晰化层，以二维输入为例，其结构如图 4-3 所示，从而基于该结构进行模糊神经网络算法的分析。

在确定了模糊神经网络的结构后，利用输入输出样本集对其进行训练，也即对网络的权值和域值进行学习和调整，以使网络实现给定的输入输出映射关系。模糊神经网络是一种多层前馈神经网络，它可以实现从输入到输出的任意非线性映射。通常情况下利用 BP 算法对模糊神经网络进行训练，称为模糊 BP 算法。但是 FBP 算法存在着如下的缺点：算法收敛速度慢，容易陷入局部极值点[56,57]。由于以上原因，目前出现了许多改进的算法。下面是两种典型的改进 FBP 学习算法：附加动量法与自适应学习速率法[58,59]。

1. 附加动量法

标准 FBP 算法实质上是一种简单的最速下降静态寻优算法，在修正权值时，只是按照当前时刻的负梯度方式进行修正，而没有考虑到以前积累的经验，即没有考虑以前时刻误差变化趋势的影响，从而常常使学习过程发生震荡，收敛缓慢。加入动量项的附加动量法，降低了网络对于误差曲面局部细节的敏感性，有效地抑制了网络陷入局部极小。改进的算法如下：

$$W(k+1)=W(k)+\alpha[(1-\eta)D(k)+\eta D(k-1)] \tag{4-10}$$

其中 $W(k)$ 既可表示单个的权值，也可表示权值相量。$D(k)=\dfrac{-\partial E}{\partial W(k)}$ 为 k 时刻的负梯度。$D(k-1)$ 为 $k-1$ 时刻的负梯度。α 为学习率，$\alpha>0$。η 为动量因子，$0\leqslant\eta<1$。这种方法所加入的动量项实质上相当于阻尼项，它减小了学习过程的振荡趋势，从而改善了收敛性。

2. 自适应学习速率法

在 FBP 学习算法中，若学习速率太大，将导致其误差值来回振荡；若学习速率太小，训练的速度将会很慢，因此，学习速率的选择十分重要。对于一个特定的问题，要选择适当的学习速率并不是一件容易的事情，通常是凭经验或实验获取，但即使这样，对训练初期功效较好的学习速率，对后来的训练也不一定合适。为了解决这个问题，人们自然会想到使网络在训练过程中自动调整学习速率。

通常调节学习速率的准则是：判断权值的修正是否真正降低了误差函数，若误差函数确实得到了抑制，则说明所选取的学习速率值小了，可以使其增加一些；否则，说明对误差的调整过大，就应该减小学习速率的值。具体判断条件是：当新误差超过旧误差一定的倍数时，学习速率将减少；否则其学习速率不变；当新误差小于旧误差一定比例时，学习速率将增加。学习速率进行自适应调整的方法可以保证神经网络总是以可接受的、最大的学习速率进行训练。

确定误差指标函数为

$$E=[y_d(t)-y(t)]^2/2 \tag{4-11}$$

其中，$y_d(t)$ 为期望输出，$y(t)$ 为实际输出。

具体调整方法为

$$\begin{aligned}w_{pq}(N+1)&=w_{pq}(N)-\beta(N)\cdot\partial E/\partial w_{pq}+\alpha\cdot[(1-\eta)w_{pq}(N)-\eta w_{pq}(N-1)]\\a_{ij}(N+1)&=a_{ij}(N)-\beta(N)\cdot\partial E/\partial a_{ij}+\alpha\cdot[(1-\eta)a_{ij}(N)-\eta a_{ij}(N-1)]\\b_{ij}(N+1)&=b_{ij}(N)-\beta(N)\cdot\partial E/\partial b_{ij}+\alpha\cdot[(1-\eta)b_{ij}(N)-\eta b_{ij}(N-1)]\end{aligned} \tag{4-12}$$

其中

$$\begin{aligned}\frac{\partial E}{\partial w_{pq}}&=\frac{\partial E}{\partial y(t)}\frac{\partial y(t)}{\partial u(t)}\frac{\partial u(t)}{\partial u^*(t)}\frac{\partial u^*(t)}{\partial w_{pq}}\\&=-[y_d(t)-y(t)]\cdot\frac{\partial y(t)}{\partial u(t)}\cdot K_u\mathrm{Out}_{pq}^{(3)}\Big/\sum_{p=1}^{m}\sum_{q=1}^{n}\mathrm{Out}_{pq}^{(3)}\\\frac{\partial E}{\partial a_{ij}}&=-[y_d(t)-y(t)]\cdot\frac{\partial y(t)}{\partial u(t)}\cdot K_u(t)\cdot\left(S_{ij}\Big/\sum_{p=1}^{m}\sum_{q=1}^{n}\mathrm{Out}_{pq}^{(3)}\right)\cdot\mu_{ij}\cdot\frac{x_i-a_{ij}}{b_{ij}}\\\frac{\partial E}{\partial b_{ij}}&=-[y_d(t)-y(t)]\cdot\frac{\partial y(t)}{\partial u(t)}\cdot K_u(t)\cdot\left(S_{ij}\Big/\sum_{p=1}^{m}\sum_{q=1}^{n}\mathrm{Out}_{pq}^{(3)}\right)\cdot\mu_{ij}\cdot\frac{(x_i-a_{ij})^2}{b_{ij}^2}\end{aligned}$$

$$S_{1j}=\sum_{q=1}^{n}\mu_{2q}w_{pq}-u\cdot\sum_{q=1}^{n}\mu_{2q}$$

$$S_{2j}=\sum_{p=1}^{m}\mu_{1p}w_{pq}-u\cdot\sum_{p=1}^{m}\mu_{1p}$$

$$\frac{\partial y(t)}{\partial u(t)}\approx\frac{y(t)-y(t-1)}{u(t)-u(t-1)}$$

$$(i=1,2;j=1,2,\cdots,7;p=1,2,\cdots,7;q=1,2,\cdots,7) \tag{4-13}$$

其中，N 为迭代步数，$\beta(N)$ 为变化的学习率，α 为附加动量的学习速率，η 为动量因子。

附加动量法能够改善神经网络的收敛性，自适应学习速率法能够加快神经网络的学习速率，因此，有时在讨论模糊神经网络学习算法时将这两种方法结合起来,采用加入动量项的变速率 FBP 算法进行学习。在没有陷入局部极小时,使用变速率学习方法,使神经网络以最大速率学习,如果学习过程中陷入局部极小,则使用附加动量法跳出极值点,继续进行优化过程。

以上是两种比较常用的模糊神经网络的学习算法,当前,模糊神经网络的泛化能力讨论的不多,其分析和设计在理论上还存在许多问题。模糊神经网络的泛化能力在很大程度上可以借鉴神经网络的分析方法。影响泛化能力的因素很多,这些因素主要有:结构复杂性、样本复杂性、样本质量、先验知识、初始权值和学习时间等。近年来,新的模糊神经网络学习算法不断涌现,进一步推动了模糊神经网络的应用,详细可以参考文献[60]~[63]。

值得一提的是近年来一些学者将模糊神经网络分为三种形式[64~67]:①逻辑模糊神经网络;②算术模糊神经网络;③混合模糊神经网络。模糊神经网络就是具有模糊权系数或者输入信号是模糊量的神经网络。上面三种形式的模糊神经网络中所执行的运算方法不同。模糊神经网络无论作为逼近器,还是模式存储器,都是需要学习和优化权系数的。学习算法是模糊神经网络优化权系数的关键,对于逻辑模糊神经网络,可采用基于误差的学习算法,也即是监视学习算法。对于算术模糊神经网络,则有 FBP 算法、遗传算法等。对于混合模糊神经网络,目前尚未有合理的算法。模糊神经网络已广泛应用于计算机科学、自动控制、地震工程、系统工程、土木工程、环境保护、机械、管理科学、思维科学、社会科学、医药卫生、气象预报、文学艺术及体育心理等领域[68~77]。

4.5　本章小结

为了使人工神经网络能够利用模糊概念,模拟人的思维进行模糊推理,本章介绍了另外一种特殊的前馈神经网络——模糊神经网络。首先,基于模糊集合、隶属函数和模糊运算对模糊推理系统原理进行讨论和分析,详细给出了模糊集合、隶属函数和模糊运算与模糊推理系统之间的关系,从而可以对推理系统原理有一些初步认识,可以提高对模糊神经网络的运行原理的理解。其次,将前馈人工神经网络和模糊推理系统结合起来,取长补短,对模糊神经网络的结构进行介绍。通过一种典型的模糊神经网络模型的标准结构,详细介绍了神经网络模拟模糊推理机的知识模型和推理模型。最后,基于上述模糊神经网络模型,对模糊神经网络的参数学习算法进行详细阐述。主要给出了两种典型的改进 FBP 学习算法:附加动量法与自适应学习速率法。

当然,本章并未给出应用实例,读者可以参照参考文献部分的文章,从而找出不同领域的应用实例。同样,读者也可以先参考后续章节中模糊神经网络的应用。

参考文献

[1] Yeh C Y, Jeng W H R, Lee S J. Data-based system modeling using a type-2 fuzzy neural network with a hybrid learning algorithm. IEEE Transactions on Neural Network s, 2011, 22(12): 2296-2309.

[2] Roh S B, Oh S K, Pedrycz W. Design of fuzzy radial basis function-based polynomial neural networks. Fuzzy Sets and Systems, 2011, 185(1): 15-37.

[3] Cho K B, Wang B H. Radial basis function based adaptive fuzzy systems and their applications to system identification and prediction. Fuzzy Sets and Systems, 1996, 83(3): 325-339.

[4] Zeng X, Singh M G. Approximation theory of fuzzy systems-mimo case. IEEE Transactions on Fuzzy Systems, 1995, 3(2): 219-235.

[5] Nguyen D H, Widrow B. Neural networks for self-learning control systems. IEEE Control Systems Magazine, 1990, 10(3): 18-23.

[6] White H. Learning in artificial neural networks: a statistical perspective. Neural Computation, 1989, 1(4): 425-464.

[7] Hopfield J J. Artificial neural networks. IEEE Circuits and Devices Magazine, 1988, 4(5): 3-10.

[8] Hornik K, Stinchcombe M, White H. Multilayer feedforward networks are universal approximators. Neural Networks, 1989, 2(5): 359-366.

[9] Kůrková. Kolmogorov's theorem and multilayer neural networks. Neural Networks, 1992, 5(3): 501-506.

[10] Luo Z. On the convergence of the lms algorithm with adaptive learning rate for linear feedforward networks. Neural Computation, 1991, 3(2): 226-245.

[11] Zeng X, Singh M G. Approximation accuracy analysis of fuzzy systems as function approximators. IEEE Transactions on Fuzzy Systems, 1996, 4(1): 44-63.

[12] Kosko B. Fuzzy systems as universal approximators. IEEE Transactions on Computers, 1994, 43(11): 1329-1333.

[13] Cao S G, Rees N W, Feng G. Stability analysis of fuzzy control systems. IEEE Transactions on Systems, Man, and Cybernetics, Part B: Cybernetics, 1996, 26(1): 201-204.

[14] Zadeh L A. Fuzzy sets. Information and Control, 1965, 8(3): 338-353.

[15] Thomason M G, Marinos P N. Deterministic acceptors of regular fuzzy languages. IEEE Transactions on Systems, Man and Cybernetics, 1974, 4(2): 228-230.

[16] Lee S C, Lee E T. Fuzzy sets and neural networks. Journal of Cybernetics, 1974, 4(2): 83-103.

[17] Lee S C, Lee E T. Fuzzy neural networks. Mathematical Biosciences, 1975, 23(1-2): 151-177.

[18] Keller J M, Hunt D J. Incorporating fuzzy membership functions into the perceptron algorithm. IEEE Transactions on Pattern Analysis and Machine Intelligence, 1985, PAMI-7(6): 693-699.

[19] Yamakawa T, Tomoda S. A fuzzy neuron and its application to pattern recognition. *In*: Hand D J, Kok J N, Berthold M R. Proceedings of the Third IFSA Congress seattle: IEEE Press. 1989: 943-948.

[20] Yamakawa T, Uchino E, Miki T, et al. A neo fuzzy neuron and its applications to system identification and predictin of the system behavior. *In*: Rahaner D K. The Second International Conference on Fuzzy-Logic and Neural Networks (IIZUKA'92). Japan, IEEE Press, 1992, 477-483.

[21] Nauck D, Kruse R. A neural fuzzy controller learning by fuzzy error propagation. *In*: Hudson D L. North American Fuzzy Information Processing Society, puerto Vallarta, Mexico. IEEE Press, 1992: 2:

388-397.

[22] Bustince H, Herrera F, Montero J. Fuzzy Sets and Their Extensions: Representation, Aggregation and Models: Intelligent Systems from Decision Making to Data Mining, Web Intelligence and Computer Vision. Berlin: Springer, 2007.

[23] Zedeh L A. Knowledge representation in fuzzy logic. IEEE Transactions on Knowledge and Data Engineering, 1989, 1(1): 89-100.

[24] Nauck D, Kruse R. A fuzzy neural network learning fuzzy control rules and membership functions by fuzzy error backpropagation. *In*: Ruspini I E. IEEE International Conference on Neural Networks. San Francisco, California: IEEE Press,1993:1022-1027.

[25] Mamadani E H. Application of fuzzy algorithms for control of simple dynamic plant. Proceedings of the Institution of Electrical Engineers, 1974, 12(121): 1585-1588.

[26] Ducey M J, Larson B C. A fuzzy set approach to the problem of sustainability. Forest Ecology and Management, 1999, 115(1): 29-40.

[27] Zadeh L A. The concept of a linguistic variable and its application to approximate reasoning—i. Information Sciences, 1975, 8(3): 199-249.

[28] Koczy L T, Hirota K. Size reduction by interpolation in fuzzy rule bases. IEEE transactions on systems, man, and cybernetics. Part B, Cybernetics, 1997, 27(1): 14-25.

[29] Gonzalez A, Perez R. Completeness and consistency conditions for learning fuzzy rules. Fuzzy Sets and Systems, 1998, 96(1): 37-51.

[30] Dubois D, Prade H, Ughetto L. Checking the coherence and redundancy of fuzzy knowledge bases. IEEE Transactions on Fuzzy Systems, 1997, 5(3): 398-417.

[31] Van Leekwijck W, Kerre E E. Defuzzification: criteria and classification. Fuzzy Sets and Systems, 1999, 108(2): 159-178.

[32] Liu X W. Parameterized defuzzification with maximum entropy weighting function—another view of the weighting function expectation method. Mathematical and Computer Modelling, 2007, 45(1-2): 177-188.

[33] Filev D P, Yager R R. A generalized defuzzification method via bad distributions. International Journal of Intelligent Systems, 1991, 6(7): 687-697.

[34] ROGER J J. Anfis:adaptive-network-based-fuzzy inference system. IEEE Transactions on Systems Man and Cybernetics, 1993, 23(03): 665-685.

[35] Jang J S R, Sun C T. Functional equivalence between radial basis function networks and fuzzy inference systems. IEEE Transactions on Neural Networks, 1993, 4(1): 156-159.

[36] Sun C. Rule-base structure identification in an adaptive-network-based fuzzy inference system. IEEE Transactions on Fuzzy Systems, 1994, 2(1): 64-73.

[37] Kasabov N K, Song Q. Denfis: dynamic evolving neural-fuzzy inference system and its application for time-series prediction. IEEE Transactions on Fuzzy Systems, 2002, 10(2): 144-154.

[38] Buckley J J, Yoichi H. Neural nets for fuzzy systems. Fuzzy Sets and Systems, 1995, 71(3): 265-276.

[39] Nauck D, Klawonn F, Kruse R. Foundations of Neuro-Fuzzy Systems. Hoboken, New Jersey: John Wiley, 1997.

[40] Yu W, Li X. Fuzzy identification using fuzzy neural networks with stable learning algorithms. IEEE Transactions on Fuzzy Systems, 2004, 12(3): 411-420.

[41] Nomura H, Hayashi I, Wakami N. A learning method of fuzzy inference rules by descent method. *In*: Francesc E. IEEE International Conference on Fuzzy Systems, San Diego, California: IEEE Press. 1992: 203-210.

[42] Zadeh L A. Fuzzy logic, neural networks, and soft computing. Communications of the ACM, 1994, 37(3): 77-84.

[43] Wu S, Er M J. Dynamic fuzzy neural networks-a novel approach to function approximation. IEEE Transactions on Systems, Man, and Cybernetics, Part B: Cybernetics, 2000, 30(2): 358-364.

[44] Buckley J J, Hayashi Y. Fuzzy neural networks: a survey. Fuzzy Sets and Systems, 1994, 66(1): 1-13.

[45] Ishibuchi H, Kwon K, Tanaka H. A learning algorithm of fuzzy neural networks with triangular fuzzy weights. Fuzzy Sets and Systems, 1995, 71(3): 277-293.

[46] Pedrycz W. Conditional fuzzy clustering in the design of radial basis function neural networks. IEEE Transactions on Neural Networks, 1998, 9(4): 601-612.

[47] Wang L X, Mendel J M. Fuzzy basis functions, universal approximation, and orthogonal least-squares learning. IEEE Transactions on Neural Networks, 1992, 3(5): 807-814.

[48] Ishigami H, Fukuda T, Shibata T, et al. Structure optimization of fuzzy neural network by genetic algorithm. Fuzzy Sets and Systems, 1995, 71(3): 257-264.

[49] Williams R J, Zipser D. A learning algorithm for continually running fully recurrent neural networks. Neural Computation, 1989, 1(2): 270-280.

[50] Kwan H K, Cai Y. A fuzzy neural network and its application to pattern recognition. IEEE Transactions on Fuzzy Systems, 1994, 2(3): 185-193.

[51] Leu Y, Lee T, Wang W. On-line tuning of fuzzy-neural network for adaptive control of nonlinear dynamical systems. IEEE Transactions on Systems, Man, and Cybernetics, Part B: Cybernetics, 1997, 27(6): 1034-1043.

[52] Spooner J T, Passino K M. Stable adaptive control using fuzzy systems and neural networks. IEEE Transactions on Fuzzy Systems, 1996, 4(3): 339-359.

[53] Simpson P K. Fuzzy min-max neural networks. I. classification. IEEE Transactions on Neural Networks, 1992, 3(5): 776-786.

[54] Gabrys B, Bargiela A. General fuzzy min-max neural network for clustering and classification. IEEE Transactions on Neural Networks, 2000, 11(3): 769-783.

[55] Pavlopoulos S, Kyriacou E, Koutsouris D, et al. Fuzzy neural network-based texture analysis of ultrasonic images. IEEE Engineering in Medicine and Biology Magazine, 2000, 19(1): 39-47.

[56] Horikawa S I, Furuhashi T, Uchikawa Y. On fuzzy modeling using fuzzy neural networks with the back-propagation algorithm. IEEE Transactions on Neural Networks, 1992, 3(5): 801-806.

[57] Buckley J J, Reilly K D, Penmetcha K V. Backpropagation and genetic algorithms for training fuzzy neural nets. *In*: Richard C D. Proceedings of the Fifth IEEE International Conference on Fuzzy Systems, New Orleans: IEEE Press, 1996: 2-6.

[58] Lin C, Lin C. Reinforcement learning for an art-based fuzzy adaptive learning control network. IEEE Transactions on Neural Networks, 1996, 7(3): 709-731.

[59] Eom K, Jung K, Sirisena H. Performance improvement of backpropagation algorithm by automatic activation function gain tuning using fuzzy logic. Neurocomputing, 2003, 50: 439-460.

[60] Berenji H R, Khedkar P. Learning and tuning fuzzy logic controllers through reinforcements. IEEE Transactions on Neural Networks, 1992, 3(5): 724-740.

[61] Tung W L, Quek C. Gensofnn: a generic self-organizing fuzzy neural network. IEEE Transactions on Neural Networks, 2002, 13(5): 1075-1086.

[62] Lin F, Lin C, Shen P. Self-constructing fuzzy neural network speed controller for permanent-magnet synchronous motor drive. IEEE Transactions on Fuzzy Systems, 2001, 9(5): 751-759.

[63] Chatterjee A, Pulasinghe K, Watanabe K, et al. A particle-swarm-optimized fuzzy-neural network for voice-controlled robot systems. IEEE Transactions on Industrial Electronics, 2005, 52(6): 1478-1489.

[64] Horikawa S, Furuhashi T, Okuma S, et al. Composition methods of fuzzy neural networks. *In*: Weaver A C 16th Annual Conference of IEEE Industrial Electronics Society. Pacific Grove, California: IEEE Press, 1990: 1253-1258.

[65] Keller J M, Yager R R, Tahani H. Neural network implementation of fuzzy logic. Fuzzy Sets and Systems, 1992, 45(1): 1-12.

[66] Hayashi Y, Buckley J J, Czogala E. Fuzzy neural network with fuzzy signals and weights. International Journal of Intelligent Systems, 1993, 8(4): 527-537.

[67] Steyer J, Rolland D, Bouvier J, et al. Hybrid fuzzy neural network for diagnosis - application to the anaerobic treatment of wine distillery wastewater in a fluidized bed reactor. Water Science and Technology, 1997, 36(6-7): 209-217.

[68] Kulkarni A D. Computer Vision and Fuzzy-Neural Systems. Sebastopol California: Prentice Hall PTR, 2001.

[69] Sanchez-Silva M, Garcia L. Earthquake damage assessment based on fuzzy logic and neural networks. Earthquake Spectra, 2001, 17(1): 89-112.

[70] Lin C T, Lee C S G. Neural-network-based fuzzy logic control and decision system. IEEE Transactions on Computers, 1991, 40(12): 1320-1336.

[71] Chen Y, Teng C. A model reference control structure using a fuzzy neural network. Fuzzy Sets and Systems, 1995, 73(3): 291-312.

[72] Kuo R J. A sales forecasting system based on fuzzy neural network with initial weights generated by genetic algorithm. European Journal of Operational Research, 2001, 129(3): 496-517.

[73] Wai R, Shih L. Adaptive fuzzy-neural-network design for voltage tracking control of dc-dc boost converter. IEEE Transactions on Power Electronics, 2011,(99): 1-24.

[74] Karlik B, Osman Tokhi M, Alci M. A fuzzy clustering neural network architecture for multifunction upper-limb prosthesis. IEEE Transactions on Biomedical Engineering, 2003, 50(11): 1255-1261.

[75] Lin F, Hwang W, Wai R. A supervisory fuzzy neural network control system for tracking periodic inputs. IEEE Transactions on Fuzzy Systems, 1999, 7(1): 41-52.

[76] Osowski S, Linh T H. Ecg beat recognition using fuzzy hybrid neural network. IEEE Transactions on Biomedical Engineering, 2001, 48(11): 1265-1271.

[77] Rahman M S, Wang J. Fuzzy neural network models for liquefaction prediction. Soil Dynamics and Earthquake Engineering, 2002, 22(8): 685-694.

第 5 章　前馈神经网络快速下降算法研究

5.1　引　　言

第 2 章～第 4 章中已经介绍在人工神经网络的诸多特点中，人工神经网络的学习能力是其最重要也最令人注目的特点。目前，人工神经网络模型多数都是和学习算法相应的。而人工神经网络的学习能力，与人类认知思维机制极其相似，是生物神经计算的模拟，这种学习能力目前看来又是传统计算机技术所缺少的。因此，在人工神经网络的发展进程中，学习算法的研究有着十分重要的地位[1～3]。

人工神经网络的优化学习直接影响神经网络的性能，由于自组织人工神经网络结构的不确定性，其优化学习算法不仅要考虑收敛性，同时还要保证网络增减稳定。一般人工神经网络优化学习算法多是借助多变量非线性系统优化的研究成果，探索符合人工神经网络结构的优化算法，已有的人工神经网络优化学习已经取得了较好的研究成果。但是对于结构动态自组织人工神经网络，优化学习算法的研究尚不成熟。因此，为了满足人工神经网络结构动态调整的需要，本章提出一种用于结构动态设计的神经网络学习算法——快速下降算法。快速下降算法主要与参数修改项与学习率、隐含层输出以及当前神经网络输出误差有关，避免了求解导数的过程，减少运算量，提高了人工神经网络的训练速度。

5.2　神经网络学习

5.2.1　神经网络结构及信息处理

感知器神经网络和 RBF 神经网络都属于前馈神经网络，而且三层感知器神经网络和 RBF 神经网络的结构一样，因此，在本章介绍神经网络学习基础和快速下降算法时以感知器神经网络为例，在仿真实验研究部分对感知器神经网络和 RBF 神经网络分别进行讨论。

神经网络一般由输入层、隐含层和输出层组成，各层又有若干神经元(节点)组成，神经元分为两类：输入神经元和计算神经元，每个计算神经元可有任意个输入，但只有一个输出。神经网络通过神经元间的连接进行信息传输并进行信息处理，其结构和信息传输如图 5-1 所示：隐含层各个神经元接受前一层的输入，并输出给下一层。

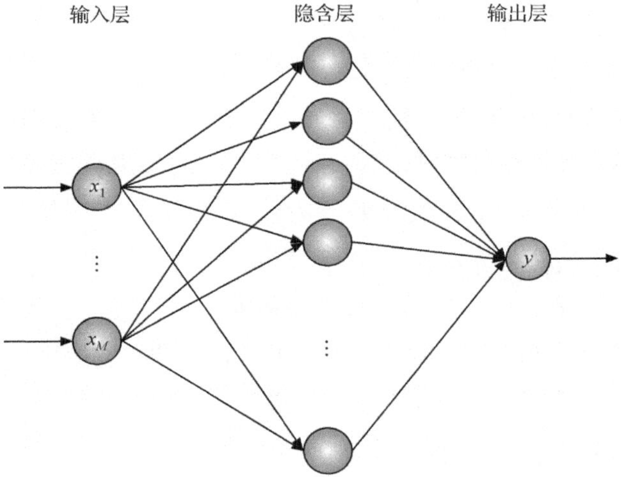

图 5-1　神经网络的信息传输

根据第 2 章的分析，目前在神经网络的实际应用中，80%～90%的前馈神经网络是使用 BP 学习算法或它的变化形式[4]。反向传播（BP）算法由两部分组成：信息的正向传递与误差的反向传播[5]。在正向传递的过程中，BP 网络的信号由输入层经过隐含层，一层一层地向后传递，直到传递到输出层，并产生其输出信号，每一层神经元的状态只影响下一层神经元的状态。

神经网络各层的具体功能如下：

第一层：输入层。

输入层有 M 个节点，分别是输入 $\boldsymbol{x}=(x_1,\cdots,x_M)$。

$$u_i = x_i \tag{5-1}$$

其中，$i=1,2,\cdots,M$，u_i 表示输入层第 i 个神经元的输出。

第二层：隐含层。

隐含层对输入量进行处理，有 K 个神经元。

$$v_j = f_j\left(\sum_{i=1}^{M} w_{ij}u_i\right),\quad (i=1,2,\cdots,M;\ j=1,2,\cdots,K) \tag{5-2}$$

其中，激励函数选用 S 型函数，$f(x)=1/(1+\mathrm{e}^{-x})$，$v_j$ 表示隐含层第 j 个神经元的输出，w_{ij} 为输入层第 i 个神经元与隐含层第 j 个神经元间的连接权值。

第三层：输出层。

为了描述方便，假设输出层只有一个输出神经元，其输出可以由下式来计算：

$$y = \sum_{j=1}^{K} w_j v_j \tag{5-3}$$

其中，$j=1,2,\cdots,K$，w_j 表示隐含层第 j 个神经元和输出层神经元间的连接权值。

定义误差函数为

$$E=\frac{1}{2N}\sum_{t=1}^{N}(y(t)-y_d(t))^2 \tag{5-4}$$

其中，N 为训练样本数，$y(t)$为 t 时刻神经网络输出，$y_d(t)$表示 t 时刻期望值。

用 BP 算法训练神经网络时，调整网络的连接权值，其调整表达式为

$$\boldsymbol{w}(t+1)=\boldsymbol{w}(t)+\eta\Delta\boldsymbol{w}(t)=\boldsymbol{w}(t)+\eta\frac{\partial E(t)}{\partial\boldsymbol{w}(t)} \tag{5-5}$$

其中，$\boldsymbol{w}(t)$为 t 时刻神经网络的连接权值（向量），$\boldsymbol{w}(t+1)$为 $t+1$ 时刻神经网络的连接权值（向量），$E(t)$是 t 时刻神经网络的均方误差，η 是学习率。

感知器神经网络和 RBF 神经网络中 BP 算法的调整包括两个方面：① 输出层神经元连接权值 w_j 的调整；② 隐含层神经元连接权值 w_{ij} 的调整。

1. 输出层神经元连接权值的调整

输出层神经元连接权值的迭代公式为

$$w_j(t+1)=w_j(t)+\eta\Delta w_j(t)=w_j(t)+\eta\frac{\partial E(t)}{\partial w_j(t)} \tag{5-6}$$

其中，$w_j(t)$是 t 时刻神经网络隐含层神经元 j 与输出层神经元的连接权值，$w_j(t+1)$是 $t+1$ 时刻神经网络的连接权值，$\Delta w_j(t)$ 输出层神经元连接权值的修正量，$E(t)$是 t 时刻神经网络的均方误差，η 是学习率，并且：

$$\frac{\partial E(t)}{\partial w_j(t)}=(y(t)-y_d(t))v_j(t)(1-y(t))y(t) \tag{5-7}$$

2. 隐含层神经元连接权值的调整

隐含层神经元连接权值的迭代公式为

$$w_{ij}(t+1)=w_{ij}(t)+\eta\frac{\partial E(t)}{\partial w_{ij}(t)} \tag{5-8}$$

其中，$w_{ij}(t)$是 t 时刻神经网络隐含层神经元 j 与输入层神经元 i 间的连接权值，$w_{ij}(t+1)$是 $t+1$ 时刻神经网络隐含层神经元 j 与输入层神经元 i 间的连接权值，$E(t)$是 t 时刻神经网络的均方误差，并且

$$\frac{\partial E(t)}{\partial w_{ij}(t)}=v_j(t)(1-v_j(t))w_j(t)\Delta w_j(t)\boldsymbol{x}(t) \tag{5-9}$$

利用 BP 算法对输出层神经元连接权值和隐含层神经元连接权值的调整过程中，学习率 η 可以固定不变，也可以根据研究进行变化。

5.2.2 神经网络学习算法分析

在感知器神经网络和 RBF 神经网络中，只要有足够多的隐含层和神经元，神

经网络就能够逼近任意复杂的非线性函数,反映这种函数映射关系的关联信息分布式地存储在神经网络的连接权中。如果神经网络中神经元的激励函数选用 S 形函数,那么神经网络属于全局逼近,因而它具有较好的泛化能力。正是如此,BP 训练算法是应用最为广泛的神经网络学习算法之一[4]。

尽管 BP 算法已成功应用于许多实际问题,但也存在着一些缺点[6,7]:

1. 收敛速度慢

在神经网络的训练过程中,当神经元之间的连接权值过大时,可能使全部或大部分神经元的净输入很大。如果神经元的作用函数为 S 形函数,那么神经元将会工作在 S 函数的饱和区,使得 S 函数导数非常小,导致神经网络权值的调节过程几乎停顿下来。为了避免发生这种现象,通常选取较小的初始权值和较小的训练速率,防止权值过大,但是这样就增加了训练时间,使神经网络训练的收敛速度变慢。

2. 易陷入局部极小值

理论分析表明,采用 BP 算法可以使神经网络的均方误差收敛到一个极小值,但并不能保证该极小值为均方误差的全局最小值,很可能是一个局部极小值。这是因为 BP 算法采用的是梯度下降法,训练是从某一起始点沿误差函数的斜面逐渐达到误差的最小值。对于复杂的神经网络,其均方误差函数为多维空间的曲面,在这个多维空间曲面上可能存在多个局部极小点,那么在训练过程中,可能陷入某一局部极小值。

5.3 快速下降算法

感知器神经网络和 RBF 神经网络中标准 BP 算法实际上是数值优化理论中的最速下降算法的近似,然而实际应用中标准 BP 算法收敛速度较慢,用于逼近复杂的非线性函数时,其收敛速度成为制约其应用的"瓶颈"。同时,在自组织神经网络中,由于神经网络结构在学习过程中发生调整,需要消耗训练时间,神经网络参数优化算法就显得更为重要[8]。为此,快速下降算法拟在保证学习算法收敛性的前提下提高感知器神经网络和 RBF 神经网络的学习速度。

5.3.1 快速下降算法描述

快速下降算法主要讨论与输出层神经元相连的权值(以单输出神经网络为例,$\boldsymbol{w}=(w_1,\cdots,w_K)$)的修改,在感知器神经网络主要体现在隐含层与输出层之间的连接权值,在 RBF 神经网络中则主要体现在神经网络连接权值,因此,快速下降算法的提出也是感知器神经网络和 RBF 神经网络作为前馈神经网络的一种统一。

一般来说,人工神经网络模型是由线性和非线性方程给出的,对这类模型的辨别可以采用线性化,展开成特殊函数等方法。非线性连续动态系统可以描述为如下仿射非线性公式[9]:

$$\begin{aligned}\dot{\hat{y}}(t) &= \hat{f}(\hat{y}(t), \boldsymbol{x}(t)) \\ \hat{y}(t_0) &= \hat{y}_0\end{aligned} \tag{5-10}$$

其中 $\hat{y}(t) \in \Re^1$ 为系统输出,$\boldsymbol{x}(t) \in \Re^M$ 为系统输入。假设函数 $\hat{f}(\cdot,\cdot)$ 不可知,为了便于收敛性分析,则式(5-10)可以描述:

$$\begin{aligned}\dot{\hat{y}}(t) &= -\hat{y}(t) + \hat{g}(\hat{y}(t), \boldsymbol{x}(t)) \\ \hat{y}(t_0) &= \hat{y}_0\end{aligned} \tag{5-11}$$

通过对式(5-10)进行调整,可以得到

$$\begin{aligned}\hat{g}(\hat{y}(t), \boldsymbol{x}(t)) &= \dot{\hat{y}}(t) + \hat{y}(t) \\ &= \hat{y}(t) + f(\hat{y}(t), \boldsymbol{x}(t))\end{aligned} \tag{5-12}$$

在前馈神经网络理论研究中,神经网络逼近能力是一个基本的问题,特别地对于感知器神经网络和 RBF 神经网络,许多学者用不同的方法研究了这个问题并取得很多重要成果。虽然前馈神经网络对于未知函数的非线性逼近能力已成为神经网络研究的热点[10~12]。而且理论分析已经证明用泛函分析理论能够获得各种前馈神经网络在神经元数目无限或很大时的逼近定理[13],但在实际应用中不可能或难以实现这样的理想网络,其价值难以充分体现。因此,分析神经元数目有限的前馈网络能达到的逼近能力已显得尤为重要。

利用多输入单输出的前馈神经网络(M 个输入,K 个隐含层神经元,1 个输出)对该系统进行逼近:

$$y(t) = \boldsymbol{w}\boldsymbol{f}(y(t), \boldsymbol{x}(t)) \tag{5-13}$$

其中 y 是神经网络的输出,$\boldsymbol{w} \in \mathfrak{R}^{1\times K}$ 是权值参数,并且 $\boldsymbol{f}(y(t), \boldsymbol{x}(t)) \in \mathfrak{R}^{K\times 1}$ 为神经网络隐含层输出,$\boldsymbol{f}=(f_1, f_2, \cdots, f_K)^{\mathrm{T}}$。

根据式(5-10)的分析形式,结合式(5-13),利用非线性连续动态系统描述方法,神经网络的输出变化率可以表示为

$$\dot{y}(t) = -y(t) + g(\hat{y}(t), \boldsymbol{x}(t)) \tag{5-14}$$

其中

$$g(\hat{y}(t), \boldsymbol{x}(t)) = \boldsymbol{w}\boldsymbol{f}(\hat{y}(t), \boldsymbol{x}(t)) \tag{5-15}$$

神经网络对该非线性连续动态系统的逼近误差为

$$e(t) = y(t) - \hat{y}(t) \tag{5-16}$$

其中,$y(t)$是 t 时刻神经网络的输出,$\hat{y}(t)$ 为此时系统输出(即神经网络的期望输出)。结合式(5-10)、式(5-14)和式(5-15),得到误差变化率:

$$\dot{e}(t) = \dot{y}(t) - \dot{\hat{y}}(t)$$

$$
\begin{aligned}
&= - y(t) + g(\hat{y}(t), \boldsymbol{x}(t)) + \hat{y}(t) - \hat{g}(\hat{y}(t), \boldsymbol{x}(t)) \\
&= - (y(t) - \hat{y}(t)) + g(\hat{y}(t), \boldsymbol{x}(t)) - \hat{g}(\hat{y}(t), \boldsymbol{x}(t)) \\
&= - e(t) + g(\hat{y}(t), \boldsymbol{x}(t)) - \hat{g}(\hat{y}(t), \boldsymbol{x}(t))
\end{aligned} \tag{5-17}
$$

神经网络是由大量神经元相互作用形成的一个高度非线性动力学系统，它通过简单的神经元的连接，反映出复杂的动态特性[14]。在神经网络中如果能够根据逼近对象确定其连接权值，并且通过该连接权值求出的神经网络输出与原函数之间没有误差，那么该连接权值称为最优权值[15]。

对于感知器神经网络和 RBF 神经网络，假设存在最优权值 $\boldsymbol{w}^*$，使得

$$\hat{g}(\hat{y}(t), \boldsymbol{x}(t)) = \boldsymbol{w}^* \boldsymbol{f}(\hat{y}(t), \boldsymbol{x}(t)) \tag{5-18}$$

其中 $\boldsymbol{w}^*$ 是最优权值。

为了便于快速下降算法的性能分析，对最优权值 $\boldsymbol{w}^*$ 进行转换，定义权值适应误差为 $\boldsymbol{\Xi} = (\boldsymbol{w} - \boldsymbol{w}^*)^{\mathrm{T}} = (\vartheta_1, \vartheta_2, \cdots, \vartheta_K)^{\mathrm{T}}$。

由于 $\boldsymbol{\Xi} \in \mathfrak{R}^{K\times 1}$，而且满足

$$\| \boldsymbol{\Xi} \| = \sum_{i=1}^{K} \vartheta_i^2 = \mathrm{trace}(\Xi\Xi^{\mathrm{T}}) \tag{5-19}$$

其中，$\| \ \|$ 表示欧氏距离，因此得到

$$\frac{\mathrm{d}}{\mathrm{d}t}(\mathrm{trace}(\boldsymbol{\Xi}\boldsymbol{\Xi}^{\mathrm{T}})) = 2\sum_{i=1}^{K} \vartheta_i \dot{\vartheta}_i = 2\mathrm{trace}(\boldsymbol{\Xi}\dot{\boldsymbol{\Xi}}^{\mathrm{T}}) \tag{5-20}$$

其中 $\dot{\boldsymbol{\Xi}} = \mathrm{d}\boldsymbol{\Xi}/\mathrm{d}t = \dot{\boldsymbol{w}}$，权值在线修改方式为

$$\dot{\boldsymbol{w}}^{\mathrm{T}}(t) = \beta \boldsymbol{f}(\hat{y}(t), \boldsymbol{x}(t)) e(t) \tag{5-21}$$

其中 $0 < \beta < 1$ 为学习率。

式(5-21)即为快速下降算法。基于以上分析，由于该算法的连接权值参数修改与学习率、隐含层输出以及当前神经网络输出误差有关，避免了求解导数的过程，运算量大大减少。因此，该参数学习算法称为快速下降算法，其算法迭代公式为

$$\boldsymbol{w}(t+1) = \boldsymbol{w}(t) + \dot{\boldsymbol{w}}(t) \tag{5-22}$$

其中，$\boldsymbol{w}(t+1)$ 为 t 时刻神经网络调整后的连接权值，$\boldsymbol{w}(t)$ 为 t 时刻神经网络的连接权值，$\dot{\boldsymbol{w}}(t)$ 为 t 时刻权值改变量。

神经网络在模拟生物神经计算方面有一定优势，以分布式存储和并行协同处理为特色[16]；具有很强的自组织、自学习、自适应、联想记忆及模糊推理等能力；还具备高度的容错性和鲁棒性[17]。由于神经网络具有很强的非线性逼近能力，因此得到了广泛的应用，它的出现为非线性系统建模提供一种新的工具[18~20]。基于梯度下降的学习算法是到目前为止应用最广泛的神经网络监督式的学习算法，其实质是采用梯度下降法使权值的改变总是朝着误差变小的方向改进，最终达到最小误差。但是其局限性在于容易陷入局部极小点，针对应用最为广泛的神经网络梯

度下降学习算法,将快速下降算法应用到神经网络的学习过程中。利用快速下降算法避免了求解导数的过程,减少运算量的特点,来改善前馈神经网络学习算法的特性,提高学习算法的能力。快速下降算法具有以下特点:①具有较好的学习速度,较之于标准 BP 算法需要计算隐含层神经网络输出的导数相比,式(5-21)运算量有所减少。②适用于逐个样本处理,由式(5-21)和式(5-22)可以看出快速下降算法和其他参数学习算法一样,适用于逐个样本处理,当数据有较大冗余时计算量不会增大,不会影响计算速度。

5.3.2　快速下降算法收敛性分析

收敛性是神经网络工作的前提,获取收敛、快速的神经网络算法是其能否成功应用的关键。对于前馈神经网络,其收敛性主要表现在神经网络逼近误差能够收敛于 0,神经网络的连接权值与神经网络的期望最优权值重合。下面主要借助李雅普诺夫(Lyapunov)稳定判据讨论快速下降算法的收敛性。

1. *李雅普诺夫理论*

稳定性问题成当今研究的热点[21~23]:稳定性是系统的一个基本结构特性,稳定是控制系统能够正常运行的前提[24]。对一个非线性动力学系统而言,稳定一般是指李雅普诺夫意义下的稳定。

俄国力学家李雅普诺夫在 1892 年发表的《运动稳定性的一般问题》论文中,首先提出运动稳定性的一般理论。这一理论把由常微分方程组描述的动力学系统的稳定性分析方法区分为本质上不同的两种方法,称为李雅普诺夫第一方法和第二方法[25]。李雅普诺夫方法同时适用于线性系统和非线性系统、时变系统和时不变系统、连续时间系统和离散时间系统。

李雅普诺夫第一方法也称为李雅普诺夫间接法[26],属于小范围稳定性分析方法。第一方法的基本思路为:将非线性自治系统运动方程在足够小领域内进行泰勒展开导出一次近似线性化系统,再根据线性化系统特征值在复平面上的分布推断非线性系统在领域的稳定性。李雅普诺夫第二方法也称为李雅普诺夫直接法[27],属于直接根据系统结构判断内部稳定性的方法。第二方法直接面对非线性系统,基于引入具有广义能量属性的李雅普诺夫函数和分析李雅普诺夫函数导数的定号性,建立判断系统稳定性的相应结论。第二方法主要定理的提出基于物理学中的直观启示,即系统运动的进程总是伴随能量的变化,如果做到使系统能量变化的速率始终保持为负,也就是使运动进程中能量为单调减少,那么系统受扰运动最终必会返回到平衡状态。这一事实对认识和理解李雅普诺夫第二方法中的稳定和不稳定的判断结论,有着直接的指导意义。

内部稳定性[28]:连续时间线性时变系统,其输入 u 为零的状态方程即自治状

态方程为

$$\dot{\boldsymbol{x}} = \boldsymbol{A}(t)\boldsymbol{x}, \quad \boldsymbol{x}(t_0) = \boldsymbol{x}_0, \quad t \in [t_0, \infty) \tag{5-23}$$

其中，$\boldsymbol{A}(t)$为 $n \times n$ 的时变矩阵，且满足解存在唯一性条件。在表状态零输入响应即由任意非零初始状态 $\boldsymbol{x}_0$引起的状态响应为 $x_{0u}(t)$，并基于此引入内部稳定性定义。连续时间线性时变系统在时刻 t_0 为内部稳定：如果由时刻 t_0 任意非零初始状态 $\boldsymbol{x}(t_0) = \boldsymbol{x}_0$引起的状态零输入响应 $x_{0u}(t)$对所有 $t \in [t_0, \infty)$ 为有界，并满足渐近属性即成立

$$\lim_{t \to \infty} x_{0u}(t) = 0 \tag{5-24}$$

对于一般情况，不管系统为线性或非线性，内部稳定性意指自治系统状态运动的稳定性。实质上，内部稳定性等于李雅普诺夫意义下渐近稳定性。对连续时间线性系统，内部稳定性可根据状态转移矩阵或系统矩阵直接判别。

下面给出三个基本判据[29,30]：

结论 1　对 n 维联系时间按线性时变自治系统(5-24)系统在时刻 t_0是内部稳定即渐近稳定的充分必要条件为，状态转移矩阵 $\boldsymbol{\phi}(t, t_0)$ 对所有 $t \in [t_0, \infty)$ 为有界，并满足渐近属性即成立

$$\lim_{t \to \infty} \boldsymbol{\phi}(t, t_0) = 0 \tag{5-25}$$

称为线性时变系统内部稳定。

结论 2　对 n 维连续时间线性时不变自治系统

$$\dot{\boldsymbol{x}} = \boldsymbol{A}\boldsymbol{x} + \boldsymbol{B}\boldsymbol{u}, \quad \boldsymbol{x}(0) = \boldsymbol{x}_0, \quad t \geqslant 0 \tag{5-26}$$

系统是内部稳定即渐近稳定的充分必要条件为，矩阵指数函数 $e^{\boldsymbol{A}t}$ 满足关系式：

$$\lim_{t \leftarrow \infty} e^{\boldsymbol{A}t} = 0 \tag{5-27}$$

称为线性时不变系统内部稳定。

结论 3　对 n 维连续时间线性时不变自治系统(5-26)，系统是内部稳定即渐近稳定的充分必要条件为，系统矩阵 $\boldsymbol{A}$ 所有特征值 $\lambda_i(\boldsymbol{A})(i = 1, 2, \cdots, n)$ 均具有负实部：

$$\mathrm{Re}\{\lambda_i(\boldsymbol{A})\} < 0, \quad i = 1, 2, \cdots, n \tag{5-28}$$

称为线性时不变系统内部稳定。

如果对任给一个实数 $\varepsilon > 0$，都对应存在另一个依赖于 ε 和 t_0 的实数 $\delta(\varepsilon, t_0) > 0$，使得满足不等式 $\| \boldsymbol{x}_0 - \boldsymbol{x}_e \| \leqslant \delta(\varepsilon, t_0)$ 的任一初始状态 $\boldsymbol{x}_0$ 出发的受扰运动 $\boldsymbol{\phi}(t; \boldsymbol{x}_0, t_0)$ 都满足不等式：

$$\| \boldsymbol{\phi}(t; \boldsymbol{x}_0, t_0) - \boldsymbol{x}_e \| \leqslant \varepsilon, \quad \forall t \geqslant t_0 \tag{5-29}$$

则称 $\boldsymbol{x}_e = 0$ 在时刻 t_0 是李雅普诺夫意义下稳定的。

把不等式(5-29)看成为状态空间中以 $\boldsymbol{x}_e$ 为球心和以 ε 为半径的一个超球体，其球域表示为 $\boldsymbol{S}(\varepsilon)$；把不等式(5-29)看成为状态空间中 $\boldsymbol{x}_e$ 为球心和以 $\delta(\varepsilon, t_0)$ 为

半径的一个超球体,其球域表为 $\boldsymbol{S}(\delta)$,且球域的大小同时依赖 ε 和 t_0,由域 $\boldsymbol{S}(\delta)$ 内任意一点出发的运动轨迹 $\boldsymbol{\phi}(t;\boldsymbol{x}_0,t_0)$ 对所有时刻 $t\in[t_0,\infty)$ 都不超出域 $\boldsymbol{S}(\varepsilon)$ 的边界,上述集合可由图 5-2 表示。

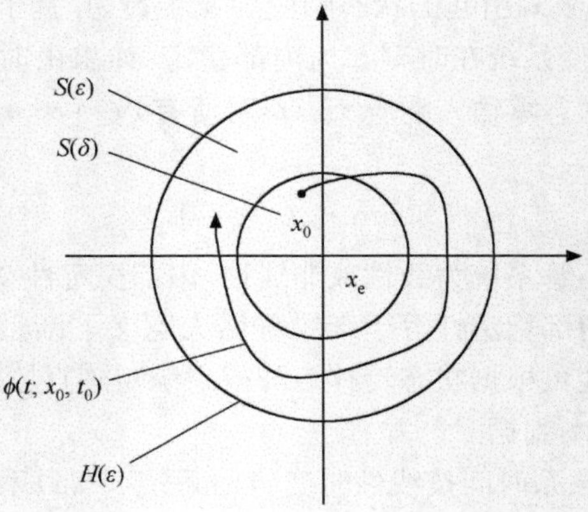

图 5-2　李雅普诺夫稳定的平衡状态

2. 快速下降算法收敛性

李雅普诺夫方法是分析非线性系统稳定性的重要方法[31,32],利用李雅普诺夫方法对快速下降算法的收敛性进行证明,先给 V 函数的定义。

在原点的某邻域 Ω 内,定义变量 $\boldsymbol{x}=(x_1,\cdots,x_N)$的实函数 $V(x_1,\cdots,x_N)$:

$$|x_i|\leqslant C,\quad i=1,2,\cdots,N \tag{5-30}$$

此处 C 为正常数,并假设 V 在 Ω 内对 $x_i(i=1,2,\cdots,N)$都连续可微,且 $V(0,\cdots,0)=0$。同时函数 $V(\boldsymbol{x})$有一定的符号特性,定义如下:

(1) $V(\boldsymbol{x})$定义为正(负)定,若除原点 $\boldsymbol{x}=\boldsymbol{0}$ 外,任取 $\boldsymbol{x}\in\Omega$, $V(\boldsymbol{x})$均取正(负)值,记为 $V(\boldsymbol{x})>0(V(\boldsymbol{x})<0)$。

(2) $V(\boldsymbol{x})$定义为半正(负)定,若任取 $\boldsymbol{x}\in\Omega$, $V(\boldsymbol{x})$的值均不小(大)于零,记为 $V(\boldsymbol{x})\geqslant 0(V(\boldsymbol{x})\leqslant 0)$。

(3) $V(\boldsymbol{x})$定义为变号,若 $\boldsymbol{x}\in\Omega$, 且 $\boldsymbol{x}$ 在原点的任一邻域内变化时,$V(\boldsymbol{x})$既可取正值,又可取零和负值。

x_i变化时,关于 x_i的函数 $V(x_1,\cdots,x_N)$也随之变化,求 V 对时间的导数,有

$$\dot{V}=\sum_{i=1}^{N}\frac{\partial V}{\partial x_i} \tag{5-31}$$

可得到如下结论:

(1) 若在原点 Ω 邻域内,存在一个正(负)定函数 $V(\boldsymbol{x})$,其导数 $\dot{V}$ 是半负(正)

定，则系统在原点是稳定的。

（2）若在原点 Ω 邻域内，存在一个正（负）定函数 $V(\boldsymbol{x})$，其导数 $\dot{V}$ 是负（正）定，则系统在原点是渐进稳定的。

（3）若在原点 Ω 邻域内，存在一个 $V(\boldsymbol{x})$ 函数，其导数 $\dot{V}$ 是正（负）定，而 $V(\boldsymbol{x})$ 本身不是半负（正）定，则系统在原点不稳定。

以上定理可以证明可以参考文献[33]～[35]。

基于以上分析，快速下降算法的误差函数如果能够在原点稳定或者在原点渐进稳定，快速下降算法的连接权值就能够收敛于最优权值，可以判断快速下降算法是收敛的。

定理 5-1　如果非线性系统稳定，利用快速下降算法对其进行逼近，误差函数 $e(t)$ 将会逼近于 0，神经网络的连接权值收敛于最优权值。

为了证明快速下降算法的收敛性，定义李雅普诺夫函数为

$$V = V(e,\boldsymbol{\Xi}) = \frac{1}{2}\left(e^2 + \frac{1}{\eta}\text{trace}(\boldsymbol{\Xi}\boldsymbol{\Xi}^{\mathrm{T}})\right) \tag{5-32}$$

误差动力学式(2-10)可以写为

$$\begin{aligned}\dot{e}(t) &= -e(t) + g(\hat{y}(t),\boldsymbol{x}(t)) - \hat{g}(\hat{y}(t),\boldsymbol{x}(t)) \\ &= -e(t) + \boldsymbol{w}\boldsymbol{f}(\hat{y}(t),\boldsymbol{x}(t)) - \boldsymbol{w}^*\boldsymbol{f}(\hat{y}(t),\boldsymbol{x}(t)) \\ &= -e(t) + (\boldsymbol{w}-\boldsymbol{w}^*)\boldsymbol{f}(\hat{y}(t),\boldsymbol{x}(t)) \\ &= -e(t) - \boldsymbol{\Xi}\boldsymbol{f}(\hat{y}(t),\boldsymbol{x}(t))\end{aligned} \tag{5-33}$$

对函数 V 求导：

$$\begin{aligned}\dot{V}(e,\Xi) &= e\dot{e} + \frac{1}{\eta}\text{trace}(\boldsymbol{\Xi}\dot{\boldsymbol{\Xi}}^{\mathrm{T}}) \\ &= -e^2 - e\boldsymbol{\Xi}\boldsymbol{f}(\hat{y}(t),\boldsymbol{x}(t)) + \frac{1}{\eta}\text{trace}(\boldsymbol{\Xi}\dot{\boldsymbol{w}}^{\mathrm{T}})\end{aligned} \tag{5-34}$$

根据式(5-32)和式(5-33)的定义将会得到

$$\begin{aligned}e\boldsymbol{\Xi}\boldsymbol{f}(\hat{y}(t),\boldsymbol{x}(t)) &= \text{trace}(e\boldsymbol{\Xi}\boldsymbol{f}(\hat{y}(t),\boldsymbol{x}(t))) \\ &= \text{trace}(\boldsymbol{\Xi}\boldsymbol{f}(\hat{y}(t),\boldsymbol{x}(t))e)\end{aligned} \tag{5-35}$$

结合式(5-32)和式(5-35)，式(5-34)将变为

$$\begin{aligned}\dot{V}(e,\boldsymbol{\Xi}) &= -e^2 - \text{trace}(\boldsymbol{\Xi}\boldsymbol{f}(\hat{y}(t),\boldsymbol{x}(t))e) + \frac{1}{\eta}\text{trace}(\boldsymbol{\Xi}\dot{\boldsymbol{w}}^{\mathrm{T}}) \\ &= -e^2 - \frac{1}{\eta}\text{trace}(\boldsymbol{\Xi}(\eta\boldsymbol{f}(\hat{y}(t),\boldsymbol{x}(t))e - \dot{\boldsymbol{w}}^{\mathrm{T}}))\end{aligned} \tag{5-36}$$

根据第 4 章中的矩阵运算特性，可以将式(5-36)进一步化简，获得更简洁的函数 V 导数的判定式：

$$\dot{V}(e,\boldsymbol{\Xi}) = -e^2 - \frac{1}{\eta}\text{trace}(\boldsymbol{\Xi}(\eta\boldsymbol{f}(\hat{y}(t),\boldsymbol{x}(t))e - \boldsymbol{\Xi}(\eta\boldsymbol{f}(\hat{y}(t),\boldsymbol{x}(t))e))$$

$$=-e^2 \tag{5-37}$$

则 $\dot{V}$ 是空间 $(e,\boldsymbol{\Xi})$ 内的非正函数，根据李雅普诺夫判据：

$$\lim_{t\to\infty} e(t) \to 0 \tag{5-38}$$

因此，利用快速下降算法训练神经网络时，通过连接权值的修改，神经网络逼近误差能够稳定收敛到 0，神经网络的连接权值收敛于最优权值，快速下降算法具有理论意义上的收敛保证。

关于前馈神经网络的许多参数学习算法已经比较成熟[36]，但是，这些前馈神经网络参数学习算法的使用需要基于许多严格的限制条件，而这些条件在实际应用中通常是无法被满足的，最关键的是很多参数学习算法的收敛性并不能满足。根据神经网络逼近理论，当基于梯度下降的参数学习算法被用于前馈神经网络，分析梯度下降学习算法的收敛性时，学习速率被要求趋于零，以保证神经网络的最近逼近效果。但是，在许多实际应用中，学习速率通常取为一个常数，但是这个常数一般不容易确定。另外，快速下降算法允许学习速率在较大的范围内为一常数，而且在这个范围内的学习速率对神经网络的最终收敛性分析没有影响，实际应用中对学习时间的影响也较小。

本章提出了快速下降算法，并同时证明了影响快速下降学习算法收敛速度的因素：参数修改项与学习率、隐含层输出以及当前神经网络输出误差，从而可以通过选择学习率和初始连接权值向量以加速算法收敛。快速下降算法的收敛性分析揭示收敛速度和参数修改项与学习率、隐含层输出以及当前神经网络输出误差之间的关系，并且其快速的收敛速度对于实际应用是十分重要的。在实际应用中，许多前馈神经网络学习算法都面临一个收敛速度较慢的问题，这严重地影响和限制了前馈神经网络的应用。显然，分析快速下降算法的动力学行为，研究其收敛性，获得确保算法收敛的充分条件具有十分重要的理论价值和现实意义。

5.4　仿真研究

前面几节已经对快速下降算法的收敛性理论问题进行深入研究，而对基于快速下降算法的前馈神经网络的实际应用可以参见后面的仿真实验。本章前段已经分析感知器神经网络和 RBF 神经网络都属于前馈神经网络，而且三层感知器神经网络和 RBF 神经网络的结构一样，但是感知器神经网络和 RBF 神经网络的性能不一样，因此，本节讨论基于快速下降算法的前馈神经网络时将感知器神经网络和 RBF 神经网络分开讨论。首先，讨论基于快速下降算法的感知器神经网络，将其应用与非线性函数的逼近。其次，讨论基于快速下降算法的 RBF 神经网络，将其应用于系统建模。

本节将提供实验及数据来验证本章中提到的理论。所有程序由 MATLAB2007a 编写，运行环境为 Intel i7920，3. 2GHz CPU，6GB RAM 和 Windows 7，64-bit operating system。

5.4.1 感知器神经网络仿真研究

感知器神经网络应用研究是探讨如何利用神经网络解决工程实际问题。人们可以在几乎所有的领域中发现感知器神经网络应用的踪影。当前感知器神经网络的主要应用领域有：模式识别、故障检测、智能机器人、非线性系统辨识和控制、市场分析、决策优化、物资调用、智能接口、知识处理、认知科学等[37～48]。感知器神经网络所应用的领域与其本身所具有的能力，特别是其所具有的计算能力密切相关。几十年来，非线性函数的逼近问题一直是感知器神经网络的应用的一个基本问题[49,50]，由于神经网络的大部分模型是非线性动态系统，若将待计算目标函数与网络某种能量函数对应起来，网络动态向能量函数极小值方向移动的过程则可视为非线性函数的逼近过程。网络的动态过程就是非线性函数逼近的计算过程，稳定点则是非线性函数逼近的局部或全局最优动态过程解。

为了证明基于快速下降算法的感知器神经网络性能，利用基于快速下降算法的感知器神经网络对非线性函数进行逼近，并将逼近结果与其他学习算法的感知器神经网络进行比较。

非线性函数逼近，选取以下函数：

$$y = 2(x_1 - 2x_1^2) \times e^{-x_2/2} \tag{5-39}$$

其中，$-1 < x_1 < 1$，$-1 < x_2 < 1$。非线性函数的选取比较关键，该函数经常被用来检验神经网络的快速性和精确度[51]。选取 882 组样本，441 组用来训练，另外 441 组用来检验。初始神经网络的隐含层神经元数是 20，初始连接权值为任意值，神经网络期望误差是 0.01。在此条件下对非线性函数(5-39)进行逼近，为了充分给出实验结果，训练过程(误差变化过程)如图 5-3 所示，神经网络对该函数的二维逼近结果如图 5-4 所示；同时，为了更清晰地观察对非线性函数原函数的比较效果，图 5-5 给出了神经网络对该函数的三维逼近结果及逼近误差。

图 5-3 给出了训练过程中神经网络误差变化过程，基于快速下降算法的神经网络训练过程能够较快地(1. 125 s)达到期望误差。

训练后的感知器神经网络对该非线性函数的逼近效果如图 5-4 和图 5-5 所示，训练后该感知器神经网络能够很好地逼近上述非线性函数，由图 5-4 和图 5-5 也能看出基于快速下降算法的感知器神经网络输出值与函数值基本重合，具有很高的逼近能力，尤其是图 5-5(b)中的结果显示基于快速下降算法的感知器神经网络输出值与函数值之间的检测误差小于 0. 015，达到很高的逼近效果。为了进一步分析基于快速下降算法的感知器神经网络的优势，将快速下降算法的逼近结果

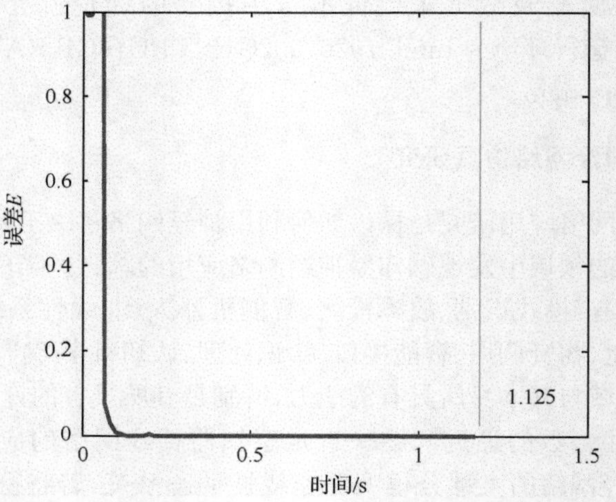

图 5-3　误差变化过程

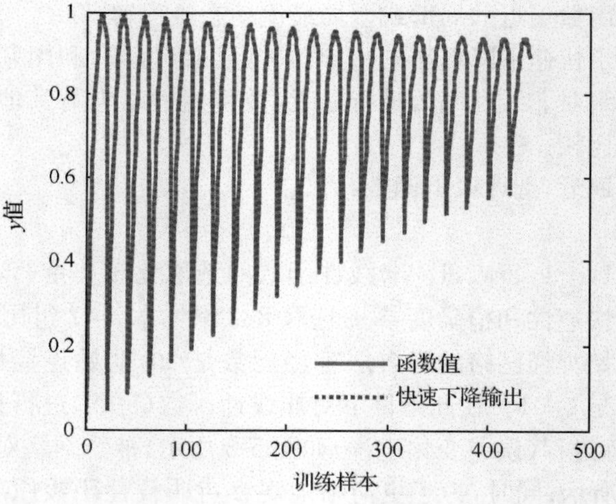

图 5-4　对函数逼近效果(二维)

与 BP 算法[5]和共轭梯度算法[52]的逼近结果进行比较,详细的比较结果如表 5-1 所示。

结合以上逼近结果和表 5-1,基于快速下降算法的感知器神经网络能够较快达到期望误差,是一种有效的神经网络训练算法,与其他神经网络训练算法相比,快速下降算法的泛化能力、训练速度等较之 BP 算法和共轭梯度算法优异。

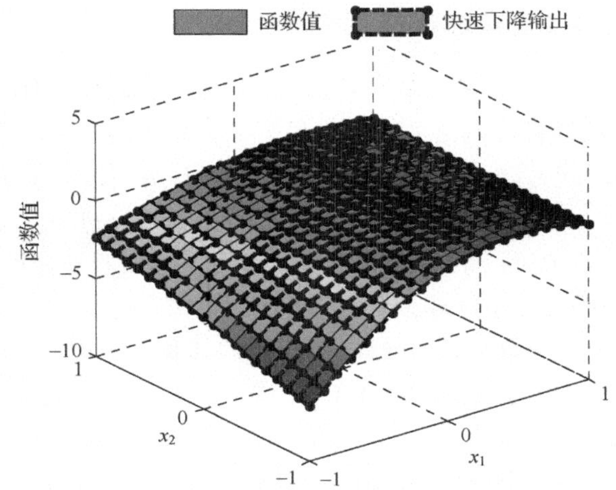

(a) 对函数逼近结果(三维)

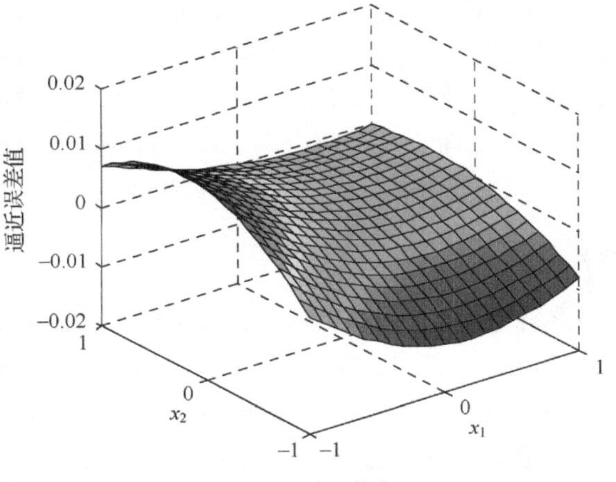

(b) 逼近的误差曲面

图 5-5　对函数的逼近效果

表 5-1　三种算法性能比较

算法	期望误差	检测误差	训练时间/s
快速下降	**0.01**	**0.013 0**	**1.125**
BP	0.01	0.031 4	25.335
共轭梯度	0.01	0.027 9	19.133

总之，本章提出的快速下降算法对于感知器神经网络是一种有效的参数学习方法。

5.4.2 RBF 神经网络仿真研究

在系统建模、模式识别等领域中，前馈神经网络是应用极为广泛的模型[53~55]。RBF 神经网络为前馈神经网络的学习提供了一种新颖而有效的手段，RBF 网络不仅具有良好的推广能力，而且避免了烦琐、冗长的计算，使学习可以比通常的感知器神经网络快 $10^2 \sim 10^4$ 倍[5]。RBF 神经网络的应用十分广泛，如语音识别、数据分类等等，在上一节中讨论了基于快速下降算法的感知器神经网络的函数逼近问题，但是对于神经网络的系统建模和系统识别研究中，通常是把一个系统看做是一个函数空间到另一个函数空间的非线性算子，假如我们把这个算子定义为 $\boldsymbol{F}$，那么系统识别的目的就是构造另一个算子 $\boldsymbol{G}$，使得算子 $\boldsymbol{G}$ 能很好地逼近 $\boldsymbol{F}$。

RBF 神经网络是一种局部响应神经网络，具有学习速度快、无局部极小等优点。但是在其学习算法中，目前常用的学习算法存在调节参数多等不足。最近十几年来，很多学者对 RBF 神经网络的系统建模和系统识别问题作了比较深入的研究[56~58]，本章提出的快速下降算法也适用于 RBF 神经网络，该算法能够自适应调节 RBF 神经网络的连接权值，具有良好的鲁棒性，能利用较少的调节参数来实现 RBF 神经网络对系统动态的建模和辨识。因此，基于快速下降算法得到的 RBF 神经网络具有较好的性能，下面给出了两个例子：非线性系统建模和非线性系统辨识进行仿真研究。

1. 非线性系统建模

为了证明快速下降算法的性能，利用基于快速下降算法的 RBF 神经网络对非线性系统进行建模。选取文献[59]、[60]和[61]提出的范德波尔震荡系统，范德波尔震荡系统是具有重要应用背景的非线性系统，是力学、物理学中著名的模型，其动力学行为已得到了广泛的研究。已有不少研究表明，范德波尔震荡系统在一定条件下会出现混沌行为，在实际工程中，混沌行为往往会导致系统震荡或不规则运动[62,63]。因此，对范德波尔震荡系统进行建模具有较典型的意义。

范德波尔震荡系统可描述为

$$
\begin{aligned}
\frac{\mathrm{d}x_1}{\mathrm{d}t} &= x_2 \\
\frac{\mathrm{d}x_2}{\mathrm{d}t} &= -x_1 + \mu(1 - x_1^2)x_2
\end{aligned}
\tag{5-40}
$$

其中，$\mu = 1.5$，实验结果与文献[64]和[65]进行比较。RBF 神经网络由输入层、隐含层、输出层构成。根据本研究的实际需要，输入层、输出层的神经元数目和实际研究对象相同，由于系统是非线性的，初始值对于学习是否达到局部最小、是否能够收敛以及训练时间长短的关系很大。如果初始连接权值太大，使得加权后的输入容易落入激活函数的饱和区，从而使得网络调节过程可能陷入停顿。所以一般总是希望经过初始加权后的每个神经元的输出值都接近于零，这样可以保证每个神经元的权值都能够在它们的激活函数变化最大之处进行调节，为此连接权值初始值通常取为在区间[−1，1]的随机数；RBF 神经网络结构与感知器神经网络仿真实验中相同。在此条件下进行建模，由于系统的非线性，系统初始状态对系统本身也有较大的影响，因此，选取两个典型的系统初始状态为 $\boldsymbol{x}(0)=(0.5\quad 0)^{\mathrm{T}}$ 和 $\boldsymbol{x}(0)=(-1\quad 2)^{\mathrm{T}}$ 进行建模，RBF 神经网络在系统初始状态为 $\boldsymbol{x}(0)=(0.5\quad 0)^{\mathrm{T}}$ 的建模结果如图 5-6 所示，图 5-7 给出了神经网络在系统初始状态为 $\boldsymbol{x}(0)=(-1\quad 2)^{\mathrm{T}}$ 的建模效果。不同算法在系统初始状态为 $\boldsymbol{x}(0)=(0.5\quad 0)^{\mathrm{T}}$ 的建模效果如表 5-2所示。实验结果表明基于快速下降算法的 RBF 神经网络能够较快地对该非线性系统进行建模，并且达到较好的精度，是一种有效的神经网络训练算法。

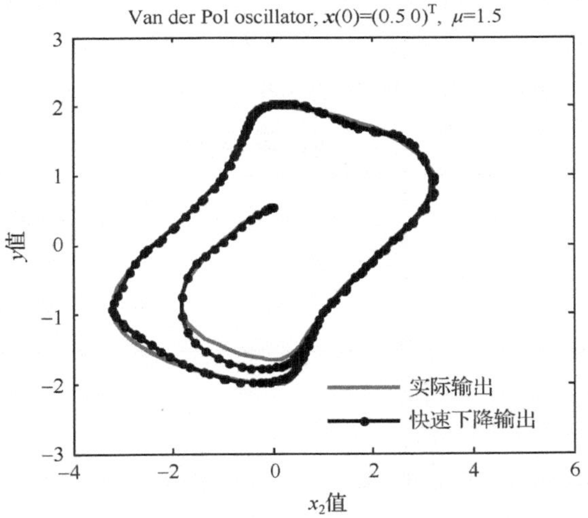

图 5-6　RBF 神经网络输出（$\boldsymbol{x}(0)=(0.5\quad 0)^{\mathrm{T}}$）

训练后的 RBF 神经网络对范德波尔震荡系统的建模效果如图 5-6 和图 5-7 所示，训练后该 RBF 神经网络能够很好地对范德波尔震荡系统进行建模，由图 5-6 和图 5-7 也能看出基于快速下降算法的 RBF 神经网络输出值与不同的初始状态下的范德波尔震荡系统值基本重合，具有很高的非线性系统建模能力，尤其是图 5-7中的结果显示基于快速下降算法的 RBF 神经网络输出值与实际系统输出值基本重合。为了进一步分析基于快速下降算法的 RBF 神经网络的优势，将快速下降算法的建模结果与文献[64]和[65]中的学习算法的建模结果进行比较，详细的比较结果如表 5-2 所示。

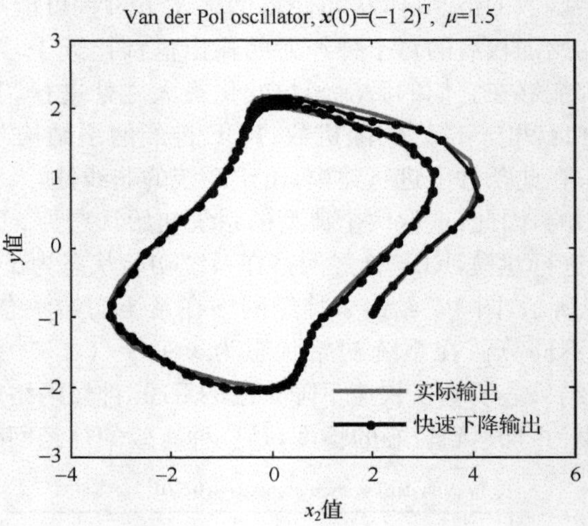

图 5-7　RBF 神经网络输出($\boldsymbol{x}(0)=(-1\quad 2)^{\mathrm{T}}$)

表 5-2　算法性能比较

算法	期望误差	检测误差	训练时间/s
快速下降	**0.01**	**0.118 3**	**0.313**
MGS [64]	0.01	0.190 4	10.109
CFA [65]	0.01	0.163 5	3.375

2. *非线性系统辨识*

为了更深入地研究基于快速下降算法的 RBF 神经网络的性能，利用基于快速下降算法的 RBF 神经网络对非线性系统进行动态辨识。

20 世纪 60 年代，随着现代控制理论的兴起，系统辨识发展成现代控制理论中一个非常活跃的分支，并取得了大量研究成果，到 80 年代，传统的辨识理论趋于成熟。但随着自适应控制和鲁棒控制的迅速兴起，系统辨识一度陷入低潮。90 年代以来，系统辨识又进入了新的发展阶段。一方面系统辨识理论本身不断扩展到非线性、时变、多变量以及连续系统；另一方面辨识的控制趋向多元化，面向控制的辨识、鲁棒辨识、子空间辨识、智能辨识、集成辨识、并行辨识正在成为新的研究热点[66~69]。

目前，线性系统的辨识技术已趋于完善，许多经典辨识方法，如阶跃响应法、脉冲响应法、相关分析法、梯度下降法、极大似然法、卡尔曼滤波算法、最小二乘算法等都得到了广泛的应用[70~73]。但上述方法都仅限于线性系统，或者基于线性化方法在有限的时间内描述非线性系统。若系统是强非线性的，其线性近似模型与实际系统存在较大误差。而对于非线性系统的辨识问题，目前尚无完善的理论。而现实世界中的系统大多不是严格线性的。非线性是一切动力学复杂性之源，相对于线性，非线性是绝对的、全局的。与线性系统相同，建立辨识模型也是进行非线性系统辨识的基础。用数学函数来描述真实系统是相当复杂的，其确切形式往往无法得到，因此实际模型一般都是基于一个选定的函数已知的模型集。这个模型集必须具有以任意精度逼近系统的能力。从数学上说，这就要求该集合是连续函数空间的紧集。现有的描述非线性系统的模型有高阶频率响应函数模型等。近年来，智能控制理论研究不断深入，在控制领域也得到了的广泛应用。针对传统系统辨识方法存在着的不足和局限，把神经网络、模糊理论等知识应用于系统辨识中，发展为很多新的系统辨识方法[74～76]。

目前还没有能够有效描述任意非线性系统的通用模型。目前常用的模型有带外部输入的非线性自回归滑动平均(nonlinear autoregressive moving average with exogenous inputs, Narmax)模型[77,78]。Narmax 模型在给定模型结构时，将辨识问题简化为一个最小二乘参数估计问题。该模型具有结构简单、精度高、收敛速度快的优点。但模型的精度和泛化能力在很大程度上依赖于模型结构的准确性，这就要求有对系统结构的先验知识。否则，从大量备选 Narmax 系统中确定合适的结构是费时且困难的。利用神经网络模型对非线性系统进行辨识成为近些年来系统辨识领域的一个研究热点[79,80]。由于大规模集成电路的发展和计算机技术的革命，复杂费时的运算已不再是研究人员关心的主要问题，因此神经网络近年来得以迅速发展，并被有效地应用于系统辨识。

利用 RBF 神经网络对动态系统进行辨识，实际上是将动态时间建模问题变为静态空间建模问题。如需要先验假定系统的模型类，需要对模型结构进行定阶，特别是随着系统阶次的增加或阶次未知时。选取文献[59]、[60]和[61]提出的非线性系统：

$$y(t)=\frac{\{y(t-1)y(t-2)y(t-3)u(t-2)[y(t-3)-1]+u(t-1)\}}{[1+y^2(t-2)+y^2(t-3)]}+\xi(t) \tag{5-41}$$

其中，$\xi(t)$是噪声干扰，并且$\xi(t)\in(0;0.05)$。选取 1 000 组样本，500 组用来训练，另外 500 组用来检验。初始 RBF 神经网络的隐含层神经元数是 10，初始连接权值取为在区间[−1,1]的随机数，神经网络期望误差是 0.01。在此条件下对非线性函数(5-41)进行辨识，为了充分给出实验结果，定义总均方差(SSE)为

$$E(t)=(\hat{y}(t)-y(t))^{\mathrm{T}}(\hat{y}(t)-y(t)) \tag{5-42}$$

其中，$\hat{y}(t)$为 t 时刻 RBF 神经网络的输出，$y(t)$为 t 时刻系统的期望输出。

另外，定义神经网络的正规化预测误差(NPE)：

$$\mathrm{NPE}(t)=\left[\sum_{t=1}^{N}(\hat{y}(t)-y(t))^2\Big/\sum_{t=1}^{N}y^2(t)\right]^{1/2}\times 100\% \tag{5-43}$$

其中,N 是样本总量 $\hat{y}(t)$ 为 t 时刻 RBF 神经网络的输出,$y(t)$ 为 t 时刻系统的期望输出。

为了更好地描述基于快速下降算法的 RBF 神经网络的性能,对非线性系统动态辨识分为两步分析,首先,讨论只进行一步辨识的情况,一步辨识的 RBF 神经网络描述方程为

$$\hat{y}_1(t) = f(y(t-1), y(t-2), y(t-3), u(t-1), u(t-2), u(t-3)) \tag{5-44}$$

其次,讨论基于快速下降算法的 RBF 神经网络的长时间非线性系统动态辨识的情况,其神经网络描述方程为

$$\hat{y}_L(t) = f(\hat{y}_L(t-1), \hat{y}_L(t-2), \hat{y}_L(t-3), u(t-1), u(t-2), u(t-3)) \tag{5-45}$$

仿真结果与文献[64]、[65]和[81]中的算法进行比较。文献[64]、[65]和[81]中的训练算法与原文中相同,分别为 modified Gram-Schmidt (MGS)、continuous forward algorithm(CFA)和 variablelength sliding window blockwise least squares (VLSWBLS)。每种神经网络分别运算 50 次取平均值用于比较,分别比较不同算法的评价运行时间、总均方差、短时间正规化预测误差、长时间正规化预测误差,比较结果如表 5-3 所示。

表 5-3 算法性能比较

算法	总均方差(SSE)	短时间 NPE/%	长时间 NPE/%	训练时间/s
快速下降	**2.174 1**	**11.83**	**13.90**	**2.174 1**
MGS[64]	3.419 9*	19.04*	20.44*	3.419 9*
CFA [65]	2.525 4*	16.35*	18.97*	2.525 4*
VLSWBLS[81]	2.786 7*	14.41	25.73	2.786 7*

* 结果与原文献中相同。

实验结果进一步说明了基于快速下降算法的 RBF 神经网络能够对非线性系统进行动态辨识,而且快速下降算法在总均方差、短时间 NPE、长时间 NPE,以及训练时间等运行指标中都占有较好的优势。通过实验说明快速下降算法是 RBF 神经网络的一种有效的参数学习算法,而且神经网络用于系统辨识具有以下一些优点[82~84]:

(1) 可对非线性系统进行辨识。通过在网络外部拟合系统的输入输出数据,在网络内部归纳隐含在输入输出数据中的系统特性完成辨识,故这种辨识是由神经网络本身实现的,是非算法式的,由神经网络本身体现。

(2) 辨识的收敛速度不依赖于待辨识系统的维数,只与神经网络本身及采用的学习算法有关,而传统的辨识算法会随着模型参数维数增大而变得复杂。

(3) 神经网络中存在的大量连接权值在辨识中对应于模型参数，通过调节这些权值可使网络的输出逼近系统输出。

(4) 适于多变量系统：神经网络的输入、输出变量的数目是任意的，对单变量系统与多变量系统提供了一种通用的描述方式。因此它应用起来更为方便。

(5) 神经网络作为系统的辨识模型，也是系统的物理实现之一，可用于在线控制。

通过实验分析和收敛性证明，快速下降算法是一种有效的前馈神经网络连接权值学习算法，然而，在 RBF 神经网络的应用中，还可以从神经网络运算复杂度的角度进行分析。假设 M-K-1（M 个输入层神经元，K 个隐含层神经元和一个输出层神经元），那么以上几种 RBF 神经网络学习算法的计算复杂度可以计算出，如表 5-4所示。

表 5-4 算法复杂度

算法	复杂度
快速下降	$M\times K\times N$
MGS [64]	$M\times K\times N\times N$
CFA [65]	$M\times K\times N\times N$
VLSWBLS[81]	$M\times K\times N\times L^2$

注：L 是滑动窗口的长度，一般情况下 $1<L\ll N$。

由表 5-4 可知，快速下降算法和 VLSWBLS 的复杂度都是 $O(N)$，MGS 和 CFA 的复杂度是 $O(N^2)$，但是由于 $1<L\ll N$，快速下降算法的复杂度最低，那么随着神经网络隐含层神经元个数增加 RBF 神经网络的运算时间将会成倍增加。当隐含层神经元数目较多时，原算法迭代次数很庞大，运行时间将会更长。根据以上分析，快速下降算法在 RBF 神经网络的参数修改过程中算法复杂度降低了数量级。RBF 神经网络结构越复杂，就越能显出快速下降算法的优越性。

当前的技术趋势下，采用多处理器技术和并行计算技术的多处理器系统，相对于单处理器系统能获得更高的计算性能。因此，随着并行计算软件和硬件的发展，快速下降算法的效率还能进一步得到提高。因此，对于较大规模网络的处理，如对更多输入复杂性任务，将会在有限时间内得以解决[85,86]。

5.5 本章小结

从影响前馈神经网络性能的因素之一——神经网络训练算法出发，针对现有算法在训练速度和收敛性理论方面存在的问题，提出一种神经网络训练算法：快速下降算法，给出了快速下降算法收敛性理论证明，并通过仿真实验证明了快速下降算法的快速性和精确度，获得以下结论：

(1) 快速下降算法的参数修改项与学习率、隐含层输出以及当前神经网络输出误差有关，避免了求解导数的过程，减少运算量，提高了神经网络的训练速度。

(2) 快速下降算法是一种有效的前馈神经网络学习算法，不但适用于感知器神经网络，而且适用于 RBF 神经网络。

(3) 对于神经网络训练算法，其收敛性主要表现在连接权值收敛于最优权值。通过设计李雅普诺夫函数，利用李雅普诺夫稳定性判定获得快速下降算法收敛性证明，为神经网络训练算法收敛性证明提供了一种有效方法。

(4) 仿真研究结果显示：在感知器神经网络中，快速下降算法在训练速度和拟合精度上明显优于 BP 算法和梯度下降算法；在 RBF 神经网络中，快速下降算法明显优于其他几种 RBF 神经网络学习算法，同时复杂度分析也表明，快速下降算法具有较好的计算复杂度。

从总体上看，研究前馈神经网络的参数学习算法，并将其应用于函数逼近、非线性系统建模以及非线性系统辨识中，取得了一些初步的研究成果。但是神经网络本身的理论还不完备，网络的结构设计技术尚不成熟，如在神经网络的应用中如何针对不同的问题设计不同的学习方法和误差指标去获得网络最优结构和规模的问题一直没有得到很好的解决。对这些问题在后续章节将会进行进一步的研究。

参考文献

[1] Wilamowski B M. Neural network architectures and learning algorithms. IEEE Transaction on Industrial Electronics Magazine, 2009, 3(4): 56-63.

[2] Mantas L, Herbert J. Reservoir computing approaches to recurrent neural network training. Computer Science Review, 2009, 3: 127-149.

[3] Gutierrez-Osuna R. Pattern analysis for machine olfaction: a review. IEEE Transactions on Sensors Journal, 2002, 2(3): 189-202.

[4] Cho K B, Wang B H. Radial basis function based adaptive fuzzy systems and their applications to system identification and prediction. Fuzzy Sets and Systems, 1996, 83(3): 325-339.

[5] Juang C F, Lin C T. An online self-constructing neural fuzzy inference network and its applications. IEEE Transactions on Fuzzy Systems, 1998, 6(1): 12-32.

[6] Magoulas G D, Vrahatis M N, Androulakis G S. Improving the convergence of the backpropagation algorithm using learning rate adaptation methods. Neural Computation, 1999, 11(7): 1769-1796.

[7] 阎平凡，张长水. 人工神经网络与模拟进化计算. 北京：清华大学出版社，2005.

[8] Kumar S. Neural Networks. 北京：清华大学出版社，2006.

[9] Wu S Q, Er M J. Dynamic fuzzy neural networks-a novel approach to function approximation. IEEE Transactions on Systems Man and Cybernetics Part B-Cybernetics, 2000, 30(2): 358-364.

[10] Hornik K, Stinchcombe M, White H. Multilayer feedforward networks are universal approximators. Neural Networks, 1989, 2(5): 359-366.

[11] Scarselli F, Chung Tsoi A. Universal approximation using feedforward neural networks: a survey of

some existing methods, and some new results. Neural Networks, 1998, 11(1): 15-37.

[12] Huang G, Babri H A. Upper bounds on the number of hidden neurons in feedforward networks with arbitrary bounded nonlinear activation functions. IEEE Transactions on Neural Networks, 1998, 9(1): 224-229.

[13] Hagan M T, Demuth H B, Beale M H. Neural Network Design. Boston, MA: PWS Publishing, 1996.

[14] Chauvin Y. A back-propagation algorithm with optimal use of hidden units. *In*: Touretzky D S. Advances in Neural Information Processing Systems 1. San Francisco. C A: Morgan Kaufmann Publishers Inc, 1989: 519-526.

[15] Kumar S. Neural Networks: A Classroom Approach. Tata McGraw-Hill, 2004.

[16] Lin C T, Lee C S G. Neural-network-based fuzzy logic control and decision system. IEEE Transactions on Computers, 1991, 40(12): 1320-1336.

[17] Zhang J, Morris A J. Fuzzy neural networks for nonlinear systems modelling. Control Theory and Applications, IEE Proceedings, 1995, 142(6): 551-561.

[18] Yu W, Li K, Li X. Automated nonlinear system modelling with multiple neural networks. International Journal of Systems Science, 2010, 42(10): 1683-1695.

[19] Chen S, Billings S A. Neural networks for nonlinear dynamic system modelling and identification. International Journal of Control, 1992, 56(2): 319-346.

[20] Yu W, Li X. Some stability properties of dynamic neural networks. IEEE Transactions on Circuits and Systems I: Fundamental Theory and Applications, 2001, 48(2): 256-259.

[21] Liao X, Yu J. Robust stability for interval Hopfield neural networks with time delay. IEEE Transactions on Neural Networks, 1998, 9(5): 1042-1045.

[22] Cao J, Liang J. Boundedness and stability for cohen-grossberg neural network with time-varying delays. Journal of Mathematical Analysis and Applications, 2004, 296(2): 665-685.

[23] Fang Y, Kincaid T G. Stability analysis of dynamical neural networks. IEEE Transactions on Neural Networks, 1996, 7(4): 996-1006.

[24] 秦元勋. 运动稳定性的一般问题讲义. 北京:科学出版社, 1958.

[25] Dano I. Stability theory by lyapunov's first method and recurrent neural networks. Physics of Particles and Nuclei Letters, 2008, 5(3): 259-262.

[26] Arnold L, Schmalfuss B. Lyapunov's second method for random dynamical systems. Journal of Differential Equations, 2001, 177(1): 235-265.

[27] Johnson A, Banning R. Lyapunov Stability Theory. Kramers Laboratory, Delft University of Technology, Julianalaan. 1993.

[28] Shevitz D, Paden B. Lyapunov stability theory of nonsmooth systems. IEEE Transactions on Automatic Control, 1994, 39(9): 1910-1914.

[29] Takagi T, Sugeno M. Fuzzy identification of systems and its applications to modeling and control. IEEE Transaction on Systems, Man, Cybernetics, 1985, 15(1): 116-132.

[30] Wu S Q, Er M J, Gao Y. A fast approach for automatic generation of fuzzy rules by generalized dynamic fuzzy neural networks. IEEE Transaction on Fuzzy Systems, 2001, 9(4): 578-594.

[31] Haddad W M, Chellaboina V S. Nonlinear Dynamical Systems and Control: A Lyapunov-Based Approach. Princeton, New Jersery: Princeton University Press, 2011.

[32] Zeng X, Eykholt R, Pielke R A. Estimating the lyapunov-exponent spectrum from short time series of

low precision. Physical Review Letters, 1991, 66(25): 3229-3232.

[33] Pesin Y. Characteristic lyapunov exponents and smooth ergodic theory. Russian Mathematical Surveys, 1977, 32(4): 55-114.

[34] Liao X, Yu P. Absolute Stability of Nonlinear Control Systems. Mathematical Modelling: Theory and Applications. Berlin: Springer, 2008.

[35] Chow T W S, Cho S Y. Neural Networks and Computing: Learning Algorithms and Applications. Series in Electrical and Computer Engineering: London: Imperial College Press, 2007.

[36] Fukumizu K. A regularity condition of the information matrix of a multilayer perceptron network. Neural Networks, 1996, 9(5): 871-879.

[37] Siripatrawan U, Jantawat P. A novel method for shelf life prediction of a packaged moisture sensitive snack using multilayer perceptron neural network. Expert Systems with Applications, 2008, 34(2): 1562-1567.

[38] Skaf Z, Wang H, Guo L. Fault tolerant control based on stochastic distribution via rbf neural networks. Journal of Systems Engineering and Electronics, 2011, 22(1): 63-69.

[39] Pei J S, Mai E C. Constructing multilayer feedforward neural networks to approximate nonlinear functions in engineering mechanics applications. Journal of Applied Mechanics, 2008, 75(6): 061002.

[40] Islam M M, Murase K. A new algorithm to design compact two hidden-layer artificial neural networks. Neural Networks, 2001, 14(9):1265-1278.

[41] Trenn S. Multilayer perceptrons: approximation order and necessary number of hidden units. IEEE Transactions on Neural Networks, 2008, 19(5): 836-844.

[42] Han M, Xi J. Efficient clustering of radial basis perceptron neural network for pattern recognition. Pattern Recognition, 2004, 37(10): 2059-2067.

[43] Ruck D W, Rogers S K, Kabrisky M, et al. The multilayer perceptron as an approximation to a bayes optimal discriminant function. IEEE Transactions on Neural Networks, 1990, 1(4): 296-298.

[44] Sadegh N. A perceptron network for functional identification and control of nonlinear systems. IEEE Transactions on Neural Networks, 1993, 4(6): 982-988.

[45] Watterson J W. An optimum multilayer perceptron neural receiver for signal detection. IEEE Transactions on Neural Networks, 1990, 1(4): 298-300.

[46] Khotanzad A, Chung C. Application of multi-layer perceptron neural networks to vision problems. Neural Computing & Applications, 1998, 7(3): 249-259.

[47] Aitkin M, Foxall R. Statistical modelling of artificial neural networks using the multi-layer perceptron. Statistics and Computing, 2003, 13(3): 227-239.

[48] Kainen P, Kurkova V, Vogt A. Best approximation by heaviside perceptron networks. Neural Networks, 2000, 13(7): 695-697.

[49] Sugeno M, Kang G T. Structure identification of fuzzy model. Fuzzy Sets and Systems, 1988, 28(1): 15-33.

[50] Wang N, Er M J, Meng X Y. A fast and accurate online self-organizing scheme for parsimonious fuzzy neural networks. Neurocomputing, 2009, 72(16-18): 3818-3829.

[51] Johansson E M, Dowla F U, Goodman D M. Backpropagation learning for multilayer feed-forward neural networks using the conjugate gradient method. International Journal of Neural Systems, 1991, 2(4): 291-301.

[52] Fine T L. Feedforward Neural Network Methodology. New York: Springer, 1999.

[53] Chow T W S, Shuai O. Feedforward neural networks based input-output models for railway carriage system identification. Neural Processing Letters, 1997, 5(2): 57-67.

[54] Kurvoka V. Approximation of functions by perceptron networks with bounded number of hidden units. Neural Networks, 1995, 8(5): 745-750.

[55] Er M J, Wu S, Lu J, et al. Face recognition with radial basis function (rbf) neural networks. IEEE Transactions on Neural Networks, 2002, 13(3): 697-710.

[56] Beyhan S, Aici M. Stable modeling based control methods using a new RBF network. ISA Transactions, 2010, 49(4): 510-518.

[57] Salahshour K, Jafari M R. On-line identification of non-linear systems using adaptive rbf-based neural networks. International Journal of Information Science and Technology, 2007, 5(2): 99-121.

[58] Pastor-Barcenas O, Soria-Olivas E, Martín-Guerrero J D, et al. Unbiased sensitivity analysis and pruning techniques in neural networks for surface ozone modeling. Ecological Modelling, 2005, 182(2): 149-158.

[59] Xu C, Gertner G. Extending a global sensitivity analysis technique to models with correlated parameters. Computational Statistics & Data Analysis, 2007, 51(12): 5579- 5590.

[60] Buchholz S, Sommer G. On Clifford neurons and Clifford multi-layer perceptrons. Neural Networks, 2008, 21(7): 925-935.

[61] Mackey M C, Glass L. Oscillation and chaos in physiological control systems. Science, 1977, 197 (4300): 287-289.

[62] Yu L, Ott E, Chen Q. Transition to chaos for random dynamical systems. Physical Review Letters, 1990, 65: 2935-2938.

[63] Li K, Peng J X, Bai E W. A two-stage algorithm for identification of nonlinear dynamic systems. Automatica, 2006, 42(7): 1189-1197.

[64] Peng J X, Li K, Irwin G W. A novel continuous forward algorithm for RBF neural modelling. IEEE Transactions on Automatic Control, 2007, 52(1): 117-122.

[65] Wu H, Zhou F, Wu Y. Intelligent identification system of flow regime of oil-gas-water multiphase flow. International Journal of Multiphase Flow, 2001, 27(3): 459-475.

[66] Peeters B, De Roeck G. Reference-based stochastic subspace identification for output-only modal analysis. Mechanical Systems And Signal Processing, 1999, 13(6): 855-878.

[67] Tejada S, Knoblock C A, Minton S. Learning object identification rules for information integration. Information Systems, 2001, 26(8): 607-633.

[68] Oshiro G, Wodicka L M, Washburn M P, et al. Parallel identification of new genes in saccharomyces cerevisiae. Genome Research, 2002, 12(8): 1210-1220.

[69] Zhang H. Wrist force sensor's dynamic performance calibration based on negative step response. Chinese Journal of Mechanical Engineering, 2008, 21(5): 92-96.

[70] 胡寿松. 多变量系统参数辨识的相关分析法. 航空学报，1990，11(7)：400-404.

[71] Yalamov P Y. A successive least squares method for structured total least squares. Journal of Computational Mathematics, 2003, 21(4): 463-472.

[72] Rubio J J, Yu W. Nonlinear system identification with recurrent neural networks and dead-zone kalman filter algorithm. Neurocomputing, 2007, 70(13-15): 2460-2466.

[73] Narendra K S, Parthasarathy K. Identification and control of dynamical systems using neural networks. IEEE Transactions on Neural Networks, 1990, 1(1): 4-27.

[74] 田明，戴汝为. 基于动态 BP 神经网络的系统辨识方法. 自动化学报，1993，19(4)：450-453.

[75] 张建刚，毛剑琴，夏天，等. 模糊树模型及其在复杂系统辨识中的应用. 自动化学报，2000，26(3)：378-381.

[76] Chetouani Y. A non-linear auto-regressive moving average with exogenous input non-linear modelling and fault detection using the cumulative sum (page-hinkley) test: application to a reactor. International Journal of Computer Applications in Technology, 2008, 32(3): 187-193.

[77] Chen S, Billings S A, Cowan C F N, et al. Practical identification of NarMAX models using radial basis functions. International Journal of Control, 1990, 52(6): 1327-1350.

[78] Kosmatopoulos E B, Polycarpou M M, Christodoulou M A, et al. High-order neural network structures for identification of dynamical systems. IEEE Transactions on Neural Networks, 1995, 6(2): 422-431.

[79] Lu S, Basar T. Robust nonlinear system identification using neural-network models. IEEE Transactions on Neural Networks, 1998, 9(3): 407-429.

[80] Jiang J ,Zhang Y M. A revisit to block and recursive least squares for parameter estimation. Computers and Electrical Engineering, 2004, 30(5): 403-416.

[81] Patra J C, Pal R N, Chatterji B N, et al. Identification of nonlinear dynamic systems using functional link artificial neural networks. IEEE Transactions on Systems, Man, and Cybernetics, Part B: Cybernetics, 1999, 29(2): 254 -262.

[82] Kuschewski J G, Hui S, Zak S H. Application of feedforward neural networks to dynamical system identification and control. IEEE Transactions on Control Systems Technology, 1993, 1(1): 37-49.

[83] Rubio J J, Yu W. Stability analysis of nonlinear system identification via delayed neural networks. IEEE Transactions on Circuits and Systems II: Express Briefs, 2007, 54(2): 161-165.

[84] Li Y, Sundararajan N, Saratchandran P. Neuro-controller design for nonlinear fighter aircraft maneuver using fully tuned RBF networks. Automatica, 2001, 37(8): 1293-1301.

[85] 魏海坤，徐嗣鑫，宋文忠. 神经网络的泛化理论和泛化方法. 自动化学报，2001，27(6)：806-815.

[86] Gan M, Peng H. Stability analysis of RBF network-based state-dependent autoregressive model for nonlinear time series. Applied Soft Computing, 2012, 12(1): 174-181.

第 6 章　前馈神经网络改进型递归最小二乘算法研究

6.1 引　　言

通过分析 RBF 神经网络的结构特点，可以发现主要有三个方面因素决定 RBF 神经网络的结构：神经网络隐含层神经元个数、隐含层神经元中心和宽度、隐含层与输出层的连接权值。所以，目前大多数的算法都是利用这种结构特点来设计学习算法：第一步确定 RBF 神经网络隐含层神经元的个数；第二步是确定隐含层神经元中心和宽度；第三步确定 RBF 神经网络的连接权值。这种分步训练算法的重要特点是在第三步可以直接利用线性优化算法，从而可以加快学习速度和避免局部最优，在第 5 章中重点介绍的快速下降算法也是根据这样的特点设计的。但是由于 RBF 神经网络的结构特殊性，如果暂时不考虑其神经网络中隐含层神经元个数，还必须要确定隐含层神经元中心和宽度，这也是本章的主要研究内容。

如何确定 RBF 神经网络隐含层神经元中心和宽度？在仿真研究中发现 RBF 神经网络隐含层神经元中心和宽度对其学习速度及性能有较大影响，网络性能对隐含层神经元中心的位置非常敏感。不恰当选取的隐含层神经元中心和宽度无法正确反映输入样本空间的划分特点，无法合理实现从非线性的输入空间到线性的输出空间的转换，从而极大地降低了 RBF 神经网络的性能。根据第 3 章中介绍的神经网络学习算法基础可以发现，最初的确定 RBF 神经网络隐含层神经元的方法是把每一个输入向量作为隐含层神经元，即 RBF 神经网络隐含层神经元个数和输入样本个数是相等的。这种方法在输入向量个数比较多时，由于得到的神经网络规模过大而不实用。后来提出了各种聚类算法，使得所选择网络的规模有所下降。经过分析发现，不同的输入样本对网络中心位置确定的影响是不同的。如果能够找到各输入样本点对确定网络中心影响大小的一个量度，便可以从输入样本中取出那些对隐含层神经元中心位置确定影响较大的那些样本作为隐含层神经元中心，并且能够调整中心的位置和宽度，从而可以获得合适的隐含层神经元中心和宽度。

在第 3 章的基础上，本章介绍了一种用于 RBF 神经网络的改进型递归最小二乘算法。首先，简单介绍一下递归最小二乘算法(recursive least-squares，RLS)，并分析该算法的性能；其次，提出一种改进型递归最小二乘算法，并对该算法的收敛性进行理论分析；最后，对基于改进型递归最小二乘算法的 RBF 神经网络进行仿真研究，与其他算法进行结果比较。

6.2 递归最小二乘算法

递归最小二乘算法是一种新型的多元统计数据分析方法，首先应用于社会科学和化学领域[1,2]。在利用递归最小二乘算法进行建模时，需要多个自变量，然而自变量集合中包含的信息是十分复杂的，主要包括三个部分：一部分是那些有用的系统信息，是解释因变量变化的重要因素。第二部分信息是可能存在的重叠信息，在实际系统建模中，所选用的多变量系统常常存在较严重的多重相关现象，不同变量所反映的信息之间并不是独立的、互补的，它们可能会重复地说明同一解释内容，或者通过复杂的传递关系而相互联系、相互作用[3]。这里的多重相关性，也称多重共线性，是指在自变量之间存在着线性相关的现象。由于变量之间存在的多重相关性，常会严重影响参数估计，扩大模型误差，所得到的模型的可靠性非常低。在多变量系统中还存在着第三部分信息，这是在诸多被选取的指标中夹杂的一部分对系统全无解释意义的信息。但由于多变量系统中变量之间极其复杂的相互关系，很难对此作出清晰的识别和准确的筛选，这种不良信息的存在必然给系统建模带来不利的影响，而利用递归最小二乘算法能够较好地实现多元统计数据的分析[4,5]。

递归最小二乘算法在实际应用中较多。例如，应用于模式识别方面（图像识别）[6]，未知模型的建模（非线性大时变的污水处理过程建模）[7]，甚至生活中也会用到，尤其是在数字信号处理领域[8]。递归最小二乘算法最有效的应用是数据分析，虽然数据分析中常见的分析方法有主成分分析法、典型成分分析法、Fisher 判别法和递归最小二乘算法等[9~11]。但是，递归最小二乘算法将多元线性回归、变量的主成分分析和变量间的典型相关分析有机地结合起来，对系统信息进行重新组合和抽取，同时从自变量矩阵和因变量矩阵中提取对系统解释性最强的成分，排除重叠信息和无解释意义信息的干扰，从而克服多重相关性，得到更为准确可靠的分析结果。而且该算法具有极快的收敛速度，因此在许多领域尤其是化工领域中得到了日益广泛的应用。其优点在于回归建模过程中采用了信息综合与筛选技术，不直接考虑因变量集合与自变量集合的建模，而是在变量系统中提取若干对系统具有最佳解释能力的成分，特别是在变量存在多重相关性时，是一种有效的数据分析方法。递归最小二乘算法思想方法巧妙简单，便于在实际工作中操作和推广。因此，近些年来它在理论、方法和应用方面都得到了迅速的发展和应用[12~15]。下面 RBF 神经网络运算的角度来分析递归最小二乘算法。

6.2.1 递归最小二乘算法描述

RBF 神经网络一般由输入层、隐含层和输出层组成，各层又有若干神经元组成,神经元分为两类:输入神经元和计算神经元,每个计算神经元可有任意多个输入,但只有一个输出。神经网络通过神经元间的连接进行信息传输并进行信息处理,其结构如图 6-1 所示:

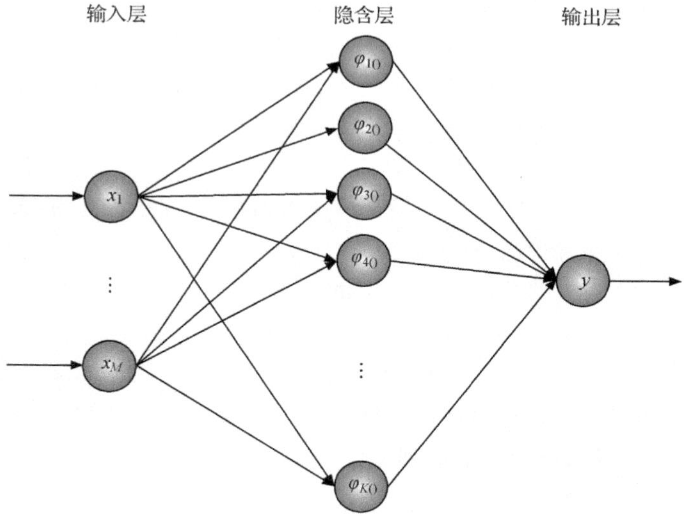

图 6-1　RBF 神经网络结构图

如图 6-1 所示,RBF 神经网络动态系统数学模型为[16]

$$y(k) = f(x(k)) + p(k) \tag{6-1}$$

其中,$p(k)$为神经网络的噪声误差补偿,可以看成是神经元偏置值[17]。

引入

$$\begin{aligned} A(z^{-1}) &= 1 + a_1 z^{-1} + \cdots + a_n z^{-n} \\ B(z^{-1}) &= b_0 + b_1 z^{-1} + \cdots + b_n z^{-n} \end{aligned} \tag{6-2}$$

模型改写为

$$A(z^{-1})y(k) = B(z^{-1})x(k) + e(k) \tag{6-3}$$

其中,$e(k)$是神经网络的随机噪声误差。

进一步改写为

$$\begin{aligned} y(k) =& -a_1 y(k-1) - \cdots - a_n y(k-n) + b_0 x(k) + b_1 x(k-1) \\ & + \cdots + b_n x(k-n) + e(k) \end{aligned} \tag{6-4}$$

已知神经网络的输入和输出序列$\{x(k)\}$,$\{y(k)\}$,求参数 a_i,b_i,$i=0\sim n$ 的估计值。

将模型(6-4)改写成最小二乘格式:

$$y(k) = \boldsymbol{\varphi}^{\mathrm{T}}(k)\boldsymbol{\theta} + e(k) \tag{6-5}$$

其中

$$\begin{cases}\boldsymbol{\varphi}(k)=(-y(k-1),\cdots,-y(k-n),x(k-1),\cdots,x(k-n))^{\mathrm{T}}\\ \boldsymbol{\theta}=(a_1,a_2,\cdots,a_n,b_0,b_1,\cdots,b_n)^{\mathrm{T}}\end{cases}\tag{6-6}$$

令 $k=n+1,\cdots,n+N$,共 N 次观测。记

$$\boldsymbol{Y}=(y(n+1),y(n+2),\cdots,y(n+N))^{\mathrm{T}}$$

$$\boldsymbol{e}=(e(n+1),e(n+2),\cdots,e(n+N))^{\mathrm{T}}$$

$$\boldsymbol{\phi}=\begin{bmatrix}-y(n) & \cdots & -y(1)x(n+1) & \cdots & x(1)\\ -y(n+1) & \cdots & -y(2)x(n+2) & \cdots & x(2)\\ \vdots & & \vdots & & \vdots\\ -y(n+N-1) & \cdots & -y(N)x(n+N) & \cdots & x(N)\end{bmatrix}\tag{6-7}$$

可得向量形式的线性方程组:

$$\boldsymbol{Y}=\boldsymbol{\Phi\theta}+\boldsymbol{e}\tag{6-8}$$

或记为

$$\boldsymbol{Y}_N=\boldsymbol{\Phi}_N\boldsymbol{\theta}+\boldsymbol{e}_N\tag{6-9}$$

对于神经网络模型(6-5)的辨识问题,其中 $\boldsymbol{y}(k)$, $\boldsymbol{\varphi}(k)$都是可观测的数据,θ 是待估计的参数,引入最小二乘准则:

$$J=\sum_{k=n}^{N}\hat{e}^2(k)\tag{6-10}$$

其中

$$\begin{aligned}\hat{e}(k)=y(k)+\hat{a}_1y(k-1)+\cdots+\hat{a}_ny(k-n)\\ -\hat{b}_0u(k)-\hat{b}_1u(k-1)-\cdots-\hat{b}_nu(k-n)\end{aligned}\tag{6-11}$$

式(6-11)可以进一步分析:

$$\begin{aligned}\hat{e}(k)&=y(k)-\boldsymbol{\varphi}^{\mathrm{T}}(k)\hat{\boldsymbol{\theta}}\\ &=\boldsymbol{\varphi}^{\mathrm{T}}(k)\hat{\boldsymbol{\theta}}+e(k)-\boldsymbol{\varphi}^{\mathrm{T}}(k)\hat{\theta}\\ &=\boldsymbol{\varphi}^{\mathrm{T}}(k)(\boldsymbol{\theta}-\hat{\theta})+e(k)\end{aligned}\tag{6-12}$$

可见,残差 $\hat{e}(k)$包含两个误差因素:一是参数估计误差带来的拟合误差;二是随机噪声带来的误差。

式(6-10)的指标函数 J 即残差的平方和。最小二乘估计是在残差二乘方准则函数极小意义下的最优估计,即获得准则函数:

$$J=\hat{\boldsymbol{e}}^{\mathrm{T}}\hat{\boldsymbol{e}}=(\boldsymbol{Y}-\boldsymbol{\Phi}\hat{\boldsymbol{\theta}})^{\mathrm{T}}(\boldsymbol{Y}-\boldsymbol{\Phi}\hat{\boldsymbol{\theta}})\tag{6-13}$$

并且按照式(6-13)来确定估计值 $\hat{\boldsymbol{\theta}}$。求 J 对 $\hat{\boldsymbol{\theta}}$ 的偏导数并令其等于 0,可得

$$\frac{\partial\boldsymbol{J}}{\partial\hat{\boldsymbol{\theta}}}=\frac{\partial}{\partial\hat{\boldsymbol{\theta}}}(\boldsymbol{Y}-\boldsymbol{\Phi}\hat{\boldsymbol{\theta}})^{\mathrm{T}}(\boldsymbol{Y}-\boldsymbol{\Phi}\hat{\boldsymbol{\theta}})=-\boldsymbol{\Phi}^{\mathrm{T}}(\boldsymbol{Y}-\boldsymbol{\Phi}\hat{\boldsymbol{\theta}})-\boldsymbol{\Phi}^{\mathrm{T}}(\boldsymbol{Y}-\boldsymbol{\Phi}\hat{\boldsymbol{\theta}})=0\tag{6-14}$$

即

$$\boldsymbol{\Phi}^{\mathrm{T}}\boldsymbol{\Phi}\hat{\boldsymbol{\theta}} = \boldsymbol{\Phi}^{\mathrm{T}}\boldsymbol{Y} \tag{6-15}$$

上式称为正则方程。当 $\boldsymbol{\Phi}^{\mathrm{T}}\boldsymbol{\Phi}$ 为非奇异，即 $\boldsymbol{\Phi}$ 列满秩时，有

$$\hat{\theta}_{LS} = (\boldsymbol{\Phi}^{\mathrm{T}}\boldsymbol{\Phi})^{-1}\boldsymbol{\Phi}^{\mathrm{T}}\boldsymbol{Y} \tag{6-16}$$

$\hat{\theta}_{LS}$ 简称最小二乘估计值，对应的方法称为最小二乘法。

在推导最小二乘法的结果时，并没有考虑噪声 $e(k)$的统计特性。但在评价最小二乘估计的性质时，则必须假设噪声 $e(k)$是不相关的，而且是同分布的随机变量。也即假设$\{e(k)\}$是白噪声序列，即

$$E\{\boldsymbol{e}_N\} = 0$$
$$\mathrm{Cov}\{\boldsymbol{e}_N\} = \sigma_e^2 \cdot I_{N\cdot N} \tag{6-17}$$

噪声向量的协方差阵为

$$\mathrm{Cov}\{e_N\} = \boldsymbol{E}\{\boldsymbol{e}_N \cdot \boldsymbol{e}_N^{\mathrm{T}}\} = \begin{bmatrix} E\{e^2(1)\} & E\{e(1)e(2)\} & \cdots & E\{e(1)e(N)\} \\ E\{e(1)e(2)\} & E\{e^2(2)\} & \cdots & E\{e(2)e(N)\} \\ \vdots & \vdots & & \vdots \\ E\{e(1)e(N)\} & E\{e(2)e(N)\} & \cdots & E\{e^2(N)\} \end{bmatrix} \tag{6-18}$$

如果准则函数取为加权函数，即

$$J = \sum_{k=n}^{N}\boldsymbol{w}(k)\left[\boldsymbol{y}(k) - \boldsymbol{\varphi}^{\mathrm{T}}(k)\boldsymbol{\theta}\right]^2 = \hat{\boldsymbol{e}}^{\mathrm{T}}\boldsymbol{w}\hat{\boldsymbol{e}} \tag{6-19}$$

其中 $w(k)$称为加权因子，对所有的 k，$w(k)$都必须是正数。引进加权因子的目的是为了便于考虑观测数据的可信度。如果有理由认为现时刻的数据比过去时刻的数据可靠，那么现时刻的加权值就要大于过去时刻的加权值。比如，可选 $w(k)=\lambda^{N-k}$，$0<\lambda<1$。当 $k=1$ 时，$w(1)=\lambda^{N-1}$；当 $k=N$ 时，$w(k)=1$，这就体现了对不同时刻的数据给予了不同程度的信任。$w(k)$的选择多少取决于人的主观因素，并无一般规律可循。在实际应用中，如果对象是线性时不变过程，或者数据的可信度还难以肯定的话，则可以简单地选择 $w(k)=1$，$\forall k$。下面还将阐述，在一定条件下还可以根据噪声的方差对 $w(k)$进行选择，得到的估计值称做马尔可夫估计。

通过极小化式(6-16)计算 $\hat{\theta}_{WLS}$ 的方法称为加权最小二乘法，对应的 $\hat{\theta}_{WLS}$ 称为加权最小二乘估计值。加权最小二乘估计的解为

$$\hat{\theta}_{WLS} = (\boldsymbol{\Phi}^{\mathrm{T}}\boldsymbol{W}\boldsymbol{\Phi})^{-1}\boldsymbol{\Phi}^{\mathrm{T}}\boldsymbol{W}\boldsymbol{Y} \tag{6-20}$$

$\boldsymbol{W}$ 是一对称正定阵。若取 $\boldsymbol{W}=\boldsymbol{I}$，则 $\hat{\theta}_{WLS} = \hat{\theta}_{LS}$。

最小二乘法是加权最小二乘法的一种特例。当获得一批数据之后，利用式(6-16)或式(6-20)可一次求得相应的参数估计值，这样处理问题的方法就称做一次完成算法或批处理算法。这在理论研究方面有许多方便之处，但在计算方面

要碰到矩阵求逆的困难。当矩阵的维数增加时，矩阵求逆运算的计算量将急剧增加，这会给计算速度和存储带来负担[18~20]。

6.2.2 递归最小二乘算法分析

式(6-16)和式(6-20)给出了神经网络模型(6-8)参数 θ 的最小二乘估计值。由于 $\boldsymbol{\Phi}$ 和 $\boldsymbol{Y}$ 均具有随机性，故 $\hat{\theta}_{WLS}$ 或 $\hat{\theta}_{LS}$ 也是随机向量。为此，需要研究它们的统计性质，包括无偏性、有效性、一致性等。一般评价一个估计方法的好坏，也主要从无偏性、有效性、一致性、渐进正态性等方面进行，从而帮助确认该方法的实用价值[21~24]。

1. 无偏性

无偏性用来衡量估计值是否围绕真值波动，是估计值的一个重要统计性质。一个估计量 $\hat{\theta}$ 称为无偏估计，则它的数学期望等于参数的真值。即

$$E[\hat{\theta}] = \theta \tag{6-21}$$

其中 θ 表示参数的真实值。

定理 6.1 如果模型式(6-5)噪声向量 $\boldsymbol{e}$ 的均值为 0，且和 $\boldsymbol{\Phi}$ 是统计独立的，则加权最小二乘估计值 $\hat{\theta}_{WLS}$ 是无偏估计量。

2. 有效性

对于一种无偏估计，一个算法称为是有效的，就是其他任何一种算法所得到的参数向量估计值的方差都比有效算法的大。

定理 6.2 当加权阵取为噪声方差阵的逆，即 $\boldsymbol{W}=\boldsymbol{R}^{-1}$ 时，加权最小二乘估计值 $\hat{\theta}_{WLS}$ 是最小误差方差估计。

3. 一致性

如果估计值具有一致性，说明它将以概率 1 收敛于真值，即

$$\lim_{N\to\infty}\{|\hat{\theta}-\theta|<\varepsilon\} = 1 \tag{6-22}$$

定理 6.3 如果模型式(6-16)的 $\boldsymbol{e}_N$ 是零均值白噪声序列，则最小二乘估计值 $\hat{\theta}_{LS}$ 是 θ 的一致估计。

4. 渐进正态性

定理 6.4 设 $\boldsymbol{e}_N$ 是零均值白噪声，且设 $\boldsymbol{e}_N$ 服从正态分布，则最小二乘参数估计值 $\hat{\theta}_{LS}$ 服从正态分布。

综上所述，在$\{e(k)\}$为白噪声序列时，最小二乘估计 $\hat{\theta}_{LS}$ 具有无偏性、有效性、与渐进正态性。一般情况下，系统广义回归模型中的噪声项$\{e(k)\}$是有色噪声序列，所以最小二乘估计 $\hat{\theta}_{LS}$ 是有偏、非一致估计。但因最小二乘法的算法简单，在模型精度要求不高的场合得到了普遍的应用。

上一节已经给出了最小二乘算法，但具体使用时不仅占用内存量大，而且不能用于在线辨识。式(6-16)计算还有很多缺陷，主要体现在以下几个方面[25~27]：

(1) 数据量越多，系统参数估计的精度就越高。为使辨识效果满意，矩阵 $\boldsymbol{\Phi}^{\mathrm{T}}\boldsymbol{\Phi}$ 的阶数常常取得相当大。这样，矩阵求逆的计算量很大，存储量也很大。

(2) 每增加一次观测量，都必须重新计算 $\boldsymbol{\Phi}$，$(\boldsymbol{\Phi}^{\mathrm{T}}\boldsymbol{\Phi})^{-1}$。

(3) 如果 $\boldsymbol{\Phi}$ 列相关，即不满秩的情况，$\boldsymbol{\Phi}^{\mathrm{T}}\boldsymbol{\Phi}$ 为病态矩阵，则不能得到最小二乘估计值。

6.3　改进型递归最小二乘算法

由以上分析可知，递归最小二乘算法是基于二阶统计量的最小均方误差准则导出的算法[28]。递归最小二乘算法常用于神经网络参数训练，其中，以对 RBF 神经网络连接权值的训练最常见[29]。

对于多输入单输出 RBF 神经网络，设 $\boldsymbol{x}(t)$是 t 时刻 RBF 神经网络的输入，$y(t)$是 t 时刻神经网络的输出，$y_d(t)$为此时神经网络的期望输出。神经网络期望输出为

$$y_d(t)=\hat{\boldsymbol{w}}(t)\boldsymbol{\varphi}(\boldsymbol{x}(t))+e(t) \tag{6-23}$$

$\boldsymbol{\varphi}$ 为隐含层神经元的激活函数，$\boldsymbol{\varphi}=(\varphi_1,\cdots,\varphi_K)^{\mathrm{T}}$，$e(t)=y(t)-y_d(t)$，$\hat{\boldsymbol{w}}(t)$ 为连接权值 $\boldsymbol{w}(t)$的当前估计，把 $\boldsymbol{\varphi}$ 线性近似为[28]

$$\hat{\boldsymbol{w}}^{\mathrm{T}}(t)\boldsymbol{\varphi}(\boldsymbol{x}(t))=\hat{\boldsymbol{w}}^{\mathrm{T}}(t)\boldsymbol{q}(t)+\hat{\boldsymbol{w}}^{\mathrm{T}}(t)(\boldsymbol{\varphi}(\boldsymbol{x}(t))-\boldsymbol{q}(t)) \tag{6-24}$$

式中

$$\boldsymbol{q}(t)=\left[\frac{\partial\,\hat{\boldsymbol{w}}^{\mathrm{T}}(t)\boldsymbol{\varphi}(\boldsymbol{x}(t))}{\partial\boldsymbol{w}(t)}\right]_{\boldsymbol{w}(t)=\hat{\boldsymbol{w}}(t)} \tag{6-25}$$

根据文献[30]，递归最小二乘算法可以描述为

$$\hat{\boldsymbol{w}}(t+1)=\hat{\boldsymbol{w}}(t)+\boldsymbol{R}^{-1}(t)\boldsymbol{\varphi}(t)(y_d(t)-\hat{\boldsymbol{w}}(t-1)\boldsymbol{\varphi}(t)) \tag{6-26}$$

其中，$\boldsymbol{R}(t)$为 t 时刻权值相关系数矩阵[29]。

递归最小二乘算法是一种比较有效的 RBF 神经网络学习算法。但是，递归最小二乘算法在训练过程中对神经网络所有的连接权值都进行调整，当神经网络连接权值维数较高时运行速度较慢；而且有时会出现病态运算，训练过程中出现颤抖现象，降低算法训练速度。基于此，提出一种改进型递归最小二乘算法，改进型递

归最小二乘算法是在保证训练过程收敛性的基础上提高训练速度。

6.3.1 改进型递归最小二乘算法描述

改进型递归最小二乘算法在RBF神经网络连接权值调整过程中不是对所有的权值参数进行修改，而是对估计误差大于或等于逼近误差项的相关神经元连接权值进行修改。改进型递归最小二乘算法具体内容如下：

将RBF神经网络描述为线性回归模型形式[30]：

$$y(t)=\sum_{i=1}^{K}j_i(\boldsymbol{x}(t))w_i(t)+e(t) \tag{6-27}$$

其中，$y(t)$是RBF神经网络的输出；$j_i(\boldsymbol{x})$第i个回归量，对应于神经网络隐含层输出$\varphi_i(\boldsymbol{x})$，其值由当前输入$\boldsymbol{x}(t)$确定；$w_i(t)$是第$i$个线性参数；$e(t)$是其逼近误差项；$K$是线性参数的维数，对应于神经网络隐含层神经元数；在当前时刻t时，如果神经网络已经运行n步，将RBF神经网络描述为矩阵形式：

$$\boldsymbol{Y}(t)=\boldsymbol{J}(t)\boldsymbol{\Theta}(t)+\boldsymbol{E}(t) \tag{6-28}$$

其中，$\boldsymbol{Y}(t)=(y(1),y(2),\cdots,y(t))^{\mathrm{T}}\in\mathbf{R}^n$，$\boldsymbol{j}^{\mathrm{T}}(i)=(j_1(i),j_2(i),\cdots,j_K(i))$，$1\leqslant i\leqslant n$，$\boldsymbol{J}(t)=[\boldsymbol{j}^{\mathrm{T}}(1),\boldsymbol{j}^{\mathrm{T}}(2),\cdots,\boldsymbol{j}^{\mathrm{T}}(t)]^{\mathrm{T}}\in\mathbf{R}^{n\times K}$，$\boldsymbol{\Theta}(t)=\boldsymbol{w}^{\mathrm{T}}(t)=(w_1(t),w_2(t),\cdots,w_K(t))^{\mathrm{T}}\in\mathbf{R}^K$，$\boldsymbol{E}(t)=(e(1),e(2),\cdots,e(t))^{\mathrm{T}}\in\mathbf{R}^n$。

将回归量的参数用以下形式表示：

$$\overline{\boldsymbol{\Theta}}(t)=[\boldsymbol{J}^{\mathrm{T}}(t)\boldsymbol{J}(t)]^{-1}\boldsymbol{J}^{\mathrm{T}}(t)\boldsymbol{Y}(t) \tag{6-29}$$

在时刻t，定义一个$K\times K$的埃尔米特矩阵$\boldsymbol{Q}$

$$\boldsymbol{Q}(t)=[\boldsymbol{J}^{\mathrm{T}}(t)\boldsymbol{J}(t)]^{-1} \tag{6-30}$$

利用矩阵$\boldsymbol{Q}$，学习过程如下：

$$\begin{aligned}\boldsymbol{L}(t)=\boldsymbol{Q}(t)\boldsymbol{J}(t)&=\boldsymbol{Q}(t-1)\boldsymbol{J}(t)[1+\boldsymbol{J}^{\mathrm{T}}(t)\boldsymbol{Q}(t-1)\boldsymbol{J}(t)]^{-1}\\ \boldsymbol{Q}(t)&=[\boldsymbol{I}-\boldsymbol{L}(t)\boldsymbol{J}^{\mathrm{T}}(t)]\boldsymbol{Q}(t-1)\\ \overline{\boldsymbol{\Theta}}(t)&=\overline{\boldsymbol{\Theta}}(t-1)+\alpha\boldsymbol{L}(t)[y_d(t)-\boldsymbol{J}^{\mathrm{T}}(t)\overline{\boldsymbol{\Theta}}(t-1)]\end{aligned} \tag{6-31}$$

为了加快学习过程的速度，将式(6-31)重新调整为

$$\begin{aligned}\boldsymbol{L}(t)=\boldsymbol{Q}(t)\boldsymbol{J}(t)&=\boldsymbol{Q}(t-1)\boldsymbol{J}(t)[1+\boldsymbol{J}^{\mathrm{T}}(t)\boldsymbol{Q}(t-1)\boldsymbol{J}(t)]^{-1}\\ \boldsymbol{Q}(t)&=[\boldsymbol{I}-\alpha\boldsymbol{L}(t)\boldsymbol{J}^{\mathrm{T}}(t)]\boldsymbol{Q}(t-1)\\ \overline{\boldsymbol{\Theta}}(t)&=\overline{\boldsymbol{\Theta}}(t-1)+\alpha\boldsymbol{L}(t)[y_d(t)-\boldsymbol{J}^{\mathrm{T}}(t)\overline{\boldsymbol{\Theta}}(t-1)]\end{aligned} \tag{6-32}$$

其中

$$\alpha=\begin{cases}1, & |\varepsilon(t)|\geqslant|e(t)|\\ 0, & |\varepsilon(t)|<|e(t)|\end{cases} \tag{6-33}$$

$e(t)$是逼近误差，$\varepsilon(t)$是估计误差，由式(2-44)给出。

$$\varepsilon(t)=y_d(t)-\boldsymbol{j}^{\mathrm{T}}(t)\overline{\boldsymbol{\Theta}}(t-1) \tag{6-34}$$

$\boldsymbol{J}^{\mathrm{T}}(t)\overline{\boldsymbol{\Theta}}(t-1)$估计参数，$\varepsilon(t)$是基于$\boldsymbol{J}^{\mathrm{T}}(t)\overline{\boldsymbol{\Theta}}(t-1)$对系统的预估误差。

式(6-30)和式(6-32)即为改进型递归最小二乘算法，基于以上分析，改进型递归最小二乘算法具有较好的学习速度。由式(6-30)和式(6-32)可知，改进型递归最小二乘算法只有在估计误差大于或等于逼近误差时才会修改神经网络连接权值，较之递归最小二乘算法运算速度有所提高；同时，式(6-32)的权值训练方式可以有效地避免出现病态运算。

6.3.2　改进型递归最小二乘算法收敛性分析

定理：如果非线性系统稳定，利用改进型递归最小二乘算法对其进行逼近，逼近误差 $e(t)$将逼近于 0，神经网络的连接权值收敛于最优权值。

对于一个稳定的非线性系统，利用改进型递归最小二乘算法对其进行逼近，假设 t 时刻估计误差 $\varepsilon(t)$ 满足($|\varepsilon(t)|<\delta$)[31]，其中 δ 为任意较小正实数。

估计误差 $\varepsilon(t)$ 为式(6-32)所定义，因此，逼近误差 $e(t)$可以描述为

$$\begin{aligned}|e(t)| &= |y(t)-\boldsymbol{J}^{\mathrm{T}}(t)\overline{\boldsymbol{\Theta}}(t)| \\ &= |[\boldsymbol{I}-\boldsymbol{J}^{\mathrm{T}}(t)\boldsymbol{L}(t)][y(t)-\boldsymbol{J}^{\mathrm{T}}(t)\overline{\boldsymbol{\Theta}}(t-1)]| \\ &= \left|\left[1-\frac{\boldsymbol{J}^{\mathrm{T}}(t)\boldsymbol{Q}(t-1)\boldsymbol{J}(t)}{1+\boldsymbol{J}^{\mathrm{T}}(t)\boldsymbol{Q}(t-1)\boldsymbol{J}(t)}\right]\varepsilon(t)\right| \\ &= \left|\frac{\varepsilon(t)}{1+\boldsymbol{J}^{\mathrm{T}}(t)\boldsymbol{Q}(t-1)\boldsymbol{J}(t)}\right| \\ &< \left|\frac{\delta}{1+\boldsymbol{J}^{\mathrm{T}}(t)\boldsymbol{Q}(t-1)\boldsymbol{J}(t)}\right|\end{aligned} \tag{6-35}$$

如果 $1+\boldsymbol{J}^{\mathrm{T}}(t)\boldsymbol{Q}(t-1)\boldsymbol{J}(t)$ 为有限值，并且 $\boldsymbol{J}^{\mathrm{T}}(t)\boldsymbol{Q}(t-1)\boldsymbol{J}(t)$ 永远不等于 -1，根据参数修改式(6-30)和式(6-32)，将得到

$$1\leqslant|1+\boldsymbol{J}^{\mathrm{T}}(t)\boldsymbol{Q}(t-1)\boldsymbol{J}(t)|\leqslant C' \tag{6-36}$$

其中 C'为正常数。

由于 δ 为较小正实数，因而，随着时间不断推移，将得到

$$\lim_{t\to+\infty}|e(t)|=0 \tag{6-37}$$

因此，定理获证。基于以上分析，改进型递归最小二乘算法理论上能够使得逼近误差逼近到 0，神经网络的连接权值收敛于最优权值。

RBF 神经网络因其简单的拓扑结构和最优逼近特性而得到了广泛的应用。在 RBF 神经网络中，由于只有一层连接矩阵，使得它可以采用保证全局收敛的线性优化算法。然而，对于神经网络结构较大以及输入存在多重相关性的情况，直接利用递归最小二乘算法计算将使回归系数估计值的方差变大，精确度和稳定性都会降低。由于在高度相关的情况下回归系数的方差很大，更换样本中的个别数据就使所得的回归系数的值有很大的差异，由此得到的 RBF 神经网络的可靠性和泛

化能力将得不到保证。而改进型递归最小二乘算法只有在估计误差大于或等于逼近误差时才会修改神经网络连接权值，较之递归最小二乘算法运算速度有所提高。

将 RBF 神经网络的结构特点与改进型递归最小二乘算法的优势结合起来，即为用改进型递归最小二乘算法构建 RBF 神经网络的学习方法，并将其应用于非线性函数逼近和双螺旋模式分类。这种方法减少了数据多重相关的影响，比其他学习方法需要更少的学习次数，得到的神经网络具有良好的泛化性能。基于改进型递归最小二乘算法的 RBF 神经网络的合理性在于，可以只需要对神经网络必要的连接权值进行修改，提高了 RBF 神经网络的信息处理速度。

6.4 改进型递归最小二乘算法的应用

改进型递归最小二乘算法的目的是调整 RBF 神经网络的连接权值，以及确定隐含层神经元中心和宽度，设计出满足精度要求的 RBF 神经网络。因为算法中各参数的意义明确，且参数调整对网络结构和输出的影响可以预知，可以方便地根据目标输出与网络输出的误差来调整参数。改进型递归最小二乘算法能够在保证 RBF 神经网络收敛性的条件下提高神经网络的信息处理速度，这一特性无论是在固定结构神经网络中还是在结构自组织神经网络中都是很有意义的。在第 5 章中已经提出了一种快速下降算法来调整 RBF 神经网络连接权值，并且取得了较好的实验结果。但是，由于 RBF 神经网络结构的特殊性，在确定 RBF 神经网络隐含层神经元的个数的前提下，还必须确定 RBF 神经网络的连接权值，以及确定隐含层神经元中心和宽度。改进型递归最小二乘算法不但能够调整 RBF 神经网络的连接权值，同时能够调整隐含层神经元中心和宽度。

RBF 神经网络由于其具有的特殊计算能力，所应用的领域较广，包括故障检测、非线性系统辨识和控制、模式识别、智能机器人、决策优化、物资调用、知识处理、认知科学等[32~43]。其中模式识别与非线性系统辨识等问题一直是 RBF 神经网络的应用的一个基本问题[44~48]，下面给出了三个例子：非线性函数逼近、双螺旋模式分类以及污泥膨胀预测。尤其是将基于改进型递归最小二乘算法的 RBF 神经网络应用于污水处理过程中的污泥膨胀预测，如前所述，对于一些非线性系统，很难得到精确的数学模型并进行多步预测，这对研究非线性广义预测控制是十分不利的。20 世纪 80 年代中期以来，用神经网络来描述非线性系统，从而对其进行预测控制已经成为研究的热点之一[49~55]。由于预测控制在选择有效的信息作为预测模型时，能够预测系统未来时刻的输出即可，只强调其实现预测的功能，而对其结构类型没有限制。而神经网络本身是非线性的，可以用来描述非线性系统。利用系统实际的输入输出数据，通过学习和训练来逼近非线性系统并建立预测模型，而无需了解系统内部结构或参数，降低了建模的难度，又能满足预测控制的要求。因此可以结合神经网络来研究预测控制系统。同时神经网络所有定量或定性的信息都分布存储于网络的各个神经元和连接权值，所以有较强的鲁棒性和容错性。神经网络的这些特点使其成为非线性系统建模与控制的重要方法，成为实现非线性预测控制的关键技术之一[56~58]。

6.4.1　非线性函数逼近

为了证明改进型递归最小二乘算法较之递归最小二乘算法有较快的训练速度，利用基于改进型递归最小二乘算法的 RBF 神经网络进行实验，选取以下非线性函数进行仿真：

$$y = 42.625[(2 + x_1)/20 + (x_1 + x_2 - 0.5)^5] \tag{6-38}$$

其中，$0<x_1<1$，$0<x_2<1$，该函数经常用来检测神经网络的快速性和精确性[59]。选取 882 组样本，441 组用来训练，另外 441 组用来检验。初始网络隐含层神经元数是 20，初始连接权值为任意值，训练过程（误差变化过程）如图 6-2 所示，基于改进型递归最小二乘算法神经网络的二维逼近结果如图 6-3 所示，为了更加清晰地表现神经网络输出值和实际非线性函数值之间的关系，图 6-4 给出了基于改进型递归最小二乘算法神经网络的三维逼近结果。

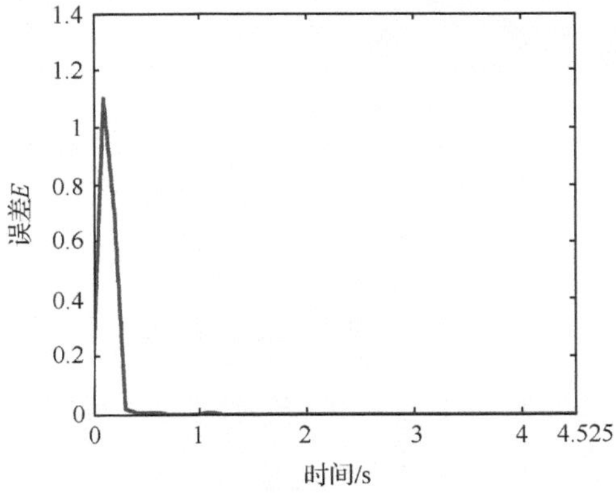

图 6-2　误差变化过程

图 6-2 显示基于改进型递归最小二乘算法的神经网络训练过程能够较快地（4.525 s）达到期望误差；如图 6-3 和图 6-4 表明训练后该神经网络能够很好地逼近上述非线性函数，基于改进型递归最小二乘算法的神经网络输出值与函数值基本重合，具有很高的泛化能力，尤其是图 6-4(b)的结果显示基于改进型递归最小二乘算法的 RBF 神经网络的检测误差非常小（小于 0.015），进一步说明了基于改

进型递归最小二乘算法的 RBF 神经网络具有较好的泛化能力。

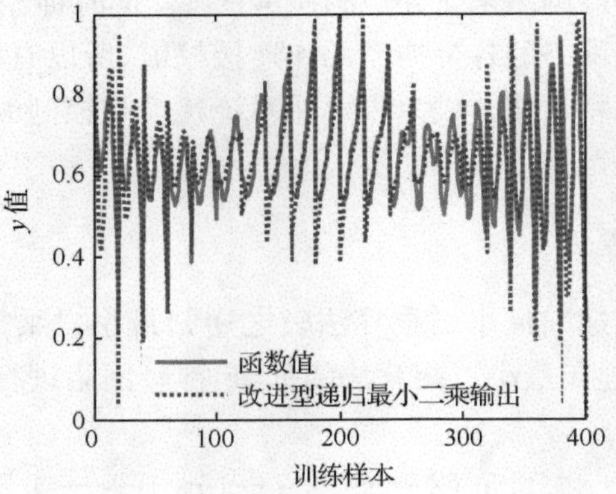

图 6-3　逼近效果(二维)

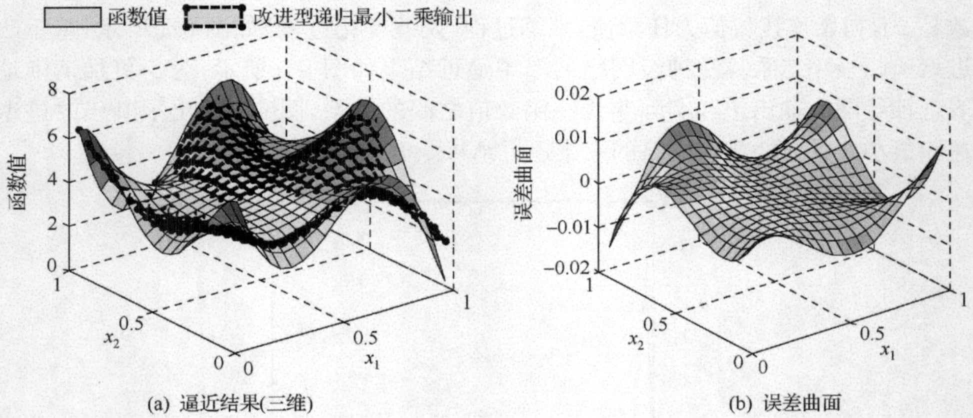

(a) 逼近结果(三维)　　(b) 误差曲面

图 6-4　对函数的逼近效果

与梯度下降算法和递归最小二乘算法的性能比较如表 6-1 所示,结合上述图中显示的逼近结果和表 6-1,可以发现基于改进型递归最小二乘算法的 RBF 神经网络能够较快达到期望误差,并且较之递归最小二乘算法和梯度下降算法具有更好的检测误差,从而说明了改进型递归最小二乘算法具有较好的泛化能力,是一种有效的 RBF 神经网络训练算法。

基于改进型递归最小二乘算法 RBF 神经网络具有较多的优点:训练时间短、泛化能力强、最佳逼近的性质,相对其他 RBF 神经网络参数学习方法,改进型递归最小二乘算法的应用必将越来越广泛。

表 6-1　三种算法性能比较

算法	期望误差	检测误差	训练时间/s
改进型递归最小二乘算法	**0.01**	**0.014 1**	**4.525**
递归最小二乘算法	0.01	0.017 8	17.212
梯度下降	0.01	0.041 9	23.321

6.4.2　双螺旋模式分类

双螺旋分类问题是评估神经网络分类复杂边界样本能力的一个基准问题[60]，也是最困难的模式分类问题之一。网络对双螺旋问题的分类能力往往可作为评价网络泛化能力的一个重要指标。

双螺旋线由两条相互缠绕的螺旋线构成，每条螺旋线上的点对应于一类，其训练样本如图 6-5 所示。该分类问题的训练样本是平面上的 194 个点，这 194 个点分别属于两个点集，各 97 个样本，相应类的输出分别属于 +1 和 −1。双螺旋线问题的任务是判断输入样本属于相互缠绕的两条螺旋线中的哪一条。由于两条螺旋线之间相互缠绕，即它们所对应的类之间是重叠的，这样就加大了 RBF 网络进行模式分类的难度。

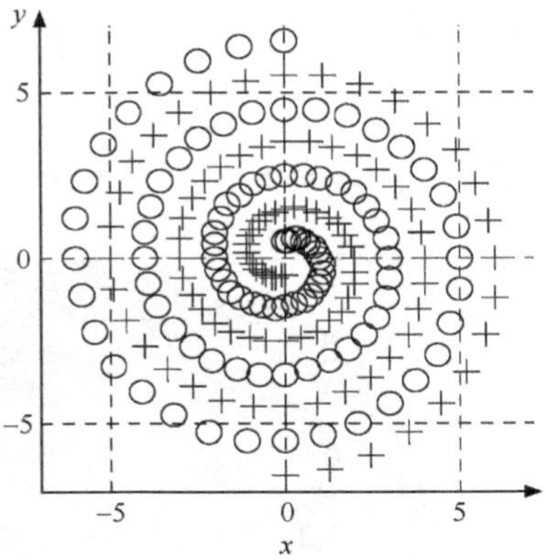

图 6-5　双螺旋的训练样本

图 6-5 所示的训练样本产生方式如下：

$$\begin{cases} \theta = i \times \pi/16 \\ r = 6.5 \times (104 - i)/104 \\ x = r \times \sin\theta \\ y = r \times \cos\theta \end{cases} \tag{6-39}$$

其中 $i = 0,1,\cdots,96$，则 (x,y) 和 $(-x,-y)$ 就可以构成两类样本。测试样本为

$x \in \{-7, 0.1, \cdots, 7\}$，$y \in \{-7, 0.1, \cdots, 7\}$，$x$ 和 y 各 141 个，即测试样本对为 19 881个进行仿真实验。

网络的初始结构为 2-50-1，衡量网络性能的标准为均方差。图 6-6 为整个训练过程中对应的误差曲线变化情况。图 6-7 给出了隐含层神经元数为 50 时 RBF 神经网络对双螺旋模式的分类结果。为了进一步分析改进型递归最小二乘算法的性能，让 RBF 神经网络隐含层神经元数在 45～52 变化，其他神经网络的参数相同，不同的隐含层神经元数的神经网络结构分别进行 100 次实验，取 100 次实验的平均值进行记录，表 6-2 列出了这 100 次实验的结果。

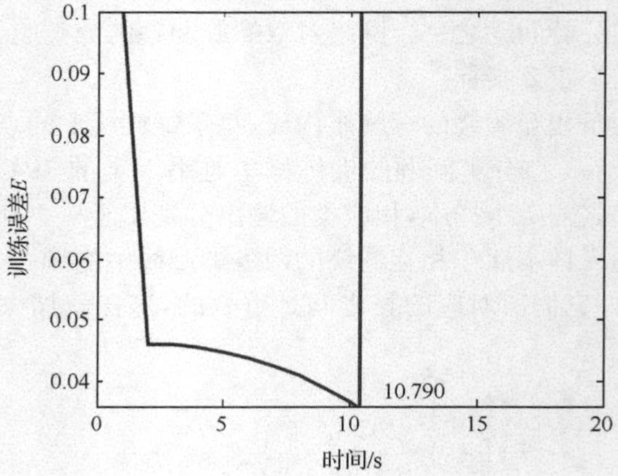

图 6-6　双螺旋分类训练误差曲线

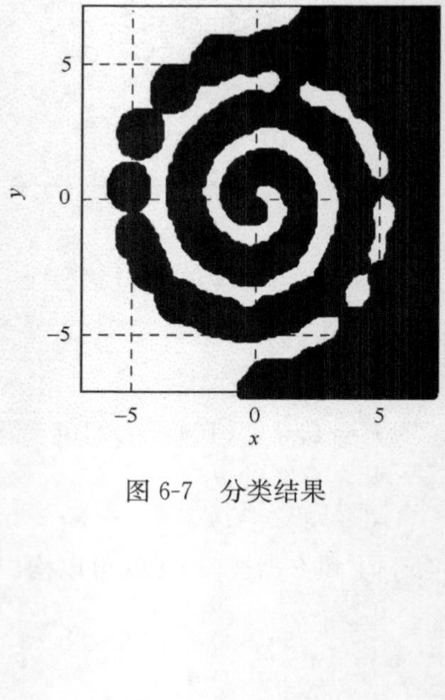

图 6-7　分类结果

表 6-2　双螺旋问题的比较结果

隐含层神经元数	出现次数	训练精度/%	检测精度/%
45	3	94.83	93.72
46	9	96.97	96.71
47	14	98.94	98.94
48	21	99.48	99.48
49	25	100.00	99.99
50	20	100.00	100.00
51	5	100.00	100.00
52	2	100.00	100.00

图 6-7 所示为隐节点为 49 个时，对 19 881 个测试样本的分类效果，此时，网络的训练精度为 100%，测试精度为 99.99%。结合图 6-6 分析，这 100 次实验之所以都能获得成功，还是由于改进型递归最小二乘算法具有较好的性能。

表 6-3 列出三种算法对双螺旋分类问题，达到相同训练精度时的结果比较（各自平均运行 20 次）。通过对双螺旋分类问题的仿真实验与分析及与其他算法的比较。可以看出，较之递归最小二乘算法和梯度下降，改进型递归最小二乘算法具有以下优点：训练时间短、泛化能力强、分类精度高。

表 6-3　三种算法性能比较

算法	期望精度/%	检测精度/%	训练时间/s
改进型递归最小二乘算法	**100%**	**97.13%**	**10.790**
递归最小二乘算法	100%	95.32%	39.553
梯度下降	100%	93.01%	121.241

6.4.3　污泥膨胀预测

活性污泥法在处理城市污水及造纸、印染、化工等众多工业废水方面得到了广泛的应用[61～65]，并取得了良好的效果，但是活性污泥法在实际运行中始终伴随着污泥膨胀。对于普遍发生的污泥膨胀进行识别和预测，这既是一个工程问题又涉及了微生物的相关知识，需要多个学科知识交叉结合。总体来看，污泥膨胀具有以下独特的特点[66～69]：①机理复杂，活性污泥的微生物是多种微生物的群体，其正常的生态平衡受到各方面因素的影响，使得污泥膨胀的诱发机理和影响因素变得相当复杂。②难以控制，污泥膨胀素有“污水生化处理活性污泥法的癌症”之称，至今尚未找到一种通用的解决污泥膨胀的控制方法或手段。③发生率高，欧洲各国的污水处理厂污泥膨胀发生率约为 50%，美国约 60%，我国的几乎所有活性污泥法工艺的污水处理厂存在不同程度的污泥膨胀[70]。④涉及面广，无论是普通活性污泥系统还是生物脱氮除磷系统都会发生污泥膨胀，污泥膨胀伴随着活性污泥法处理技术普遍存在[71]。⑤修复时间长,污泥膨胀一般发生只要 2～3 天,而恢复正常却要 3 倍泥龄以上的时间(10～30 天)。⑥危害严重,污泥膨胀不仅使污泥流失、出水水质超标,甚至导致整个污水处理过程失败,每年造成惊人的损失。因此,预测污泥膨胀具有重要的理论意义和实际应用价值。根据住房和城乡建设部 2011 年发布的《关于全国城镇污水处理设施 2010 年第四季度建设和运行情况的通报》,截至 2010 年底,全国城镇污水处理厂将达到 4 432 座,污水处理能力达到 1.64 亿 m^2/天,投入运行的污水处理厂污水处理能力已经与美国相当[72];但是美国污泥膨胀发生率仅约 60%(我国几乎所有活性污泥法工艺的污水处理厂存在不同程度的污泥膨胀)。而北京截至 2010 年底,已建成大型城镇污水处理厂 40 座,小型污水处理设施 43 处,村级污水处理设施 650 座。全市污水处理能力达到 378 万 t/天,年处理污水达 11 亿 m^3 以上。"十二五"期间,以北京为例,城镇污水处理率将达到 90%;其中,中心城污水处理率达到 97%、新城建成区污水处理率要达到 90% 以上。因此,保证污水处理厂的正常运行,降低污泥膨胀发生率能够产生巨大的经济效益,具有很高的实际研究价值。

污泥膨胀的主要特征是污泥沉降性能恶化,污泥体积指数(sludge volume index, SVI)是表示污泥沉降性能的参数,通常当 SVI 高于 150 mL/g 时发生污泥膨胀[73,74]。SVI 这一关键指标难以在线测量,实际应用中靠人工化验得到。大部分污水处理厂 SVI 的测量频率为每周 1～2 次,很难依靠 SVI 的测量值及时获取污泥膨胀信息。同时,由于引起污泥膨胀的原因是多方面的,而且这些因素相互影响、相互联系、相互制约,因此,污泥膨胀的建模问题是一个世界性的难题[75]。

污泥膨胀机理复杂和难以控制的特点决定了其复杂的动态特性,由于污泥中微生物生命活动受溶解氧浓度、微生物种群、污水的 pH 等多种因素影响,精确表述污泥膨胀与各个因素之间的关系十分困难。BSM 模型的提出人 Jørgensen 等已经指出利用数学公式建立的污水处理污泥沉降模型很难具有理想的精度和通用性,必须通过挖掘人工智能方法,建立污水处理过程特征模型,以期获得精确、有效和通用模型[75]。然而,建立污泥膨胀智能特征模型面临的问题是:如何从引起污泥膨胀众多相关因素中确定其关键参量,如何快速准确地测量出与污泥膨胀相关的参量值(SVI、SV 等),如何保证污泥膨胀智能特征模型的稳定性等科学问题。这些问题都是当前普遍关注而尚未解决的问题,而这些问题又恰是智能方法应用所要考虑的问题[76～78]。

由于城市污水处理的复杂性,寻求能够准确描述污泥膨胀特征变量很重要。根据污泥沉降性能要求,分析系统中影响污泥沉降效果的主要因素,并依据出水目标在系统中挖掘出能够包含污泥膨胀特征信息的一系列特征变量(SV、SVI 等)。通过历史数据、在线实时测量数据,分析与各个特征变量有关的参量的特性以及它们之间的相互关系。将已有数据通过聚类等方法提取与出水指标相关的参量,分析参量的重要性并挖掘出重要参量的信息，将次要参量表示为辅助变量或约束条件，并根据次要参量特性对模型进行校正和调整。

在该实验中主要利用基于改进型递归最小二乘算法的 RBF 神经网络对污水处理过程中污泥体积指数进行预测，图 6-8 为基于神经网络的 SVI 预测框架图。

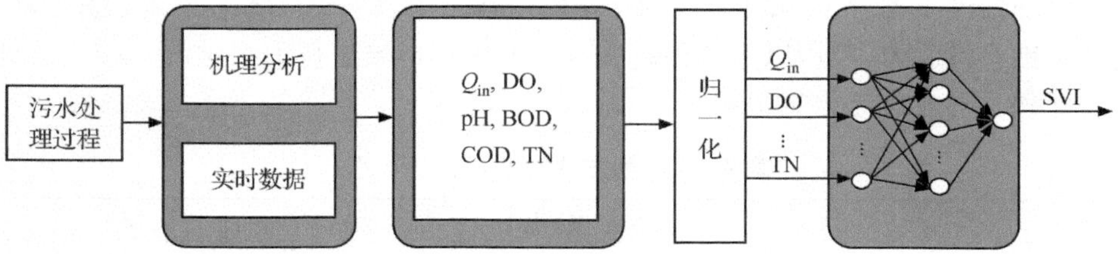

图 6-8　基于 RBF 神经网络的 SVI 预测框架

在整个污水处理工艺中，微生物种类众多，机理复杂，污水工艺中的有机物、氮和磷等营养物质、腐化废水和陈腐废水、有毒物质、溶解氧、pH、有机负荷、反应器的混合液流态和曝气方法都可能引发污泥膨胀的发生。其中直接或间接影响 SVI 变化的参数就有 13 个，通过分析用于 SVI 预测的输入变量主要有入水流量(Q_{in})、溶解氧浓度(DO)、酸碱度(pH)、生化需氧量(BOD)、化学需氧量(COD)，以及总氮(TN)。这些变量的选取依据污水处理过程生化反应机理，以及污泥膨胀指数相关性分析。同时，这些变量的监测值来自于实际污水处理厂四个季度的报表数据，表 6-4给出了这几个变量监测的仪器。

表 6-4　实验需要的输入

变量	解释	监测仪器
Q_{in}/(m^3/d)	入水流量	LZB glass rotor flow meter
DO/(mg/L)	溶解氧浓度	WTW oxi/340i oxygen probe
pH	酸碱度	WTW inoLab pH level2
BOD/(mg/L)	生化需氧量	WTW TS 606/S
COD/(mg/L)	化学需氧量	COD 5B-3C
TN/(mg/L)	总氮	Multi N/C 3000 TOC/TN

在这个实验中，基于改进型递归最小二乘算法的 RBF 神经网络作为工具通过比较容易监测的变量——入水流量、溶解氧浓度、酸碱度、生化需氧量、化学需氧量，以及总氮来预测污泥体积指数的值。该实验中的数据来自于北京市某污水处理厂 2009 年全年报表数据，通过剔除不正常的数据，剩余 360 组用于实验，其中 300 组用于训练，其他 9 月份到 10 月份的 60 组数据用于检测，因为秋冬季节是比较容易发生污泥膨胀的季节，更能反映 RBF 神经网络的性能。同时污泥体积指数的期望误差是 3 mg/L，由于被研究对象是一个多输入单输出系统，这就要求 RBF

神经网络也是一个多输入单输出结构，RBF 神经网络的输入输出关系可表示为

$$\mathrm{SVI}(t)=f(Q_{\mathrm{in}}(t),\mathrm{DO}(t),\mathrm{pH}(t),\mathrm{BOD}(t),\mathrm{COD}(t),\mathrm{TN}(t)) \tag{6-40}$$

为了更充分地验证改进型递归最小二乘算法的性能，将该实验的结果与其他几种方法进行比较：数学模型[79]、图像分析方法[80]、动态 ARX 方法[81]，以及感知器神经网络[82]。以上这几种方法的详细输入输出关系参见表 6-5，在实验中，为了使结果更具说服力，利用以上几种方法对污泥体积指数进行预测时，所有方法的参数设计和学习方法与原文中相同。

表 6-5　不同方法的输入输出描述

方法	输入输出描述	变量
RBF	$\mathrm{SVI}(t)=f(Q_{\mathrm{in}}(t),\mathrm{DO}(t),\mathrm{pH}(t),\mathrm{BOD}(t),\mathrm{COD}(t),\mathrm{TN}(t))$	Q_{in}, DO, pH, BOD, COD, TN
数学模型[79]	$\mathrm{SVI}=\left\{\dfrac{H_0-[V_0\mathrm{e}^{-kx}(t-t_{\mathrm{f}})]}{XH_0}\right\}\times 1\,000$	H_0, V_0, X, k, t_{f}, x
图像分析[80]	$\mathrm{SVI}=0.855\,22x+23.701$	x
动态 ARX[81]	$\mathrm{SVI}(t)+a_1\mathrm{SVI}(t-1)+\cdots+a_{na}\mathrm{SVI}(t-na)$ $=b_1u(t-nk)+\cdots+b_{nb}u(t-nk-nb+1)+e(t)$	$a_1,\cdots,a_{na}$, $b_1,\cdots,b_{nb},na,nb,R$
感知器[82]	$\mathrm{SVI}(t)=f(\mathrm{SOUR}(t),\mathrm{ATP}(t))$	SOUR, ATP

不同方法的污泥体积指数预测结果如图 6-9 所示，预测结果与实际结果之间的误差如图 6-10 所示，为了进一步对不同方法的预测性能进行比较，表 6-6 给出了不同方法之间的预测精度。

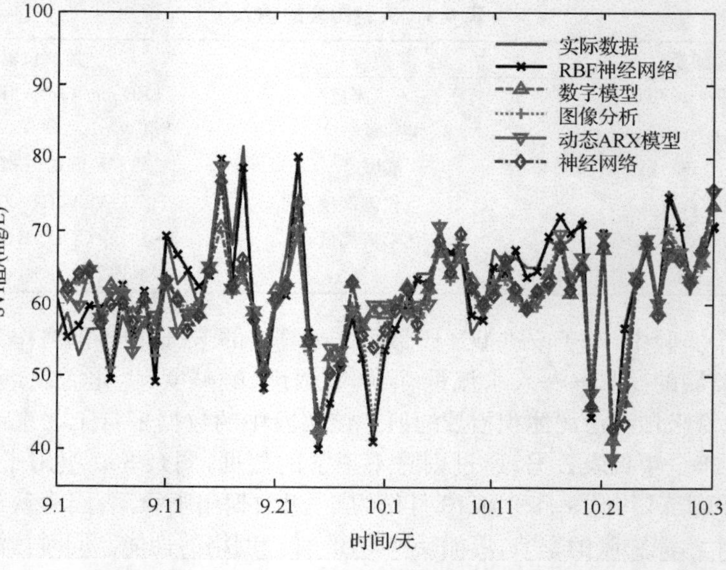

图 6-9　污泥体积指数的值

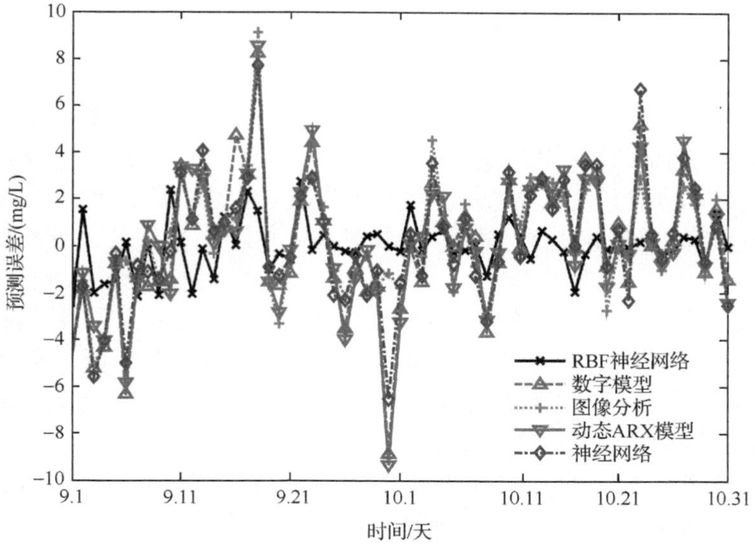

图 6-10　预测值与实际值之间的误差

表 6-6　不同方法的比较

方法	平均精度/%	
	最小	最大
RBF	**96.2**	**99.7**
数学模型[79]	86	93.1
图像分析[80]	84	94
动态 ARX[81]	79	91
感知器[82]	90.1	92.8

图 6-9 显示基于改进型递归最小二乘算法的 RBF 神经网络能够较好地对污泥体积指数值进行预测，尤其是在 9 月 16 日、18 日和 23 日发生的污泥膨胀能够较好地进行预测，较之其他几种方法有较好的预测精度，特别是图 6-10 显示基于改进型递归最小二乘算法的 RBF 神经网络能够保证预测误差在 ±3 mg/L (±5%)，这非常有助于实际污水处理厂及时发现污泥膨胀现象。

表 6-6 是对不同的方法独立进行实验 100 次，记录其预测精度。不难发现，无论是最小精度还是最大精度，基于改进型递归最小二乘算法的 RBF 神经网络都具有较大的优势，特别是最大精度基本达到了 100%。因此，可以说明改进型递归最小二乘算法是一种有效的 RBF 神经网络学习算法，基于改进型递归最小二乘算法的 RBF 神经网络是一种有效的智能方法，能够较好地实现污水处理过程中污泥体积指数值的预测。

6.5 本章小结

综上所述,RBF 神经网络中的隐含层神经元的中心及其宽度和神经网络的连接权值对神经网络的性能影响较大,隐含层神经元的中心及宽度过大,类与类之间的界线变模糊,分类精度不高,宽度过小,函数覆盖的区域就小,网络的泛化能力就差。神经网络的连接权值计算恰当可以提高最终神经网络的逼近精度、泛化能力等。

本章,从 RBF 神经网络的学习算法出发,基于递归最小二乘算法提出了一种改进型递归最小二乘算法,并且对该算法进行了理论和实验分析。最后将基于递归最小二乘算法的 RBF 神经网络应用于非线性函数逼近、双螺旋模式分类以及污泥膨胀预测,取得了以下结论:

(1) 改进型递归最小二乘算法通过判断估计误差和逼近误差之间的大小关系,决定相关的连接权值进行修改,避免了递归最小二乘算法在训练过程中由于庞大矩阵带来的复杂计算,提高了 RBF 神经网络学习算法的训练速度。同时,通过理论分析,改进型递归最小二乘算法能够保证最终算法的收敛性,这一特性扩大了其推广应用的范围。

(2) 通过对非线性函数进行逼近,结果显示基于改进型递归最小二乘算法的 RBF 神经网络具有较强的逼近能力,与递归最小二乘算法和梯度下降算法的比较结果显示本章提出的改进型递归最小二乘算法具有训练时间短、泛化能力强、最佳逼近等性质。

(3) 通过评估神经网络分类复杂边界样本能力的一个基准问题——双螺旋分类问题的实验表明:改进型递归最小二乘算法对双螺旋问题具有较好的分类能力,较之递归最小二乘算法和梯度下降,具有训练时间短、泛化能力强、分类精度高等特点。然而,在这个实验中也发现 RBF 神经网络的结构对最终神经网络的性能也有较大的影响,RBF 神经网络性能与其结构有一定的关系。

(4) 最后,针对污水处理过程中普遍发生的污泥膨胀进行预测,根据污泥沉降性能要求,并依据出水目标在系统中挖掘出能够包含污泥膨胀特征信息——污泥体积指数。利用 RBF 神经网络建立了有入水流量、溶解氧浓度、酸碱度、生化需氧量、化学需氧量、总氮与污泥体积指数之间的映射关系,实现了北京市某污水处理厂 2009 年 9 月份到 10 月份污泥体积指数的预测,并且发现了其中发生的 3 次污泥膨胀现象,实验结果显示基于改进型递归最小二乘算法的 RBF 神经网络能够实现较高精度的污泥体积指数预测值。

参考文献

[1] Lee J, Mathews V J. A fast recursive least squares adaptive second order volterra filter and its performance analysis. IEEE Transactions on Signal Processing, 1993, 41(3): 1087-1102.

[2] Grant I H W M. Recursive least squares. Teaching Statistics, 1987, 9(1): 15-18.

[3] Bobrow J E, Murray W. An algorithm for rls identification parameters that vary quickly with time. IEEE Transactions on Automatic Control, 1993, 38(2): 351-354.

[4] Qin S J. Recursive pls algorithms for adaptive data modeling. Computers Chemical Engineering, 1998, 22(4-5): 503-514.

[5] Xu X, He H, Hu D. Efficient reinforcement learning using recursive least-squares methods. Journal of Artificial Intelligence Research, 2002, 16(1): 259-292.

[6] Lee H W, Lee M W, Park J M. Robust adaptive partial least squares modeling of a full-scale industrial wastewater treatment process. Industrial & Engineering Chemistry Research, 2006, 46(3): 955-964.

[7] Lee D S, Lee M W, Woo S H, et al. Nonlinear dynamic partial least squares modeling of a full-scale biological wastewater treatment plant. Process Biochemistry, 2006, 41(9): 2050-2057.

[8] Stearns S D. Digital Signal Analysis. New York, USA Hayden Book Company, 1975.

[9] Ouyang S, Bao Z, Liao G. Robust recursive least squares learning algorithm for principal component analysis. IEEE Transactions on Neural Networks, 2000, 11(1): 215-221.

[10] Chiang L H, Russell E L, Braatz R D. Fault diagnosis in chemical processes using fisher discriminant analysis, discriminant partial least squares, and principal component analysis. Chemometrics and Intelligent Laboratory Systems, 2000, 50(2): 243-252.

[11] Hyvarinen A. Fast and robust fixed-point algorithms for independent component analysis. IEEE Transactions on Neural Networks, 1999, 10(3): 626-634.

[12] Babadi B, Kalouptsidis N, Tarokh V. Sparls: the sparse rls algorithm. IEEE Transactions on Signal Processing, 2010, 58(8): 4013-4025.

[13] Engel Y, Mannor S, Meir R. The kernel recursive least-squares algorithm. IEEE Transactions on Signal Processing, 2004, 52(8): 2275-2285.

[14] Ding F, Chen T, Qiu L. Bias compensation based recursive least-squares identification algorithm for miso systems. IEEE Transactions on Circuits and Systems II: Express Briefs, 2006, 53(5): 349-353.

[15] Cattivelli F S, Lopes C G, Sayed A H. Diffusion recursive least-squares for distributed estimation over adaptive networks. IEEE Transactions on Signal Processing, 2008, 56(5): 1865-1877.

[16] Martin T H, Howard B D, Mark H B. Neural Network Design. Boston, Massachusetts, USA. PWS Publishing Company, 1996.

[17] Golub, Van L. An analysis of the Total Least Squares problem. SIAM Journal on Numerical Analysis, 1980, 17(6): 883-893.

[18] Golub G H, Loan C F V. Matrix Computations. Baltimore, Maryland, USA. Johns Hopkins University Press, 1996.

[19] Santos E E. Parallel complexity of matrix multiplication. The Journal of Supercomputing, 2003, 25(2): 155-175.

[20] Horn R A, Johnson C R. Matrix Analysis. Cambridge, England. Cambridge University Press, 1990.

[21] Sayed A H. Fundamentals of Adaptive Filtering. Hoboken, New Jersey: Jhon Wiley & Sons, 2003.

[22] Summers R. A note on least squares bias in household expenditure analysis. Econometrica，1959，27(1)：121-126.

[23] Hisa T C. System Identification (Least-Squares Methods). Massachusetts：Heath and Company，1977.

[24] Hayes M H. Statistical Digital Signal Processing and Modeling. New Jersey：Wiley，1996.

[25] 熊鹰，梁树雄，尹俊勋. RLS算法的改进性能分析. 华南理工大学学报(自然科学版)，2001，29(11)：32-36.

[26] Lee D，Morf M，Friedlander B. Recursive least squares ladder estimation algorithms. IEEE Transactions on Circuits and Systems，1981，28(6)：467-481.

[27] Cioffi J，Kailath T. Fast，recursive-least-squares transversal filters for adaptive filtering. IEEE Transactions on Acoustics，Speech and Signal Processing，1984，32(2)：304-337.

[28] Lin C T，Lu Y C. A neural fuzzy system with fuzzy supervised learning. IEEE Transactions on Systems，Man，and Cybernetics，Part B：Cybernetics，1996，26(2)：744-763.

[29] Shi Y，Eberhart R，Chen Y. Implementation of evolutionary fuzzy systems. IEEE Transaction on Fuzzy Systems，1999，7(1)：109-119.

[30] Wu S Q，Er M J. Dynamic fuzzy neural networks-a novel approach to function approximation. IEEE Transactions on Systems Man And Cybernetics Part B-Cybernetics，2000，30(2)：358-364.

[31] Rubio J D J. SOFMLS：Online Self-Organizing Fuzzy Modified Least-Squares Network. IEEE Transaction on Fuzzy Systems，2009，17(6)：1296-1309.

[32] Peng J，Li K，Irwin G W. A novel continuous forward algorithm for rbf neural modelling. IEEE Transactions on Automatic Control，2007，52(1)：117-122.

[33] Peng H，Wu J，Inoussa G，et al. Nonlinear system modeling and predictive control using the rbf nets-based quasi-linear arx model. Control Engineering Practice，2009，17(1)：59-66.

[34] Beyhan S，Alc M. Stable modeling based control methods using a new rbf network. ISA Transactions，2010，49(4)：510-518.

[35] 叶健，葛临东，吴月娴. 一种优化的 RBF 神经网络在调制识别中的应用. 自动化学报，2007，33(06)：652-654.

[36] Huang G，Saratchandran P，Sundararajan N. A generalized growing and pruning rbf (ggap-rbf) neural network for function approximation. IEEE Transactions on Neural Networks，2005，16(1)：57-67.

[37] Rojas I，Pomares H，Bernier J L，et al. Time series analysis using normalized pg-rbf network with regression weights. Neurocomputing，2002，42(1-4)：267-285.

[38] Noriega J R，Wang H. A direct adaptive neural-network control for unknown nonlinear systems and its application. IEEE Transactions on Neural Networks，1998，9(1)：27-34.

[39] Liu J，Lu Y. Adaptive rbf neural network control of robot with actuator nonlinearities. Journal of Control Theory and Applicatioin，2010，08(2)：249-256.

[40] Ishihara A K，van Doornik J，Ben-Menahem S. Control of robots using radial basis function neural networks with dead-zone. International Journal of Adaptive Control and Signal Processing，2011，25(7)：613-638.

[41] 乔俊飞，韩红桂. RBF 神经网络的结构动态优化设计. 自动化学报，2010，(06)：865-872.

[42] 韩红桂，李淼，乔俊飞. 基于模型输出敏感度分析法的动态 RBF 神经网络设计. 信息与控制，2009，38(03)：370-375.

[43] Yu W，Li X. System identification using adjustable rbf neural network with stable learning algorithms.

Lecture Notes in Computer Science, 2004, 3174: 21-22.

[44] Salahshour K, Jafari M R. On-line identification of non-linear systems using adaptive rbf-based neural networks. International Journal of Information Science and Technology, 2007, 5(2): 99-121.

[45] Er M J, Wu S, Lu J, et al. Face recognition with radial basis function (rbf) neural networks. IEEE Transactions on Neural Networks, 2002, 13(3): 697-710.

[46] Lin W, Yang C, Lin J, et al. A fault classification method by rbf neural network with ols learning procedure. IEEE Transactions on Power Delivery, 2001, 16(4): 473-477.

[47] Er M J, Chen W, Wu S. High-speed face recognition based on discrete cosine transform and rbf neural networks. IEEE Transactions on Neural Networks, 2005, 16(3): 679-691.

[48] 赵小国，阎晓妹，孟欣. 基于 RBF 神经网络的分数阶混沌系统的同步. 复杂系统与复杂性科学，2010，7(1): 40-46.

[49] Sørensen P H, Nørgaard M, Ravn O, et al. Implementation of neural network based non-linear predictive control. Neurocomputing, 1999, 28(1-3): 37-51.

[50] Song Y, Chen Z, Yuan Z. New chaotic pso-based neural network predictive control for nonlinear process. IEEE Transactions on Neural Networks, 2007, 18(2): 595-601.

[51] Yu D L, Gomm J B. Implementation of neural network predictive control to a multivariable chemical reactor. Control Engineering Practice, 2003, 11(11): 1315-1323.

[52] Nahas E P, Henson M A, Seborg D E. Nonlinear internal model control strategy for neural network models. Computers and Chemical Engineering, 1992, 16(12): 1039-1057.

[53] Huang J, Lewis F L. Neural-network predictive control for nonlinear dynamic systems with time-delay. IEEE Transactions on Neural Networks, 2003, 14(2): 377-389.

[54] Lu C, Tsai C. Adaptive predictive control with recurrent neural network for industrial processes: an application to temperature control of a variable-frequency oil-cooling machine. IEEE Transactions on Industrial Electronics, 2008, 55(3): 1366-1375.

[55] Joseph B, Hanratty F W. Predictive control of quality in a batch manufacturing process using artificial neural network models. Industrial & Engineering Chemistry Research, 1993, 32(9): 1951-1961.

[56] Morris A J, Montague G A, Willis M J. Artificial neural networks: studies in process modelling and control: process operation and control. Chemical Engineering Research & Design, 1994, 72(1): 3-19.

[57] Yi J, Wang Q, Zhao D, et al. Bp neural network prediction-based variable-period sampling approach for networked control systems. Applied Mathematics and Computation, 2007, 185(2): 976-988.

[58] Draeger A, Engell S, Ranke H. Model predictive control using neural networks. IEEE Transactions on Control Systems Technology, 1995, 15(5): 61-66.

[59] Wu S, Chow T W S. Self-organizing and self-evolving neurons: a new neural network for optimization. IEEE Transactions on Neural Networks, 2007, 18(2): 385-396.

[60] Ridella A, Rovetta S, Zunino R. Circular back propagation for classification. IEEE Transaction on Neural Networks, 1997, 8(1): 84-97.

[61] Jeppsson U, Pons M N. The COST benchmark simulation model-current state and future perspective. Control Engineering Practice, 2004, 12(3): 299-304.

[62] Marsili-Libelli S. Modelling and automation of water and wastewater treatment processes. Environmental Modelling & Software, 2010, 25(5): 613-615.

[63] Houweling D, Kharoune L, Escalas A, et al. Dynamic modelling of nitrification in an aerated facultative

lagoon. Water Research, 2008, 42(1-2): 424-432.

[64] Machado V C, Tapia G, Gabriel D, et al. Systematic identifiability study based on the Fisher Information Matrix for reducing the number of parameters calibration of an activated sludge model. Environmental Modelling & Software, 2009, 24(11): 1274-1284.

[65] Daels T, Willems B, Vervaeren H, et al. Calibration and statistical analysis of a simplified model for the anaerobic digestion of solid waste. Environmental Technology, 2009, 30(14): 1575-1584.

[66] Martins A M P, Loosdrecht M C M V, Heijnen J J. Effect of feeding pattern and storage on the sludge settleability under aerobic conditions. Water Research, 2003, 37(11):2555-2570.

[67] 吕永涛, 孙红芳, 王磊, 等. ANAMMOX 过程中污泥膨胀的原因分析及消除办法. 中国给水排水, 2008, 24(17): 67-70.

[68] Mesquita D P, Amaral A L, Ferreiraa E C, et al. Study of saline wastewater influence on activated sludge flocs through automated image analysis. Journal of Chemical Technology & Biotechnology, 2009, 84(4): 554-560

[69] Maria R H, Jordi L, Joan L. Effect of ultrasonic waves on the rheological features of secondary sludge. Biochemical Engineering Journal, 2010, 52(2-3):131-136.

[70] 吴昌永, 彭永臻, 彭轶. A^2O 工艺中的污泥膨胀问题及恢复研究. 中国环境科学, 2008, 28(12): 1074-1078.

[71] Kruit J, Hulsbeek J, Visser A. Bulking sludge solved. Water Science & Technology, 2002, 46(1-2): 457-464.

[72] 中华人民共和国住房和城乡建设部. 关于全国城镇污水处理设施 2010 年第四季度建设和运行情况的通报. www. mohurd. gov. cn. 2011-3-18.

[73] Gernaey K V, Loosdrecht M C M V, Henze M, et al. Activated sludge wastewater treatment plant modelling and simulation: state of the art. Environmental Modelling & Software, 2004, 19(6): 763-783.

[74] Alsina X F, Comas J, Roda I R, et al. Including the effects of filamentous bulking sludge during the simulation of wastewater treatment plants using a risk assessment model. Water Research, 2009, 43(18):4527-4538.

[75] Antionio M P M, Krishna P, Joseph J H, et al. Filamentous bulking sludge—a critical review. Water Research, 2004, 38 (4): 793-817.

[76] Heine W, Sekoulov I, Burkhardt H, et al. Early warning-system for operation-failures in biological stages of WWTPs by on-line image analysis. Water Science & Technology, 2002, 46(4-5): 117-124.

[77] Shannon M A, Bohn P W, Elimelech M, et al. Science and technology for water purification in the coming decades. Nature, 2008, 452: 301-310.

[78] Hess J, Bernard O. Design and study of a risk management criterion for an unstable anaerobic wastewater treatment process. Journal of Process Control, 2008, 18(1): 71-79.

[79] Giokas D L, Daigger G T, Sperling M, et al. Comparison and evaluation of empirical zone settling velocity parameters based on sludge volume index using a unified settling characteristics database. Water Research, 2003, 37(16): 3821-3836.

[80] Mesquita D P, Dias O, Dias A M, et al. Correlation between sludge settling ability and image analysis information using partial least squares. Analytica Chimica Acta, 2009, 642(1-2): 94-101.

[81] Smets I Y, Banadda E N, Deurinck J, et al. Dynamic modeling of filamentous bulking in lab-scale activated sludge processes. Journal of Process Control, 2006, 16(3): 313-319.

[82] Brault J M, Labib R L, Perrier M, et al. Prediction of activated sludge filamentous bulking using ATP data and neural networks. Canadian Society for Chemical Engineering, 2010, 89(2): 1-13.

第 7 章　基于显著性分析的快速修剪型感知器神经网络

7.1　引　　言

神经网络结构过于复杂，就会导致网络结构存在冗余，容易出现过拟合、泛化能力差等现象；如何使神经网络满足性能要求的同时具有最小的网络规模，修剪算法是一个有效的方法。神经网络修剪设计具有以下优点[1~6]：① 对初始条件的要求不是很高，而且能够提高网络的泛化能力；② 对神经网络的结构进行修改，提高了神经网络的学习效率；③ 对冗余神经元和权值进行删除使得神经网络结构更加紧凑，利于硬件实现。

本章提出一种隐含层神经元显著性分析方法，基于显著性分析直接剔除隐含层冗余神经元，实现感知器神经网络结构自组织设计，获得一种神经网络快速修剪算法，从而使神经网络获得更简洁的结构和更快的学习速度。

为了使前馈神经网络具有最佳的网络结构，神经网络结构优化设计已经成为智能研究领域广泛关注的问题。近年来，相继有一些神经网络结构优化方法被提出，从近年来的研究结果看，增长法和修剪法更加适合神经网络结构的设计，并取得了较大的突破，下面对增长型和修剪型前馈神经网络（主要是感知器神经网络）作简单回顾。

7.1.1　增长型神经网络

增长型神经网络，通过在线自动增加神经网络中隐含层数或者隐含层神经元个数调整神经网络拓扑结构的策略，改进网络性能，解决由神经元过少而学习效果差的问题。增长型神经网络主要有两类：非系统增长型和系统增长型。

1. 非系统增长型

非系统增长型设计中具有里程碑意义的是 Fritzke 提出的一种增长型栅格结构(GG)[7]，该算法可以看成是一个增长型自组织特征图。其主要内容包括两个部分：第一部分是增长阶段，在增长阶段神经网络的隐含层初始阶段由三个神经元组成一个面三角形的神经单元，根据网络的学习效果进行增加合适的神经元；第二部分是调整阶段，在调整阶段神经网络的隐含层神经元数不改变，只是通过延迟学习速率的方法来确定最终的神经网络结构。针对非系统增长型设计，Fritzke 还提出了一种增长型细胞结构(GCS)[8~10]，该神经网络能够把高维空间数据映射到低维数据空间；在映射的同时能够根据输入数据特征调整神经网络隐含层神经元数。与 GG 不同的是 GCS 在学习过程中只有获胜的隐含层神经元与获胜神经元直接联系的神经元进行调整，其他隐含层神经元不发生变化。通过调整，隐含层神经元可以分为兴奋和不兴奋两类，当隐含层神经元兴奋度达到一定的程度就在其附近增加新神经元。GG 和 GCS 虽然能够实现神经网络在线增长，但是由于其仅仅基于输入数据的特点，网络结构调整过于剧烈，影响最终网络的收敛。非系统增长型的增长结构示意图如图 7-1 所示，具有单隐含层的神经网络经过结构增长，隐含层神经元得到增加。

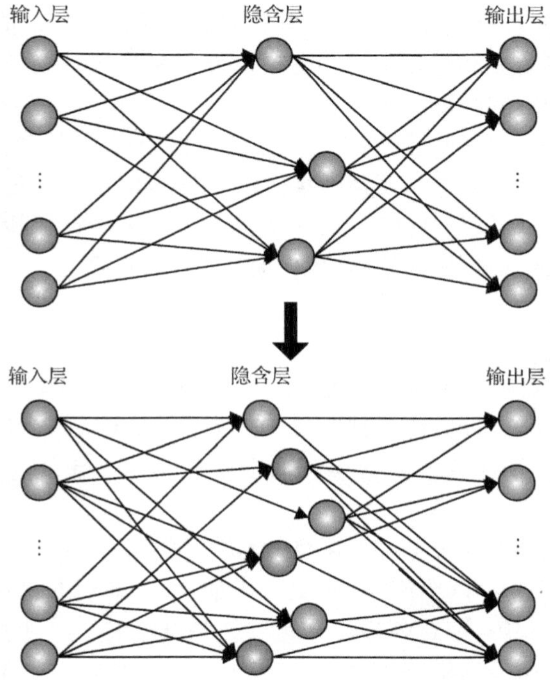

图 7-1　非系统增长型神经网络

非系统增长型神经网络除以上几种外，Fritzke 等提出的按研究对象的要求增长神经网络结构(GWR)[11]，GWR 是一种自组织神经网络，神经网络结构主要根据输入数据来调整，其增长机制是当现有神经网络性能满足输入数据处理效果时就保持原有网络结构，反之则增加神经元；GWR 不需要每次学习都要进行结构调整，而是当训练步骤达到预设整数值时进行调整。GWR 在收敛速度上优于 GCS，但是也只是利用仿真实验进行论证，并没有从理论上进行证明；而且 GWR 对初始值的设定需要非常精确。Chu 等提出的最优增长型多专家神经网络结构(OGMN)[12]，

OGMN 利用增长型神经元(GNG)确定多专家系统中专家数,从而获得最优专家神经网络结构,该方法由于参数过多,在应用时受到很大的限制。最近 Felix 提出权值局部插入式神经网络增长结构(LWIGNG)[13],LWIGNG 主要通过对权值的局部值进行插入,增加神经元的个数,在函数逼近中取得了较好的效果,但是并没有其他应用与收敛性的描述。Wu 等提出了一种基于遗传算法的增长型神经网络(SOSENs)[14],遗传算法是基于生物进化原理的搜索算法,具有很好的鲁棒性和全局搜索能力,适用于神经网络结构的优化和调整。虽然还有一些学者提出了基于遗传算法的增长型神经网络[15,16]。但是,遗传算法是一种全局搜索算法,基于遗传算法的增长型神经网络需要昂贵的计算代价。非系统增长型神经网络的最大特点是对无需考虑隐含层层数,其研究主要是针对单隐含层神经网络。值得一提的是借助神经网络非系统型增长方式,模糊神经网络也可以进行网络结构的调整[17,18]。这些文章都是借助以上思想对模糊神经网络规则层进行修改,以解决模糊规则需要预先确定的问题。

另外,非系统增长型神经网络也得到了广泛的应用[19~22]。但是由于非系统增长型神经网络在学习过程中都要判断神经网络的结构是否满足预设条件,而且网络结构只增不减,这就增加其计算量和存储空间,而且对结构调整后神经网络的收敛性一般都是以实验数据形式给出,很少通过理论证明获得。

2. 系统增长型

随着增长型神经网络的深入研究,单层神经网络的增长转向多层发展,形成了系统增长型神经网络设计方法。其增长方式为:具有单层隐含层的神经网络经过结构增长,在与输出层相连的隐含层和输出层之间插入新的隐含层,具体方式如图 7-2 所示。

系统增长型最早是 Burzevski 等基于 GCS 算法提出的一种系统增长型 GCS 结构[23],这种增长方法的初始结构和 GCS 类似,但是增长方式不同于 GCS。在神经网络结构调整过程中,如获胜神经元需要增长就增长一个类似于 GCS 的结构,最终将增长为一个树形结构,隐含层神经元不但发生改变,隐含层数也增加。该神经网络同时还能够对不兴奋的神经元和隐含层进行删除。该算法最大的贡献就是实现了多层神经网络的增长,在误差下降较慢时,系统 GCS 结构通过利用增加隐含层能够使神经网络以提高误差下降速度;但是究竟增加新的隐含层对最终神经网络性能的影响如何,尤其是计算能力,收敛速度等并没有给出定量分析。

近年来,随着自组织映射(SOM)的提出及广泛应用[24],Dittenbach 等提出了一种增长型系统 SOM 结构[25],该模型的最初启发来自于 GG 算法,然而该神经网络的隐含层是多层的,而且每层都是类似于 SOM 结构,隐含层之间也存在着相互关系,初始神经网络隐含层只有一层,在结构调整过程中根据学习效果调整隐含层数，获胜神经元将增长一个新隐含层，没有获胜的就保持原来的状态。该神经网络增长停止的判断条件是均方误差达到期望值。另外，Adams 等提出一种竞争型进化神经树(CENT)[26]，CENT 通过分析神经网络连接权值，当某个神经元的权值大于预先设定值时就把该神经元当做一个支点，在该神经元与下层连接之间增加一层作为树枝，从而调整神经网络结构。类似的还有 Herrero 等提出的自组织树结构(SOTA)[27]，SOTA 是基于 SOM 和 GCS 的系统型增长神经网络，神经网络的结构最终由期望达到的分类水平和神经网络输入确定。由于系统增长型 SOM 有较好的实用价值，利用系统增长型方式研究可变 SOM 也是当今研究的一个热点[28~30]。

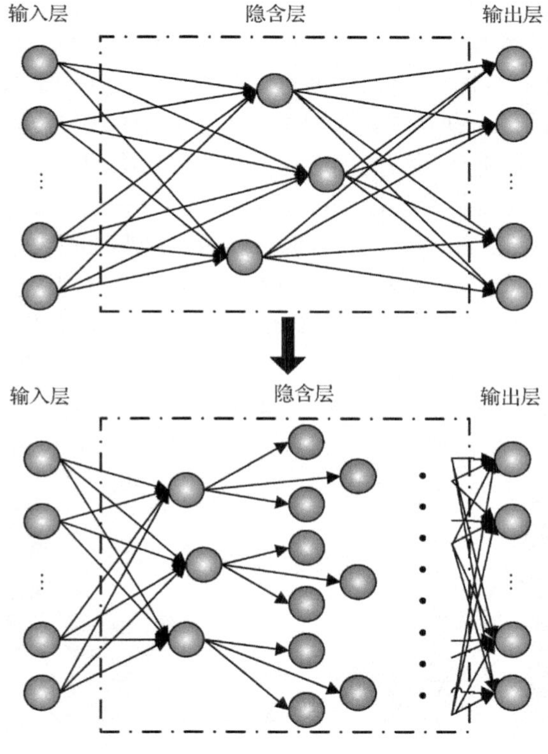

图 7-2　系统增长型神经网络

系统增长型与非系统增长型神经网络增长机制类似，只是增长途径不一样，较之非系统增长型神经网络，系统增长型神经网络对存储空间的要求较高，相同条件下训练所需的时间也较长。系统增长型神经网络的思想在其他领域中也得到了一些应用[31]，还有一些研究先利用非系统增长型对单隐含层中神经元进行增加，当神经网络性能在单层神经元增加后无法再提高或提高很慢时就增加新隐含层，从而获得更好的神经网络性能[32]，该算法尚处于初级阶段，还有一些理论需要研究证实。

由以上分析可知，增长型神经网络目前主要还是基于聚类方法进行神经元或者神经树的增长，取得了一些成果，而且这些成果也得到了较广泛的应用[33~36]。增长型神经网络能够根据信息处理的需要对初始神经网络结构进行修改，其性能有了较大的提高[37~39]。

7.1.2 修剪型神经网络

修剪型神经网络的思想最初来自 Le Cun 等根据信息论提出的最优脑损伤模型(OBD)[40]，这种模型利用修改 Hessian 矩阵的方法对神经网络的误差函数进行调整，从而降低神经网络的复杂度。在神经网络训练过程中，神经网络的连接权值根据性能指标的要求不断进行调整，通过对连接权值分析，删除较小的连接权值。文献[40]同时证明了 OBD 算法能够通过对连接权值的删减降低神经网络的冗余度，实验结果显示最终神经网络的训练速度得到了改善，精确度也有相应的提高。

在 OBD 算法的基础上 Hassibi 和 Stork 提出了一种最优脑外科结构(OBS)[41]，这种模型也是利用修改 Hessian 矩阵的方法对神经网络的误差函数进行调整。在学习过程中 Hessian 矩阵不需要假设为对角矩阵，而是对误差函数进行最优化处理。与 OBD 不同的是，OBS 不仅删除影响较小的神经元权值，并且对剩余的神经元权值进行调整，其计算复杂度和 OBD 相同。与 OBD 一次只能删除一个神经元权值相比，OBS 可以同时删除几个神经元权值，因此，OBS 的神经网络结构调整速度有所提高，OBS 的修剪过程如图 7-3 所示，神经网络中冗余的连接权值和隐含层

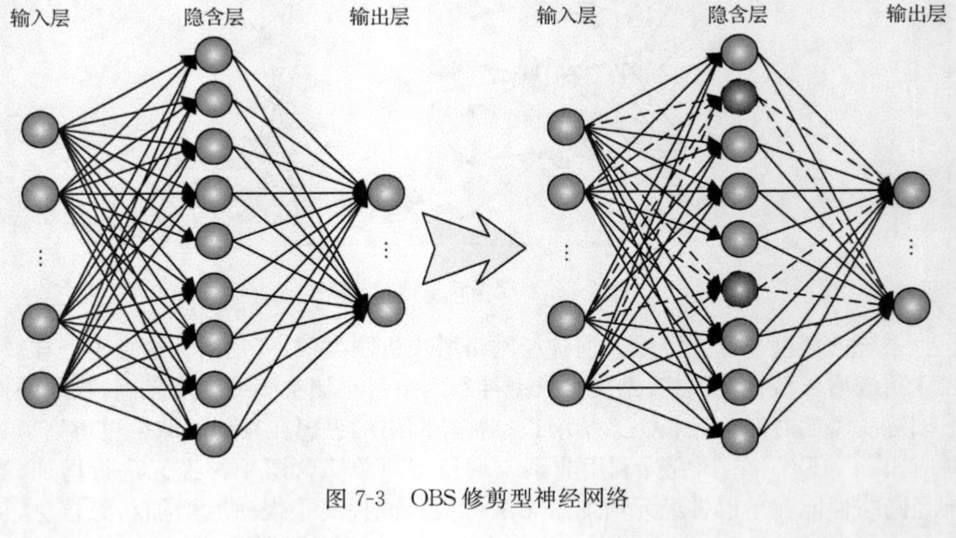

图 7-3 OBS 修剪型神经网络

神经元将被删除，虚线表示被删除的神经元和连接权值。同时，为了突出 OBS 算法的性能，Hassibi 等给出了修剪后神经网络的收敛性证明，但是修剪过程的收敛性目前还是一个开放的问题。

在以上两种修剪型神经网络的基础上，很多学者对其进行改进和应用，李倩等基于进化算法和局部搜索算法两类策略的特点和不足，提出了一种混合剪枝算法(HAP)[42]。HAP 首先联合遗传算法(GA)和反向传播算法(BP)的不同优势完成神经网络结构和权重进化的初级阶段，然后应用多权重剪枝策略(MW-OBS)进一步简化、确定网络结构。HAP 在寻优能力、简化网络结构、保证收敛性等方面均有明显优势，适合大规模人工神经网络的优化问题。本课题组在 OBS 的基础上，通过直接剔除冗余的隐含层神经元实现神经网络结构自组织设计，同时考虑神经网络结构调整对网络的影响，适时调整网络连接权值[43,44]。该快速修剪算法与常规的最优脑外科算法相比，具有更简单的网络结构和更快的学习速度。通过选择不同的目标函数函数，基于 Hessian 矩阵利用不同的方式寻求性能更好的修剪方法目前仍是神经网络结构研究的一个热点[45~52]。

基于 Hessian 矩阵的修剪算法的较大问题是 Hessian 矩阵及其逆的求解过程需要耗费较多时间，并且 Hessian 矩阵的逆有可能出现病态的情况。为了避免求解 Hessian 矩阵的逆，一些学者提出了基于敏感度分析(SA)[53,54]的修剪型神经网络。敏感度分析型修剪算法是利用神经网络输出值的敏感度分析，确定隐含层神经元对输出神经元的贡献，删除贡献较小的隐含层神经元，从而达到简化神经网络的目的。但是敏感度分析型神经网络主要针对单输出神经网络进行讨论，而且删减过程中神经网络收敛性没有讨论。

近年来，基于敏感度分析方法的修剪型神经网络的研究取得了一些突破性进展[55~60]，其修剪型神经网络也得到广泛应用[61,62]。修剪型神经网络除以上两类以外，还有一些别的方式，比较典型的是 Mozer 和 Smolensky 提出的 Skeletonization 神经网络[63]；Sietsma 和 Dow 提出的 NC 神经网络[64]等，这些神经网络修剪算法是利用聚类或神经网络复杂性尺度分析的方法直接删除神经元，进而删除冗余神经元或冗余神经元连接权值。

7.2 显著性分析

7.2.1 误差曲面分析

在感知器神经网络中，误差函数 E 是连接权值 $\boldsymbol{w}$ 的连续可微函数。因此，神经网络的学习目的实际上是获取 E 的最小值。误差函数 $E(\boldsymbol{w})$ 可看做连接权值空间中的一个误差曲面[65]，如图 7-4 所示。

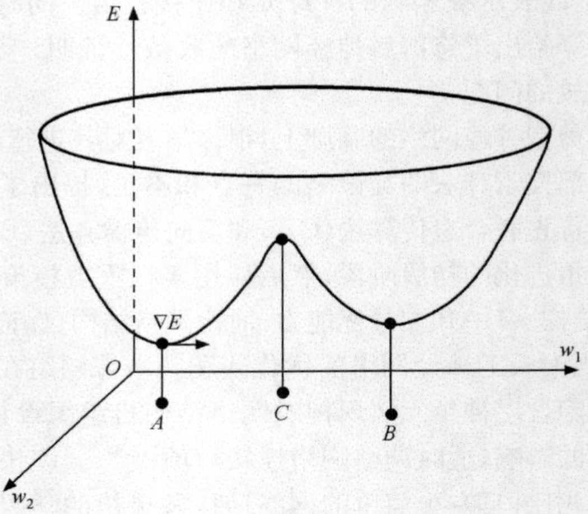

图 7-4　误差曲面

如果感知器神经网络是单隐含层,用感知器神经网络的期望输出和实际输出的差值平方和作为误差函数时,误差曲面将是一个多维的抛物面。误差函数将存在多个满足梯度 ∇E 等于 0 的极值点(如 A、B),其中只有一个全局最小点(如 A),其余是局部极小点(如 B),还有一些点(如 C)也满足梯度 ∇E 等于 0。如果将误差函数看成是单变量函数,其误差曲线上可能的平衡点如图 7-5 所示。

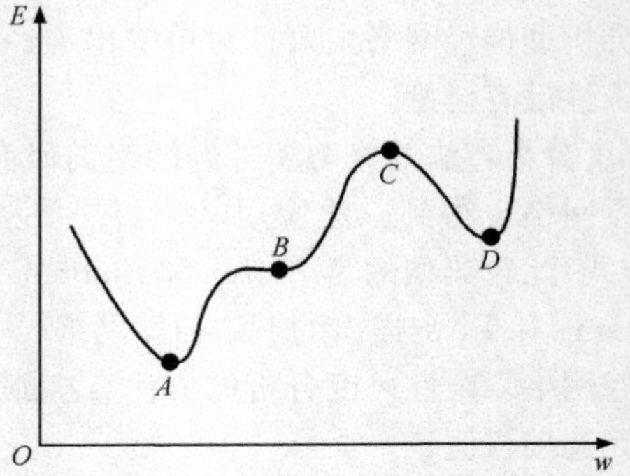

图 7-5　误差曲线

由于误差函数的非线性,寻找全局最小点比较困难,通常以迭代的方式获取权值空间中的最优值[66~68],即

$$\boldsymbol{w}(t+1) = \boldsymbol{w}(t) + \Delta\boldsymbol{w}(t) \tag{7-1}$$

不同算法用不同方法确定增量 $\Delta\boldsymbol{w}(t)$,但是最终目的都是使得期望误差函数收敛于全局最小点。

7.2.2 显著性分析算法

显著性分析算法是基于误差函数 E 泰勒级数展开模型，将最小化的性能指数用误差函数 $E(\boldsymbol{w})$ 表示，其中 $\boldsymbol{w}$ 是连接权值，$E(\boldsymbol{w})$ 是一个解析函数，它的各级导数均存在。$E(\boldsymbol{w})$ 可以表示成某些指定点 $\boldsymbol{w}'$ 上的泰勒级数展开[69]

$$E(\boldsymbol{w}) = E(\boldsymbol{w}') + \frac{\mathrm{d}}{\mathrm{d}\boldsymbol{w}}E(\boldsymbol{w})\big|_{\boldsymbol{w}=\boldsymbol{w}'}(\boldsymbol{w}-\boldsymbol{w}') + \frac{1}{2}\frac{\mathrm{d}^2}{\mathrm{d}\boldsymbol{w}^2}E(\boldsymbol{w})\big|_{\boldsymbol{w}=\boldsymbol{w}'}(\boldsymbol{w}-\boldsymbol{w}')^2 + \cdots + \frac{1}{n!}\frac{\mathrm{d}^n}{\mathrm{d}\boldsymbol{w}^n}E(\boldsymbol{w})\big|_{\boldsymbol{w}=\boldsymbol{w}'}(\boldsymbol{w}-\boldsymbol{w}')^n + \cdots \tag{7-2}$$

感知器神经网络的连接权值可以用向量 $\boldsymbol{w} = (w_1, \cdots, w_k)$ 表示，其数量一般很大。因此，将 $E(\boldsymbol{w})$ 在 $\hat{\boldsymbol{w}}$ 附近展成泰勒级数，忽略三次以上的各项。

$$E(\boldsymbol{w}) = E(\hat{\boldsymbol{w}}) + (\boldsymbol{w}-\hat{\boldsymbol{w}})^{\mathrm{T}}\nabla E(\hat{\boldsymbol{w}}) + \frac{1}{2}(\boldsymbol{w}-\hat{\boldsymbol{w}})^{\mathrm{T}}\boldsymbol{H}(\boldsymbol{w}-\hat{\boldsymbol{w}}) \tag{7-3}$$

其中，$\nabla E(\hat{\boldsymbol{w}})$ 为 E 在 $\hat{\boldsymbol{w}}$ 的梯度，$\boldsymbol{H}$ 为 E 的 Hessian 矩阵，其元素为

$$(\boldsymbol{H})_{ij} = \frac{\partial^2 E}{\partial w_i \partial w_j}\bigg|_{\bar{\boldsymbol{w}}} \tag{7-4}$$

若存在连接权值 $\boldsymbol{w}^*$ 使得梯度 ∇E 等于 0，此时线性项 $(\boldsymbol{w}-\boldsymbol{w}^*)^{\mathrm{T}}\nabla E$ 为 0，式(7-3)变为

$$E(\boldsymbol{w}) = E(\boldsymbol{w}^*) + \frac{1}{2}(\boldsymbol{w}-\boldsymbol{w}^*)^{\mathrm{T}}\boldsymbol{H}(\boldsymbol{w}-\boldsymbol{w}^*) \tag{7-5}$$

在 $\boldsymbol{w}^*$ 处 $\boldsymbol{H}$ 的特征方程为

$$\boldsymbol{H}u_i = \lambda u_i \tag{7-6}$$

一般 $\boldsymbol{H}$ 是对称阵，通过对误差函数的泰勒级数展开，构造误差曲面的一个局部模型。构造这样一个模型是利用泰勒级数给出误差函数的局部逼近，并假设包含局部最小或者全局最小的误差曲面是近似“二次的”[70,71]。因此，考虑在 $\boldsymbol{w}$ 附近误差函数的变化为

$$\Delta E = E(\boldsymbol{w}+\Delta\boldsymbol{w}) - E(\boldsymbol{w}) \approx \frac{1}{2}\Delta\boldsymbol{w}^{\mathrm{T}}\boldsymbol{H}\Delta\boldsymbol{w} \tag{7-7}$$

$$\boldsymbol{H} = \frac{\partial^2 \Delta E(\boldsymbol{w})}{\partial^2 \boldsymbol{w}} \tag{7-8}$$

其中，$\boldsymbol{w}$ 为权向量，$\Delta\boldsymbol{w}$ 为权向量增量，$\boldsymbol{H}$ 为 Hessian 矩阵。

显著性分析的目标是通过分析连接权值，确定连接权值对式(7-7)中 ΔE 的增量的影响，若存在连接权值 w_i 使得 ΔE 的增量最小，则等价于[72]：

$$\boldsymbol{l}_i^{\mathrm{T}}\Delta\boldsymbol{w} + w_i = 0 \tag{7-9}$$

其中 $\boldsymbol{l}_i$ 是除了第 i 个元素等于单位 1 之外其他所有元素均为零的单位向量。因此，为了研究隐含层神经元的显著性，构建一个用于显著性分析的拉格朗日函数：

$$S = \frac{1}{2}\Delta \boldsymbol{w}^{\mathrm{T}} \boldsymbol{H} \Delta \boldsymbol{w} - \lambda(\boldsymbol{l}_i^{\mathrm{T}} \Delta \boldsymbol{w} + w_i) \tag{7-10}$$

其中，λ 是拉格朗日乘子，利用矩阵的逆，求解拉格朗日函数 S 关于 $\Delta \boldsymbol{w}$ 的导数，权值向量 $\boldsymbol{w}$ 中的最佳变化为

$$\Delta \boldsymbol{w} = -\frac{w_i}{[\boldsymbol{H}^{-1}]_{i,i}} \boldsymbol{H}^{-1} \boldsymbol{l}_i \tag{7-11}$$

拉格朗日函数 S 对元素 w_i 的相应最优值为

$$S_i = \frac{w_i^2}{2[\boldsymbol{H}^{-1}]_{i,i}} \tag{7-12}$$

其中，$\boldsymbol{H}^{-1}$ 是黑塞矩阵的逆，$[\boldsymbol{H}^{-1}]_{i,i}$ 是矩阵 $\boldsymbol{H}^{-1}$ 的第(i,i)个元素。S_i称为连接权值 w_i的显著性。

式(7-12)是对 $\boldsymbol{H}$ 中的某一连接权值 w_i 进行的，对于大规模的感知器神经网络，必然导致 $\boldsymbol{H}$ 的规模过大，此外，算法对于 S_i的计算以及对最小显著性的搜索均是针对权值进行的，导致算法的计算量增大以及运行时间过长。因此，为了减少计算量，对感知器神经网络中隐含层神经元 i 进行显著性分析，利用与第 i 个神经元相连的所有 K 个权值的均值 $\bar{w}_i$ 计算 S_i，从而达到缩短程序运行时间的效果。令

$$\bar{w}_i = \frac{\sum_{j=1}^{K} w_{ij}}{K} \tag{7-13}$$

其中 w_{ij} 为与神经元 i 相连的第 j 个连接权值，K 为与神经元 i 相连的权值总数，式(7-8)变为

$$H_{i,i} = \frac{\partial^2 \Delta E(\bar{w}_i)}{\partial^2 \bar{w}_i} \tag{7-14}$$

其中 $\bar{w}_i$ 为神经元 i 相连的所有权值的均值，这种针对某一隐含层神经元 i 计算 $H_{i,i}$的方法，在保留了计算所需的必要信息的同时，减小了 $\boldsymbol{H}$ 矩阵的规模[73]。

第 i 个神经元的显著性也相应变为

$$S_i = \frac{\bar{w}_i^2}{2[\boldsymbol{H}^{-1}]_{i,i}} \tag{7-15}$$

通过以上分析，显著性 S_i的值越大，感知器神经网络中的第 i 个神经元对神经网络 ΔE 增量的影响越大。该方法利用神经元相连权值均值对误差函数泰勒级数展开模型进行显著性分析，获得隐含层神经元显著性。隐含层神经元的显著性分析方法具有运算简单、快速的特点。

7.3 基于显著性分析的快速修剪算法

利用显著性分析的方法对感知器神经网络误差函数泰勒级数展开模型进行分析，在学习过程中，感知器神经网络的参数 $\boldsymbol{w}$ 根据误差函数 $E(\boldsymbol{w})$ 的要求不断进行

调整，利用所有与第 i 个神经元相连权值的均值计算 S_i，获得所有隐含层神经元的显著性特征值，删除显著性特征值较小的神经元，以达到快速修剪感知器神经网络结构的目的。下面以多层感知器神经网络为对象，研究神经网络结构修剪设计。

7.3.1　多层感知器神经网络

多层感知器神经网络结构一般由输入层、隐含层、输出层组成，其中隐含层一般有一层或多层组成，为了便于描述，书中只对单隐含层神经网络的进行讨论，其结构如图 7-6 所示(多输入单输出)。神经网络各层的具体功能如下：

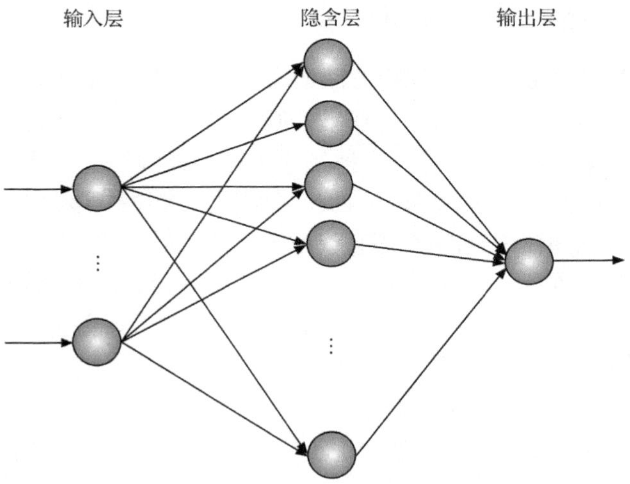

图 7-6　感知器神经网络结构图

第一层：输入层

输入层有 M 个节点，分别是输入 $\boldsymbol{x}=(x_1,\cdots,x_M)$。

$$u_i = x_i \tag{7-16}$$

其中，$i=1,2,\cdots,M$，u_i表示输入层第 i 个神经元的输出。

第二层：隐含层

隐含层对输入量进行处理，有 K 个神经元。

$$v_j = f_j\Big(\sum_{i=1}^{M} w_{i,j}u_i\Big)$$
$$(i=1,2,\cdots,M;j=1,2,\cdots,K) \tag{7-17}$$

其中，函数 $f(x)=1/(1+\mathrm{e}^{-x})$，$v_j$ 表示隐含层第 j 个神经元的输出，$w_{i,j}$为输入层第 i 个神经元与隐含层第 j 个神经元间的连接权值。

第三层：输出层

输出层为了描述方便，只设有一个输出神经元，其输出可以由下式来计算：

$$y = \sum_{j=1}^{K} w_j v_j \tag{7-18}$$

其中，$j=1,2,\cdots,K$，w_j表示隐含层第j个神经元和输出层神经元间的连接权值。

定义误差函数为(N为训练样本数)：

$$E = \frac{1}{2N}\sum_{t=1}^{N} (y(t) - y_d(t))^2 \tag{7-19}$$

其中，$y(t)$为t时刻神经网络输出，$y_d(t)$表示t时刻期望值。神经网络通过学习算法调整神经网络连接权值，使得误差函数收敛到全局最小值。

7.3.2 多层感知器神经网络快速修剪算法

通过隐含层神经元显著性分析方法的分析表明，隐含层神经元i的显著性特征值S_i越大，则说明神经元i对神经网络的影响较大；因此，当隐含层神经元i的显著性特征值S_i较小时，认为隐含层神经元i对神经网络的最终误差增量没有影响，与其对应的神经元i可以修剪，以期获得结构简洁的神经网络结构。

完整的多层感知器神经网络快速修剪设计方法如下(见图7-7)：

(1) 设定神经网络训练终止条件$E < E_d$，E_d目标误差，初始神经网络结构(网络结构适当给大一点)，训练给定多层感知器至较小均方误差。

(2) 计算黑塞矩阵的逆$\boldsymbol{H}^{-1}$。

(3) 计算每个隐含层神经元的显著性S。

(4) 如果显著性S_i小于βE_d($\beta < 0.01$)，那么删除相应的隐含层神经元i，否则，转第(6)步。

(5) 通过如下调整校正网络中其他连接权值：

$$\Delta \boldsymbol{w} = -\frac{\overline{w}_i}{[\boldsymbol{H}^{-1}]_{i,i}} \boldsymbol{H}^{-1} \boldsymbol{l}_i \tag{7-20}$$

转第(6)步。

(6) 当不再有神经元被删除时转第(2)步，否则转第(7)步。

(7)重新训练网络，当达到终止条件停止计算。

显著性分析是针对隐含层神经元进行的，能够直接确定隐含层神经元的显著特征值，基于显著性分析的神经网络快速修剪算法较其他删减型神经网络有以下特点[74～76]：① 显著性分析能够确定隐含层神经元的显著性，而其他删减型神经网络仅仅是针对神经网络中单个连接权值进行分析。② 基于显著性分析的神经网络快速修剪算法在删除神经元的同时断开与该神经元相连的所有权值，不存在由于删除单个连接权值而发生的神经元“架空”现象(神经元的输入权值已全部断开，而神经元依然存在于网络中进行计算)，从而避免由于神经网络删减而引起的病态运算。③ 神经网络结构删减后对网络其他权值进行调整，尽量避免由于删减引起的训练过程发散。

基于显著性分析方法的多层感知器神经网络快速修剪算法，通过分析隐含层神经元的显著性特征值，从而删除显著性特征值较小的隐含层神经元，获得结构简洁的神经网络结构，为了进一步分析快速修剪算法在训练时间和神经网络泛化等性能的有效性，利用其对非线性函数进行逼近和污水处理过程中关键水质参数 COD 进行建模。

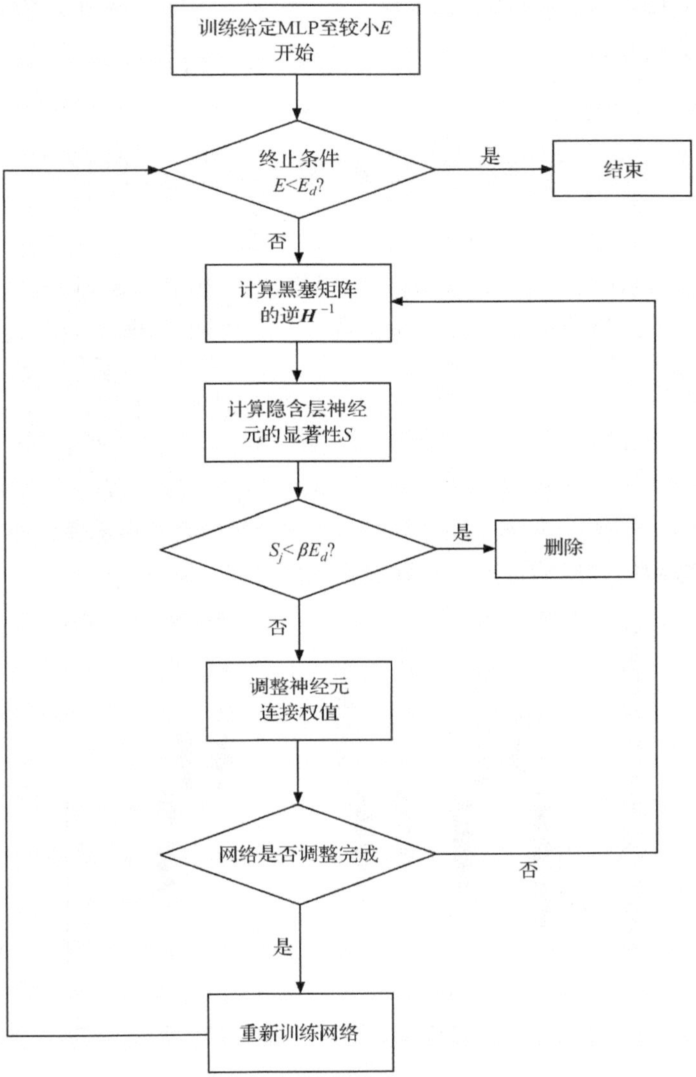

图 7-7　快速修剪算法流程

7.3.3 仿真研究

在解决实际问题时，网络的最优结构是一个未知数，因此在应用中应该使网络在保持良好性能的同时获得尽可能简单的结构。此外，由于神经网络能够根据对象输入/输出的数据直接建立模型，不需要对象的先验知识及复杂的数学公式推导[77~80]。因此，神经网络在非线性函数逼近和非线性系统建模过程中发挥巨大作用。在仿真实验中，神经网络的输入层神经元和输出层神经元由研究对象决定，初始连接权值为任意值。

1. 非线性函数逼近

采用文献[81]中所用函数，网络的输入输出数据由下式生成：

$$z=\frac{\sin(x)\sin(y)}{x\cdot y} \tag{7-21}$$

其中，$0.8<x<1$，$0.8<y<1$。选取 800 组样本，400 组用来训练，另外 400 组用来检测。初始神经网络的输入层神经元数是 2，初始神经网络的隐含层神经元数是 20，神经网络初始结构为 2-20-1。在此条件下进行验证，函数逼近过程中神经网络通过结构调整，隐含层剩余神经元以及其与网络输出层之间的连接权值如图 7-8 所示，神经网络对函数的逼近效果如图 7-9 所示，误差曲面如图 7-10 所示。由图 7-9 也能看出快速修剪神经网络输出值与函数值基本重合，逼近精度较高。图 7-10 给出了快速修剪神经网络逼近效果的误差曲面，其检测误差小于 0.015，反映了结构删减后的神经网络具有较好的泛化能力。

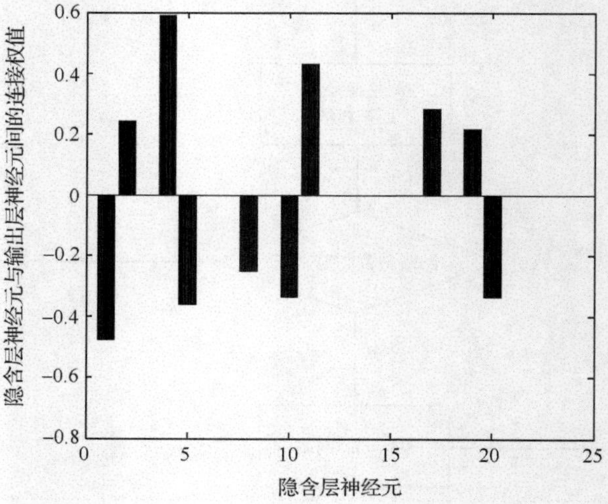

图 7-8 隐含层神经元数及与输出层之间的连接权值

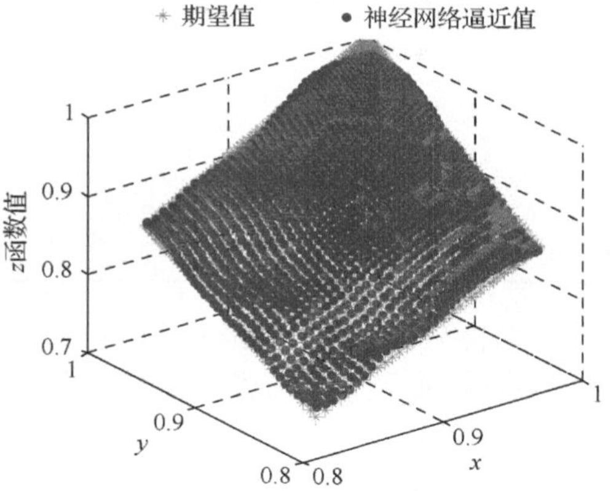

图 7-9　函数逼近结果图

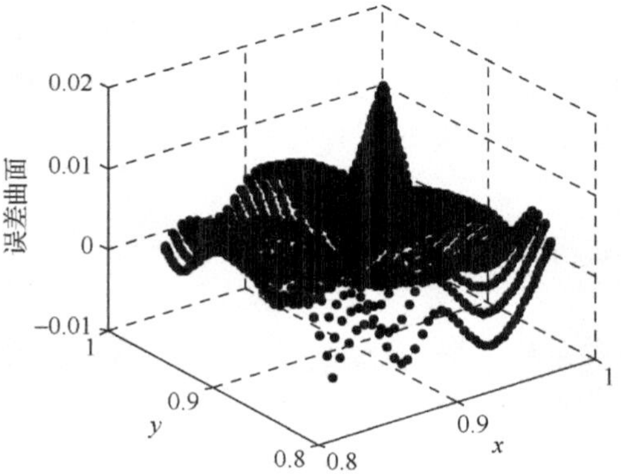

图 7-10　函数逼近的误差曲面

与其他修剪型神经网络 OBS[41]、PHA[82]和 HNP[83]的性能(其初始神经网络结构、初始神经网络的连接权值与快速修剪神经网络相同,神经网络结构删减规则与文献[41]、[82]和[83]原文给出的相同)比较如表 7-1 所示。

表 7-1 给出了快速修剪神经网络与 OBS、PHA 和 HNP 详细的比较结果,在相同的初始条件下,在达到相同的期望误差时 OBS、PHA 和 HNP 所需的训练时间比快速修剪神经网络多;OBS、PHA 和 HNP 训练后的神经网络比快速修剪神经网络的复杂,因此,存储空间也就相应增加;快速修剪神经网络不但具有简单的网络结构,而且具有较强的非线性函数逼近能力。

表 7-1　四种算法性能比较

函数	算法	期望误差	检测误差	最终网络(隐含层)	训练时间/s
(7-20)	快速修剪	0.01	0.014 9	10	61.51
	OBS	0.01	0.041	19	126.21
	PHA	0.01	0.034	16	101.24
	HNP	0.01	0.036	16	99.54

实验结果显示基于显著性分析方法的神经网络修剪算法能够很好地解决神经网络结构过大的问题,为修剪型神经网络提供一种新的思路——直接修剪隐含层神经元。

2. 关键水质参数 COD 预测

污水处理就是采用各种技术和手段,将污水中所含的污染物质分离去除、回收利用或将其转化为无害物质,使水得到净化[74~86]。现代污水处理技术按原理可分为物理处理法、化学处理法和生物处理法三类[87~89];按处理程度划分,可分为一级处理、二级处理和三级处理,三级处理有时又称深度处理[90~92]。污水处理过程如图 7-11 所示。

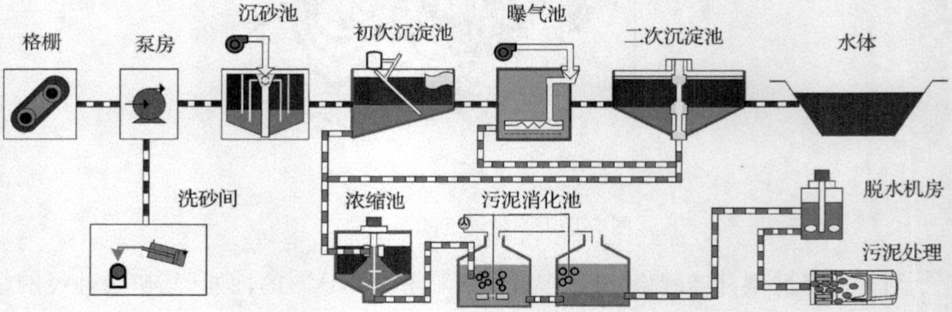

图 7-11　污水处理过程

活性污泥法是以活性污泥为主体,利用活性污泥中悬浮生长型好氧微生物氧化分解污水中的有机物质的污水生物处理技术,也是一种应用最广泛的废水好氧生物处理技术。其净化污水的过程可分为以下三个阶段[93~96]。

1) 初期去除与吸附阶段

在很多活性污泥系统里,当污水与活性污泥接触后很短的时间(3～5 min)内就出现了很高的有机物(BOD)去除率。这种初期高速去除现象是吸附作用所引起的。由于污泥表面积很大,且表面具有多糖类黏质层,因此,污水中悬浮的和胶体的物质是被絮凝和吸附去除的。初期被去除的 BOD 像一种备用的食物源一样,储存在微生物细胞的表面，经过几小时的曝气后，才会相继摄入代谢。在初期，被单位污泥去除的有机物数量是有一定限度的，它取决于污水的类型以及与污水接触时的污泥性能。但是，如回流污泥经过长时间的曝气，则会使污泥长期处于内源呼吸阶段，由于过分自身氧化而失去活性，同样也会降低初期去除率。

2）微生物的代谢阶段

活性污泥微生物以污水中各种有机物作为营养，在有氧的条件下，将其中一部分有机物合成新的细胞物质（原生质）；对另一部分有机物则进行分解代谢，即氧化分解以获得合成新细胞所需要的能量，并最终形成 CO_2 和 H_2O 等稳定物质。在新细胞合成与微生物增长的过程中，除氧化一部分有机物以获得能量外，还有一部分微生物细胞物质也在进行氧化分解，并供应能量。

活性污泥微生物从污水中去除有机物的代谢过程，主要是由微生物细胞物质的合成（活性污泥增长）、有机物（包括一部分细胞物质）的氧化分解和氧的消耗所组成。当氧供应充足时，活性污泥的增长与有机物的去除是并行的；污泥增长的旺盛时期，也就是有机物去除的快速时期。

3）絮凝体的形成与凝聚沉淀

污水中有机物通过生物降解，一部分氧化分解形成二氧化碳和水；另一部分合成细胞物质成为菌体。如果形成菌体的有机物不从污水中分离出去，这样的净化不能算结束。为了使菌体从水中分离出来，现多使用重力沉淀法。如果每个菌体都处于松散状态，由于其大小与胶体颗粒大体相同，那么将保持稳定悬浮状态，沉淀分离是不可能的。为此，必须使菌体凝聚成为易于沉淀的絮凝体。

由于活性污泥法污水处理过程的生产条件恶劣，随机干扰严重，具有多输入、多输出、不确定性、强非线性、大时变性等特点，通过分析可以得出影响出水水质的主要因素如下[97～103]。

1）溶解氧

活性污泥法是需氧的好氧过程。对于传统活性污泥法，氧的最大需要出现在污水与污泥开始混合的曝气池首端，常供氧不足。供氧不足会出现厌氧状态，妨碍正常的代谢过程，滋长丝状菌。供氧多少一般用混合液溶解氧的浓度控制。由于活性污泥絮凝体的大小不同，所需要的最小溶解氧浓度也就不一样，絮凝体越小，与污水的接触面积越大，也越易于对氧的摄取，所需要的溶解氧浓度就小；反之絮凝体大，则所需的溶解氧浓度就大。为了使沉淀分离性能良好，较大的絮凝体是所期望的，因此，溶解氧浓度以 2 mg/L 左右为宜。

2）营养物

在活性污泥系统里，微生物的代谢需要一定比例的营养物，除以 BOD 表示的碳源外，还需要氮、磷和其他微量元素。生活污水含有微生物所需要的各种元素，但某些工业废水却缺乏氮、磷等关键性元素。

3) pH

对于好氧生物处理，pH 一般以 6.5～9.0 为宜。pH 低于 6.5，真菌即开始与细菌竞争，降低到 4.5 时，真菌则将完全占优势，严重影响沉淀分离；pH 超过 9.0 时，代谢速度受到障碍。

对于活性污泥法，其 pH 是指混合液而言。为了使污水处理装置稳定运行，应避免 pH 急变冲击，酸碱废水在进行生化处理前应进行预处理，将 pH 调节到适宜范围。

4) 水温

水温是影响微生物生长活动的重要因素。城市污水在夏季易于进行生物处理，而在冬季净化效果则降低，水温的下降是其主要原因。水温上升会使微生物活动旺盛，从而提高反应速度。此外，水温上升还有利于混合、搅拌、沉淀等物理过程，但不利于氧的转移。对于生化过程，一般认为水温在 20～30 ℃时效果最好。

污水的水质参数反应污水所受的污染程度，国家也明确规定水污染的检测方法。污水处理出水所关注的主要出水水质参数有以下几个[104～109]。

1) 生化需氧量

生化需氧量(biology oxygen demand, BOD)是指温度、时间都一定的条件下，微生物将有机物氧化成无机物的过程中所消耗的溶解氧量，单位为 mg/L 或 kg/m^3。它反映了水中可被微生物分解的有机物总量。在水质分析中，规定水样在 20 ℃下，培养 5 天后测定水中溶解氧的消耗量作为标准方法，测定结果称为五日生化需氧量，以 BOD_5 表示。BOD_5 值越大，则说明水中有机污染物含量越高，因此，BOD_5 是反映水中有机物含量的最主要水质指标。该指标目前难以直接测得，通常采用化验值表示。

2) 化学需氧量

化学需氧量(COD)可以反映有机污染的程度。COD 的测定原理是用强氧化剂，在酸性条件下，将有机物氧化成 CO_2 和 H_2O 所消耗的氧量，即称为化学需氧量。COD 是最好的计量出水水质的方法，因为其不仅测定方法简便、不受水质限制，而且只有它提供了有机底物、微生物和利用的氧中电子等价物之间的关联。COD 能在较短时间较精确地测量。如果污水中各成分相对稳定，那么 COD 与 BOD_5 存在一定的比例关系，一般 COD ＞ BOD_5。

3) 混合液悬浮固体

混合液悬浮固体(mixed liquior suspended solid, MLSS)指 1 L 曝气池混合液中所含悬浮固体的重量，也称混合液污泥浓度，单位为 g/L 或 mg/L。MLSS 可近似地表示曝气池内活性微生物浓度，它包括活性污泥中的微生物群体，自身氧化残留物、微生物无法降解的有机物和无机物三部分。MLSS 是运行管理的一个重要控制参数。当进水中 BOD_5 增高时，一般也应提高曝气池内的 MLSS，即增大微生物量以处理增多了有机污染物。在活性污泥法中，通常控制 MLSS 在 2～4 g/L。

4）混合液挥发性悬浮固体

混合液挥发性悬浮固体(mixed liquior volatile suspended solid, MLVSS)指 1 L混合液中所含挥发性悬浮固体的重量，它与 MLSS 的区别在于 MLSS 包括了活性污泥中的所有成分，而 MLVSS 只包括活性污泥中有机性固体，不含无机物成分。因此，它比 MLSS 更能准确地反映微生物浓度。但是，由于 MLVSS 测定较麻烦，故在实际应用中，表示曝气池内污泥浓度仍然多采用 MLSS。对于城市污水，MLVSS/MLSS＝0.75，对于工业污水，因比值因水质不同而异。

5）悬浮物

悬浮物(SS)是反映废水中固体物质含量的一个常用的重要水质指标，对其的去除效果也是评价初沉池与二沉池沉淀性能的主要依据。污水中的污染物质，根据其存在状态可分为悬浮物、溶解物、漂浮物等。悬浮物 SS 通常采用过滤法测定。

6）氨氮

氮是植物的重要营养物质，也是污水进行生物处理时微生物所必需的营养物质。氮是导致湖泊、水库、海湾等缓流水体富营养化的主要原因。因此脱氮是污水二级处理过程中的重要化学反应。氨氮(NH_3-N) 是衡量脱氮效果的重要指标。

《城镇污水处理厂污染物排放标准》(GB 18918—2002)由国家环境保护总局和国家质量监督检验检疫总局于 2002 年 12 月 24 日发布，并于 2003 年 7 月 1 日实施，该标准按照污水排放去向，分年限规定了城镇污水处理厂出水、废气和污泥中污染物的控制项目和标准值。该标准部分主要指标如表 7-2 所示。

表 7-2　城镇污水处理厂污染物排放标准(GB 18918—2002)

变量/(mg/L)	一级标准	二级标准
COD	50	100
BOD	10	30
SS	10	30
氨氮	5	25
总磷	0.5	3

污水处理过程由于进水流量、水质成分及污染浓度波动剧烈，系统总是运行在非平稳状态，使得水质关键参数在线检测困难。利用快速修剪神经网络对污水处理过程中化学需氧量进行预测，COD 反映污水中有机污染的程度，可以提供有机底物、微生物和利用的溶解氧中的电子等价物之间的关联，是污水处理过程中一个非常关键的参数，也是污水处理过程中直接控制的参数，能否对 COD 进行实时监测已成为提高治污质量的关键。但是，由于测量手段的欠缺，目前污水处理厂不能及时反映污水处理实际情况，不能实现对 COD 实时测量，从而限制了污水处理闭

环控制系统的投用。而现存的传感器不但造价高、仪器寿命短，而且测量范围窄、稳定性差，因而 COD 的实时监测几乎成为污水水质监测的难点[110~114]。

依据国际水质学会给出的活性污泥法污水处理模型 ASM1 模型，出水中总 COD 的组成如下：

$$\mathrm{COD} = S_{\mathrm{S}} + X_{\mathrm{S}} + X_{\mathrm{I}} + S_{\mathrm{I}} \tag{7-22}$$

其中，S_S为易生物降解基质，X_S为慢速可生物降解基质，X_I为颗粒性惰性有机物质，S_I为可溶性惰性有机物质。

ASM1 模型中各组分的物料平衡方程如下[58]：

$$\begin{aligned}\frac{\mathrm{d}S_{\mathrm{S}}}{\mathrm{d}t} = &\left(-\frac{1}{Y_{\mathrm{H}}}\right)\hat{u}_{\mathrm{H}}\left(\frac{S_{\mathrm{S}}}{K_{\mathrm{S}}+S_{\mathrm{S}}}\right)\left(\frac{S_{\mathrm{O}}}{K_{\mathrm{O,H}}+S_{\mathrm{O}}}\right)X_{\mathrm{BH}} \\ &+ k_{\mathrm{h}}\frac{X_{\mathrm{S}}/X_{\mathrm{BH}}}{K_{\mathrm{X}}+(X_{\mathrm{S}}/X_{\mathrm{BH}})}\left(\frac{S_{\mathrm{O}}}{K_{\mathrm{O,H}}+S_{\mathrm{O}}}\right)X_{\mathrm{BH}}\end{aligned} \tag{7-23}$$

$$\frac{\mathrm{d}X_{\mathrm{S}}}{\mathrm{d}t} = (1-f_{\mathrm{p}})b_{\mathrm{H}}X_{\mathrm{BH}} - k_{\mathrm{h}}\frac{X_{\mathrm{S}}/X_{\mathrm{BH}}}{K_{\mathrm{X}}+(X_{\mathrm{S}}/X_{\mathrm{BH}})}\left(\frac{S_{\mathrm{O}}}{K_{\mathrm{O,H}}+S_{\mathrm{O}}}\right)X_{\mathrm{BH}} \tag{7-24}$$

其中，S_O 为溶解氧浓度，X_{BH}为异养菌浓度，Y_H为异养菌产率，$\hat{u}_H$ 为异养菌最大比增长速率系数，K_S为异养菌半饱和系数，$K_{O,H}$为异养菌的氧半饱和系数，k_h为最大比水解速率，K_X为慢速可生物降解底物水解的半饱和系数，f_p为生物体中可转化为颗粒性产物的比例，b_H为异养菌的衰减系数。

由以上分析取 S_S和 X_S为输入量，COD 作为输出变量，建立初始网络结构为 2-32-1的初始神经网络对出水水质 COD 进行预测。为了检验 COD 预测的准确性，采用北京某污水处理厂 2006 年全年日报表数据进行仿真，剔除异常数据和标准化预处理，得到 330 组数据，利用 8 月到 10 月的 100 组数据进行测试，其余 230 组数据进行训练。实际水温在 20 ℃左右，本仿真系统的化学计量学和动力学参数取 ASM1 中 20 ℃时的推荐值。训练过程中误差变化如图 7-12 所示，训练结束后隐含层神经元的个数如图 7-13 所示，对 COD 的建模结果如图 7-14 和图 7-15 所示。

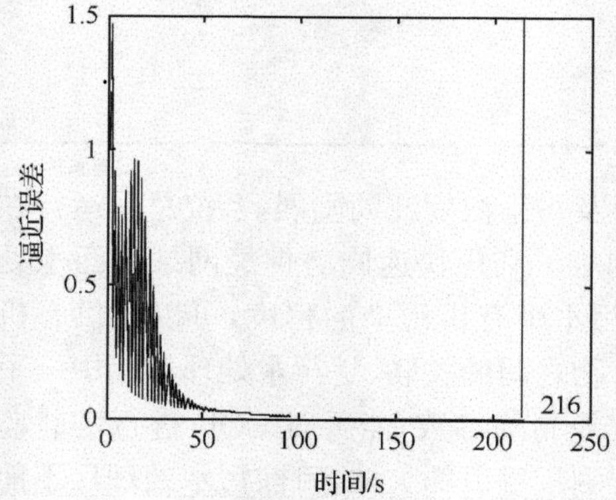

图 7-12 快速修剪神经网络训练过程

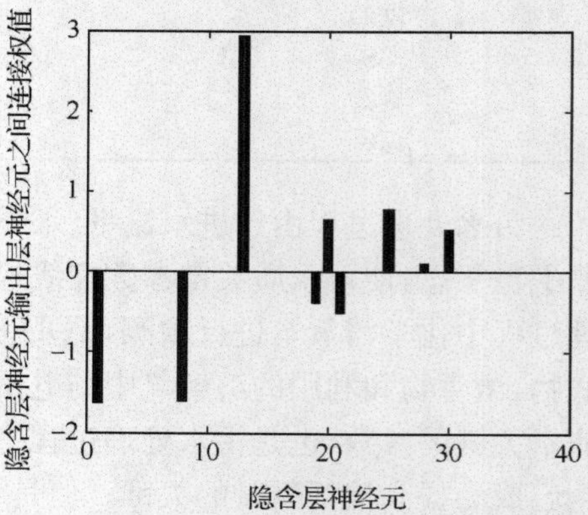

图 7-13 隐含层与输出层之间的连接权值

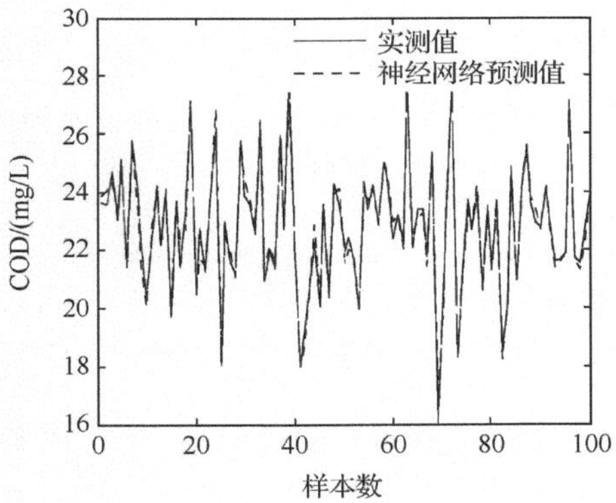

图 7-14 COD 预测结果图

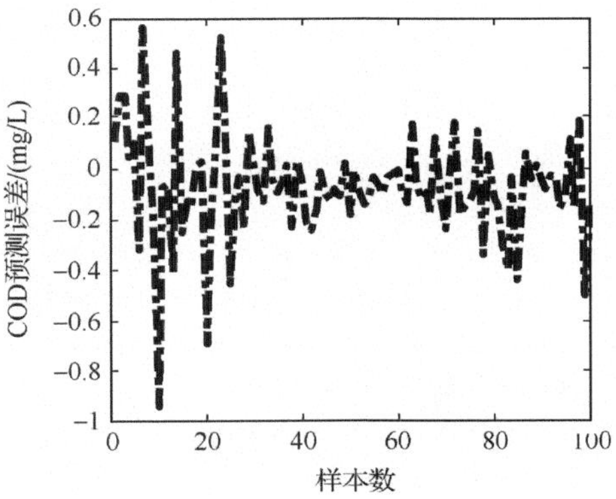

图 7-15 COD 预测误差

仿真结果表明：原水中的有机污染物得到有效去除（出水负荷 COD 在不同的时刻都能保持在 30 mg/L 左右），图 7-14 和图 7-15 显示实测 COD 与基于快速修剪型神经网络的预测值基本吻合，误差小于 2%，证明基于快速修剪型神经网络的预测是有效的。基于显著性分析的神经网络快速修剪设计不但能够实现神经网络结构在线调整，同时为 COD 的在线预测提供一种有效的方法。

7.4 本章小结

针对神经网络初始结构过大的问题，首先，提出一种隐含层神经元显著性分析方法，通过分析神经网络隐含层神经连接权值均值对误差函数变量的影响，获取隐含层神经元的显著性。其次，基于显著性分析方法，提出一种神经网络快速修剪算法，通过直接剔除冗余的隐含层神经元实现神经网络结构自组织设计，从而使网络获得更简单的结构和更快的学习速度。最后，利用该快速修剪神经网络逼近非线性函数和预测污水处理过程中的关键水质参数，以及与其他修剪型神经网络进行比较，得到以下结论：

(1) 显著性分析方法通过直接分析隐含层神经连接权值均值对误差函数变量的影响，获取隐含层神经元的显著性特征值，简化了神经元显著性分析的复杂度。

(2) 基于显著性分析方法的神经网络快速修剪算法能够确定隐含层神经元的显著性，直接修剪显著性较小的隐含层神经元，并且删除与该隐含层神经元相连的全部权值，较其他修剪型神经网络只能修剪连接权值，有较快的修剪速度。

(3) 对非线性函数的逼近和污水处理过程中的关键水质参数的预测结果显示，快速修剪算法能够较快获取合适的隐含层神经元，最终神经网络性能得到优化；通过与其他修剪型神经网络的比较，快速修剪神经网络的训练速度、网络结构和泛化能力优于其他修剪型神经网络。

参 考 文 献

[1] Kevin I J H，Leung C S，Sum J. Convergence and objective functions of some fault/noise-injection-based online learning algorithms for RBF networks. IEEE Transactions on Neural Networks，2010，21(6)：938-947.

[2] Alippi C，Scotti F. Exploiting application locality to design low-complexity，highly performing，and power-aware embedded classifiers. IEEE Transactions on Neural Networks，2006，17(3)：745-754.

[3] Liang X. Removal of hidden neurons by crosswise propagation. Neural Information Processing-Letters and Reviews，2005，6(3)：79-86.

[4] Stathakis D. How many hidden layers and nodes. International Journal of Remote Sensing，2009，30(8)：2133-2147.

[5] Gutierrez-Osuna R. Pattern analysis for machine olfaction：a review. IEEE Transactions on Sensors Journal，2002，2(3)：189-202.

[6] Silver R A. Neuronal arithmetic. Nature Reviews Neuroscience，2010，11(7)：474-489.

[7] Fritzke B. Growing grid-a self-organizing network with constant neighborhood range and adaptation strength. Neural Processing Letters，1995，2(5)：9-13.

[8] Fritzke B. Unsupervised clustering with growing cell structures. Proceeding of the International Joint Conference of Neural Networks (IJCNN)，Seattle WA，USA，1991：531-536.

[9] Fritzke B. Kohonen feature map and growing cell structures-a performance comparison. Advances in Neural Information Processing Systems，San Francisco，CA，1993：123-130.

[10] Fritzke B. Growing cell structure-a self-organizing neural network for unsupervised and supervised learning. Neural Networks，1994，7(9)：1441-1460.

[11] Stephen M，Jonathan S，Ulrich N. A self-organizing network that grows when required. Neural Networks，2002，15(8-9)：1041-1058.

[12] Chu K L，Mandava R，Rao M V C. Novel direct and self-regulating approaches to determine optimum growing multi-experts network structure. IEEE Transactions on Neural Networks，2004，15(6)：1378-1395.

[13] Felix F. Locally weighted interpolating growing neural gas. IEEE Transactions on Neural Networks，2006，17(6)：1382-1393.

[14] Wu S，Chow T W S. Self-organizing and self-evolving neurons：a new meural network for optimization. IEEE Transactions on Neural Networks，2007，18(2)：385-396.

[15] Lacerda E，Carvalho A D，Ludermir T. Evolutionary optimization of RBF networks. International Journal of Neural Systems，2001，11(3)：287-294.

[16] Sheta A F，Jong K D. Time-series forecasting using GA-tuned radial basis functions. Information Science，2001，133(3-4)：221-228.

[17] 吴艳辉，陈雄. 多输入模糊神经网络结构优化的快速算法. 复旦学报(自然科学版)，2005，44(1)：56-64.

[18] 乔俊飞，王会东. 模糊神经网络的结构自组织算法及应用. 控制理论与应用，2008，25(4)：703-707.

[19] Li S Y，Chen Q，Huang G B. Dynamic temperature modeling of continuous annealing furnace using GGAP-RBF neural network. Neurocomputing，2006，69(4-6)：523-536.

[20] Wu L H，Liu L，Li J，et al. Modeling user multiple interests by an improved GCS approach. Expert Sys-

tems with Applications, 2005, 29(4): 757-767.

[21] Herve F B. Following non-stationary distributions by controlling the vector quantization accuracy of a growing neural gas network. Neurocomputing, 2008, 71(7-9): 1191-1202.

[22] 杨慧中, 王伟娜, 丁锋. 神经网络的两种结构优化算法研究. 信息与控制, 2006, 35(6): 700-704.

[23] Burzevski V, Mohan C K. Hierarchical growing cell structures. Proceedings of the IEEE International Conference on Neural Networks (ICNN' 96). New York: Syracuse Univ., Syracuse, 1996, 3: 1658-1663.

[24] Kohonen T. Self-organizing Maps(3rd Ed). Berlin: Springer. 2001.

[25] Dittenbach M, Merkel D, Rauber A. The growing hierarchical self-organizing map: exploratory analysis of high-dimensional data. IEEE Transactions on Neural Networks, 2002, 13(6): 1331-1341.

[26] Adams R G, Butchart K, Davey N. Hierarchical classification with a competitive evolutionary neural tree. Neural Networks, 1999, 12(3): 541-551.

[27] Herrero J, Valencia A, Dopazo J. A hierarchical unsupervised growing neural network for clustering gene expression patterns. Bioinformatics, 2001, 17(2): 126-136.

[28] Pampalk E, Widmer G, Chan A. A new approach to hierarchical clustering and structuring of data with self-organizing maps. Intelligent Data Analysis, 2004, 8(2): 131-149.

[29] Brugger D, Bogdan M, Rosenstiel W. Automatic cluster detection in kohonen's SOM. IEEE Transactions on Neural Networks, 2008, 19(3): 442-459.

[30] Ontrup J, Ritter H. Large-scale data exploration with the hierarchically growing hyperbolic SOM. Neural Networks, 2006, 19(6-7): 751-761.

[31] Er M J, Zhou Y. A novel framework for automatic generation of fuzzy neural networks. Neurocomputing, 2008, 71(4-6): 584-591.

[32] Lee J S, Lee H, Kim J Y, et al. Self-organizing neural network by construction and pruning. IEICS Transactions on Information & Systems, 2004, 87-D: 2489-2498.

[33] Feng L, Khan L, Bastan F, et al. A dynamically growing self-organizing tree (DGSOT) for hierarchical clustering gene expression profiles. Bioinformatics, 2004, 20(16): 2605-2617.

[34] Hsu A L, Halgamuge S K. Enhancement of topology preservation and hierarchical dynamic self-organizing maps for data visualization. International Journal of Approximate Reasoning, 2003, 32: 259-279.

[35] Bednar J A, Kelkar A, Miikkulainen R. Modeling large cortical networks with growing self-organizing maps. Neurocomputing, 2002, 44-46: 315-321.

[36] Wong J W H, Cartwright H M. Deterministic projection by growing cell structure networks for visualization of high-dimensionality datasets. Journal of Biomedical Informatics, 2005, 38(4): 322-330.

[37] Ezequiel L R, Esteban J P. Growing hierarchical probabilistic self-organizing graphs. IEEE Transactions on Neural Networks, 2011, 22(7): 997-1008.

[38] Hugh M C. Artificial neural networks in biology and chemistry—the evolution of a new analytical tool. Artificial Neural Networks-Methods in Molecular Biology, 2009, 458: 1-13.

[39] Rego R L M E, Araujo A F R, Lima Neto F B. Growing self-reconstruction maps. IEEE Transactions on Neural Networks, 2010, 21(2): 211-223.

[40] LeCun Y, Denker J, Solla S, et al. Optimal brain damage. Advances in Neural Information Processing Systems. CA: Morgan Kauffman, 1990, 2: 598-605.

[41] Hassibi B, Stork D G. Second order derivatives for network pruning: optimal brain surgeon. Advances in

Neural Information Processing Systems. CA：Morgan Kauffman，1993，5：164-171.

[42] 李倩，王永县，朱友芹.人工神经网络混合剪枝算法.清华大学学报(自然科学版)，2005，45(6)：831-834.

[43] Qiao J F，Zhang Y，Han H G. Fast unit pruning algorithm for feedforward neural network. Applied Mathematics and Computation，2008，205(2)：622-627.

[44] 乔俊飞，张颖.一种多层前馈神经网络的快速修剪算法.智能系统学报，2008，3(2)：206-210.

[45] Xu J H，Ho D W C. A new training and pruning algorithm based on node dependence and Jacobian rank deficiency. Neurocomputing，2006，70(1-3)：544-558.

[46] Mak B，Chan K W. Pruning hidden markov models with optimal brain surgeon. IEEE Transactions on Speech and Audio Processing，2005，13(5)：993-1003.

[47] Wan W S，Mabu S，Shimada K，et al. Enhancing the generalization ability of neural networks through controlling the hidden layers. Applied Soft Computing，2009，9(1)：404-414.

[48] Corani G. Air quality prediction in Milan：feed-forward neural networks，pruned neural networks and lazy learning. Ecological Modelling，2005，185(2-4)：513-529.

[49] Romero E，Sopena J M. Performing feature selection with multilayer perceptrons. IEEE Transactions on Neural Networks，2008，19(3)：431-441.

[50] Liang X. Removal of hidden neurons in multilayer perceptrons by orthogonal projection and weight crosswise propagation. Neural Computing & Applications，2007，16(1)：57-68.

[51] Nielsen A B，Hansen L K. Structure learning by pruning in independent component analysis. Neurocomputing，2008，71(10-12)：2281-2290.

[52] Kotaleski J H，Blackwell K T. Modelling the molecular mechanisms of synaptic plasticity using systems biology approaches. Nature Reviews Neuroscience，2010，11(1)：239-251.

[53] Engelbretch A P. A new pruning heuristic based on variance analysis of sensitivity information. IEEE Transactions on Neural Networks，2001，12(6)：1386-1399.

[54] Saltelli A，Tarantola S，Chan K S. A quantitative model independent method for global sensitivity analysis of model output. Technometrics，1999，41(1)：39-56.

[55] Philippe L，Eric F，Thierry A M. A node pruning algorithm based on a fourier amplitude sensitivity test method. IEEE Transactions on Neural Networks，2006，17(2)：273-293.

[56] Zeng H W，Trussell H J. Constrained dimensionality reduction using a mixed-norm penalty function with neural networks. IEEE Transactions on Knowledge and Data Engineering，2010，22(3)：365-380.

[57] Zeng X，Yeung D S. Hidden neuron pruning of multilayer perceptrons using a quantified sensitivity measure. Neurocomputing，2005，69(7-9)：825-837.

[58] Jorgensen T D，Haynes B P，Norlund C C. Pruning artificial neural networks using neural complexity measures. International Journal of Neural Systems，2008，18(5)：389-403.

[59] Nayak R. Generating rules with predicates，terms and variables from the pruned neural networks. Neural Networks，2009，22(4)：405-414.

[60] Pastor-Bárcenas O，Soria-Olivas E，Martín-Guerrero J D，et al. Unbiased sensitivity analysis and pruning techniques in neural networks for surface ozone modeling. Ecological Modelling，2005，182(2)：149-158.

[61] Lawryńczuk M. Modelling and nonlinear predictive control of a yeast fermentation biochemical reactor using neural networks. Chemical Engineering Journal，2008，145(2)：290-307.

[62] Ni J, Song Q. Pruning based robust backpropagation training algorithm for RBF network tracking controller. Journal of Intelligent & Robotic Systems, 2007, 48(3): 375-396.

[63] Mozer M, Smolensky P. Skeletonization: a technique for trimming the fat from network via relevance assessment. Advances in Neural Information Processing Systems. CA: Morgan Kaufmann, 1991, 1: 107-115.

[64] Sietsma J, Dow R. Creating artificial neural networks that generalize. Neural Networks, 1991, 4(1): 67-79.

[65] Jacobs R A. Increased rates of convergence through learning rate adaptation. Neural Networks, 1988, 1(4): 295-307.

[66] Kelley C T. Iterative methods for optimization. Society for Industrial and Applied. Mathematics Press. Philadelphia. PA, USA, 1999.

[67] Marcia R, Mitchell J, Rosen J. Iterative convex quadratic approximation for global optimization in protein docking. Computational Optimization and Applications, 2005, 32(3): 285-297.

[68] Owens D H, Feng K. Parameter optimization in iterative learning control. International Journal of Control, 2003, 76(11): 1059-1069.

[69] Er M J, Zhou Y. A novel framework for automatic generation of fuzzy neural networks. Neurocomputing, 2008, 71(4-6): 584-591.

[70] Xu H K. An iterative approach to quadratic optimization. Journal of Optimization Theory and Applications, 2003, 116(3): 659-678.

[71] Stearns S. Error surfaces of recursive adaptive filters. IEEE Transactions on Circuits and Systems, 1981, 28(6): 603-606.

[72] Rauber A, Merkl D, Dittenbach M. The growing hierarchical self-organizing map: exploratory analysis of high-dimensional data. IEEE Transactions on Neural Networks, 2002, 13(6): 1331-1341.

[73] Kavzoglu T, Mather P M. Pruning artificial neural networks: An example using land cover classification of multi-sensor images. International Journal of Remote Sensing, 1999, 20(14): 2787-2803.

[74] 乔俊飞，李淼，刘江. 一种神经网络快速修剪算法. 电子学报，2010，38(04)：830-834.

[75] 张昭昭，乔俊飞，韩红桂. 一种基于神经网络复杂度的修剪算法. 控制与决策，2010，25(6)：821-824.

[76] 乔俊飞，樊瑞元，韩红桂，等. 动态神经网络在机器人导航中的应用研究. 控制理论与应用，2010，27(1)：111-115.

[77] Rgaard N O M. Neural Networks for Modelling and Control of Dynamic Systems: A Practitioner's Handbook. Berlin: Springer, 2000.

[78] Dawson C W, Wilby R. An artificial neural network approach to rainfall-runoff modelling. Hydrological Sciences Journal, 1998, 43(1): 47-66.

[79] Clark J W. Neural network modelling. Physics in Medicine and Biology, 1991, 36(10): 1259-1263.

[80] Özesmi S L, Özesmi U. An artificial neural network approach to spatial habitat modelling with interspecific interaction. Ecological Modelling, 1999, 116(1): 15-31.

[81] Luo F, Khan L, Bastani F, et al. A dynamically growing self-organizing tree (dgsot) for hierarchical clustering gene expression profiles. Bioinformatics, 2004, 20(16): 2605-2617.

[82] Yen G G, Wu Z. Ranked centroid projection: a data visualization approach with self-organizing maps. IEEE Transactions on Neural Networks, 2008, 19(2): 245-259.

[83] Sato A, Hasegawa O. Associative memory for online learning in noisy environments using self-organi-

zing incremental neural network. IEEE Transactions on Neural Networks, 2009, 20(6): 964-972.
[84] Liu D H F, Lipták B G. Wastewater Treatment. Albany G A: Lewis Pub., 2000.
[85] Henze M. Wastewater Treatment: Biological and Chemical Processes. New York: Springer, 2002.
[86] Henze M. Biological Wastewater Treatment: Principles, Modelling and Design. London: IWA Pub., 2008.
[87] Sincero A P, Sincero G A. Physical-Chemical Treatment of Water and Wastewater. IWA Publishing (Intl Water Assoc), 2002.
[88] Ratnaweera H. Chemical Wastewater Treatment: A Concept for Optical Cosing of Coagulants. Norwegian Institute for Water Research, 1997.
[89] Horan N J. Biological Wastewater Treatment Systems: Theory and Operation. New York: Wiley, 1990.
[90] Han H G, Qiao J F. Adaptive dissolved oxygen control based on dynamic structure neural network. Applied Soft Computing, 2011, 11(4): 3812-3820.
[91] Birge W J, Black J A, Short T M, et al. A comparative ecological and toxicological investigation of a secondary wastewater treatment plant effluent and its receiving stream. Environmental Toxicology and Chemistry, 1989, 8(5): 437-450.
[92] Koivunen J, Siitonen A, Heinonen-Tanski H. Elimination of enteric bacteria in biological-chemical wastewater treatment and tertiary filtration units. Water Research, 2003, 37(3): 690-698.
[93] 乔俊飞，韩红桂，张颖. 基于LabVIEW的污水处理过程动态仿真研究. 仪器仪表学报，2008，29(4)：208-211.
[94] Cooney D O. Adsorption Design for Wastewater Treatment. Albany G A: Lewis Publishers, 1998.
[95] Gallert C, Winter J. Bacterial metabolism in wastewater treatment systems. *In* Environmental Biotechnology: Concepts and Applications, Wiley-VCH Verlag GmbH & Co, KGaA, 2005: 1: 1-48.
[96] Elimelech M, Gregory J, Jia X, et al. Particle Deposition and Aggregation: Measurement, Modelling and Simulation Oxford: Butterworth-Heinemann, 1998.
[97] Gernaey K V, van Loosdrecht M C M, Henze M, et al. Activated sludge wastewater treatment plant modelling and simulation: state of the art. Environmental Modelling & Software, 2004, 19(9): 763-783.
[98] Hitchman M L. Measurement of Dissolved Oxygen. Hoboken. New Jersey: Wiley, 1978.
[99] Holenda B, Domokos E, Rédey Á, et al. Dissolved oxygen control of the activated sludge wastewater treatment process using model predictive control. Computers & Chemical Engineering, 2008, 32(6): 1270-1278.
[100] Chotkowski W, Brdys M A, Konarczak K. Dissolved oxygen control for activated sludge processes. International Journal of Systems Science, 2005, 36(12): 727-736.
[101] Ammary B Y. Nutrients requirements in biological industrial wastewater treatment. African Journal of Biotechnology, 2004, 3(4): 236-238.
[102] Anderson G K, Yang G. Ph control in anaerobic treatment of industrial wastewater. Journal of Environmental Engineering, 1992, 118(4): 551-568.
[103] Ahsan S, Rahman M, Kaneco S, et al. Effect of temperature on wastewater treatment with natural and waste materials. Clean Technologies and Environmental Policy, 2005, 7(3): 198-202.
[104] 国家环境保护总局. 中华人民共和国国家标准城镇污水处理厂污染物排放标准 GB18918—2002. 北京：中国环境出版社，2002.
[105] Han H G, Chen Q L, Qiao J F. An efficient self-organizing RBF neural network for water quality pre-

dicting. Neural Networks，2011，24(7)：717-725.

[106] Aziz J A，Tebbutt T H Y. Significance of cod，bod and toc correlations in kinetic models of biological oxidation. Water Research，1980，14(4)：319-324.

[107] Jirka A M，Carter M J. Micro semiautomated analysis of surface and waste waters for chemical oxygen demand. Analytical Chemistry，1975，47(8)：1397-1402.

[108] Trussell R S，Merlo R P，Hermanowicz S W，et al. Influence of mixed liquor properties and aeration intensity on membrane fouling in a submerged membrane bioreactor at high mixed liquor suspended solids concentrations. Water Research,2007，41(5)：947-958.

[109] Obeng L A，Lester J N，Perry R. Effect of mixed liquor suspended solids concentration on the biodegradation of nitrilotriacetic acid in the activated sludge process. Chemosphere，1981，10(9)：1005-1009.

[110] Pisarevsky A M，Polozova I P，Hockridge P M. Chemical oxygen demand. Russian Journal of Applied Chemistry，2005，78(1)：101-107.

[111] Qiao J F，Han H G. A repair algorithm for radial basis function neural network and its application to chemical oxygen demand modeling. International Journal of Neural Systems，2010，20(1)：63-74.

[112] Peña M R. Macrokinetic modeling of chemical oxygen demand removal in pilot-scale high-rate anaerobic ponds. Environmental Engineering Science，2010，27(4)：293-299.

[113] 纪轩. 废水处理技术问答. 北京：中国石化出版社，2003.

[114] 佟玉衡. 废水处理. 北京：化学工业出版社，2004.

第 8 章　增长-修剪型多层感知器神经网络

8.1 引　言

神经网络结构过大或过小都影响神经网络的最终性能，为了寻求满足研究对象的神经网络结构，神经网络结构自组织设计越来越被研究者所关注。如何根据神经网络连接特点找出隐含层神经元与输出层神经元之间的定量关系，研究合适的神经网络结构分析方法是神经网络结构设计的关键。

感知器神经网络作为前馈神经网络的一种，无论是其理论研究还是应用研究都极为广泛[1~3]，但是如何获得一种稳定、快速的神经网络结构优化算法仍是一个开放的问题。感知器神经网络增长方法在训练过程中逐渐增加隐含层神经元或者层数，直至满足性能要求为止，这一过程无疑会耗费大量时间，并且随着神经元数量的递增，其计算量也急剧增大；另外，增长的方式比较单一，大多数借助聚类的方法，也没有严格的理论保证，所以如何利用合适的方式进行神经网络结构动态增长仍是尚未完成的研究。相比之下，感知器神经网络修剪方法能够降低对初始条件的敏感性；通过修剪，网络将更适合实际处理对象并有更好的泛化能力。因此，通过结合增长型神经网络和修剪型神经网络的特点，已有部分学者通过增长和修剪相结合，解决了感知器神经网络结构在线调整[4~10]，但是，现有的结构自组织感知器神经网络还存在以下问题[11~18]：① 在结构调整后很少考虑由于结构调整对网络学习的影响，原有神经网络在结构调整后基本不考虑误差补偿的问题，结构调整后的神经网络需要进行再次训练以降低网络的误差，因此会增加网络训练负担；② 虽然能够对网络结构进行在线调整，但基于现有固定结构神经网络的参数训练算法削弱了其整体性能；③ 在结构调整过程中稳定性分析和结构调整后的神经网络的收敛性很少给出充分的理论证明。

本章将神经网络作为研究对象，提出一种增长-修剪型感知器神经网络。增长-修剪型感知器神经网络通过分析隐含层神经元输出对神经网络输出的贡献，对贡献太小的神经元予以删除，对贡献值较大的神经元利用最邻近法在其附近插入新的神经元，从而调整神经网络结构，并利用快速下降算法修改神经网络连接权值，实现了感知器神经网络的结构和参数自校正。通过对非线性函数逼近、数据聚类，以及污水处理过程关键参数预测证明了该方法的有效性。

8.2　敏感度计算

敏感度(sensitivity),又称为灵敏度,是指系统参数的变化对系统状态(或输出)的影响程度。敏感度的高低反映了系统在特性或参数改变时偏离正常运行状态的程度。敏感度是控制系统的一项基本性能指标,一个性能良好的控制系统应当具有尽可能低的敏感度。敏感度通常分为稳态敏感度和动态敏感度[19]。

敏感度分析(sensitivity analysis, SA)是指研究与分析一个系统(或模型)的状态或输出变化对系统参数或周围条件变化的敏感程度的方法。它是一种通过使模型的变量在某一特定的范围内变动,从而观察模型的行为或变化情形的分析方式。在最优化方法中经常利用敏感度分析来研究原始数据不准确或发生变化时最优解的稳定性。通常用于决策分析,通过分析自然状态出现的概率的变化对选择方案所产生的影响,从而分析该决策的可靠性和稳定性。此外,通过敏感度分析还可以决定哪些参数对系统或模型有较大的影响。因此,一些人将敏感度分析作为建立模型的一个先决条件。

敏感度分析主要解决以下两个问题:一是系统的参数在什么范围内变化时,系统的状态(或模型的输出)保持不变,即系统相对参数变化的稳定性;二是如果系数的变化引起了系统输出的变化,如何用最简便的方法求出新的系统输出。

对系统进行敏感度分析的目的在于[20,21]:① 找出影响系统状态或模型输出的敏感度因素,分析敏感度因素的原因,并为进一步进行不确定性分析(如概率分析)提供依据;② 研究不确定性因素变动的范围或极限值,分析判断系统承担风险的能力;③ 比较多方案的敏感度大小,一般在系统输出相似的情况下,从中选出不敏感的参数方案。

对系统进行敏感度分析时,一般遵循下列步骤[22]:

(1) 确定分析指标。

(2) 选择需要分析的不确定性因素,并确定这些因素的变动范围。

(3) 计算各个不确定性因素在可能的变动范围内发生不同幅度变动所导致的系统状态或模型输出的变动结果,建立一一对应的数量关系。

(4) 确定敏感因素,判断方案的风险因素。方法包括相对测定法和绝对测定法等。

(5) 绘制敏感度分析图,求出不确定性因素变化的极限值。

8.2.1　敏感度分析方法的分类

根据不确定性因素每次变动数目的多少,敏感度分析法可以分为单因素敏感度分析法和多因素敏感度分析法[23]。

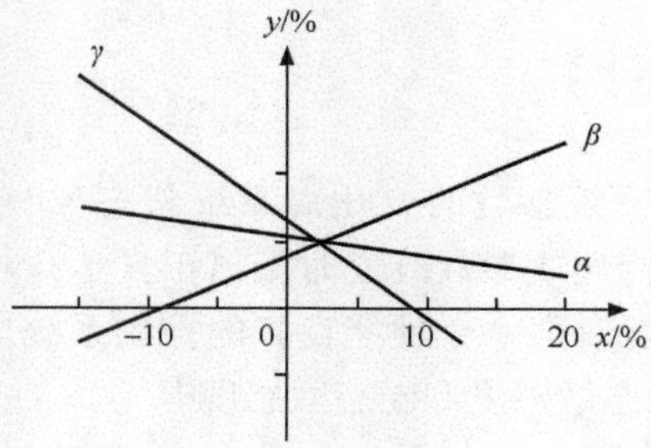

图 8-1 单因素敏感度分析

(1) 单因素敏感度分析法。每次只变动一个因素而其他因素保持不变时所做的敏感度分析法，称为单因素敏感度分析法。在分析方法上类似于数学上多元函数的偏微分，即在计算某个因素的变动对经济效果指标的影响时，假定其他因素均不发生变化。单因素敏感度分析图如图 8-1 所示。

单因素敏感度分析在计算特定不确定因素对系统的状态或输出变化的影响时，须假定其他因素不变，实际上这种假定是很难成立。因此，单因素敏感度分析有其局限性。因为，有两个或两个以上的不确定因素同时变动是经常发生的，此时单因素敏感度分析就很难准确反映系统的状态或输出变化的情况，必须进行多因素敏感度分析。

(2) 多因素敏感度分析法。实际上，许多因素的变动具有相关性，一个因素的变动往往也伴随着其他因素的变动。多因素敏感度分析法是指在假定其他不确定性因素不变条件下，计算分析两种或两种以上不确定性因素同时发生变动，对系统的状态或输出变化的影响程度，确定敏感度因素及其极限值。

多因素敏感度分析要考虑可能发生的各种因素不同变动幅度的多种组合，计算起来要比单因素敏感度分析复杂得多。多因素敏感度分析一般是在单因素敏感度分析基础进行的，且分析的基本原理与单因素敏感度分析大体相同，但需要注意的是，多因素敏感度分析须进一步假定同时变动的几个因素都是相互独立的，且各因素发生变化的概率相同，图 8-2 为一个双因素敏感度分析图。

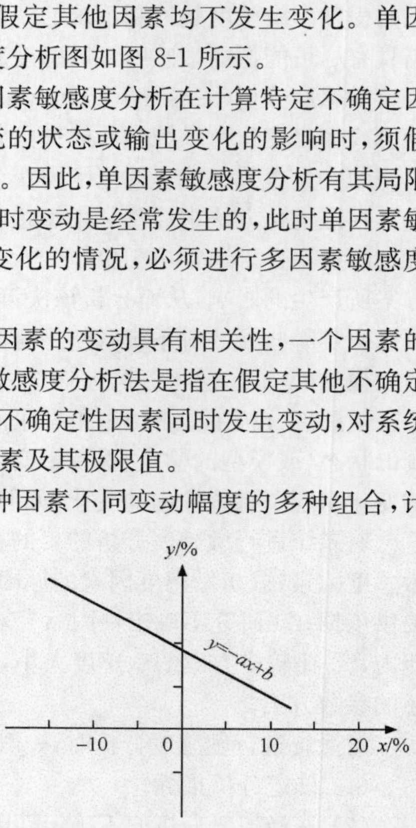

图 8-2 双因素敏感度分析

根据敏感度分析作用的范围，可以分为全局敏感度分析和局部敏感度分析两种。局部敏感度分析值检验单个参数对模型的影响程度，而全局敏感度分析则检验多个参数对模型输出的影响[24]。

(1) 全局敏感度分析。全局敏感度分析主要研究模型输出的不确定性如何分配给模型输入不确定性的不同来源之中。所谓“全局”，并不是一个必需的限定，而是相对于一些文献中提出的“局部”或“单因素”敏感度分析方法而言的。全局敏感度分析，同时考虑所有模型参数的影响，不同参数在一定范围内的变化对模型输出或系统状态的共同作用，并以图形的方式显示研究目标随着设计参数的变化情况。进行全局敏感度分析，可以确定参数对模型某一性能的整体影响，尤其对于参数在变化过程中可能引起性能发生突变时，全局敏感度分析方法就显得尤为重要了。蒙特卡罗分析方法是一种基于随机采样的全局敏感度分析方法。该方法主要根据参数的概率分析对所有模型参数进行随机采样，并对各个参数的样本进行模拟计算，通过对模型输出与各个参数进行统计分析，从而得出各个参数对系统的敏感度指标。

全局灵敏度的求解当然可以通过局部灵敏度得到，即在参数的变化区间上取值，分别计算参数取这些值时的局部灵敏度值，再通过拟合这些局部灵敏度值来得到全局灵敏度。显然这种方法显得过于烦琐，且相当耗时。

(2) 局部敏感度分析。局部敏感度分析是检验单个参数的变化对模型输出或系统状态的影响程度，可以对设计参数在偏移名义值较小时进行局部灵敏度分析，并且可视化显示特定设计参数的改变是否对研究目标有较大的影响。进行局部灵敏度分析，可以较容易地知道哪些参数对性能影响较大，从而缩小研究范围，最主要的优点在于其可操作性。采用局部敏感度分析，首先选出对模型输出结果影响较大的参数，对于这些参数在分析模型的过程中需要尽可能提高参数的准确度；而对于那些对模型结果影响不是很大的非灵敏参数，只需选取其经验值。这在很大程度上减少了模型参数整定和验证的工作量。其次，可以加深对模型的理解。不同的参数变化对模型的影响程度和方式都是不一样的，全面掌握参数对模型的影响程度和方式，有助于在模型使用条件不同的情况下选择相对应的最为敏感的参数以进行重点识别，可以提高工作效率。再次，加深对所模拟的系统行为的理解。通过局部灵敏度分析可以发现所模拟系统对哪些参数的何种变化最为敏感，从而可以确定各模拟因子对所模拟系统的影响程度。

一个模型的参数有很多，如果每个参数都进行全局灵敏度分析，必然导致计算量增加；另外，众多的模型参数对模型的影响程度是不一样的，对于那些影响程度较小的参数，完全没有必要进行全局灵敏度分析。因此，如果将全局灵敏度分析和局部灵敏度分析结合起来，就能取得事半功倍的效果。

通过上面的分析可以总结出敏感度分析的一般思路：① 进行局部灵敏度分析，确定主要参数对模型性能的影响程度；② 对于那些对模型性能影响大的参数，进行全局灵敏度分析。

敏感度分析法是一种动态不确定性分析，是项目评估中不可或缺的组成部分。它用以分析系统的状态或输出变化对各个不确定性因素的敏感程度，找出敏感度因素及其最大变动幅度，据此判断系统承担风险的能力。但是，这种分析尚不能确定各种不确定性因素发生一定幅度的概率，因而其分析结论的准确性就会受到一定的影响。实际生活中，可能会出现这样的情形：敏感度分析找出的某个敏感度因素在未来发生不利变动的可能性很小，引起的系统风险不大；而另一因素在敏感度分析时表现出不太敏感，但其在未来发生不利变动的可能性却很大，进而会引起较大的系统风险。为了弥补敏感度分析的不足，在进行项目评估和决策时，尚须进一步作概率分析。

自 1989 年《科学》杂志上发表了关于敏感度分析的评论至今，该学科取得了相当大的发展。SA 在统计学（包含大气化学、鱼群动力学、综合指标、资产组合、油田建模、宏观经济模型、放射性废物管理、水灾模型等）、运筹学、模型分析等方面得到了广泛的应用[25~32]。

8.2.2 敏感度分析方法

1. 线性规划的敏感度分析

线性规划是运筹学中研究较早、发展较快、应用广泛、方法较成熟的一个重要分支，它是辅助人们进行科学管理的一种数学方法。在经济管理、交通运输、工农业生产等经济活动中，提高经济效果是人们不可缺少的要求，而提高经济效果一般通过两种途径：一是技术方面的改进，如改善生产工艺，使用新设备和新型原材料；二是生产组织与计划的改进，即合理安排人力物力资源。线性规划所研究的是：在一定条件下，合理安排人力物力等资源，使经济效果达到最好。一般地，将求线性目标函数在线性约束条件下的最大值或最小值的问题，统称为线性规划问题。满足线性约束条件的解称为可行解，由所有可行解组成的集合称为可行域。决策变量、约束条件、目标函数是线性规划的三要素。

线性规划理论的发展经历了较为曲折的历程[33~39]。1832 年法国数学家 Jean Baptiste Joseph Fourier 提出了线性规划的想法，1939 年苏联数学家 Leonid Kantorovich 也提出了线性规划问题，但由于认识水平的限制，当时都未引起科学界的注意和重视。直到 1947 年，美国数学家 Dantzig 提出了单纯性法，单纯性法是线性规划的一般数学模型和求解线性规划问题的最通用方法，因此为线性规划理论奠定了基础。同年，美国数学家 von Neumann 提出了对偶理论，为线性规划的研究开创了新的研究领域。此后，一大批新的算法的出现，极大丰富了线性规划理论及应用领域，具有代表性的有 1979 年苏联数学家 Leonid Khachian 提出的椭球算法，1984 年印度数学家卡马卡提出的新的多项式时间算法等。线性规划研究的成果，还直接推动了其他数学规划问题包括整数规划、随机规划和非线性规划的算法研究。

通常情况下，线性规划问题的标准形式如下所示：

$$\max \quad z = \boldsymbol{CX}$$
$$\text{s.t.} \quad \begin{cases} \boldsymbol{AX} = \boldsymbol{b} \\ \boldsymbol{X} \geqslant 0 \end{cases} \tag{8-1}$$

满足约束条件 $\{\boldsymbol{AX} = \boldsymbol{b}$ 且 $\boldsymbol{X} \geqslant 0\}$ 的 $\boldsymbol{X} = (x_1, x_2, \cdots, x_n)^{\mathrm{T}}$ 称为线性规划问题的

可行解,使目标函数达到最大值的可行解称为线性规划问题的最优解。那么

(1) 参数 $\boldsymbol{A},\boldsymbol{b},\boldsymbol{C}$ 在什么范围内变动,对当前方案无影响?

(2) 参数 $\boldsymbol{A},\boldsymbol{b},\boldsymbol{C}$ 中的哪一个(几个)变动,对当前方案影响?

(3) 如果最优方案改变,如何用简便方法求新方案?

此为研究当线性规划问题中的一个或几个参数变化时最优解的变化情况,正是敏感度分析所研究的主要问题。因此,敏感度分析法称为求解线性规划问题的一个有效途径。对线性规划问题进行的敏感度分析主要有以下几种情形:目标函数系数的敏感度分析、约束条件右端常数项的敏感度分析、增加新变量的敏感度分析、增加约束条件的敏感度分析。

2. 模型的敏感度分析

考虑一个形如 $Y = f(\boldsymbol{x})$ 的确定性模型,其中 $\boldsymbol{x} = (x_1, x_2, \cdots, x_k)$ 是一个 k 维输入变量,y 是模型输出。敏感度分析的一些常用方法是将方程 $Y = f(\boldsymbol{x})$ 分解为一些主效应和交互作用。令 $0 < x_i < 1$ 表示 $\boldsymbol{x} = (x_1, x_2, \cdots, x_k)$ 的第 i 个单元,或者是第 i 个不确定的模型输入。则 $f(\boldsymbol{x})$ 可以用一个高维模型表示(high dimensional model representation, HDMR)[40,41]:

$$\begin{aligned} f(\boldsymbol{x}) &= f_0 + \sum_{i=1}^{k} f_i(x_i) + \sum_{i}\sum_{i<j} f_{ij}(x_i, x_j) + \cdots + \sum_{i<j<k} f_{ijk}(x_i, x_j, x_k) \\ &= f_0 + \sum_{i=1}^{k} f_i(x_i) + \sum_{i}\sum_{i<j} f_{ij}(x_i, x_j) + \cdots + f_{1,2,\cdots,n}(x_1, x_2, \cdots, x_k) \end{aligned} \tag{8-2}$$

其中

$$\begin{aligned} &f_0 = E(Y) \\ &f_i(x_i) = E(Y \mid x_i) - f_0 \\ &f_{ij}(x_i, x_j) = E(Y \mid x_i, x_j) - f_i(x_i) - f_j(x_j) - f_0 \end{aligned} \tag{8-3}$$

当 $k = 3$ 时,模型的 HDMR 为

$$\begin{aligned} f(x) = &f_0 + f_1(x_1) + f_2(x_2) + f_3(x_3) + f_{12}(x_1, x_2) \\ &+ f_{13}(x_1, x_3) + f_{23}(x_2, x_3) + f_{123}(x_1, x_2, x_3) \end{aligned} \tag{8-4}$$

即一个模型的 HDMR 中累加项的个数为 2^k。

该分解方法称为增维分解。其中,每个一阶项都是一个单输入变量的函数,每个二阶项都是一个含有两个变量的函数,并且以此类推。由于低阶项是任意选取的,因此该分解并不是唯一的,此外,高阶项还可以写成 $f(\boldsymbol{x})$ 和低阶项的差分形式。

如果输入因素是独立的,分解项为正交的,毫无疑问,如果选取 $f(\boldsymbol{x})$ 中的每一项都是 0 均值的。综上所述,敏感度指标可表示为如下形式:

$$1 = \sum_{i=1}^{k} S_i + \sum_i \sum_j S_{ij} + \sum_i \sum_j \sum_k S_{ijk} + \cdots + S_{1,2,\cdots,k} \tag{8-5}$$

其中 $S_i = f_i(x_i)$ 是一阶项，或称为 x_i 的主效应；$S_{ij} = f_{ij}(x_i, x_j)$ 是二阶交互作用，用于测量任意变量对之间单纯相互作用对输出的影响；S_{ijl} 和 $S_{1,2,\cdots,k}$ 是高阶项。分解式中的每一项均都表明任意一个输入因素或几个输入因素作为一个函数时，模型的输出在其平均线 f_0 周围浮动的大小。

模型的敏感度分析基于 HDMR 方法还能够扩展到更高阶进行分析，这里不再详细介绍，读者可以参考文献[40]、[41]。对于敏感度分析，其性能指标如何表述是本书更关心的问题，一般情况下，模型的敏感度用其总效应表示，而总效应则由主效应和联合效应两部分组成[42,43]。

1）主效应

如果能够再输出不确定性区域内学习 x_i 的真值，则常用 $\mathrm{Var}[E(y \mid x_i)]$，即从总的输出方差中减去的方差总量的期望，来度量一个独立输入变量 x_i 对 y 的敏感度。从而可得变量 x_i 的一阶敏感度指标，即主效应。

$$S_i = \frac{\mathrm{Var}[E(y \mid x_i)]}{\mathrm{Var}(y)} \tag{8-6}$$

S_i 表示单一输入变量 x_i 在引起输出不确定性中的相对重要性，并且表明，为了减少输出的不确定性，接下来应该从哪里直接入手。

如果某一个 x_i 能够被观测，能够正确地学习其真值，并且对于每一个输入变量的观测代价都是一样的，则以最大的主效应对其进行选取。当然，对于一个给定的输入变量能够正确地学习其真值则是较少见的。

对于一个给定的输入进行校准试验之前采用此类测量。对于一个给定的输入变量，如果主效应的值较高，则说明该变量可以作为通过模型输出的观测值进行校准的一个较好的候选变量。可以用 $1 - S_i$ 来表示当采用函数 $E(y \mid x_i)$ 逼近 $f(\boldsymbol{x})$ 时二次损失期望的最小值。如果 x_i 是重要的，则近似函数 $E(y \mid x_i)$ 说明 $f(\boldsymbol{x})$ 的许多变量以及 S_i 的值都较高。

2）联合效应

如果通过一个双变量函数 $E(Y \mid x_i, x_j)$ 来逼近 $f(\boldsymbol{x})$，即能够学习 x_i, x_j 的真值，则对应 $\mathrm{Var}[E(Y \mid x_i, x_j)]$ 的最大值可得二次损失期望的最小值，并表示为如下形式，即

$$V_{ij}^{c} = \mathrm{Var}(Y) - \mathrm{Var}[E(Y \mid x_i, x_j)] \tag{8-7}$$

其中 c 表示“闭合”。V_{ij}^{c} 可用于表示当联合学习 (x_i, x_j) 变量的真值时期望输出方差的减少。

对应于主效应表示形式，可得 x_i, x_j 的联合效应：

$$S_{ij} = \frac{\mathrm{Var}[E(y \mid x_i, x_j)]}{\mathrm{Var}(y)} \tag{8-8}$$

联合效应是用来度量输入变量对在引起输出不确定性上的相对重要性。

3）总效应

当且仅当 x_i 能够自由变换不确定域，同时其他变量都能够被学习，输入变量 x_i 的总效应与剩余方差期望 $E[\mathrm{Var}(Y \mid x_{-i})]$ 有关，其中 x_{-i} 表示除 x_i 以外的所有输入变量。

因此，一个系统对于变量 x_i 的总的敏感度指标为

$$S_{Ti} = E[\mathrm{Var}(Y \mid x_{-i})]/\mathrm{Var}(Y) \tag{8-9}$$

为了模型简化，总敏感度指标用来识别模型中的非本质变量，即识别那些既不是异乎寻常的也不是与其他相结合的不重要的变量。所有总效应敏感度指标较低的输入变量，在其不确定域内都能够被限定在任意值。

不失一般性，以一个具有三个输入变量的系统为例，考虑正交的情况下，其总的敏感度指标为

$$S_{T1} = S_1 + S_{12} + S_{13} + S_{123} \tag{8-10}$$

8.2.3　敏感度计算

敏感度是研究系统输出对系统参数或周围条件的敏感程度[44]。通过敏感度可以确定系统参数对系统的影响，因此，敏感度作为一种分析方法，是一种有效的系统参数评价方法。

敏感度分析主要有单因素敏感性分析和多因素敏感性分析，单因素敏感性分析在计算单个不确定因素对系统影响时，须假定其他因素不变。多因素敏感性分析是指计算两种或两种以上不确定性因素同时发生变动时对系统的影响。多因素敏感性分析一般是在单因素敏感性分析基础上进行。但需要注意的是，多因素敏感性分析须进一步假定同时变动的几个因素都是相互独立的，且各因素发生变化的概率相同。

对于给定的系统：

$$Y = f(Z_1, Z_2, \cdots, Z_p) \tag{8-11}$$

其中，$Z_1, Z_2, \cdots, Z_p$ 是作用于输出 Y 的 p 个输入参数，其多项式表达式为[45]：

$$Y = Y_0 + \sum_{i=1}^{p} \beta_i Z_i + \sum_{i=1}^{p} \sum_{j=1}^{p} \beta_{ij} Z_i Z_j + \sum_{i=1}^{p} \sum_{j=1}^{p} \sum_{k=1}^{p} \beta_{ijk} Z_i Z_j Z_k + \cdots \tag{8-12}$$

β_i 是一阶回归系数，β_{ij} 是二阶回归系数，$Z_i Z_j$ 是输入参数 Z_i 和 Z_j 的一阶相互作用，$Z_i Z_j Z_k$ 是 Z_i、Z_j 和 Z_k 的二阶相互作用。

在给定系统中，某个输入参数的单独作用以及与其他参数的相互作用对整个系统输出的影响构成了该输入参数的敏感度。通常情况下高阶作用较小，可以忽略。如果系统非线性不强，那么计算其敏感度只需考虑一阶作用。如果系统非线性较强，输入参数间的高阶非线性作用就不能忽略，为此引入了总敏感度。

如果 Z_h 在 $[a_h, b_h]$ 范围内变化，并假设 $Z_h (h=1,2,\cdots,p)$ 在 $[a_h, b_h]$ 范围内均

匀变化，则根据文献[45]得到

$$Z_h^{(n)} = (b_h + a_h/2) + (b_h - a_h/2)\sin(\omega_h s^{(n)}) \tag{8-13}$$

其中，n 为当前采样步数，$s^{(n)} = 2\pi n/N$，N 为采样总数，ω_h 为输入参数 Z_h 的指定频率。当 a_n 为-1，b_n 为 0.5 时，则 Z_h 更简单的形式可以表示为

$$Z_h^{(n)} = \sin(\omega_h s^{(n)}) \tag{8-14}$$

对于第 n 次采样，将式(8-14)代入到式(8-12)中，系统输出 $y^{(n)}$ 为

$$\begin{aligned} y^{(n)} = & y_0 + \sum_{i=1}^{p}\beta_i \sin(\omega_i s^{(n)}) + \sum_{i=1}^{p}\sum_{j=1}^{p}\beta_{ij}\sin(\omega_i s^{(n)})\sin(\omega_j s^{(n)}) \\ & + \sum_{i=1}^{p}\sum_{j=1}^{p}\sum_{k=1}^{p}\beta_{ij}\sin(\omega_i s^{(n)})\sin(\omega_j s^{(n)})\sin(\omega_k s^{(n)}) + \cdots \end{aligned} \tag{8-15}$$

基于以上分析，得到如下结论：

(1) $\beta_i \sin(\omega_i s^{(n)})$ 是 Z_i 相对于基频傅里叶振幅 ω_i 上的线性作用($i=1,2,\cdots,p$)。

(2) 敏感度分析主要分析基频上的傅里叶振幅(线性作用)、一次谐波上的傅里叶振幅(平方作用)、二次谐波上的傅里叶振幅(立方作用)，以及高次谐波上的傅里叶振幅。

(3) 输入参数间的相互作用导致新的频率产生，因此可以通过计算关于 Z_i 的所有傅里叶振幅获得总敏感度。

敏感度的计算结果是输入参数的总灵敏度，不仅包括了输入参数单独作用，而且包括了输入参数的相互作用，可以用来估计系统的输入参数对系统输出值的影响。由文献[45]可知，如果第 i 个输入参数对模型输出的影响较大，系统输出在 ω_i 上就会产生较大的振幅，反之，如果第 i 个输入参数对模型输出的影响较小，系统输出在 ω_i 上就会产生较小振幅，这就是敏感度计算的理论基础。

8.3 神经网络输出敏感度分析

由于神经网络输入神经元个数和输出层神经元个数由研究对象决定，而神经网络的输出由前层神经元的输出和输出层神经元连接权值决定。通过对神经网络连接权值和隐含层神经元的输出的敏感度分析研究，可以获得神经网络结构分析方法。本节首先在频域中讨论神经网络输出敏感度分析方法；其次将神经网络隐含层神经元的输出看成是敏感度分析的输入，利用神经网络输出敏感度分析神经网络结构。

8.3.1 敏感度分析的频域研究

综合敏感度分析的研究成果，敏感度分析主要通过确定输入可变因素的概率几何密度函数，在综合各种评价的基础上计算影响输出变量的可变输入因素[46]。

但是确定可变输入因素的概率几何密度函数比较困难[47]，从而限制了敏感度分析方法的应用。根据傅里叶变换理论[48]：任何一个信号函数都可以分解成无穷多个不同频率正弦信号的和，而且正弦信号是规则的信号，由振幅、相位及频率三个参数完全确定。因此，提出一种神经网络输出敏感度分析方法，将敏感度分析的方法转入到频域进行研究，解决输入可变因素的函数表达问题。

对于敏感度分析，提出了相应的变换函数。每个输入参数 $Z_h(h=1,2,\cdots,p)$ 都与一个频率 ω_h 相关，第 h 个输入参数 Z_h 以频率 ω_h 在 $[a_h,b_h]$ 内振荡，则[48]

$$Z_h(s)=\frac{b_h+a_h}{2}+\frac{b_h-a_h}{\pi}\arcsin(\sin(\omega_h s)) \tag{8-16}$$

其中，s 是一个从 $+\infty$ 到 $-\infty$ 内变化的量，随着 s 变化，所有输入参数随着相应频率 ω_h 振荡，式(8-16)对输入参数有较好的覆盖。为了清晰地叙述频域中敏感度分析的计算方式以及特点，本节分两种情况进行讨论：①单输出变量；②多输出变量。

1. 单输出变量

基于上述分析，式(8-11)的傅里叶形式可以表示为[48]

$$Y(s)=f(s)=f(Z_1(s),Z_2(s),\cdots,Z_p(s)) \tag{8-17}$$

其中，$Z_1(s),Z_2(s),\cdots,Z_p(s)$ 分别是 $Z_1,Z_2,\cdots,Z_p$ 所对应的傅里叶变换，输出 $Y(s)$ 是 Y 所对应的傅里叶变换。

根据扩展傅里叶理论[48]，式(8-7)可进一步扩展为

$$f(s)=\sum_{j=-\infty}^{+\infty}(A_j\cos(js)+B_j\sin(js)) \tag{8-18}$$

其中，傅里叶系数 A_j 和 B_j 表示为

$$A_j=\frac{1}{2\pi}\int_{-\pi}^{\pi}f(s)\cos(js)\mathrm{d}s$$

$$B_j=\frac{1}{2\pi}\int_{-\pi}^{\pi}f(s)\sin(js)\mathrm{d}s \tag{8-19}$$

Z_h的敏感度表达式可表示为[23]

$$S_h=\frac{\mathrm{Var}_{Z_h}[E(Y\mid Z_h)]}{\mathrm{Var}(Y)} \tag{8-20}$$

其中，Var_{Z_h} 是 Z_h的方差，$[E(Y\mid Z_h)]$是输入变量为 Z_h时 Y 的期望，$\mathrm{Var}(Y)$ 是 Y 的方差，S_h表示 Z_h独立于其他输入参数对系统输出的贡献。

输出 Y 的方差可以用下式表示：

$$\begin{aligned}\mathrm{Var}(Y)&=\frac{1}{2\pi}\int_{-\pi}^{\pi}f^2(s)\mathrm{d}s-[E(Y)]^2\approx\sum_{j=-\infty}^{\infty}(A_j^2+B_j^2)-(A_0^2+B_0^2)\\&\approx 2\sum_{j=1}^{\infty}(A_j^2+B_j^2)\end{aligned} \tag{8-21}$$

则输入参数 Z_h 对方差 Y 的影响为

$$\mathrm{Var}_{Z_h}[E(Y \mid Z_h)] = 2\sum_{k=1}^{\infty}(A_{k\omega_h}^2 + B_{k\omega_h}^2) \tag{8-22}$$

其中，$k\omega_h$ 表示 Z_h 的第 k 次谐波对应的频率。

由于 Z_h 在 $k=1$ 时傅里叶振幅的值最大[49]，随着 k 增加，傅里叶振幅将随之变小。给定一个常数 M，使得傅里叶振幅在 $M\omega_h$ 后小到可以忽略不计。如果有 p 个输入参数，$\omega_{\max}$ 表示所有输入参数基频的最大值，那么计算傅里叶常数选取的最高频率至少等于 $M\omega_{\max}$，因此，式(8-21)和式(8-22)可以变为

$$\mathrm{Var}(Y) = 2\sum_{\omega=1}^{M\omega_{\max}}(A_\omega^2 + B_\omega^2) \tag{8-23}$$

$$\mathrm{Var}_{Z_h}[E(Y \mid Z_h)] = 2\sum_{k=1}^{M}A_{k\omega_h}^2 + B_{k\omega_h}^2 \tag{8-24}$$

基于以上分析，则式(8-20)变换为

$$S_h = \frac{2\sum_{k=1}^{M}A_{k\omega_h}^2 + B_{k\omega_h}^2}{2\sum_{\omega=1}^{M\omega_{\max}}(A_\omega^2 + B_\omega^2)} \tag{8-25}$$

计算某个输入参数 Z_h 的敏感度时，当 ω_h 与其余参数的基频或谐波对应的频率相近时，就会产生频率混叠，不能完全把 Z_h 的作用和其他输入参数区分开来。为解决这个问题，Saltelli 等[49]提出解决的办法是，令

$$\omega_h = 2M\max(\omega_{\sim h}) \tag{8-26}$$

其中，$\max(\omega_{\sim h})$ 是除 Z_h 之外的其他输入参数基频的最大值。$[0, M\max(\omega_{\sim h})]$ 是除 Z_h 外的其他所有输入参数对输出的作用区域对应的频率范围，$[M\max(\omega_{\sim h}), M\omega_h]$ 为 Z_h 的作用区域对应的频率范围。

关于 Z_h 的总敏感度用下式计算：

$$\mathrm{SW}_h = \frac{\sum_{\omega=M\max(\omega_{\sim h})+1}^{M\omega_h}(A_\omega^2 + B_\omega^2)}{\sum_{\omega=1}^{M\omega_h}(A_\omega^2 + B_\omega^2)} \tag{8-27}$$

SW_h 不但包括 Z_h 独立于其他输入参数对输出的作用，而且包括 Z_h 与其他输入参数的协同作用，因此称为 Z_h 对整个输出的总敏感度。

对于神经网络，隐含层神经元的输出间相互作用不是很明显，那么其傅里叶振幅主要集中在基频上，对总敏感度的计算复杂度将降低，下面给出在基频上的总敏感度计算法公式：

$$\mathrm{SW}_h \approx \frac{A_\omega^2 + B_\omega^2}{\sum_{\omega=1}^{M\omega_h}(A_\omega^2 + B_\omega^2)} \tag{8-28}$$

为了在同一尺度下对输入参数的影响进行评价，则对每个输入参数的总敏感度进行归一化处理：

$$\mathrm{ST}_h = \mathrm{SW}_h / \sum_{i=1}^{p} \mathrm{SW}_i \tag{8-29}$$

ST_h 为单输出神经网络第 h 个输入参数的敏感度值。

2. 多输出变量

当函数的输出为多变量形式时，假设函数的输出变量数为 Q 个，则给定系统 $F(s) = (f^1(s), f^2(s), \cdots, f^Q(s))$ 的傅里叶形式可以表示为

$$\begin{cases} f^1(s) = \sum_{j=-\infty}^{+\infty}(A_j^1\cos(js) + B_j^1\sin(js)) \\ \cdots\cdots \\ f^Q(s) = \sum_{j=-\infty}^{+\infty}(A_j^Q\cos(js) + B_j^Q\sin(js)) \end{cases} \tag{8-30}$$

其中，傅里叶系数 A_j^q 和 $B_j^q (q = 1, 2, \cdots, Q)$ 表示为

$$\begin{aligned} A_j^q &= \frac{1}{2\pi}\int_{-\pi}^{\pi} f^q(s)\cos(js)\mathrm{d}s \\ B_j^q &= \frac{1}{2\pi}\int_{-\pi}^{\pi} f^q(s)\sin(js)\mathrm{d}s \end{aligned} \tag{8-31}$$

Z_h^q 的敏感度表达式可表示为

$$S_h^q = \frac{\mathrm{Var}_{Z_h^q}[E(Y^q \mid Z_h^q)]}{\mathrm{Var}(Y^q)} \tag{8-32}$$

其中，S_h^q 是第 h 个输入参数独立于其他输入参数对第 q 个输出变量的贡献，Var_{Z_h} 是 Z_h 的方差，$[E(Y^q \mid Z_h)]$ 是输入变量为 Z_h 时 Y^q 的期望，$\mathrm{Var}(Y^q)$ 是 Y^q 的方差 $(Y^q = f^q(Z_1, Z_2, \cdots, Z_p))$。

输出 Y^q 的方差可以用下式表示：

$$\begin{aligned} \mathrm{Var}(Y^q) &= \frac{1}{2\pi}\int_{-\pi}^{\pi}(f^q(s))^2\mathrm{d}s - [E(Y^q)]^2 \\ &\approx \sum_{j=-\infty}^{\infty}((A_j^q)^2 + (B_j^q)^2) - ((A_0^q)^2 + (B_0^q)^2) \\ &\approx 2\sum_{j=1}^{\infty}((A_j^q)^2 + (B_j^q)^2) \end{aligned} \tag{8-33}$$

式(8-33)中的其他参数的运算方式与式(8-21)～式(8-25)相似,则输入参数 Z_h^q 的总灵敏度为

$$\mathrm{SW}_h^q \approx \frac{(A_\omega^q)^2 + (B_\omega^q)^2}{\sum_{\omega=1}^{M\omega_h^q} ((A_\omega^q)^2 + (B_\omega^q)^2)} \tag{8-34}$$

由于输入参数 h 对每个输出变量之间都存在影响,因此,对输入变量 h 的总敏感度计算如下:

$$\mathrm{SW}_h = \sum_{q=1}^{Q} \mathrm{SW}_h^q \tag{8-35}$$

同样,为了在同一尺度下对输入参数的影响进行评价,则对每个输入参数的总敏感度进行归一化处理。

$$\mathrm{ST}_h = \mathrm{SW}_h / \sum_{i=1}^{p} \mathrm{SW}_i \tag{8-36}$$

ST_h 为单输出神经网络第 h 个输入参数的敏感度值。

通过以上分析不难看出,频域中敏感度分析的流程如图 8-3 所示。

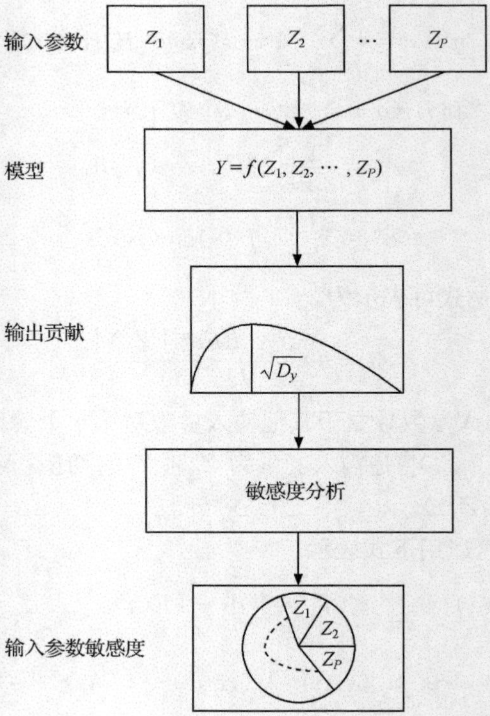

图 8-3　敏感度分析流程

8.3.2　神经网络输出敏感度分析

由于神经网络本身就是一个非线性系统，为了讨论方便，把神经网络隐含层神经元输出看成是非线性函数，神经网络的输出则看成是隐含层神经元输出值的加权和。不失一般性，这里分别对单输出和多输出神经网络的敏感度进行分析。

1. 单输出神经网络

神经网络中常用的激励函数可以归纳为以下几类：阈值型函数、饱和型函数、双曲型函数、S 型函数以及高斯函数，书中用于实验的隐含层神经元激励函数为双曲型函数、S 型函数以及高斯函数：

$$
\begin{aligned}
Z_1 &= \frac{1-e^{-x}}{1+e^{-x}} \\
Z_2 &= \frac{1}{1+e^{-x}} \\
Z_3 &= \frac{1}{1+e^{-2x}} \\
Z_4 &= e^{\frac{x^2}{4}} \\
Z_5 &= e^{x^2}
\end{aligned}
\tag{8-37}
$$

假设每个隐含层神经元与输出神经元之间的连接权值为 1，则网络的输出为

$$f(x) = Z_1 + Z_2 + Z_3 + Z_4 + Z_5 \tag{8-38}$$

当 $x \in (-1,1)$ 时，$f(x)$，$Z_1(x)$，$Z_2(x)$，$Z_3(x)$，$Z_4(x)$ 和 $Z_5(x)$ 的变化如图 8-4 所示。

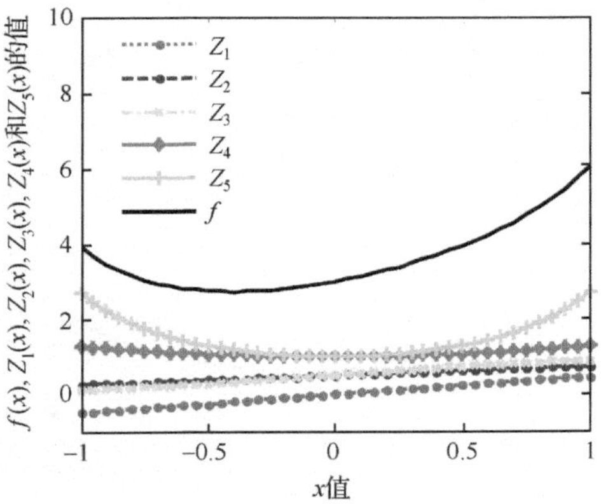

图 8-4　$f(x)$，$Z_1(x)$，$Z_2(x)$，$Z_3(x)$，$Z_4(x)$ 和 $Z_5(x)$ 函数值

图 8-4 表明如果函数 $f(x)$ 的各个输入参数的关系比较复杂，那么很难分析出

输入参数对函数输出的贡献。利用敏感度分析方法，可以计算出各输入参数对输出的影响，该神经网络隐含层神经元的输出 $Z_1(x)$，$Z_2(x)$，$Z_3(x)$，$Z_4(x)$ 和 $Z_5(x)$ 相应的敏感度为 $ST_1=3.8\%$，$ST_2=22.4\%$，$ST_3=4.5\%$，$ST_4=34.1\%$，$ST_5=35.2\%$。显然，$Z_5(x)$对神经网络输出的影响最大，$Z_1(x)$对神经网络输出的影响最小。

2. 多输出神经网络

当神经网络为多输出时，神经网络的输出为

$$\begin{aligned} f^1(x) &= 0.1Z_1 + 0.3Z_2 + 0.7Z_3 + 2Z_4 + 5Z_5 \\ f^2(x) &= 0.6Z_1 + 0.4Z_2 + 0.1Z_3 + 2Z_4 + Z_5 \\ f^3(x) &= 3Z_1 + 2Z_2 + Z_3 + 0.8Z_4 + 0.1Z_5 \end{aligned} \tag{8-39}$$

当 $x \in (-1,1)$ 时，$f^1(x)$、$f^2(x)$ 和 $f^3(x)$ 关于 $Z_1(x)$，$Z_2(x)$，$Z_3(x)$，$Z_4(x)$ 和 $Z_5(x)$ 的变化如图 8-5～图 8-7 所示。

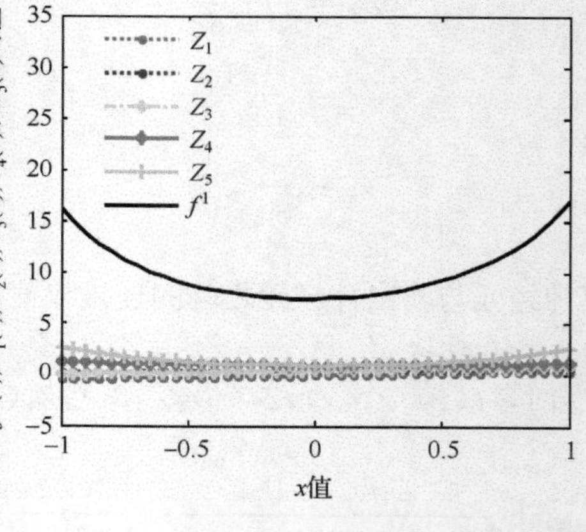

图 8-5　$f^1(x)$，$Z_1(x)$，$Z_2(x)$，$Z_3(x)$，$Z_4(x)$和 $Z_5(x)$函数值

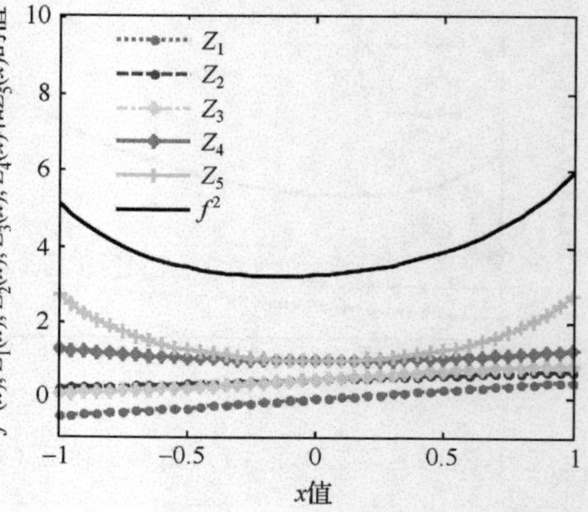

图 8-6　$f^2(x)$，$Z_1(x)$，$Z_2(x)$，$Z_3(x)$，$Z_4(x)$和 $Z_5(x)$函数值

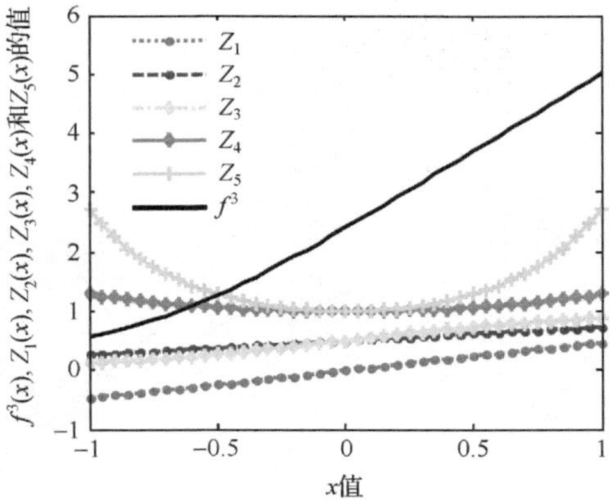

图 8-7　$f^3(x)$，$Z_1(x)$，$Z_2(x)$，$Z_3(x)$，$Z_4(x)$和 $Z_5(x)$函数值

通过图 8-5～图 8-7 很难区分究竟哪些隐含层神经元对整个神经网络输出影响较大，哪些较小。

利用敏感度分析对神经网络隐含层神经元的输出进行敏感度计算，$Z_1(x)$，$Z_2(x)$，$Z_3(x)$，$Z_4(x)$和 $Z_5(x)$相应的敏感度为 $ST_1=24.4\%$，$ST_2=26.5\%$，$ST_3=26.7\%$，$ST_4=11.8\%$，$ST_5=10.6\%$。不难发现，$Z_5(x)$对神经网络输出的影响最小，$Z_1(x)$，$Z_2(x)$和 $Z_3(x)$对神经网络输出的敏感度值基本差不多，对输出的影响都较大。

8.4　增长-修剪型多层感知器神经网络分析

8.4.1　隐含层神经元的敏感度

感知器神经网络的结构如图 8-8 所示。

感知器神经网络中各层神经元输入与输出可表示如下：

1. 第一层：输入层

输入层有 M 个节点，输入层神经元的输出为

$$u_i = x_i, \quad i = 1,2,\cdots,M \tag{8-40}$$

其中，u_i 分别表示该输入层第 i 个神经元的输出，$\boldsymbol{x}=(x_1,x_2,\cdots,x_M)$表示神经网络的输入。

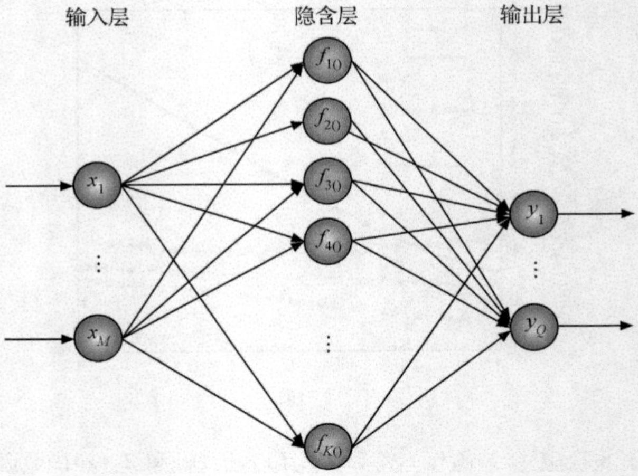

图 8-8　感知器神经网络结构图

2. 第二层：隐含层

隐含层对输入量进行处理，有 K 个神经元，隐含层神经元的输出为

$$v_j = f\Big(\sum_{i=1}^{M} w_{ij}u_i\Big),\quad i=1,2,\cdots,M;\ j=1,2,\cdots,K \tag{8-41}$$

其中，函数 $f(x)=(1+\mathrm{e}^{-x})^{-1}$，$v_j$ 表示第 j 个神经元的输出，$\boldsymbol{v}=(v_1,v_2,\cdots,v_K)^{\mathrm{T}}$ 为神经网络隐含层输出，其维数是 $K\times1$，w_{ij} 输入层第 i 个神经元与隐含层第 j 个神经元间的连接权值，$\boldsymbol{w}=(w_{11},w_{21},\cdots,w_{M1};w_{12},w_{22},\cdots,w_{M2};\cdots;w_{1K},w_{2K},\cdots,w_{MK})^{\mathrm{T}}$。

3. 第三层：输出层

输出层有 Q 个神经元，其输出为

$$y_q = \sum_{j=1}^{K} w_{jq}^2 v_j,\quad j=1,2,\cdots,K;\ q=1,2,\cdots,Q \tag{8-42}$$

其中，函数 y_q 表示第 q 个神经元的输出，$\boldsymbol{y}=(y_1,y_2,\cdots,y_Q)$ 为神经网络的输出，w_{jq}^2 隐含层第 j 个神经元与输出层第 q 个神经元间的连接权值，$\boldsymbol{w}^2=(w_{11}^2,w_{21}^2,\cdots,w_{K1}^2;w_{12}^2,w_{22}^2,\cdots,w_{K2}^2;\cdots;w_{1Q}^2,w_{2Q}^2,\cdots,w_{KQ}^2)^{\mathrm{T}}$。

神经网络训练过程中均方差定义为

$$E(t)=\frac{1}{T}\sum_{t=1}^{T}\sum_{q=1}^{Q}(y_q(t)-y_{dq}(t))^2 \tag{8-43}$$

其中，y_{dq} 为神经网络第 q 个神经元的期望输出，y_q 为神经网络第 q 个神经元的实际输出，T 为神经网络训练步数。

利用神经网络输出敏感度分析的特点确定神经网络隐含层输出加权值对神经网络输出的影响，计算出隐含层神经元的敏感度值，删除对网络输出影响较小隐含层神经元。同时增加隐含层的神经元，以实现感知器神经网络结构动态设计和提高神经网络性能的目的。

感知器神经网络在结构优化设计研究时可以分解为两个部分：第一部分是输入层与隐含层连接；第二部分是隐含层与输出层连接，分解结构如图 8-9 所示。

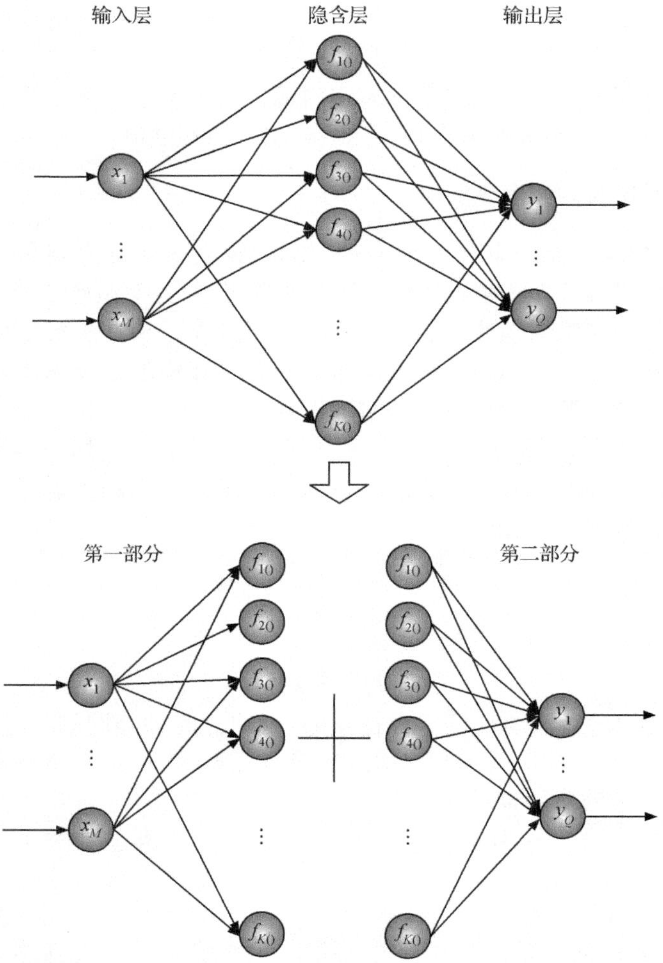

图 8-9　感知器神经网络结构分解图

增长-修剪型感知器神经网络基于隐含层神经元输出加权值对神经网络输出的影响进行结构调整，其研究重点是第二部分的运行机制。

根据图 8-9，隐含层神经元输出加权值 ($w_{11}^2 v_1, w_{12}^2 v_2, \cdots, w_{1K}^2 v_K; w_{21}^2 v_1, w_{22}^2 v_2, \cdots,$

$w_{2K}^2 v_K; \cdots; w_{Q1}^2 v_1, w_{Q2}^2 v_2, \cdots, w_{QK}^2 v_K$）作为神经网络输出敏感度分析的输入量，根据式(4-20)对 y_q 在频域中进行敏感度分析 Y^q：

$$Y^q = f^q(w_{1q}^2 v_1, w_{2q}^2 v_2, \cdots, w_{Kq}^2 v_K), \quad q = 1,2,\cdots,Q \tag{8-44}$$

f^q是 Y^q的傅里叶变换形式，利用神经网络输出敏感度分析方法计算神经网络隐含层神经元的敏感度值：

$$\mathrm{ST}_h = \frac{\sum_{q=1}^{Q} \mathrm{ST}_h^q}{\sum_{q=1}^{Q}\sum_{h=1}^{K} \mathrm{ST}_h^q} \tag{8-45}$$

其中，ST_h^q 表示第 h 个隐含层神经元输出对输出层第 q 个神经元的敏感度，ST_h则表示隐含层第 h 个神经元对整个神经网络输出的敏感度值。

8.4.2 神经元增长和修剪

根据隐含层神经元的输出敏感度分析结果，提出一种增长-修剪型感知器神经网络，其结构可以实现在线生长和修剪。其主要思想为：对敏感度值太小的神经元予以删除，在神经网络信息处理能力不够时利用最邻近法在敏感度值较大的神经元附近插入新的神经元。同时，利用快速下降算法和梯度下降算法对其参数进行修改，并给出了结构调整过程中神经网络收敛性证明。

由于增长-修剪型感知器神经网络结构可以在线修改，初始神经网络结构对神经网络最终性能影响不是很大，其性能较静态神经网络有很大的提高。神经网络的增长和修剪过程如下。

1. 增长过程

如果

$$E(t) \geqslant \rho_t E_d \tag{8-46}$$

其中，ρ_t 是判断因子，$\rho_t > 1$，E_d是目标误差，说明此时神经网络的处理能力较弱，隐含层神经元需要增加。找出与当前逼近误差值 $\varepsilon_q(t)$（$\varepsilon_q(t) = y_{dq}(t) - y_q(t)$）欧氏距离 λ_{jp} 最小的隐含层神经元 j：

$$\lambda_{jq} = \min\| w_{jq}^2(t) v_j(t) - \varepsilon_q(t) \|, \quad j \in [1,2,\cdots,K], \ q = 1,2,\cdots,Q \tag{8-47}$$

其中，$\varepsilon(t) = (\varepsilon_1(t), \varepsilon_2(t), \cdots, \varepsilon_Q(t))$。

为了降低神经网络结构调整对网络输出的影响，对新插入神经元的初始权值作以下设定：

$$\begin{cases} w_{\mathrm{new}q}^2 = \dfrac{\varepsilon_q(t)}{w_{jq}^2(t) v_j(t)}, & \gamma_{jq} \leqslant \varepsilon_q(t) \\ w_{\mathrm{new}q}^2 = -\dfrac{\varepsilon_q(t)}{w_{jq}^2(t) v_j(t)}, & \gamma_{jq} > \varepsilon_q(t) \end{cases}$$

$$\boldsymbol{w}_{\cdot\text{new}} = \boldsymbol{w}_{\cdot j}$$
$$j \in [1,2,\cdots,K], \quad q = 1,2,\cdots,Q \tag{8-48}$$

其中，$w^2_{\text{new}q}$ 是新插入神经元与输出层第 q 个神经元之间的连接权值，$\boldsymbol{w}_{\cdot\text{new}} = (w_{1\text{new}}, w_{2\text{new}}, \cdots, w_{M\text{new}})$，$\boldsymbol{w}_{\cdot\text{new}}$ 是新插入神经元与输入层神经元之间的连接权值。

2. 修剪过程

如果第 h 个隐含层神经元的敏感度值 ST_h 小于 β($\beta > 0$ 为设定敏感度阈值)，说明此时该神经元对网络的整体影响较小，可以忽略，对其进行修剪，修剪后神经网络权值进行调整：

$$w^{2'}_{h-nq}(t) = w^2_{h-nq}(t) + \frac{v_h(t)}{v_{h-n}(t)} w^2_{hq}(t)$$
$$\boldsymbol{w}'_{\cdot h-n}(t) = \boldsymbol{w}_{\cdot h-n}(t) \tag{8-49}$$

其中，$\text{ST}_{h-n} \geqslant \beta$，$h-n$ 是与神经元 h 之间欧氏距离最小的隐含层神经元，并且 w^2_{h-nq} 和 $w^{2'}_{h-nq}$ 是神经网络修剪前后神经元 $h-n$ 与输出层神经元 q 之间的连接权值，$\boldsymbol{w}_{\cdot h-n}$ 和 $\boldsymbol{w}'_{\cdot h-n}$ 是神经网络修剪前后神经元 $h-n$ 与输入层神经元之间的连接权值。

值得注意的是，用于判断隐含层神经元增长的条件是均方差 $E(t)$ 远大于目标误差；而修剪的条件仅仅是 $\text{ST} < \beta$。无论在增长神经元和修剪神经元后都对连接权值进行设定，防止由于结构调整而引起误差震荡，这里对神经网络权值的设定称为误差补偿[50]。

8.4.3 增长-修剪型感知器神经网络

增长-修剪型感知器神经网络基于以上结构判断和调整，达到网络结构的优化设计，其算法运行的具体步骤如下：

(1) 给定一个隐含层神经元不为零的三层感知器神经网络，进行训练；判断是否满足结构修改条件，满足条件转向(2)，否则转向(6)。

(2) 找出每一个隐含层神经元输出加权值的最大值和最小值。

(3) 利用式(8-45)对每一个隐含层神经元输出加权值进行敏感度分析，计算其对输出的贡献值。

(4) 根据增长判断条件对网络隐含层神经元进行分析，如果需要增长，则调整神经网络结构，并利用式(8-48)对新增长神经元进行初始权值设定，否则，跳往步骤(5)。

(5) 根据修剪条件对网络隐含层神经元进行分析，删除贡献值小于 β 的隐含层神经元，调整神经网络结构，对网络连接权值进行调整。

(6) 利用快速下降算法和梯度下降算法对神经网络的连接权值进行修改。

(7) 满足所有停止条件或达到计算步骤时停止计算，否则转向(6)(结构调整已完成)或(2)(结构还需调整)进行重新训练。

为了便于理解，图 8-10 给出了整个算法的流程图。值得注意的是增长-修剪

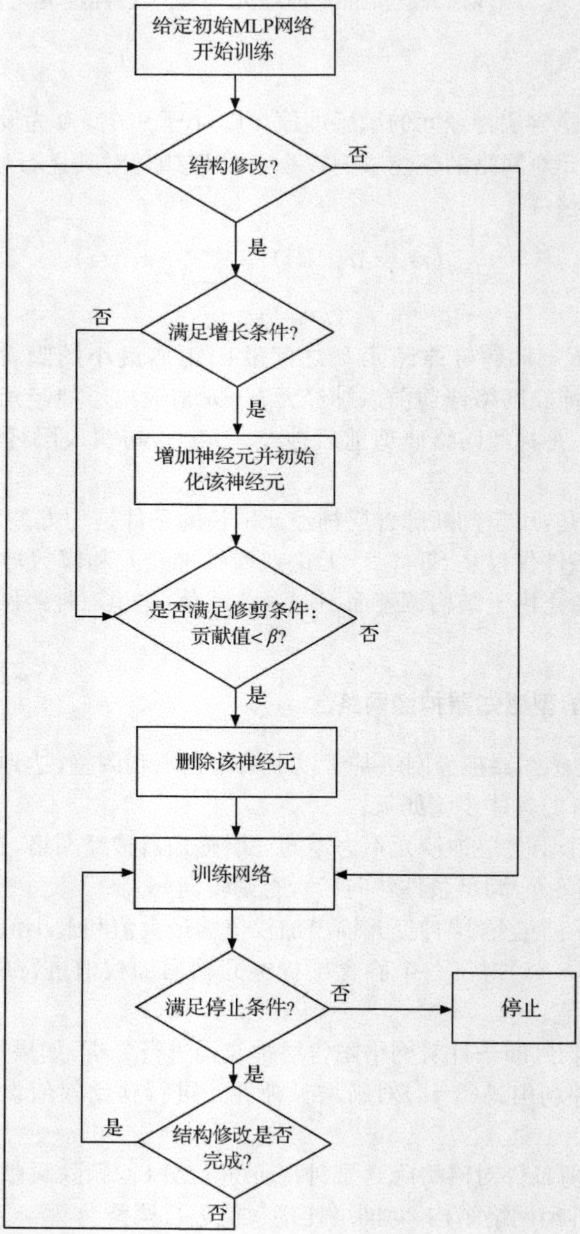

图 8-10 增长-修剪型感知器神经网络流程图

型感知器神经网络中结构的确定并不是每次循环运行都进行判断的，而是每运行一定的步骤以后才判断一次，以减少结构调整时间。该神经网络结构设计优化方法通过神经网络输出敏感度分析，把时域的问题转换到频域进行研究，提供了一种研究神经网络结构分析的新方法，较之一般的基于空间搜索或信息矩阵处理的神经网络结构分析方法在计算时间和存储空间上有一定的优势。

8.4.4 收敛性分析

对于增长-修剪型感知器神经网络，其收敛性关系到神经网络的最终性能，尤其是增加神经元和修剪神经元时，如果机制选取不当可能会引起整个神经网络最终不收敛。在此，给出增长-修剪型感知器神经网络的收敛性证明，该证明过程主要分为 3 个部分：结构不变阶段、结构增长阶段以及结构修剪阶段。具体证明过程如下。

假设在 t 时刻逼近误差为 $\varepsilon_q(t)$，期望误差为 E_d。

1. 结构不变阶段

结构不变阶段神经网络利用快速下降算法和梯度下降算法调整网络参数；书中第 2 章已经证明，在感知器神经网络结构固定时，利用快速下降算法对神经网络权值进行修改时，可以保证最终神经网络的收敛；而梯度下降的收敛性文献[25]也已给出证明，这里就不再重复。

2. 结构增长阶段

若在 t 时刻隐含层需要增加神经元(假设只增长一个神经元，称为第 n 个神经元)，结构增长前神经网络隐含层有 $n-1$ 个神经元，结构增长后神经网络隐含层有 n 个神经元，通过增加隐含层神经元，结构调整后神经网络的输出逼近误差将变为

$$\begin{aligned}\varepsilon_q^n(t) &= y_{dq}(t) - y_q(t) \\ &= y_{dq}(t) - \sum_{j=1}^{n} w_{jq}^2(t) v_j(t)\end{aligned} \tag{8-50}$$

在神经网络结构增长阶段，根据式(8-48)给出的新增神经元初始权值设定，式(8-50)将变为

$$\varepsilon_q^n(t) = y_{dq}(t) - \sum_{j=1}^{n-1} w_{jq}^2(t) v_j(t) - w_{jq}^2(t) v_n(t)$$

$$= \begin{cases} y_{dq}(t) - \sum_{j=1}^{n-1} w_{jq}^2(t) v_j(t) - \dfrac{\varepsilon_q^{n-1}(t)}{w_{jq}^2(t) v_i(t)} w_{jq}^2(t) v_n(t) & (\gamma_i \leqslant \varepsilon_q^{n-1}(t)) \\ y_{dq}(t) - \sum_{j=1}^{n-1} w_{jq}^2(t) v_j(t) + \dfrac{\varepsilon_q^{n-1}(t)}{w_{jq}^2(t) v_i(t)} w_{jq}^2(t) v_n(t) & (\gamma_i > \varepsilon_q^{n-1}(t)) \end{cases}$$

$$
=\begin{cases} y_{dq}(t)-\sum_{j=1}^{n-1} w_{jq}^2(t)v_j(t)-\varepsilon_q^{n-1} & (\gamma_i \leqslant \varepsilon_q^{n-1}(t)) \\ y_{dq}(t)-\sum_{j=1}^{n-1} w_{jq}^2(t)v_j(t)+\varepsilon_q^{n-1} & (\gamma_i > \varepsilon_q^{n-1}(t)) \end{cases} \tag{8-51}
$$

其中，$\varepsilon_q^{n-1}(t)$ 是网络修改前神经网络的输出逼近误差。因此，将得到以下结论：

$$
\varepsilon_q^n(t)=\begin{cases} 0 & (\gamma_i \leqslant \varepsilon_q^{n-1}(t)) \\ 0 & (\gamma_i > \varepsilon_q^{n-1}(t)) \end{cases} \tag{8-52}
$$

通过以上分析，新增加的神经元并没有对神经网络输出造成突变，神经网络输出逼近误差在增加新的神经元后得到补偿。

3. 结构修剪阶段

若在 t 时刻隐含层需要删减神经元(隐含层神经元为 h 需要删减，与其欧氏距离最近的神经元为 $h-n$)，此时，神经网络中隐含层有 n 个神经元，则删减神经元后神经网络隐含层神经元有 $n-1$ 个，其输出逼近误差将变为

$$
\begin{aligned} \varepsilon_q^{n-1}(t) &= y_{dq}(t)-y_q(t) \\ &= y_{dq}(t)-\sum_{j=1,j\neq h}^{n} w_{jq}^2(t)v_j(t) \end{aligned} \tag{8-53}
$$

根据式(8-49)给出的网络连接权值调整设定，将得到

$$
\begin{aligned} \varepsilon_q^{n-1}(t) &= y_{dq}(t)-\sum_{j=1,j\neq h,j\neq h-n}^{n} w_{jq}^2(t)v_j(t)-w_{h-nq}^2(t)v'_{h-n}(t) \\ &= y_{dq}(t)-\sum_{j=1,j\neq h,j\neq h-n}^{n} w_{jq}^2(t)v_j(t)-(w_{h-nq}^2(t) \\ &\quad +\frac{v_h(t)}{v_{h-n}(t)}w_{jq}^2(t))v'_{h-n}(t) \\ &= y_{dq}(t)-\sum_{j=1}^{n} w_{jq}^2(t)v_j(t) \\ &= \varepsilon_q^n(t) \end{aligned} \tag{8-54}
$$

通过分析可知，修剪神经元也没有对神经网络输出造成突变，神经网络输出逼近误差与未删减神经元时相等。结合增长过程与修剪过程，神经网络结构调整并没有破坏原来神经网络的收敛性。

综上所述，书中提出的基于神经网络输出敏感度分析的增长-修剪型感知器神经网络能够保证最终神经网络收敛，为增长-修剪型感知器神经网络的成功应用提供保障。

8.5 增长-修剪型多层感知器神经网络应用

增长-修剪型多层感知器神经网络(growing-pruning perception neural network,GP-PNN)能够在线修改隐含层神经元的个数,优化神经网络结构,得到与研究对象相适应的网络结构,提高了神经网络整体的性能。利用增长-修剪型多层感知器神经网络算法对非线性函数进行逼近、对数据进行分类以及对污水处理过程中关键水质参数生化需氧量(BOD)进行软测量,实验结果与其他增长-修剪型多层感知器神经网络性能进行比较,证明 GP-PNN 算法的优越性。

8.5.1 非线性函数逼近

为了验证基于输出神经网络输出敏感度分析的增长-修剪型多层感知器神经网络具有较好的性能,选取式(8-45)给出的非线性函数进行研究。

$$z = 0.5 \times \sin(6x) \times e^{(-y)} \tag{8-55}$$

其中,$-1 < x < 1$,$-1 < y < 1$,该函数经常用来检测神经网络的快速性、泛化能力等性能[51]。选取 200 组样本,100 组用来训练,另外 100 组用来检验。初始神经网络输入层神经元数为 2,输出层神经元数为 1,隐含层神经元数是 2,20,50,初始连接权值为任意值。在此条件下进行训练,每训练 50 步进行网络结构修改。

训练过程(误差变化过程)如图 8-11 所示,神经网络逼近结果如图 8-12 所示,神经网络逼近结果误差如图 8-13～图 8-15 所示,训练后的神经网络隐含层剩余神经元如图 8-16 所示。

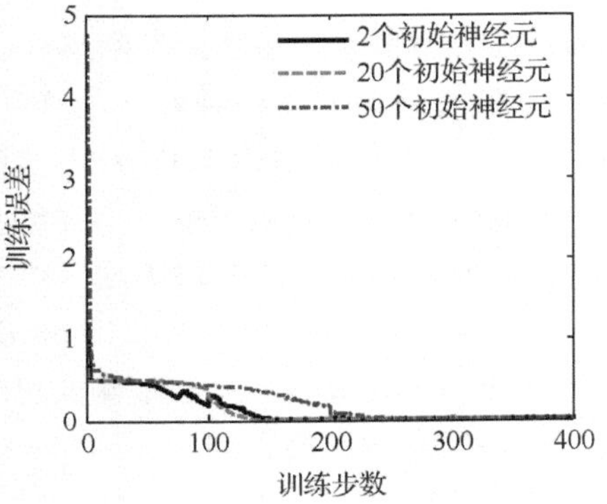

图 8-11 三种初始结构神经网络训练过程

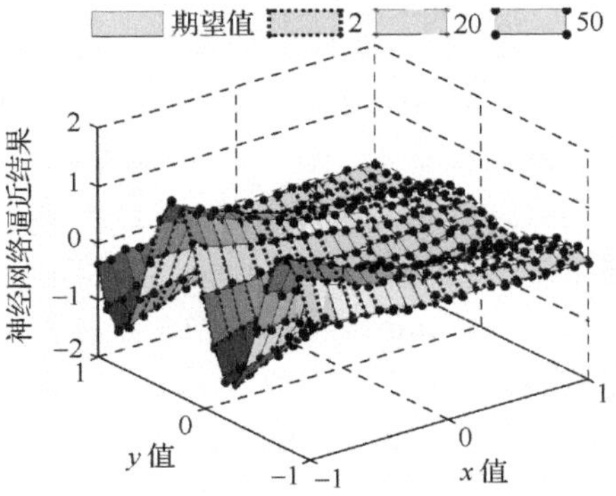

图 8-12 三种初始结构神经网络逼近效果

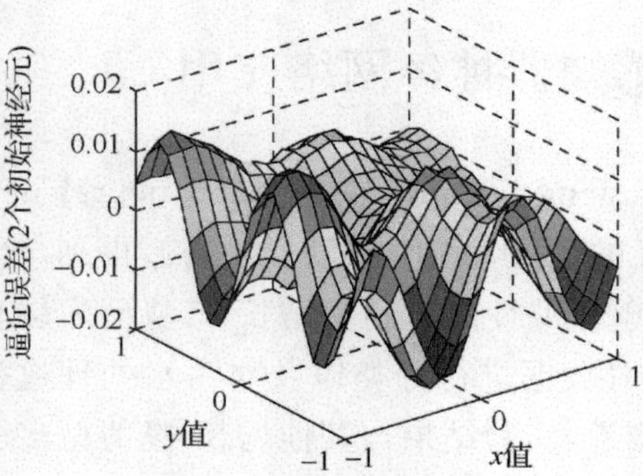

图 8-13 神经网络逼近误差
(初始神经元 2)

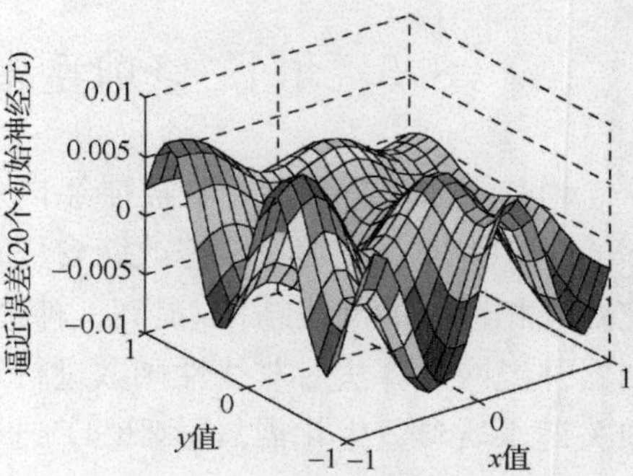

图 8-14 神经网络逼近误差
(初始神经元 20)

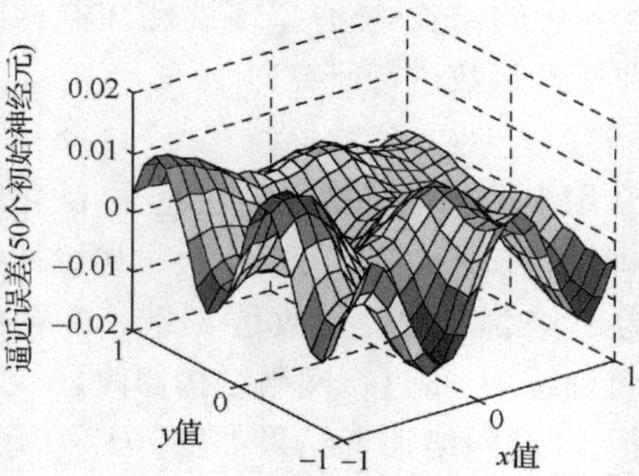

图 8-15 神经网络逼近误差
(初始神经元 50)

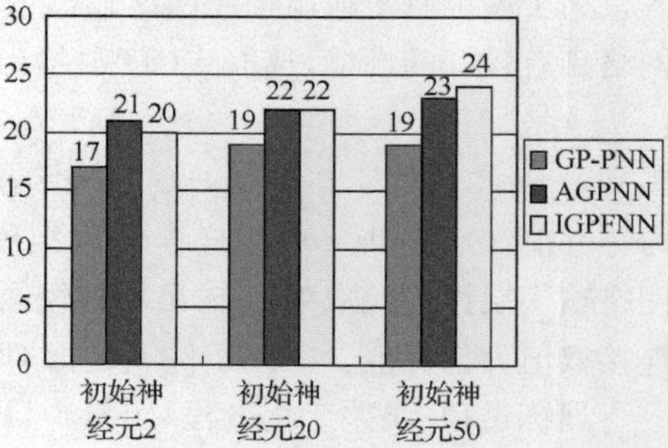

图 8-16 神经网络剩余神经元

由图 8-11 可以发现基于敏感度分析的增长-修剪型多层感知器神经网络(GP-PNN)能够较快地达到期望误差，在训练过程中，随着神经网络中神经元的变化，神经网络在结构变化结束后的收敛速度较快。当神经网络的结构不断改变，最终达到合适的神经网络结构，神经网络的误差也不断收敛到期望值，图 8-11 详细描述了三种初始状态下误差变化过程，在初始隐含层神经元为 2 的时候需要 350 多步(约 2.31 min)，在初始隐含层神经元为 20 的时候需要 370 多步（约 2.41 min)，在初始隐含层神经元为 50 的时候需要 400 多步(约 2.56 min)，从另一个侧面反映了在静态神经网络中初始结构对神经网络的最终性能有较大的影响。

训练后的神经网络对该非线性函数的逼近效果如图 8-12 所示，逼近误差图 8-13～图 8-15 表明 GP-PNN 能够很好地逼近这个非线性函数，具有较高的逼近精度。图 8-16 给出了三种算法在不同初始状态下最终神经网络中神经网络所剩余的神经元，图中详细描述了 GP-PNN 中剩余神经元与初始神经网络结构关系不大。

仿真结果与综合增长删减神经网络(IGPFNN)[52]算法和自适应增长删减神经网络(AGPNN)[53]算法进行比较,与 IGPFNN 和 AGPNN 的性能比较如表 8-1 所示。

表 8-1　三种算法性能比较

训练算法	初始网络(隐含层)	期望误差	检测误差	最终网络(隐含层)	训练时间/min
GP-PNN	2	**0.01**	**0.011**	**17**	**2.31**
IGPFNN		0.01	0.012	21	4.55
AGPNN		0.01	0.013	20	6.23
GP-PNN	20	**0.01**	**0.011**	**19**	**2.41**
IGPFNN		0.01	0.013	22	5.45
AGPNN		0.01	0.013	22	9.56
GP-PNN	50	**0.01**	**0.011**	**19**	**2.56**
IGPFNN		0.01	0.012	23	6.22
AGPNN		0.01	0.011	24	10.89

为了体现书中提出的 GP-PNN 较之其他结构自组织感知器神经网络有更好的性能,利用 GP-PNN 与 IGPFNN 算法和 AGPNN 算法进行比较,其详细比较结果如表 8-1 所示,在相同的初始条件下,在达到相同的期望误差时 IGPFNN 和 AGPNN 所需的训练时间比 GP-PNN 多。而且训练后的神经网络较之 GP-PNN 复杂,另外,存储空间也就相应增加。在利用训练后的神经网络进行函数逼近时 IGPFNN 和 AGPNN 的神经网络的检验误差也比 GP-PNN 的大。因此,GP-PNN 神经网络不仅具有简单的网络结构,而且具有较强的非线性函数逼近能力。

8.5.2　数据分类

随着 21 世纪信息化时代的到来,整个社会的信息总量呈几何级数迅速增长,人们利用信息技术生产和搜集数据的能力大幅度提高,积累的数据越来越多,但缺乏挖掘数据中隐藏知识的手段,导致了"数据丰富,信息贫乏"现象。目前的关系型数据库系统虽然可以高效地实现数据的录入、查询、统计等功能,却很难发现数据中存在的关系和规则,无法根据现有的数据预测未来的发展趋势。

为了更充分地验证 GP-PNN 的性能,从国际公认的"机器学习和智能系统中心(UCI Repository of Machine Learning)"[54~56]发布的数据库中选取数据对其进行处理,UCI 的数据是众多学者从现实生活中选取用于检验智能方法功能的标准问题,这里选取 Breast Cancer,Arcene,Iris 和 Yeast 数据进行分类处理。现有方法对 Breast Cancer，Arcene，Iris 和 Yeast 数据的分类，尤其是对 Breast Cancer 分类的精度不高。因此，以上数据的分类不但能够检验智能方法的效果，同时智能方法的研究也能提高以上数据的分类精度，解决实际问题。表 8-2 给出了实验中选取数据的输入变量数、输入样本总量、训练样本数、测试样本数，以及最终分类数。

表 8-2　被选取数据特征(来自 UCI)

数据样本	样本总数	训练样本	测试样本	输入变量	输出类
Breast Cancer	699	524	175	9	2
Arcene	901	503	398	10 000	2
Iris	300	222	78	4	3
Yeast	1 484	1 112	372	8	10

神经网络隐含层神经元初始值给定为 2(Case A. 1)和 100(Case A. 2)，最大训练步骤为 10^4，期望均方差为 0.001，进行训练。仿真结果与神经元修剪神经网络(EFAST FNN)[57]算法、自适应增长删减神经网络(AGPNN)[53]算法、自适应合并和增长型神经网络(AMGA)[58]算法，以及多类进化神经网络(MPANN-HN)[59]算法进行比较。EFAST FNN、AGPNN、AMGA 和 MPANN-HN 训练算法与原文中相同，每种神经网络分别运算 50 次取平均值用于比较，分别比较不同算法的评价运行时间、隐含层剩余神经元数，以及对数据分类的正确率，比较结果如表 8-3 和表 8-4 所示。

表 8-3　不同算法的比较结果(Case A. 1)

数据	算法	Case A. 1：2 个初始神经元		
		平均运行时间/s	隐含层神经元数	准确率/%
Breast Cancer	**GP-PNN**	**13.26**	**21±3**	**66.71±2.23**
	EFAST FNN	—	2	—
	AGPNNC	27.83	32±5	61.62±2.86
	AMGA	21.29	28±3	63.64±2.24
	MPANN-HN	—	2	—
Arcene	**GP-PNN**	**1 113.01**	**139±11**	**87.60±0.81**
	EFAST FNN	—	2	—
	AGPNNC	1 941.21	201±21	85.51±1.99
	AMGA	1 821.33	178±22	85.37±2.03
	MPANN-HN	—	2	—

续表

数据	算法	Case A. 1:2 个初始神经元		
		平均运行时间/s	隐含层神经元数	准确率/%
Iris	**GP-PNN**	**3. 03**	**21±2**	**95. 35±0. 97**
	EFAST FNN	—	2	—
	AGPNNC	5. 18	23±2	94. 17±1. 12
	AMGA	5. 01	23±2	93. 53±2. 00
	MPANN-HN	—	2	—
Yeast	**GP-PNN**	**88. 02**	**43±5**	**52. 10±1. 16**
	EFAST FNN	—	2	—
	AGPNNC	189. 21	62±8	49. 33±3. 84
	AMGA	178. 23	57±8	47. 01±4. 27
	MPANN-HN	—	2	—

注：— 结果无意义。

表 8-4　不同算法的比较结果(Case A. 2)

数据	算法	Case A. 2:100 个初始神经元		
		平均运行时间/s	隐含层神经元数	准确率/%
Breast Cancer	**GP-PNN**	**17. 09**	**22±2**	**66. 41±2. 68**
	EFAST FNN	29. 46	24±4	64. 27±4. 01
	AGPNNC	36. 53	32±5	61. 76±3. 23
	AMGA	31. 27	27±4	64. 32±3. 12
	MPANN-HN	131. 48	100	**66. 53±3. 57**
Arcene	**GP-PNN**	**1 252. 21**	**132±12**	**87. 41±0. 97**
	EFAST FNN	1 907. 21	98±2	84. 48±2. 62
	AGPNNC	2 364. 32	219±18	84. 67±2. 23
	AMGA	1 740. 10	201±19	85. 13±2. 17
	MPANN-HN	**1 131. 48**	**100**	86. 69±1. 11

续表

数据	算法	Case A. 2：100 个初始神经元		
		平均运行时间/s	隐含层神经元数	准确率/%
Iris	**GP-PNN**	**6. 44**	**19±2**	**95. 57±1. 03**
	EFAST FNN	10. 21	21±2	93. 81±1. 32
	AGPNNC	12. 45	24±2	93. 27±1. 32
	AMGA	11. 01	23±2	94. 33±2. 22
	MPANN-HN	46. 11	100	94. 52±1. 46
Yeast	**GP-PNN**	**146. 33**	**42±5**	**52. 81±1. 56**
	EFAST FNN	195. 51	47±5	48. 47±1. 76
	AGPNNC	232. 56	59±6	47. 89±3. 71
	AMGA	181. 42	57±6	48. 55±3. 97
	MPANN-HN	276. 32	100	48. 87±3. 53

注：— 结果无意义。

通过表 8-3 和表 8-4 可以得到以下结论：

(1) GP-PNN 算法能够根据研究对象自动在线调整神经网络结构，并且 GP-PNN 算法的结构最为紧凑，50 次运算运行中 GP-PNN 的结构调整最稳定，最终神经网络结构差异不大。

(2) GP-PNN 在 Case A. 1 中对 Breast Cancer，Arcene，Iris 和 Yeast 分类最准确，在 Case A. 2 中对 Arcene，Iris 和 Yeast 分类最准确，而对 Breast Cancer 的分类较之 MPANN-HN 差一点，总体看来 GP-PNN 算法对以上数据的分类具有较高的精度。

(3) GP-PNN 在 Case A. 1 中对 Breast Cancer，Arcene，Iris 和 Yeast 分类平均运行时间最短，在 Case A. 2 中对 Breast Cancer，Iris 和 Yeast 分类平均运行时间最短，而对 Arcene 分类的平均运行时间较之 MPANN-HN 长一点，由于 GP-PNN 对 Arcene 分类时结构较之 MPANN-HN 复杂，影响运算时间。

8.5.3 生化需氧量软测量

由于城市污水处理的复杂性，建立能够准确描述控制变量与出水指标之间的蕴含关系，且简单易用的污水处理过程特征模型很重要。根据污水处理过程动力学特性和系统控制性能要求，分析系统中影响控制和优化效果的主要因素，并依据控制目标在系统可操作变量中挖掘出能够包含系统特征信息的一系列特征变量。污水排放或回用指标主要包括生化需氧量、化学需氧量、固体悬浮物、氨氮、总氮、总磷等参数。其中 BOD、COD 等关键水质参数无法实时测量，而作为控制目标又必须实时提供这些水质参数值[60]~[65]。

快速、精确、可靠的 BOD 测量值是检测和控制污水处理过程的关键。针对污水处理过程中关键水质参数无法在线检测的问题，提出了一种基于 GP-PNN 的 BOD 在线预测软测量方法。该方法由两部分组成：软测量模型设计和神经网络结构动态设计。

BOD 是污水处理重要的水质参数，也是污水处理过程中直接控制的参数，能否对 BOD 进行实时监测已成为提高治污质量的关键。但是，由于测量手段的欠缺，目前污水处理厂多通过使用稀释接种法[66]、微生物传感器快速测定法[67]测定不同类型水中生化需氧量 BOD。其中稀释接种法分析测定周期一般为 5 天，不能及时反映污水处理实际情况，不能实现对 BOD 实时测量，从而限制了污水处理闭环控制系统的投用。而现存的生物传感器不但造价高、仪器寿命短，而且测量范围窄、稳定性差。因此，BOD 的实时监测几乎成为污水水质监测的空白点，因而限制了污水处理闭环控制系统的投用[68~71]。

基于动态神经网络的污水处理关键水质参数 BOD 的软测量方法是通过分析污水处理过程，在众多可测变量中选择一组既与 BOD 有密切联系又容易测量的变量作为辅助变量，通过构造动态神经网络，实现辅助变量与 BOD 之间的映射，从而实现污水水质 BOD 的在线测量。软测量模型的基本结构及其开发设计流程如图 8-17 所示。

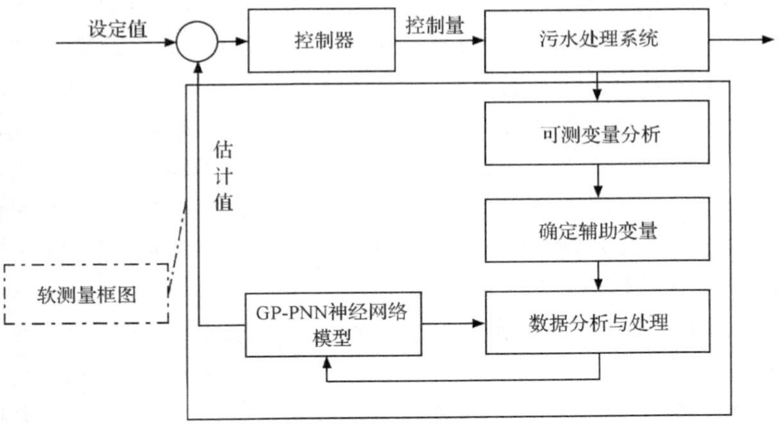

图 8-17　软测量模型的基本结构

根据上图，软测量模型设计包括可测变量的分析、辅助变量的确定、神经网络软测量模型设计；结构动态神经网络设计即为 GP-PNN。

软测量数据是通过一些可测变量来推算或估计另外一些不便直接测得的，其性能很大程度上依赖于所获得过程可测量数据的准确性和有效性，因此对可测变量的分析是软测量技术实际应用中的一个重要方面。本书实验数据来源于某污水处理厂水质监测分析报表,可测辅助变量包括:酸碱度、固体悬浮物、钙离子(Ca^{2+})、COD、氧化还原电位(ORP)、污泥浓度(MLSS)、DO、NH_3-N、NO_2-N、NO_3^--N、CN^-、Cr^{6+}、Ar-OH、AS、温度等,其中可能影响 BOD 的所有可测变量有 pH、SS、COD、DO、ORP、MLSS、温度等[72]~[78]。

辅助变量的选择要根据过程机理分析和实际工况来确定。一般可以依据以下原则来选择辅助变量[79]:

(1) 过程实用性。工程上易于在线获取并有一定的测量精度。

(2) 灵活性。对过程输出或不可测扰动能作出快速反应。

(3) 准确性。构成的软测量仪表应能满足精度要求。

(4) 鲁棒性。对模型误差不敏感等。

辅助变量的选择范围是对象的所有可测变量,书中采用主元分析法(PCA)确定辅助变量。主元分析的基本思想就是在保证数据信息丢失最少的原则下,对高维变量空间进行降维处理,使低维特征向量中的主成分变量保留原始变量的特征信息而消除冗余信息。通过 PCA 分析实现从可测变量中挑选出可以预测 BOD 的辅助变量 SS、pH、DO、COD。

利用 GP-PNN 建立辅助变量 SS、pH、DO、COD 与预测变量 BOD 之间的映射关系,直接进行在线测量。将神经网络用于建立污水处理过程质量指标监测软测量模型,与传统的建模方法相比,它需要的先验知识较少,而且避免了复杂棘手的模型结构辨识问题,可以很好地描述实际对象的特性。书中选取辅助变量 SS、pH、DO、COD 作为神经网络的输入,实现 BOD 的软测量。在软测量技术使用过程中,随着对象特性的变化和工作点的漂移,需要对软测量模型进行校正以适应新的工况。因此,模型的在线校正是非常重要的环节。软测量模型的在线校正包括模型结构的优化和模型参数的修正两方面。由于 GP-PNN 神经网络能够根据 BOD 的特点在线修改其网络结构和神经网络参数,因此利用 GP-PNN 对污水处理过程中 BOD 进行建模较为有效。

设计的污水水质 BOD 软测量神经网络拓扑结构如图 8-18 所示。网络分为三层:输入层、隐含层、输出层。隐含层的初始神经元定为两个,输出层只有一个神经元,输出是出水水质 BOD 的值。样本数据来自北京某污水处理厂 2007 年 1 月到 8 月的数据,用归一化方法对实际数据进行处理,剔除异样数据。实验样本经数据预处理后剩下 200 组数据,将全部的 200 组数据样本分为两部分:其中 100 组数据作为训练样本,其值如图 8-19 所示;其余 100 组数据作为测试样本,其值如图 8-20 所示。为了证明该方法具有实时性好、稳定性好、精度高等特点,实验结果与自适应增长删减神经网络(AGPNN)[53]算法、自适应合并和增长型神经网络(AMGA)[58]算法,以及多类进化神经网络(MPANN-HN)[59]算法进行比较,AGPNN、

AMGA 和 MPANN-HN 的初始神经网络都是 4-2-1。

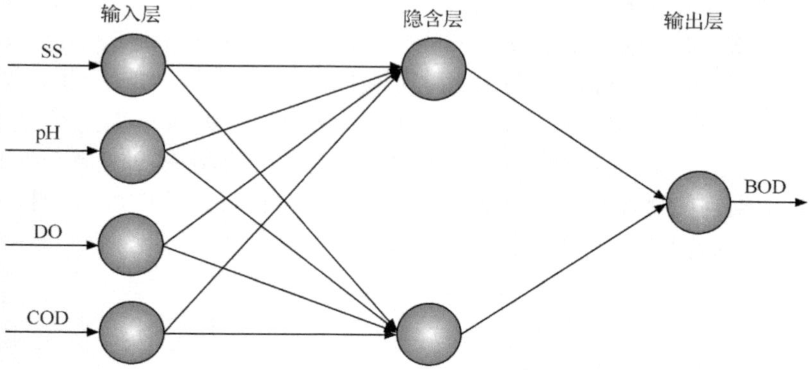

图 8-18　BOD 软测量神经网络拓扑结构

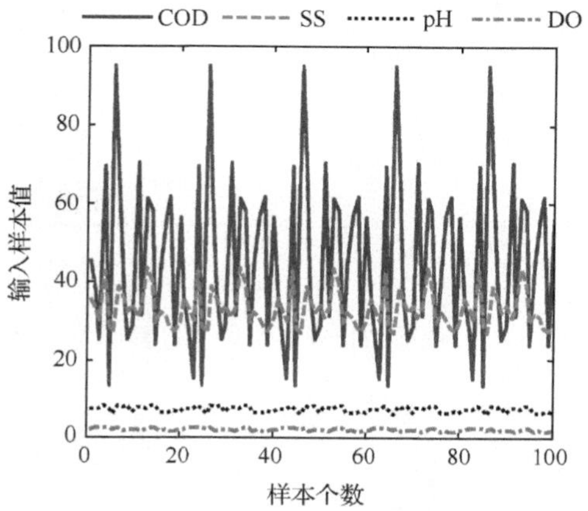

图 8-19　训练样本

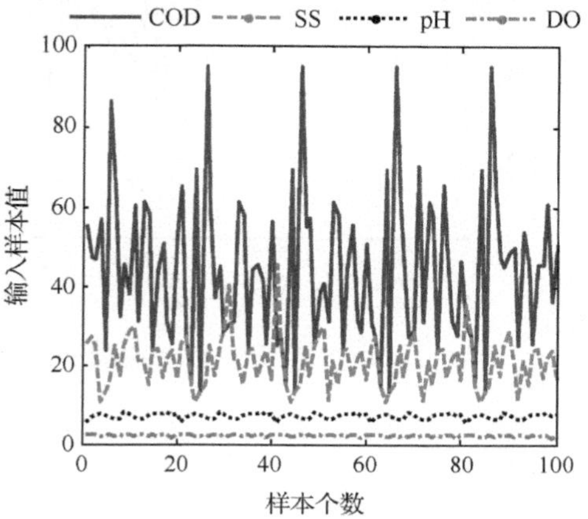

图 8-20　测试样本

图 8-21 为修剪型神经网络训练过程误差值，图 8-22 为出水水质 BOD 拟合情况图，图 8-23 为出水水质 BOD 拟合误差，图 8-24 为出水水质 BOD 预测情况图，预测误差如图 8-25 所示。图 8-22 和图 8-24 表明，利用基于 GP-PNN 的软测量方法对出水水质 BOD 进行拟合与预测，其拟合误差约为 0.212 mg/L，约为实测 BOD 值的 1%，达到了较高拟合精度；预测误差约为 0.305 mg/L，约为实测 BOD 值的 1.5%，也已具备较高预测精度。与其他算法的详细比较如表 8-5 所示，通过与基于其他结构优化神经网络模型的软测量进行比较可以发现，该软测量方法在训练时间和检测精度上都具有优势。

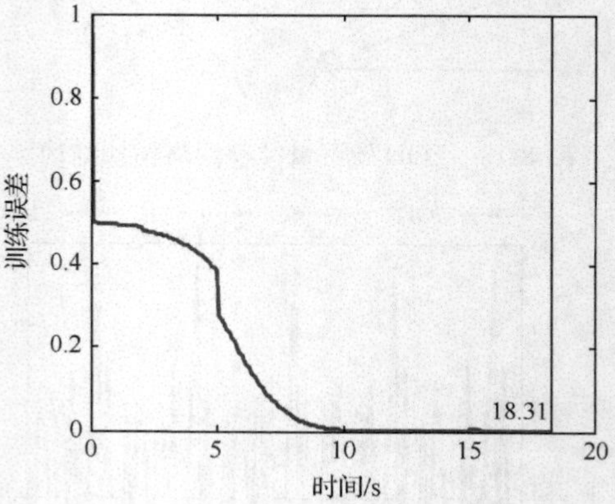

图 8-21　修剪型神经网络训练过程误差变化

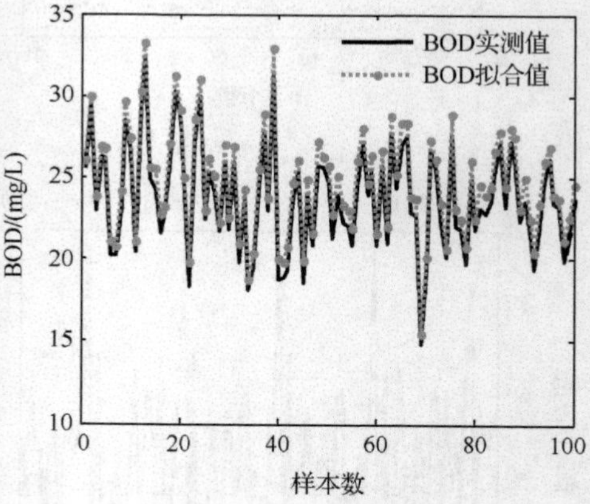

图 8-22　出水水质 BOD 拟合图

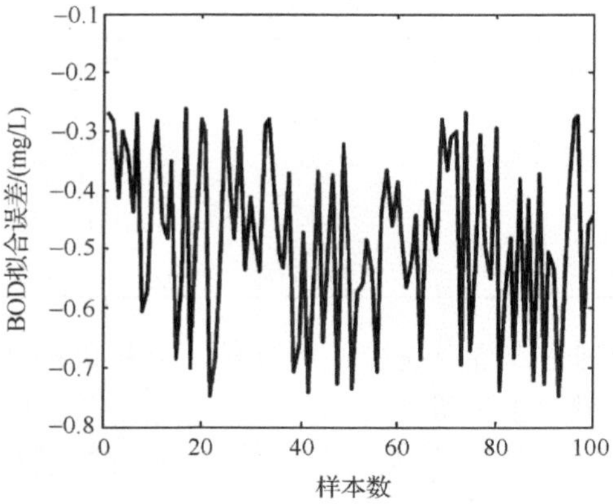

图 8-23　出水水质 BOD 拟合误差

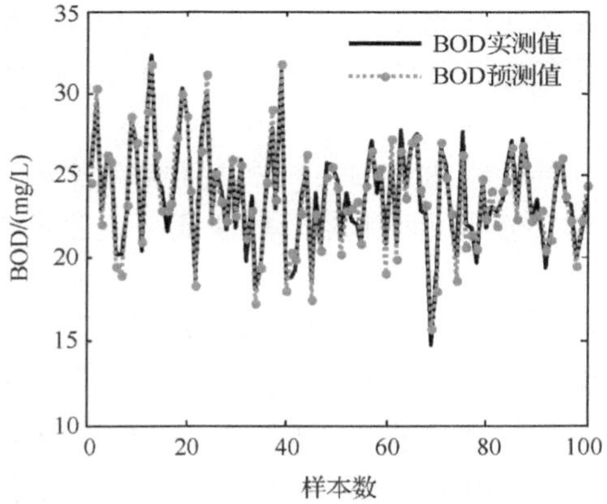

图 8-24　出水水质 BOD 预测

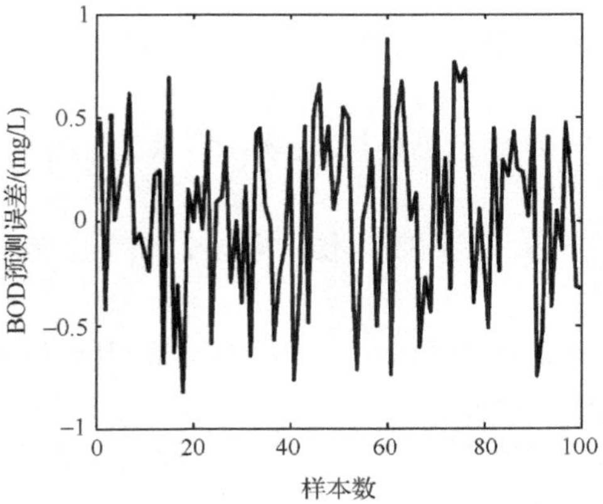

图 8-25　出水水质 BOD 预测误差

表 8-5 四种算法性能比较

算法	期望误差	检测误差	最终网络(隐含层)	训练时间/s
GP-PNN	**0.1**	**0.030 5**	**10**	**18.31**
AGPNNC	0.1	0.033 1	12	21.21
AMGA	0.1	0.033 4	12	21.24
MPANN-HN	0.1	0.036 2	10	19.14

书中针对污水处理过程难以通过机理分析建立精确的数学模型的特点，利用 GP-PNN 对污水处理过程中关键水质参数 BOD 进行在线检测，该方法证明了能够利用 SS、pH、DO、COD 对 BOD 进行在线检测，实现关键水质参数 BOD 的在线预测，具有实时性好、稳定性好、精度高等特点。

较之神经网络结构优化设计方法，GP-PNN 具有以下优点：

(1) 基于 GP-PNN 的污水水质 BOD 在线预测软测量方法具有较高的精度，由于该动态神经网络具有自组织的能力，具有较好稳定性、实时性，并且该模型具有较高的可靠性。

(2) 基于 GP-PNN 的污水水质 BOD 在线预测软测量模型的实现，不仅能推动污水处理过程实时闭环控制，而且对于其他复杂过程的参数测量也有积极的影响。

(3) 便于开发出 BOD 虚拟测量仪，在实际污水处理过程中推广应用。

较之神经网络结构优化设计方法，GP-PNN 具有以下优点：

(1) 基于 GP-PNN 的污水水质 BOD 在线预测软测量方法具有较高的精度，由于该动态神经网络具有自组织的能力，具有较好稳定性、实时性，并且该模型具有较高的可靠性。

(2) 基于 GP-PNN 的污水水质 BOD 在线预测软测量模型的实现，不仅能推动污水处理过程实时闭环控制，而且对于其他复杂过程的参数测量也有积极的影响。

(3) 便于开发出 BOD 虚拟测量仪，在实际污水处理过程中推广应用。

8.6 本章小结

为了解决设计感知器神经网络结构的动态调整问题，以神经网络为研究对象，提出一种神经网络结构分析方法——神经网络输出敏感度分析，神经网络输出敏感度分析方法通过傅里叶变换，定量分析隐含层神经元的输出对神经网络总体输出的影响。同时，基于神经网络敏感度分析，设计了一种增长-修剪型感知器神经网络，以隐含层神经元输出对神经网络输出的贡献进行敏感度分析，从而调整神经网络结构，对贡献太小的神经元予以删除，对神经网络处理信息能力不够时利用最邻近法插入新的神经元，并给出了结构调整过程中神经网络收敛性证明。

本章首先分别对神经网络输出敏感度分析方法进行讨论，验证了该方法的有效性，基于神经网络敏感度分析，得到以下结论：

(1) 将敏感度分析的方法转入到频域进行研究，解决输入可变因素的函数表达问题，并针对神经网络的结构特点，对神经网络隐含层神经元输出进行敏感度分析，获得一种有效的神经网络结构分析方法。

(2) 基于神经网络输出敏感度分析方法，神经网络隐含层神经元输出对神经网络的整体输出影响可以定量描述，这一特性为神经网络结构在线优化设计提供技术支持。

(3) 神经网络输出敏感度分析基于傅里叶变换，在隐含层神经元输出变化区间内进行敏感度求值，较之根据当前时刻神经元输出的神经网络结构进行分析方法，神经网络输出敏感度分析方法更加客观。

其次，基于神经网络敏感度分析，获得一种 GP-PNN，通过对非线性函数逼近、数据分类和 BOD 软测量，验证了 GP-PNN 的性能，得到以下结论：

(4) 基于隐含层神经元敏感度分析对神经元进行调整是一种有效的方法，最终神经网络结构不但紧凑，而且信息处理能力也得到提高。

(5) 基于快速下降算法和结构调整阶段的误差补偿方法保证了最终神经网络的收敛性，并给出了 GP-PNN 收敛性定量分析，神经网络的收敛性保证了神经网络成功利用。

(6) 非线性函数逼近的结果显示，GP-PNN 能够较快获取合适的隐含层神经元数，并能够较好地逼近非线性函数。通过与其他自组织神经网络比较显示，在相同的初始条件下，达到相同的期望误差时 GP-PNN 所需的训练时间最短；而且最终神经网络最紧凑，存储空间也最小，显示了 GP-PNN 在神经网络结构优化设计方面的优势。在利用训练后的神经网络进行检测时，IGPFNN 和 AGPNN 的神经网络的检验误差比 GP-PNN 的大，说明了 GP-PNN 具有较强的泛化能力。因此，GP-PNN 不但具有简单的网络结构，而且具有较强的非线性函数逼近能力，GP-PNN 在训练速度、网络结构和泛化能力上较之其他自组织感知器神经网络有所提升。

(7) GP-PNN 对来自 UCI 的数据分类结果显示，GP-PNN 在处理数据分类问题时，同样具备较好的性能。GP-PNN 在两种初始神经网络结构不同的情况下，对 Breast Cancer，Arcene，Iris 和 Yeast 分类准确性都比较高，运行时间也比较短，总体看来 GP-PNN 对以上数据的分类具有较高的精度和较快的速度。为数据聚类提供了一种行之有效的方法。

(8) 对污水处理过程中的关键水质参数 BOD 的软测量结果显示，由于 GP-

PNN 具有结构自组织和参数自适应的能力，基于 GP-PNN 的 BOD 软测量模型具有较好精确度和实时性，并且该模型具有较好的鲁棒性。基于 GP-PNN 的 BOD 在线软测量模型的实现，便于开发出 BOD 虚拟测量仪，在实际污水处理过程中推广应用；不仅能推动污水处理过程实时闭环控制，而且对于其他复杂过程的参数测量也有积极的影响。

参考文献

[1] Buchholz S, Sommer G. On Clifford neurons and Clifford multi-layer perceptrons. Neural Networks, 2008, 21(7): 925-935.

[2] Siripatrawan U, Jantawat P. A novel method for shelf life prediction of a packaged moisture sensitive snack using multilayer perceptron neural network. Expert Systems with Applications, 2008, 34(2): 1562-1567.

[3] Zhang Y M, Guo L, Yu H S, et al. Fault tolerant control based on stochastic distributions via MLP neural networks. Neurocomputing, 2007, 70(4-6): 867-874.

[4] Trenn S. Multilayer perceptrons: approximation order and necessary number of hidden units. IEEE Transactions on Neural Networks, 2008, 19(5): 836-844.

[5] Bortman M, Aladjem M. A growing and pruning method for radial basis function networks. IEEE Transactions on Neural Networks, 2009, 20(6): 1039-1045.

[6] Huang G B, Saratchandran P, Sundararajan N. An efficient sequential learning algorithm for growing and pruning RBF (GAP-RBF) networks. IEEE Transactions on Systems, Man, and Cybernetics—Part B: Cybernetics, 2004, 34(6): 2284-2292.

[7] Ma L, Khorasani K. New training strategies for constructive neural networks with application to regression problems. Neural Networks, 2004, 17(4): 589-609.

[8] Islam M M, Murase K. A new algorithm to design compact two hidden-layer artificial neural networks. Neural Networks, 2001, 14(9): 1265-1278.

[9] García-Pedrajas N, Ortiz-Boyer D. A cooperative constructive method for neural networks for pattern recognition. Pattern Recognition, 2007, 40(1): 80-98.

[10] Li K, Peng J X, Bai E W. A two-stage algorithm for identification of nonlinear dynamic systems. Automatica, 2006, 42(7): 1189-1197.

[11] Pei J S, Mai E C. Constructing multilayer feedforward neural networks to approximate nonlinear functions in engineering mechanics applications. Journal of Applied Mechanics, 2008, 75(6): 061002.

[12] Almeida L M, Ludermir T B. A multi-objective memetic and hybrid methodology for optimizing the parameters and performance of artificial neural networks. Neurocomputing, 2010, 73(7-9): 1438-1450.

[13] Romero E, Alquézar R. Heuristics for the selection of weights in sequential feed-forward neural networks: an experimental study. Neurocomputing, 2007, 70(16-18): 2735-2743.

[14] Pedzisz M, Mandic D P. A homomorphic neural network for modeling and prediction. Neural Computation, 2008, 20(4): 1042-1064.

[15] Scaglione A, Foffani G, Scannella G, et al. Mutual information expansion for studying the role of correlations in population codes: how important are autocorrelations. Neural Computation, 2008, 20(11): 2662-2695.

[16] Ince R A A, Senatore R, Arabzadeh E, et al. Information-theoretic methods for studying population codes. Neural Networks, 2010, 23(6): 713-727.

[17] Tang A, Jackson D, Hobbs J, et al. A maximum entropy model applied to spatial and temporal correlations from cortical networks in vitro. Journal of Neuroscience, 2008, 28 (2): 505-518.

[18] Pillow J W, Shlens J, Paninski L, et al. Spatio- temporal correlations and visual signalling in a complete neuronal population. Nature, 2008, 454: 995-999.

[19] Simon M I, Crane B R, Crane A. Methods in Enzymology: Two-Component Signaling Systems, Part A. Waltham, Massachusetts: Academic Press, 2007.

[20] Yeung D S, Cloete I, Shi D, et al. Sensitivity Analysis for Neural Networks. Berlin: Springer, 2010.

[21] Jayaraman A, Hahn J. Methods in Bioengineering: Systems Analysis of Biological Networks. London: Artech House, 2009.

[22] Goldsmith C H. Sensitivity Analysis. Hoboken, New Jersey: John Wiley & Sons, Ltd, 2005.

[23] Saltelli A. Sensitivity analysis: could better methods be used. Journal of Geographys Research, 1999, 104(D3): 3789-3793.

[24] Rabitz H. Systems analysis at the molecular scale. Science, 1989, 246(4927): 221-226.

[25] Campolongo F, Saltelli A, Jensen N R, et al. The role of multiphase chemistry in the oxidation of dimethylsulphide (dms). A latitude dependent analysis. Journal of Atmospheric Chemistry, 1999, 32(3): 327-356.

[26] Campolongo F, Tarantola S, Saltelli A. Tackling quantitatively large dimensionality problems. Computer Physics Communications, 1999, 117(1-2): 75-85.

[27] Andrea S. Making best use of model evaluations to compute sensitivity indices. Computer Physics Communications, 2002, 145(2): 280-297.

[28] Saltelli A, Tarantola S. On the relative importance of input factors in mathematical models. Journal of the American Statistical Association, 2002, 97(459): 702-709.

[29] Pappenberger F, Beven K J, Ratto M, et al. Multi-method global sensitivity analysis of flood inundation models. Advances in Water Resources, 2008, 31(1): 1-14.

[30] Kornbluth J S H. Duality, indifference and sensitivity analysis in multiple objective linear programming. Operational Research Quarterly (1970-1977), 1974, 25(4): 599-614.

[31] Jansen B, de Jong J J, Roos C, et al. Sensitivity analysis in linear programming: just be careful. European Journal of Operational Research, 1997, 101(1): 15-28.

[32] Saltelli A, Ratto M, Tarantola S, et al. Sensitivity analysis practices: strategies for model-based inference. Reliability Engineering & System Safety, 91(10-11): 1109-1125.

[33] Williams H P. Fourier's method of linear programming and its dual. The American Mathematical Monthly, 1986, 93(9): 681-695.

[34] Kantorovich L V. Mathematical methods of organizing and planning production. Management Science, 1939, 6(4): 366-422.

[35] Dantzig G B. Reminiscences about the origins of linear programming. Operations Research Letters, 1982, 1(2): 43-48.

[36] Dantzig G B. Linear programming. Operations Research, 2002, 50(1): 42-47.

[37] Dantzig G B, Thapa M N. Linear Programming: 2: Theory and Extensions. Berlin: Springer-Verlag, 2003.

[38] Aspvall B, Stone R E. Khachiyan's linear programming algorithm. Journal of Algorithms, 1980, 1(1):

1-13.

[39] Karmarkar N. A new polynomial-time algorithm for linear programming. Combinatorica, 1984, 4: 373-395.

[40] Rabitz H, Aliş Ö F, Shorter J, et al. Efficient input-output model representations. Computer Physics Communications, 1999, 117(1-2): 11-20.

[41] Li G, Rosenthal C, Rabitz H. High dimensional model representations. The Journal of Physical Chemistry A, 2001, 105(33): 7765-7777.

[42] Chan K, Saltelli A, Tarantola S. Sensitivity analysis of model output: variance-based methods make the difference. *In*: Andradottir S, Healy K J, Withers D H, et al. Proceedings of the 29th Conference on Winter Simulation. Atlamta, Georgia: IEEE Press, 1997: 261-268.

[43] Merelli I, Pescini D, Mosca E, et al. Grid computing for sensitivity analysis of stochastic biological models. Lecture Notes in Computer Science, 2011, 6873: 62-73.

[44] Saltelli A, Chan K, Scott E M. Sensitivity Analysis. Hoboken, New Jersey: John Wiley & Sons, 2009.

[45] Ratto M. Analysing dsge models with global sensitivity analysis. Computational Economics, 2008, 31(2): 115-139.

[46] Peter J E V, Dwight R P. Numerical sensitivity analysis for aerodynamic optimization: a survey of approaches. Computers & Fluids, 2010, 39(3): 373-391.

[47] Sudret B. Global sensitivity analysis using polynomial chaos expansions. Reliability Engineering & System Safety, 2008, 93(7): 964-979.

[48] Yu W, Harris T J. Parameter uncertainty effects on variance-based sensitivity analysis. Reliability Engineering & System Safety, 2009, 94(2): 596-603.

[49] Saltelli A, Ratto M, Tarantola S, et al. Sensitivity analysis practices: strategies for model-based inference. Reliability Engineering & System Safety, 2006, 91(10-11): 1109-1125.

[50] Castellano G, Fanelli A M, Pelillo M. An iterative pruning algorithm for feedforward neural networks. IEEE Transactions on Neural Networks, 1997, 8(3): 519-531.

[51] Esposito A, Marinaro M, Oricchio D, et al. Approximation of continuous and discontinuous mappings by a growing neural RBF-based algorithm. Neural Networks, 2005, 13(6): 651-665.

[52] Narasimha P L, Delashmit W H, Manry M T, et al. An integrated growing-pruning method for feedforward network training. Neurocomputing, 2008, 71(13-15): 2831-2847.

[53] Hsu C F. Adaptive growing-and-pruning neural network control for a linear piezoelectric ceramic motor. Engineering Applications of Artificial Intelligence, 2008, 21(8): 1153-1163.

[54] Huang G B, Saratchandran P, Sundararajan N. A generalized growing and pruning RBF (GGAP-RBF) neural net-work for function approximation. IEEE Transactions on Neural Networks, 2005, 16(1): 57-67.

[55] Huang D S, Du J X. A constructive hybrid structure optimization methodology for radial basis probabilistic neural networks. IEEE Transactions on Neural Networks, 2008, 19(12): 2099-2115.

[56] Chen S, Hong X, Luk B L, et al. Construction of tunable radial basis function networks using orthogonal forward selection. IEEE Transactions on Systems, Man, and Cybernetics, Part B: Cybernetics, 2009, 39(2): 457-466.

[57] Philippe L, Eric F, Thierry A M. A node pruning algorithm based on a fourier amplitude sensitivity test method. IEEE Transactions on Neural Networks, 2006, 17(2): 273-293.

[58] Islam M M, Sattar M A, Amin M F, et al. A new adaptive merging and growing algorithm for designing artificial neural networks. IEEE Transaction on Systems, Man, and Cybernetics—Part B: Cybernetics, 2009, 39(3): 705-722.

[59] Caballero J C F, Martínez F J, Hervás C, et al. Sensitivity versus Accuracy in multiclass problems using memetic pareto evolutionary neural networks. IEEE Transaction on Neural Networks, 2010, 21(5): 751-770.

[60] Aziz J A, Tebbutt T H Y. Significance of cod, bod and toc correlations in kinetic models of biological oxidation. Water Research, 1980, 14(4): 319-324.

[61] Strand S E, Carlson D A. Rapid bod measurement for municipal wastewater samples using a biofilm electrode. Journal (Water Pollution Control Federation), 1984, 56(5): 464-467.

[62] Suárez J, Puertas J. Determination of cod, bod, and suspended solids loads during combined sewer overflow (cso) events in some combined catchments in spain. Ecological Engineering, 2005, 24(3): 199-217.

[63] Inoue T, Ebise S. Runoff characteristics of cod, bod, c, n and p loadings from rivers to enclosed coastal seas. Marine Pollution Bulletin, 1991, 23(1): 11-14.

[64] Reynolds D M, Ahmad S R. Rapid and direct determination of wastewater bod values using a fluorescence technique. Water Research, 1997, 31(8): 2012-2018.

[65] Dasgupta P K, Petersen K. Kinetic approach to the measurement of chemical oxygen demand with an automated micro batch analyzer. Analytical Chemistry, 1990, 62(4): 395-402.

[66] 丛丽，胡新萍. BOD 测定中微生物传感器法与稀释接种法的比较. 环境保护科学，2007，33(1)：51-53.

[67] 张芝勍. 利用微生物评价水质的研究进展. 上海环境科学，2000，20(6)：259-262.

[68] Riedel K, Renneberg R, Kühn M, et al. A fast estimation of biochemical oxygen demand using microbial sensors. Applied Microbiology and Biotechnology, 1988, 28(3): 316-318.

[69] Preininger C, Klimant I, Wolfbeis O S. Optical fiber sensor for biological oxygen demand. Analytical Chemistry, 1994, 66(11): 1841-1846.

[70] Rustum R, Adeloye A J, Scholz M. Applying kohonen self-organizing map as a software sensor to predict the biochemical oxygen demand. Water Environment Research, 2008, 80 (1): 32-40.

[71] Liu J, Björnsson L, Mattiasson B. Immobilised activated sludge based biosensor for biochemical oxygen demand measurement. Biosensors and Bioelectronics, 2000, 14(12): 883-893.

[72] Stare A, Vrecko D, Hvala N, et al. Comparison of control strategies for nitrogen removal in an activated sludge process in terms of operating costs: a simulation study. Water Research, 2007, 41(9): 2004-2014.

[73] Iacopozzi I, Innocenti V, Marsili-Libelli S, et al. A modified activated sludge model No. 3 (ASM3) with two-step nitrification-denitrification. Environmental Modelling & Software, 2007, 22(6): 847-861.

[74] Nopens I, Batstone D J, Copp J B, et al. An ASM/ADM model interface for dynamic plant-wide simulation. Water Research, 2009, 43(7): 1913-1923.

[75] Liwarska-Bizukojc E, Biernacki R. Identification of the most sensitive parameters in the activated sludge model implemented in BioWin software. Bioresource Technology, 2010, 101(19): 7278-7285.

[76] Kim H, Noh S, Colosimo M. Modeling a bench-scale alternating aerobic/anoxic activated sludge system for nitrogen removal using a modified ASM1. Journal of Environmental Science and Health. Part A, Toxic/Hazardous Substances & Environmental Engineering, 2009, 44(8): 744-751.

[77] Kim Y S, Kim M H, Yoo C K. A new statistical framework for parameter subset selection and optimal parameter estimation in the activated sludge model. Journal of Hazardous Materials, 2010, 183(1-3): 441-447.

[78] Nelson M I, Sidhu H S. Analysis of the activated sludge model (number 1). Applied Mathematics Letters, 2009, 22(5): 629-635.

[79] Willis M J, Montague G A, Massimo C D, et al. Artificial neural networks in process estimation and control. Automatica, 1992, 28(6): 1181-1187.

第 9 章　弹性 RBF 神经网络

9.1 引　　言

RBF 神经网络作为一种前馈神经网络，由于其特有的拓扑结构和全局逼近能力，在模式识别、信号处理、非线性系统的建模和控制等方面得到了广泛的应用[1~3]。但是 RBF 神经网络结构大小的确定一直是限制其应用的"瓶颈"，结构设计问题是 RBF 神经网络应用的关键问题之一。RBF 神经网络实际应用的需求驱动了其理论研究的发展，其实 RBF 神经网络每一个成功的应用都需要对神经网络进行精心设计。可见，RBF 神经网络结构优化设计是神经网络成功应用的核心技术，对其展开研究也是 RBF 神经网络推广应用的客观需要。

针对 RBF 神经网络的结构优化设计问题，Platt[4] 提出一种增长型资源分配 RBF 网络模型（RAN），RAN 能够根据处理对象增加隐含层神经元，达到处理复杂信息的目的。但是 RAN 由于网络结构只增不减，最终网络往往存在冗余。在 RAN[4] 的基础上，Yingwei 等提出了一种最小资源神经网络（MRAN）[5]，MRAN 在学习过程中隐含层神经元不但能够增长，同时通过引入删减策略对神经网络拓扑结构进行调整，最终获得适用于研究对象的神经结构，该神经网络结构设计方法得到了较为广泛的应用[6]，但是 MRAN 忽略了结构调整后参数的调整，导致神经网络学习算法的收敛速度较慢。Gonzalez 等基于进化算法对 RBF 网络的结构和大小进行调整[7]，进化算法是基于生物进化原理的搜索算法，具有很好的鲁棒性和全局搜索能力。但是，进化算法需要昂贵的计算代价，为了保证搜索能力的同时提高运算速度，文献[8]利用粒子群优化（PSO）对 RBF 神经网络结构进行优化，通过对 RBF 神经网络的隐含层神经元和连接权值进行调整，提高最终神经网络的性能。但是由于 PSO 在训练过程中需要进行全局搜索，整个结构调整时间仍较长。Lian 等以逼近误差作为依据，提出了一种自组织 RBF 神经网络（SORBF）[9]，实现网络结构的自组织设计。但是，SORBF 仅仅以误差作为结构调整依据，并未考虑网络内部的连接信息以及网络结构调整后的参数设定问题，从而总体训练时间较长。Venkatesh 等提出自适应增长修剪算法（IGP）[10]，但是其结构调整机制依赖于历史数据，使得在线应用受到很大限制。Huang 等通过顺序学习的方法判断隐含层神经元的重要性，提出了一种增长和修剪 RBF 神经网络（GGAP-RBF）[11]，GGAP-RBF 增减神经网络隐含层神经元，从而调整神经网络的结构。但是，

GGAP-RBF 需要根据全局样本数据设定初始值，而在实际应用中预先获得全局样本数据有时并不可能。Huang 和 Du 基于递归最小二乘算法(ROLSA)和 PSO 提出一种混杂前向 RBF 神经网络结构优化算法(MVCH-ROLS-PSO)[12]，该方法在学习速度和泛化能力较文献[13]有一定的提高，但是该方法参数设置较复杂。Chen 等基于前向正交选择(OFS)提出一种神经网络结构优化算法(OFS-LOO)[14]，该方法通过留一准则(LOO)对隐含层神经元进行选择，从而确定神经网络的结构，但是 OFS-LOO 的参数修改算法(RWBS)是一种全局搜索算法，在很大程度上降低了其整体学习速度。RBF 神经网络增长修剪型神经网络还有初始化连接权值神经网络(CSPISWI)[14]，自适应增长修剪型神经网络(AGPNN)[15]，混合优化型 RBF 神经网络(CHSOM-RBPNN)[16]，以及其他一些自组织 RBF 神经网络[17~21]。但是，现有的自组织 RBF 神经网络还存在以下主要问题[22~29]：①没有考虑由于结构调整引起的误差。②结构自组织 RBF 神经网络在考虑结构自组织的时候忽略了其参数训练算法。③现有自组织 RBF 神经网络很少给出收敛性理论证明。

基于此，本章提出一种弹性 RBF 神经网络结构优化设计方法，基于神经元的活跃度以及神经元修复准则，判断增加或删除 RBF 神经网络隐含层中的神经元，获得一种弹性 RBF 神经网络。利用快速下降算法修改神经网络连接权值，快速下降算法保证了最终 RBF 网络的精度。弹性 RBF 神经网络实现了神经网络的结构和参数自校正，解决了 RBF 神经网络结构过大或过小的问题，并给出了神经网络结构动态变化过程中收敛性证明。通过对非线性函数的逼近、非线性系统的建模以及污水处理过程溶解氧的预测控制，结果证明了弹性 RBF 神经网络具有良好的自适应能力和逼近能力，尤其是在泛化能力、最终网络结构等方面较之其他自组织 RBF 神经网络有较大的提高。

同时，为了便于更好地认识弹性 RBF 神经网络，给出了信息熵的基础知识，这部分知识读者可以有选择性地进行阅读。最后，本章对弹性 RBF 神经网络进行总结。

9.2 RBF 神经网络描述

RBF 神经网络结构一般由输入层、隐含层、输出层组成，其中隐含层一般只有一层，其结构如图 9-1 所示(多输入单输出)。

对于多输入单输出 RBF 神经网络，其输出可描述为

$$y = \sum_{k=1}^{K} w_k \theta_k(\boldsymbol{x}) \tag{9-1}$$

其中，$\boldsymbol{x} = (x_1, x_2, \cdots, x_M)^{\mathrm{T}}$ 是输入向量，w_k 是隐含层第 k 个神经元与输出神经元

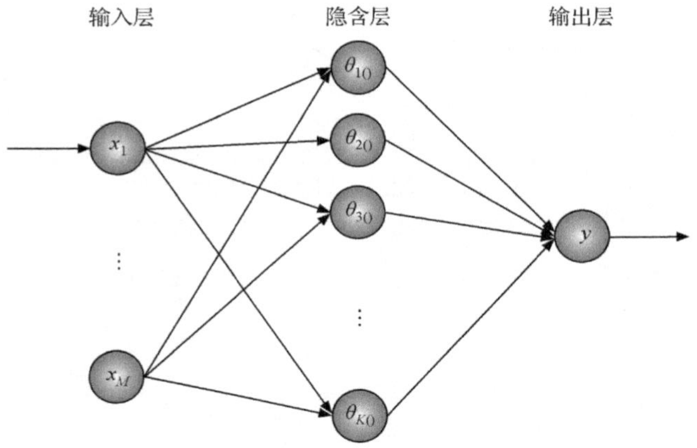

图 9-1　RBF 神经网络结构图

之间的连接权值，K 是神经网络隐含层神经元数，θ_k 是隐含层第 k 个神经元的输出：

$$\theta_k(\boldsymbol{x}) = \mathrm{e}^{(-\|\boldsymbol{x}-\mu_k\|/\sigma_k^2)} \tag{9-2}$$

其中，μ_k 和 σ_k 分别为隐含层神经元 k 的中心值和方差。

RBF 神经网络训练过程中均方差定义为

$$E(t) = \frac{1}{T}\sum_{t=1}^{T}(y(t) - y_d(t))^2 \tag{9-3}$$

其中，y_d 为神经网络的期望输出，y 为神经元的实际输出，T 为神经网络训练步数。

9.3　弹性 RBF 神经网络

9.3.1　神经元修复准则

干细胞凭借其高度的发育可塑性，体内所有受损或功能退化的组织都可以通过干细胞移植来进行修复与替换。在细胞新陈代谢中，比较著名的是胚胎干细胞修复(以下简称为细胞修复)[30]，细胞修复主要是利用不对称分裂原理和定向分化的转录调控进行成体干细胞的鉴别与扩增，同时借助内皮祖细胞、生长因子和细胞外基质以达到细胞功能恢复。

神经系统中神经元除了新陈代谢外，神经元之间的联系也在发生改变，神经元之间的连接变化如图 9-2 所示。

神经系统中神经元之间连接的改变有两种：一种是突触连接断开，神经元之间的信息也不再相互传送[图 9-2(a)]；另一种是突触之间连接加强，神经元之间的信息传送也就相应加强，通过加强信息传送量进而提高传送速度[图 9-2(b)]。虽然

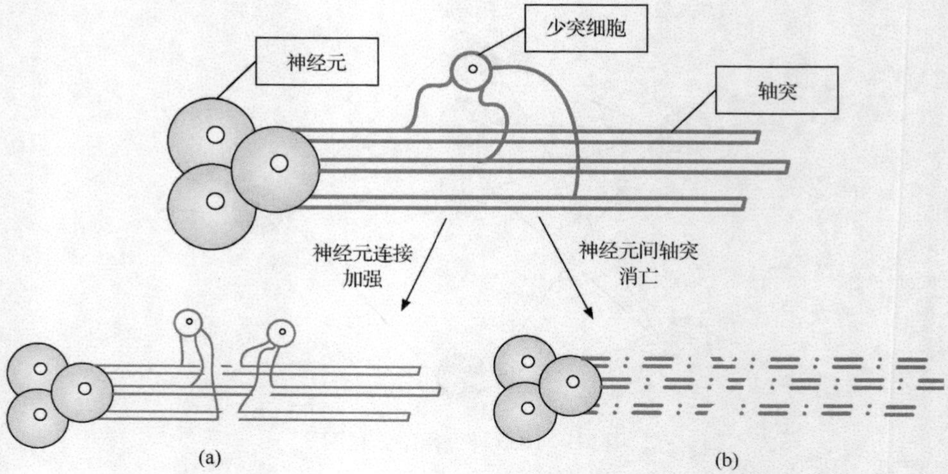

图 9-2　神经元细胞之间的连接变化

神经系统中神经元的修复方式已经清楚[31]，但是究竟新神经元是如何判断神经元之间的连接断开还是加强、连接方式改变机制的数学表达、新神经元的状态等还是一个未解的问题[32]。

通过对神经系统中神经元的修复机制的理解，提出一种神经元修复准则：

首先定义两个神经元 X 和 Y 交互信息(MI)函数：

$$M(X;Y)=\sum_{x,y}p(X,Y)\log_2\frac{p(X,Y)}{p(X)p(Y)} \tag{9-4}$$

其中，$p(X,Y)$为神经元 X 和 Y 的联合分布密度，$p(X)$和 $p(Y)$分别为神经元 X 和 Y 的概率密度。

交互信息的强度 $M(X;Y)$依赖于神经元 X 和 Y 间的平均信息量，根据香农熵理论[33]，神经元 X 和 Y 间的连接强度为

$$M(X;Y)=H(X)-H(Y\mid X) \tag{9-5}$$

其中，$H(X)$为神经元 X 的香农熵，$H(Y|X)$为神经元 Y 在神经元 X 条件下的熵。由式(9-5)可知，当神经元 X 和 Y 相互独立时，$M(X;Y)$的值为 0；否则，$M(X;Y)$为正数。所以，$M(X;Y)\geqslant 0$，并且[33]

$$M(X;Y)\leqslant \min(H(X),H(Y)) \tag{9-6}$$

规则化交互信息的强度：

$$m(X;Y)=\frac{M(X;Y)}{\min(H(X),H(Y))} \tag{9-7}$$

其中 $0\leqslant m(X;Y)\leqslant 1$，通过计算强度 m 的值，能够确定神经元 X 和 Y 间相关性，即神经元 X 和 Y 连接强度。

在神经网络中，当 $m(X;Y)$ 较大时则说明神经元 X 和 Y 间的信息交互较强，认为 X 和 Y 间有连接[图 9-3(a)]，当 $m(X;Y)$ 大到一定的阀值后可以加强神经元 X 和 Y 间的连接强度；当 $m(X;Y)$ 趋近 0 时则表明神经元 X 和 Y 间的信息交互强度较弱，在网络结构调整时可忽略神经元 X 和 Y 间的连接，从而断开神经元 X 和 Y 间的连接[图 9-3(b)]；这种神经元之间的连接方式的调整原理称为神经元修复准则。

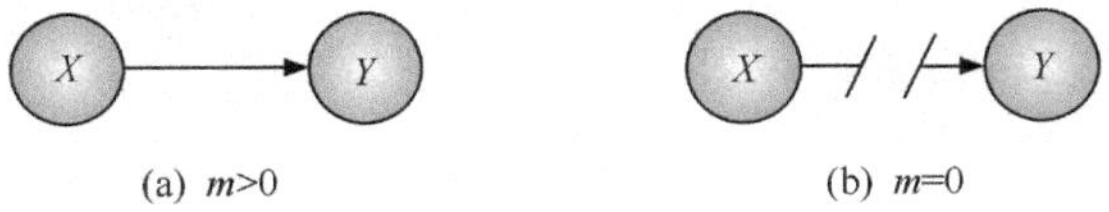

图 9-3　神经元 X 和 Y 之间连接方式调整

9.3.2　神经网络结构优化设计

弹性 RBF(F-RBF)神经网络结构设计基于神经元的活跃度以及神经元修复准则，其主要思想为：首先，利用神经元的活跃度函数判断神经元的活跃性，对活跃度较强的神经元进行分裂；其次，利用神经元修复准则计算交互信息相关性函数，分析 RBF 神经网络隐含层神经元与输出层神经元间的连接强度，从而根据 MI 强度对网络结构进行修改；最后，对于隐含层神经元 $i(i=1,2,\cdots,K)$，利用快速下降算法对连接权值进行修改，利用梯度下降算法对其神经元的中心和方差进行修改[34]。

$$\begin{aligned}\mu_i(t+1) &= \mu_i(t) - \eta_1 \frac{\partial E}{\partial \mu_i(t)} \\ \sigma_i(t+1) &= \sigma_i(t) - \eta_2 \frac{\partial E}{\partial \sigma_i(t)} \\ \dot{\boldsymbol{w}}^{\mathrm{T}}(t) &= \eta \boldsymbol{\theta}(y_d(t), \boldsymbol{x}(t)) e(t)\end{aligned} \tag{9-8}$$

其中，μ_i 和 σ_i 分别是神经元 i 的中心值和方差，$\boldsymbol{w}$ 为神经网络隐含层与输出层之间的连接权值，$0<\eta<1, 0<\eta_1<1, 0<\eta_2<1$ 为参数学习步长，$\boldsymbol{x}(t)$ 为神经网络输入，$\boldsymbol{\theta}=(\theta_1,\theta_2,\cdots,\theta_K)^{\mathrm{T}}$，$e(t)$ 由式(9-9)确定：

$$e(t) = y(t) - y_d(t) \tag{9-9}$$

y 和 y_d 分别表示神经网络的实际输出和期望输出。

F-RBF 神经网络结构调整可以分为两种情况：①神经元分裂；②神经元连接调整。

1. 神经元分裂

计算隐含层神经元 $i(i=1,2,\cdots,K)$ 的活跃度(active firing，AF)：

$$\mathrm{Af}_i = \frac{1}{\| \boldsymbol{x} - \mu_i \| + \tau} \cdot \frac{\theta_i(\boldsymbol{x})}{\sum_{i=1}^{K} \theta_i(\boldsymbol{x})} \quad (i = 1,2,\cdots,K) \tag{9-10}$$

其中，Af_i是第 i 个隐含层神经元的活跃度，K 是隐含层神经元数，θ_i 是第 i 个隐含层神经元的输出，τ 是较小实数值，避免 $\| \boldsymbol{x} - \mu_i \|$ 为零时活跃度函数无解。

当神经元(称为第 i 个神经元)的活跃度 Af_i 大于活跃度阈值 Af_0 时，神经元 i 为活跃神经元，活跃神经元 i 与输出神经元断开连接，对其进行分裂，并对新神经元初始中心及方差进行设定：

$$\begin{aligned} \mu_{ij} &= \alpha_j \mu_i + \beta_j \boldsymbol{x} \\ \sigma_{ij} &= \alpha_j \sigma_i \\ j &= 1,2,\cdots,N_{\text{new}} \end{aligned} \tag{9-11}$$

其中，μ_i 和 σ_i 分别表示神经元 i 的中心值和方差，N_{new} 是新增神经元个数，根据神经元活跃度确定。μ_{ij} 和 σ_{ij} 分别表示神经元 j 的中心值和方差，$\alpha_i \in [0.95, 1.05]$，$\beta_i \in [0, 0.1]$。

新神经元 j 与输出神经元间的连接权值设定为

$$\begin{aligned} w_{ij} &= r_j \frac{w_i \cdot \theta_i(\boldsymbol{x}) - e}{N_{\text{new}} \cdot \theta_{ij}(\boldsymbol{x})} \\ \sum_{j=1}^{N_{\text{new}}} r_j &= 1 \\ j &= 1,2,\cdots,N_{\text{new}} \end{aligned} \tag{9-12}$$

其中，r_j为新神经元 j 的分配参数，$\theta_i(\boldsymbol{x})$ 为分裂神经元 i 的输出，$\theta_{ij}(\boldsymbol{x})$ 为分裂后的新神经元 j 的输出，w_i为分裂神经元 i 与输出层神经元的连接权值，w_{ij}为新神经元 j 与输出层神经元的连权值，e 为神经网络当前误差。

2. 神经元连接调整

神经元的连接调整主要是对现有神经元之间的连接进行重新选择，根据式(9-7)计算出隐含层神经元与输出层神经元间的 MI 强度 m，在 RBF 神经网络中，当 m 较大，则说明隐含层神经元与输出层神经元间的信息交互较强，认为神经元间的连接可以继续保留[图 9-3(a)]；当 m 值较小，甚至趋近 0 时则表明神经元间的信息交互强度较弱，在 RBF 网络结构调整时可忽略神经元间的连接[图 9-3 (b)]，从而降低 RBF 神经网络的冗余度。

如果隐含层神经元 j 和输出层神经元 y 间的 MI 强度 $m(j, y)$小于 λ（λ 为设定交互信息强度阀值），则断开神经元 j 和神经元 y 间的连接，在隐含层找出与神经元 j 间欧氏距离最近的神经元 $j-j$，神经元 $j-j$ 的参数为

$$\mu'_{j-j} = \mu_{j-j}$$

$$\begin{aligned} \sigma'_{j-j} &= \sigma_{j-j} \\ w'_{j-j} &= w_{j-j} + w_j \frac{\theta_j(\boldsymbol{x})}{\theta_{j-j}(\boldsymbol{x})} \end{aligned} \tag{9-13}$$

其中，w_{j-j}、μ_{j-j} 和 σ_{j-j} 分别是结构调整前神经元 $j-j$ 的连接权值、中心值和方差，w'_{j-j}、μ'_{j-j} 和 σ'_{j-j} 分别是结构调整后神经元 $j-j$ 的连接权值、中心值和方差，$\theta_j(\boldsymbol{x})$ 和 $\theta_{j-j}(\boldsymbol{x})$ 分别是结构调整前隐含层神经元 j 和神经元 $j-j$ 的输出。

9.3.3　弹性 RBF 神经网络

基于以上结构判断和调整，弹性 RBF 神经网络能够实现结构优化，其算法运行的具体步骤如下：

(1) 隐含层神经元数为任意给定的 RBF 神经网络，利用快速下降算法对连接权值进行训练，利用梯度下降算法对中心值和方差进行训练。

(2) 计算神经元 i 的活跃度 Af_i，如活跃度大于活跃度阈值 Af_0，分裂神经元 i，调整网络结构，根据式(9-11)和式(9-12)设定新神经元的初始参数。

(3) 计算隐含层神经元 j 与输出层神经元 y 间的连接强度 m，如神经元间需要调整，则跳往步骤(4)，否则跳往步骤(5)。

(4) 删除神经元 j，根据式(9-13)设定神经元 $j-j$ 的参数。

(5) 利用梯度下降算法对神经网络的中心值和方差，利用快速下降算法对神经网络的连接权值进行修改。

(6) 满足所有停止条件或达到计算步骤时停止计算，否则转向(5)(结构已调整结束)或(2)(结构没有调整结束)进行重新训练。

为了便于理解，图 9-4 给出了整个算法的流程图。

算法中不是每次循环运行都进行结构优化判断，而是每运行一定的步骤以后判断一次，具体步骤由研究对象的实时性确定，以减少运行时间。依据神经元的活跃度以及神经元间的 MI 强度对网络结构进行调整，不但可以增加隐含层神经元，同时可以删除冗余的神经元，进而调整神经网络的拓扑结构。从研究神经网络结构方法的角度看，该方法借鉴生物神经元的连接方式对 RBF 网络进行结构调整，为研究神经网络结构自组织问题提供了一种新方法。F-RBF 较之一般动态神经网络[4,5~29,35~50]是一种突破，从生物学的角度看，该神经网络结构弹性机制更接近人脑神经元信息处理方式。

9.3.4　收敛性分析

F-RBF 神经网络，与其他神经网络一样，其收敛性关系到最终神经网络的性能，尤其是分裂神经元和删除神经元时，如果机制选取不当可能会引起整个神经网络最终不收敛。在此，给出 F-RBF 神经网络的收敛性证明，该证明过程主要分为

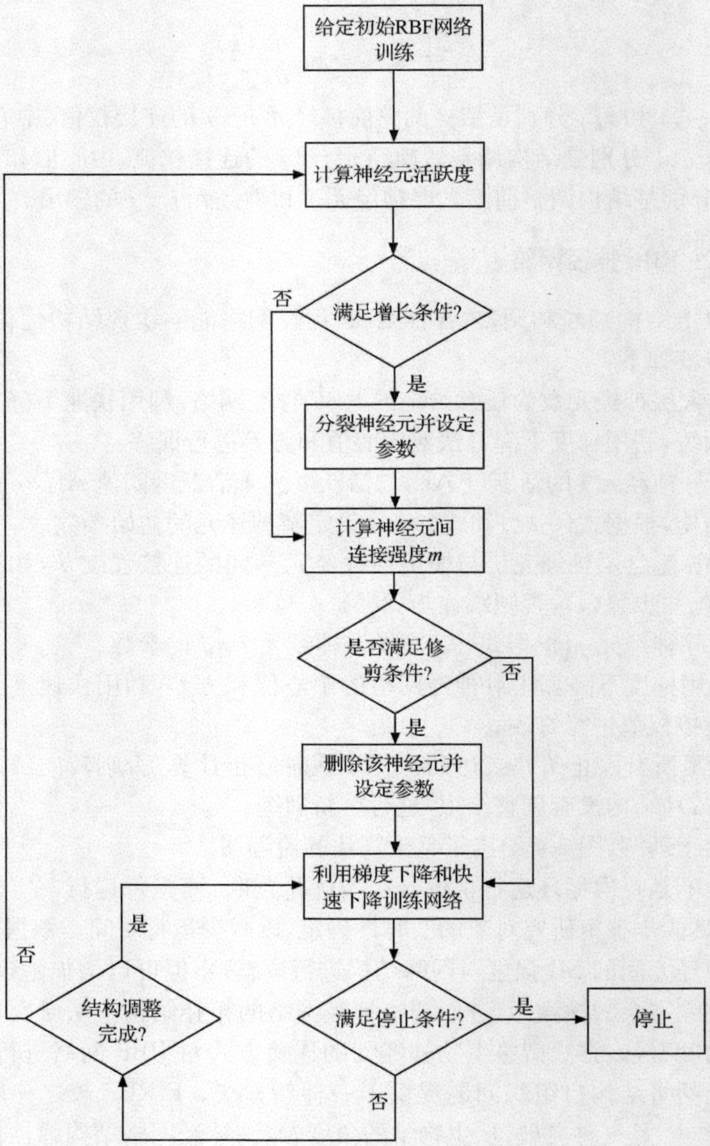

图 9-4　F-RBF 神经网络流程图

两个部分:结构调整阶段和结构固定阶段[51]。

1. 结构调整阶段

F-RBF 神经网络结构调整主要由神经元分裂和神经元删除两部分组成,在神经网络调整阶段，尤其是分裂阶段神经元初始参数的设定对网络的训练误差影响较大，为了证明上述神经元初始参数设定的有效性，下面对神经网络结构调整期间神经网络收敛性进行讨论。

假设在 t 时刻隐含层有 K 个神经元，当前误差为 $e_K(t)$，期望误差为 E_d。

1）结构增长阶段

若神经网络隐含层神经元 i 需要分裂，分裂后的新神经元数为 N_{new} 个，则分裂神经元后 RBF 神经网络隐含层神经元变为 $K+N_{\text{new}}-1$ 个，输出误差将变为

$$\begin{aligned} e'_{K+N_{\text{new}}-1}(t) &= \sum_{k=1}^{K+N_{\text{new}}-1} w_k\theta_k(\boldsymbol{x}(t)) - y_d(t) \\ &= \left[\sum_{k=1}^{K} w_k\theta_k(\boldsymbol{x}(t)) - w_i\theta_i(\boldsymbol{x}(t)) + \sum_{j=1}^{N_{\text{new}}} w_{ij}\theta_j(\boldsymbol{x}(t))\right] - y_d(t) \end{aligned} \tag{9-14}$$

由式(9-11)和式(9-12)式给定的参数调整规则可以得到下面等式：

$$\sum_{j=1}^{N_{\text{new}}} w_{ij}\theta_j(\boldsymbol{x}(t)) - w_i\theta_i(\boldsymbol{x}(t)) = -e_K(t) \tag{9-15}$$

则增加完神经元后的误差即为

$$\begin{aligned} e'_{K+N_{\text{new}}-1}(t) &= \left[\sum_{k=1}^{K} w_k\theta_k(\boldsymbol{x}(t)) - w_i\theta_i(\boldsymbol{x}(t)) + \sum_{j=1}^{N_{\text{new}}} w_{ij}\theta_j(\boldsymbol{x}(t))\right] - y_d(t) \\ &= \sum_{k=1}^{K} w_k\theta_k(\boldsymbol{x}(t)) - y_d(t) - e_K(t) \\ &= 0 \end{aligned} \tag{9-16}$$

所以新增加的神经元并没有对神经网络输出造成突变，神经网络输出误差与没有增加神经元时相比得到补偿。

2）结构删减阶段

在神经网络神经元删除后，一般神经网络误差会发生抖动，为了避免产生这种现象，书中在神经元删减后对神经网络剩余神经元的参数按照(9-13)进行误差补偿，若在 t 时刻隐含层需要删减神经元(隐含层神经元为 j 需要删减，与其欧氏距离最近的神经元为 $j-j$)，则删减神经元后 RBF 神经网络的输出误差将变为

$$e'_{K-1}(t) = \sum_{k=1}^{K} w_k\theta_k(\boldsymbol{x}(t)) - y_d(t) - w_j\theta_j(\boldsymbol{x}(t)) \tag{9-17}$$

根据以上删除阶段给定的参数调整规则式(9-13)，式(9-17)可变为

$$\begin{aligned} e'_{K-1}(t) = &\sum_{k=1,k\neq j-j}^{K} w_k\theta_k(\boldsymbol{x}(t)) - y_d(t) - w_j\theta_j(\boldsymbol{x}(t)) \\ &+ \left(w_{j-j} + w_j\frac{\theta_j(\boldsymbol{x}(t))}{\theta_{j-j}(\boldsymbol{x}(t))}\right)\theta_{j-j}(\boldsymbol{x}(t)) \end{aligned}$$

$$
\begin{aligned}
&= \sum_{k=1,k\neq j-j}^{K} w_k\theta_k(\boldsymbol{x}(t)) - y_d(t) - w_j\theta_j(\boldsymbol{x}(t)) \\
&\quad + w_{j-j}\theta_{j-j}(\boldsymbol{x}(t)) + w_j\theta_j(\boldsymbol{x}(t)) \\
&= \sum_{k=1,k\neq j-j}^{K} w_k\theta_k(\boldsymbol{x}(t)) - y_d(t) + w_{j-j}\theta_{j-j}(\boldsymbol{x}(t)) \\
&= e_K(t)
\end{aligned} \tag{9-18}
$$

通过分析可知，删除神经元的过程没有对神经网络输出造成突变，神经网络结构调整后的输出误差与未删减神经元时神经网络的输出误差相等。结合 RBF 神经网络的增长过程与删减过程，RBF 结构调整并没有破坏原来神经网络的收敛性。

2. 结构固定阶段

结构固定阶段神经元的参数按照梯度下降和快速下降算法进行调整，在书中第 5 章已经证明，基于快速下降算法对 RBF 神经网络参数进行调整能够最终保证神经网络的收敛性，而梯度下降的收敛性文献[52]也已给出证明，这里就不再重复。

综上所述，书中提出的基于神经网络输出敏感度分析的 F-RBF 能够保证最终神经网络收敛，为 F-RBF 的成功应用提供保障。

9.4 弹性 RBF 神经网络应用

F-RBF 能够在线调整隐含层神经元的个数，优化神经网络结构，得到与研究对象相适应的网络结构，提高了 RBF 神经网络的性能。利用 F-RBF 对非线性函数进行逼近、对典型非线性系统进行建模以及对污水处理过程中溶解氧浓度进行模型预测控制。实验结果与最小资源神经网络(MRAN)[5]、GGAP-RBF[11] 和自组织 RBF 神经网络(SORBF)[9]进行比较，证明了该算法的高效性。

9.4.1 非线性函数逼近

选取简单交互函数(simple interaction function, SIF)和径向函数(radial function, RF)，非线性函数 SIF 和 RF 经常用来检测神经网络的快速性、泛化能力等性能[85]。

SIF

$$
y = 10.391[(x_1-4)(x_2-6)+0.63] \tag{9-19}
$$

RF

$$
y = 24.234[(x_1-0.5)^2+(x_2-0.5)^2][0.75-(x_1-0.5)^2-(x_2-0.5)^2] \tag{9-20}
$$

其中，$-1<x_1<1$，$-1<x_2<1$。选取 800 组样本，400 组用来训练，另外 400 组用来检测。初始神经网络的隐含层神经元数是 3，神经网络结构为 2-3-1，初始连接权值为任意值，初始中心给定为 $\boldsymbol{\mu}=(-2,-2,0\ 0,2,2)$，初始函数宽度给定为 $\sigma=1$，在此条件下进行验证。

对 SIF 逼近过程中的神经网络剩余神经元如图 9-5 所示，神经网络对 SIF 的逼近效果如图 9-6 所示，误差曲面如图 9-7 所示。对 RF 逼近过程中的神经网络剩余神经元如图 9-8 所示，神经网络对 RF 的逼近效果如图 9-9 所示，误差曲面如图 9-10所示。图 9-5 和图 9-8 给出了训练过程中神经网络所剩余的神经元，可以发现 F-RBF 结构调整平稳，达到期望误差时结构最紧凑。训练后的神经网络对该非线性函数的逼近效果如图 9-6 和图 9-9 所示，训练后该神经网络能够很好地逼近上述两种非线性函数，F-RBF 神经网络输出值与函数值基本重合，具有很高的逼近能力，图 9-7 和图 9-10 分别给出了 F-RBF 神经网络逼近效果的误差曲面，其检测误差小于 0.015，具有较高的逼近精度。

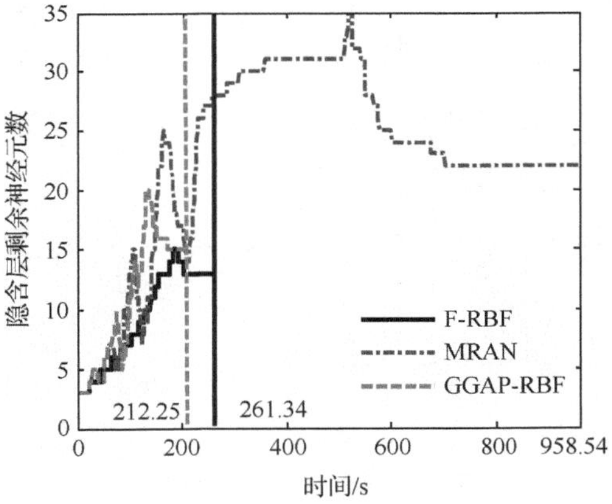

图 9-5　对 SIF 逼近过程中剩余神经元个数

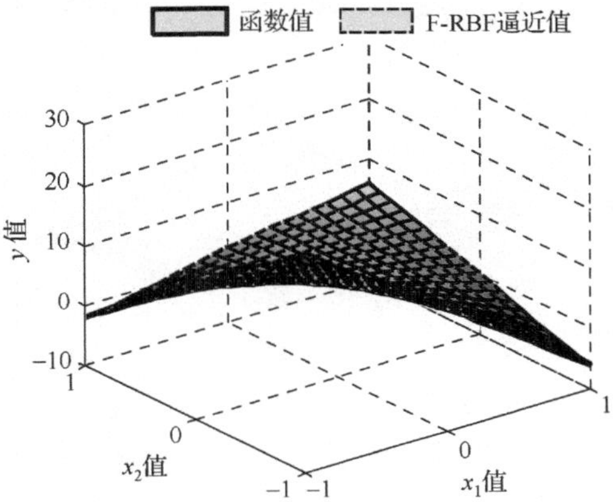

图 9-6　F-RBF 对 SIF 的逼近效果

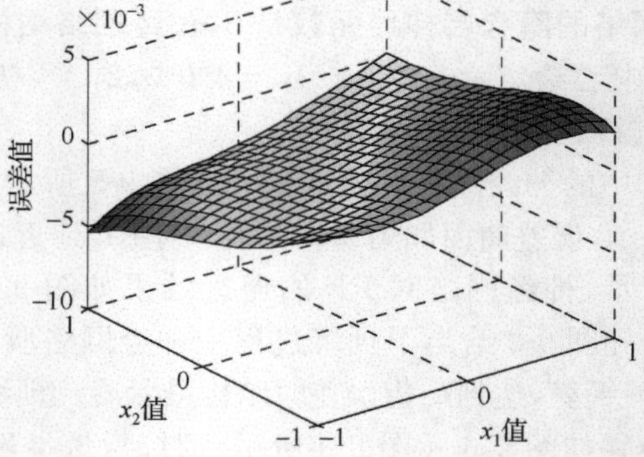

图 9-7 F-RBF 对 SIF 逼近的误差曲面

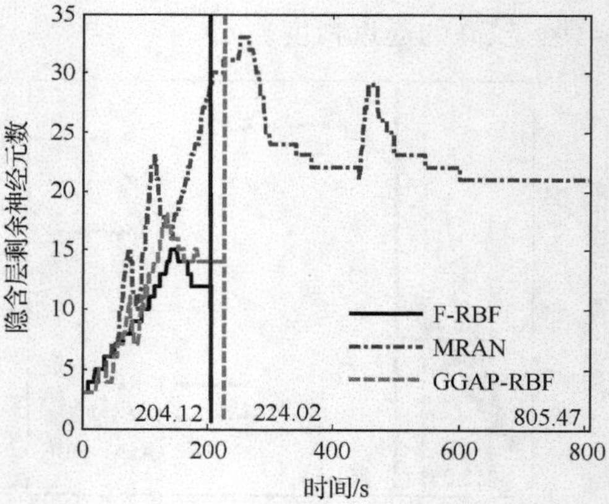

图 9-8 对 RF 逼近过程中剩余神经元个数

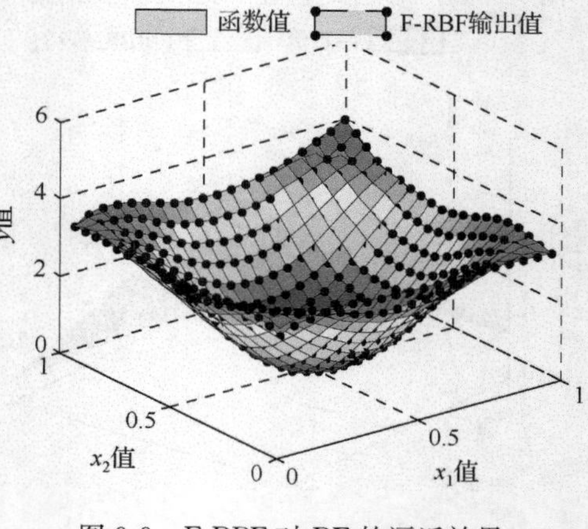

图 9-9 F-RBF 对 RF 的逼近效果

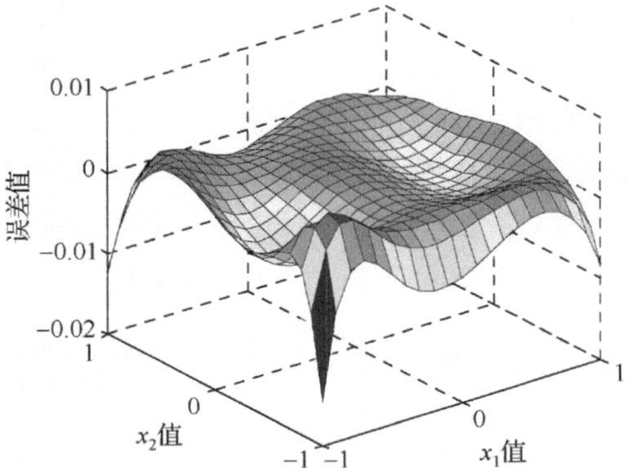

图 9-10　F-RBF 对 RF 逼近的误差曲面

该实验结果与 MRAN 与 GGAP-RBF 进行比较，其性能(MRAN 和 GGAP-RBF 初始神经网络结构与 F-RBF 相同，神经网络结构增长与删减规则与参考文献[5]和[11]原文给出的相同)比较如表 9-1 所示。

表 9-1　三种算法性能比较

函数	算法	期望误差	检测误差	最终网络(隐含层)	训练时间/s
SIF	**F-RBF**	**0.01**	**0.0141**	**13**	**261.34**
	MRAN	0.01	0.0211	22	958.54
	GGAP-RBF	0.01	0.0172	15	212.25
RF	**F-RBF**	**0.01**	**0.0123**	**12**	**224.02**
	MRAN	0.01	0.0186	21	805.47
	GGAP-RBF	0.01	0.0152	14	204.12

根据表 9-1 给出的 F-RBF 与 MRAN、GGAP-RBF 详细比较结果，在相同的初始条件下，达到相同的期望误差时，MRAN 所需的训练时间比 F-RBF 多；MRAN 与 GGAP-RBF 训练后的神经网络比 F-RBF 的复杂，因此，存储空间也就相应增加。另外，在利用训练后的神经网络进行函数逼近时，MRAN 与 GGAP-RBF 训练后的神经网络的检测误差也比 F-RBF 的大。F-RBF 神经网络不但具有简单的网络结构，而且具有较强的非线性函数逼近能力。

9.4.2　非线性系统建模

为了更充分地检测神经网络的快速性、泛化能力等性能，选取具有混沌特征的非线性系统[53]：

$$\begin{cases} \dot{x}_1(t) = -x_1(t)x_2^2(t) + 0.999 + 0.42\cos(1.75t) \\ \dot{x}_2(t) = x_1(t)x_2^2(t) - x_2(t) \\ y(t) = \sin[x_1(t) + x_2(t)] \end{cases} \tag{9-21}$$

其中，$t\in[0,20]$，初始值 $x_1(0)=1.0$，$x_2(0)=1.0$。选取 268 组样本($x_1(t)$，$x_2(t)$，$y_d(t)$)，134 组用来训练，另外 134 组用来检测。神经网络的初始隐含层神经元是 5 个，初始连接权值为任意值，初始中心给定为 $\boldsymbol{\mu}=(0.5\ -0.5;\ 0\ 0;\ 0.5\ 0.5;\ 1\ 1;\ 1.5\ 1.5)$，初始函数宽度给定为 $\sigma=1$。

在此条件下进行验证，对系统建模过程中的神经网络隐含层神经元如图 9-11 所示，图 9-12 给出了检测样本中 $x_1(t)$，$x_2(t)$的变化曲线。

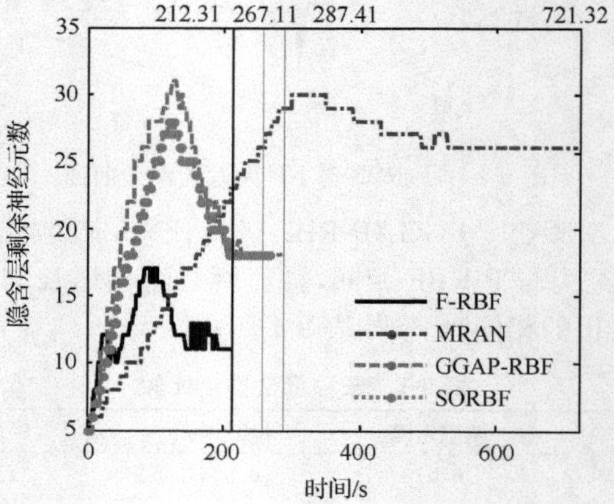

图 9-11　对系统建模过程中隐含层神经元数

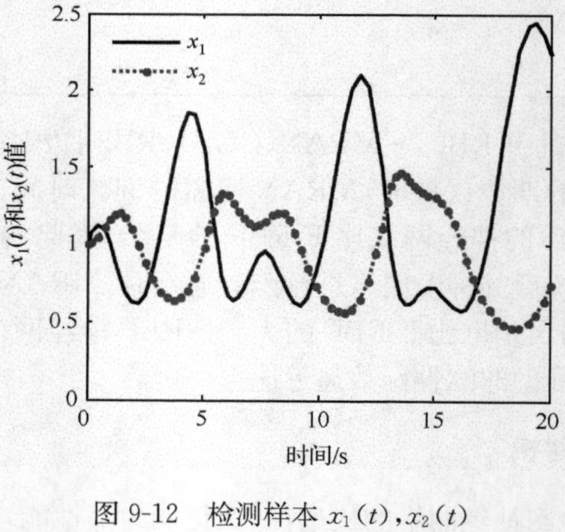

图 9-12　检测样本 $x_1(t)$，$x_2(t)$

F-RBF 神经网络输出值 $y(t)$与系统实际值 $y_d(t)$的比较如图 9-13～图 9-16 所示，F-RBF 输出值 $y(t)$与系统实际值 $y_d(t)$的误差如图 9-17 所示。

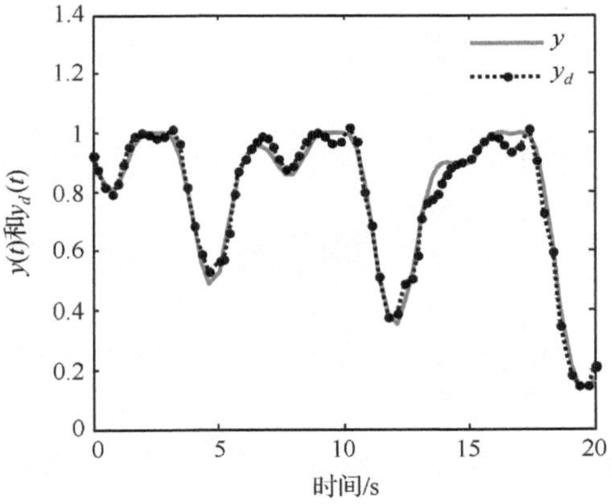

图 9-13　系统输出与 F-RBF 输出对比

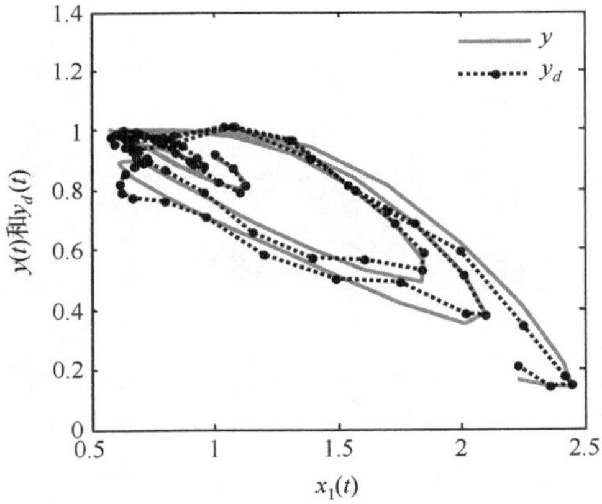

图 9-14　$y(t)$-$x_1(t)$与 $y_d(t)$-$x_1(t)$对比

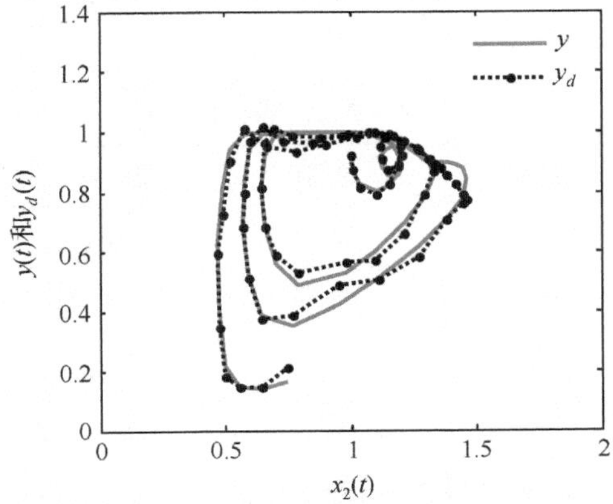

图 9-15　$y(t)$-$x_2(t)$与 $y_d(t)$-$x_2(t)$对比

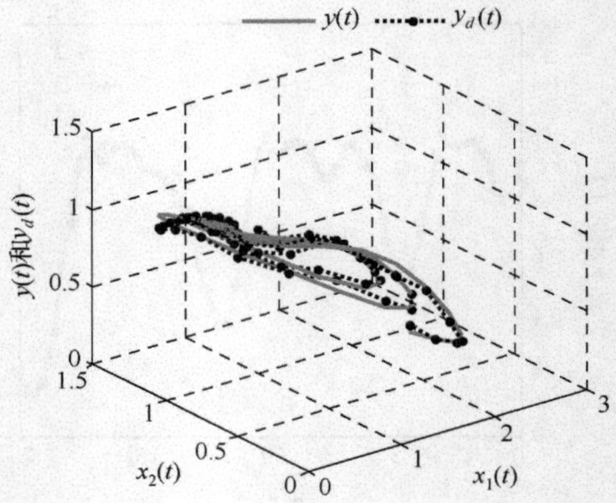

图 9-16　$y(t)$-$x_1(t)$-$x_2(t)$与 $y_d(t)$-$x_1(t)$-$x_2(t)$对比

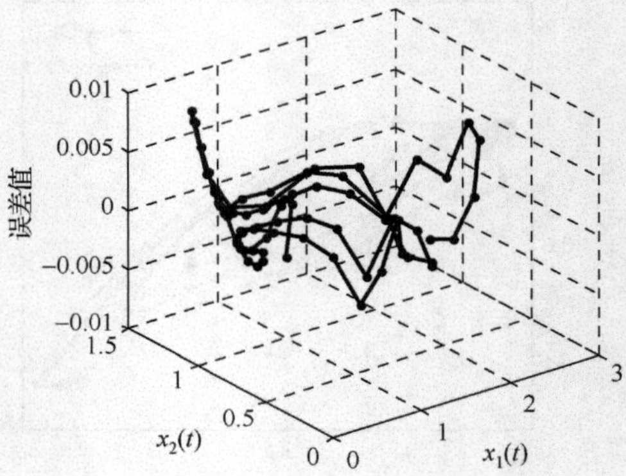

图 9-17　系统建模误差

F-RBF、MRAN、GGAP-RBF 以及 SORBF 各自训练 20 次的平均性能如表 9-2所示。

表 9-2　性能比较

算法	期望误差	检测误差	最终网络(隐含层)	训练时间/s
F-RBF	**0.01**	**0.0103**	**11**	**212.31**
MRAN	0.01	0.0211	26	721.32
GGAP-RBF	0.01	0.0112	18	267.11
SORBF	0.01	0.0109	18	287.41

实验结果表明：F-RBF 能够对该非线性系统很好的建模，图 9-16 显示实际系统输出值与基于 F-RBF 模型的输出值基本吻合，误差小于 1%，证明基于 F-RBF

方法系统模型的有效性。图 9-12 和表 9-2 显示 F-RBF 的平均训练时间明显优于其他三种动态 RBF 神经网络算法，且网络结构最紧凑；而且表 9-2 显示 F-RBF 模型的检测误差最小，从而证明对 F-RBF 对该非线性系统建模的高效性。

9.4.3　溶解氧模型预测控制

污水处理是国家水资源综合利用的战略举措，对水环境保护和淡水资源持续利用具有重要意义。但是由于污水处理过程中进水流量、成分、污染物浓度、水温等随时变化，微生物生命活动受溶解氧、污泥龄、微生物种群等诸多因素的影响，生化反应过程滞后明显，部分关键水质参数等不能实时测量，系统多运行于非平稳状态，对其实施控制是一项具有挑战性的工作[54~61]。在污水处理过程中，溶解氧是影响污水处理质量最主要因素。溶解氧浓度通过曝气来控制，其能耗约占污水处理过程总能耗的一半以上[62,63]。含氧量过低会降低污水处理质量，过高又会浪费能源。因此，准确控制溶解氧浓度是实现出水水质达标的关键，也是国际上该领域的研究热点[64~74]。

对污水处理过程实施智能控制，是保证出水水质达标的重要手段，也是降低污水处理过程中能量消耗和化学药品消耗的有效方法。为了控制污水处理过程溶解氧浓度，设计一种基于 F-RBF 的模型预测控制器（F-RBF-MPC），其结构如图 9-18 所示：

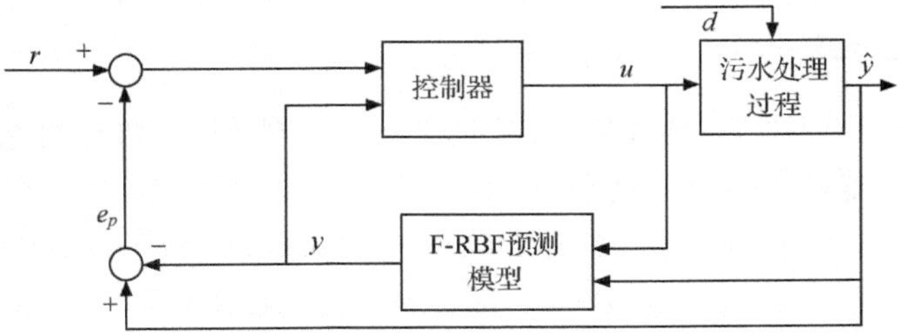

图 9-18　模型预测控制器

其中，r，$\hat{y}$，u 和 y 分别代表期望值、系统输出值、控制变量以及预测模型输出值；d 表示干扰；e_p 是系统输出与模型输出之间的误差。

假设当前时刻 t 和控制变量的变化为 $\Delta u(t)$，$\Delta u(t+1)$，…，$\Delta u(t+H_u-1)$，预测输出为 $y(t+1)$，$y(t+2)$，…，$y(t+H_p)$，其中 H_p 为预测时域，H_u 为控制变量的变化时域。通过优化控制变量最小化目标函数：

$$J = \sum_{i=1}^{H_p} [r(t+i) - y(t+i)]^{\mathrm{T}} W_i^y [r(t+i) - y(t+i)] + \sum_{j=1}^{H_u} \Delta u(t+j-1)^{\mathrm{T}} W_j^u \Delta u(t+j-1) \tag{9-22}$$

限制条件：

$$\begin{aligned} &\Delta u(t) = u(t) - u(t-1) \\ &|\Delta u(t)| \leqslant \Delta u_{\max} \\ &u_{\min} \leqslant u(t) \leqslant u_{\max} \\ &y_{\min} \leqslant y(t) \leqslant y_{\max} \end{aligned} \tag{9-23}$$

其中，W_i^y 和 W_i^u 是权值参数；书中系统的输出为溶解氧浓度，即被控变量，而控制变量 u 为氧传质系数（K_{La}，天$^{-1}$）和内回流速度（Q_a，[m^3/天]），其他系统输入作为不可检测的干扰。

F-RBF 能够在线优化神经网络结构以及权值参数，得到与研究对象相适应的网络结构，提高了 RBF 神经网络模型的精度。利用 F-RBF 对污水处理过程进行建模，同时通过二次规划求得控制律，获得污水处理过程溶解氧的控制。实验中研究对象为 Jeppsson 和 Pons 提出的 Benchmark Sludge Model 1 (BSM1)[75]，该模型专门为研究控制策略设计。实验分为两个部分：①检验 F-RBF 的模型精确度；②检验基于 F-RBF 的模型预测控制器（F-RBF-MPC）控制性能。

1. 模型精确度分析

由于 F-RBF-MPC 需要对模型预测至少一步，对 n_y、n_u 和 t_d 的选取比较关键，书中 F-RBF 模型输入输出可表示为

$$\begin{aligned} y(t) = f(&y(t-1), y(t-2), Q_a(t-1), \\ &Q_a(t-7), K_{La}(t-1), K_{La}(t-7)) \end{aligned} \tag{9-24}$$

利用 F-RBF 模型精确度证明该算法的有效性；并且与另外两种结构动态神经网络——最小资源神经网络（MRAN）[5] 和 GGAP-RBF[11] 进行比较，证明该算法的高效性。在仿真实验中，都是利用式(9-22)表示的输入输出，对三种不同天气（干燥、潮湿和暴雨）下系统的输出进行预测。首先，F-RBF、MRAN 和 GGAP-RBF 的初始神经元为 10 个，然后，选择预测模型时域为 5。F-RBF 隐含层神经元变化如图 9-19 所示。三种结构动态神经网络对溶解氧浓度预测结果和实际系统输出结果如图 9-20 所示。

图 9-19 显示 F-RBF 能够根据研究对象调节神经网络结构，图 9-20 表明较之 MRAN 和 GGAP-RBF，F-RBF 的预测模型精度更高。详细比较结果如表 9-3 所示，精确度判断依据式(9-3)表示的神经网络均方差。

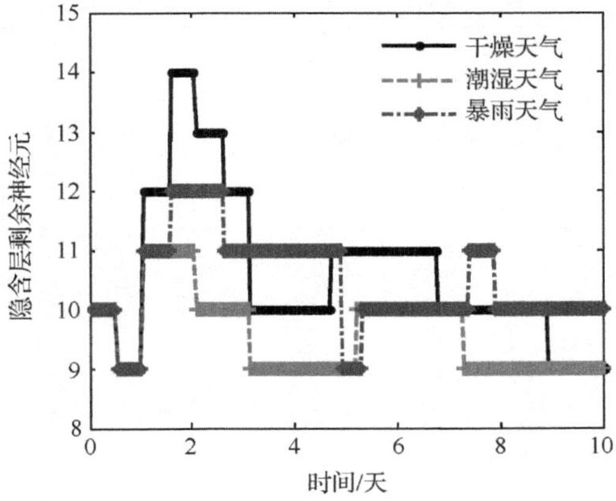

图 9-19　F-RBF 隐含层神经元变化

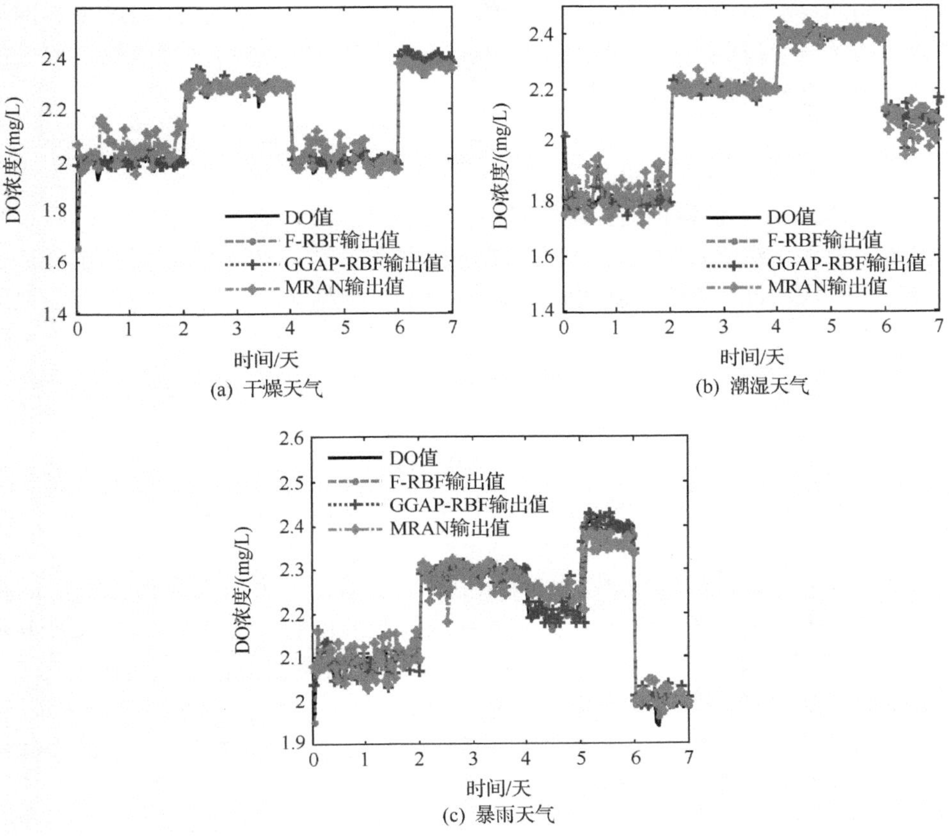

图 9-20　三种不同天气下的预测结果

表 9-3　不同模型的性能比较(进行 20 次独立实验取均值)

天气	模型	隐含层神经元	MSE
干燥	**F-RBF**	**12±1**	**0.0130**
	MRAN	17±5	0.0250
	GGAP-RBF	12±1	0.0206
潮湿	**F-RBF**	**13±1**	**0.0132**
	MRAN	18±4	0.0411
	GGAP-RBF	14±1	0.0398
暴雨	**F-RBF**	**11±1**	**0.0127**
	MRAN	17±4	0.0287
	GGAP-RBF	12±1	0.0193

表 9-3 表明三种不同环境下,F-RBF 都能够通过调节网络结构以及网络参数达到较高的模型精确度,与其他神经网络建模结果比较结果显示 F-RBF 最终网络结构最简单,但是精度最高。因此,书中提出的 F-RBF 神经网络对溶解氧浓度能够较好地进行建模。

2. 控制性能分析

利用图 9-18 中模型预测控制器对污水处理过程溶解氧浓度进行控制,F-RBF 解决了对模型无法确定的问题,然而根据目标能量函数(9-22)可知,必须选择适当的参数 W_i^y、W_i^u、H_u 和 H_p,以达到对系统的控制,根据文献[77],书中以上参数的选取如下:

$$
\begin{aligned}
W_i^y &= (1) \\
W_j^u &= \begin{bmatrix} 1 & 0 \\ 0 & 1 \end{bmatrix} \\
H_p &= 5 \\
H_u &= 1
\end{aligned}
\tag{9-25}
$$

基于以上参数,根据预测模型的输出利用二次规划的方法求取控制变量 u,控制变量的范围满足式(9-21),从而达到对系统控制的目的。所有实验在 Matlab 环境下运行,采样周期 $\Delta t = 5\times10^{-3}$天($\approx$7 min)。溶解氧浓度设定值范围是 1.5～2.5 mg/L,在 2 天、3 天和 5 天时浓度发生改变,K_{La} 的范围是 0～250 天$^{-1}$,图 9-21给出了三种天气下的在线控制时网络结构调整变化,三种天气下的在线控制效果如图 9-22～图 9-24 所示。

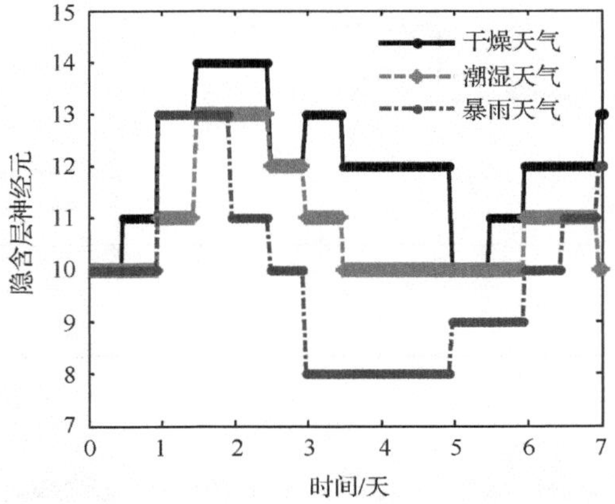

图 9-21　F-RBF 隐含层神经元的变化

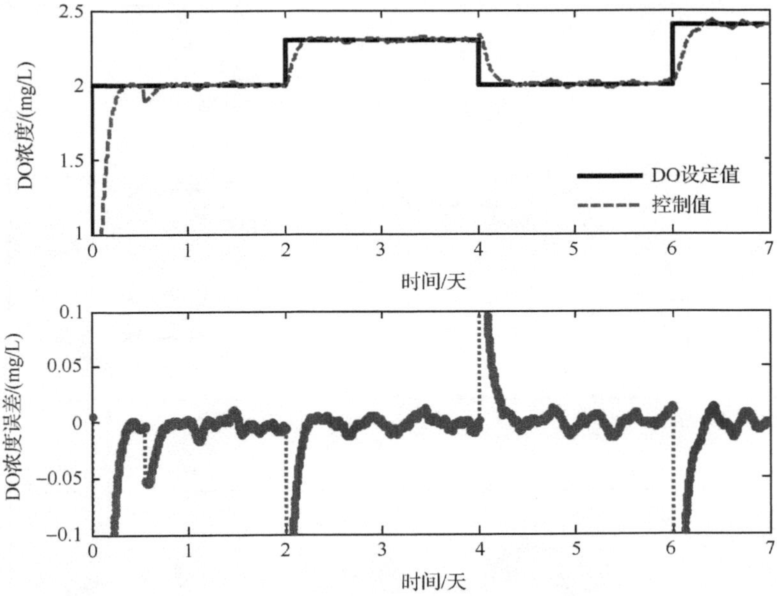

图 9-22　干燥天气下的跟踪预测控制结果

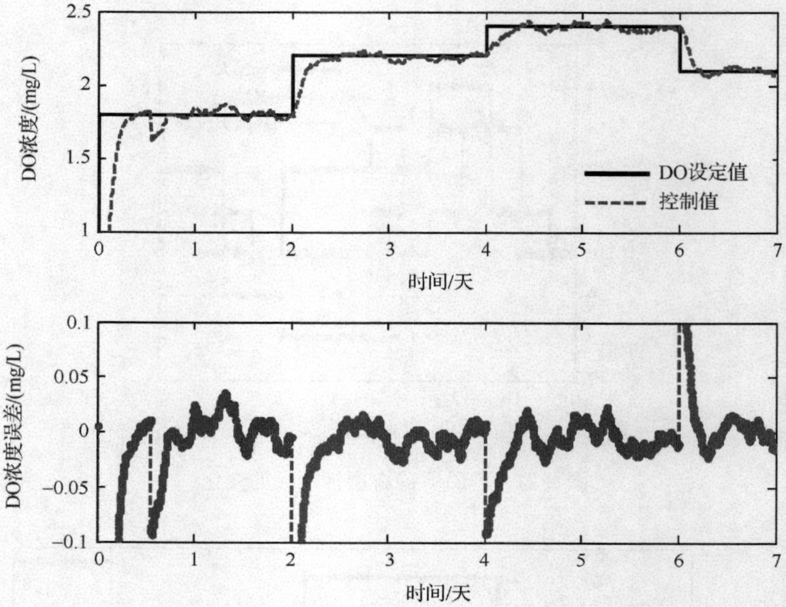

图 9-23　潮湿天气下的跟踪预测控制结果

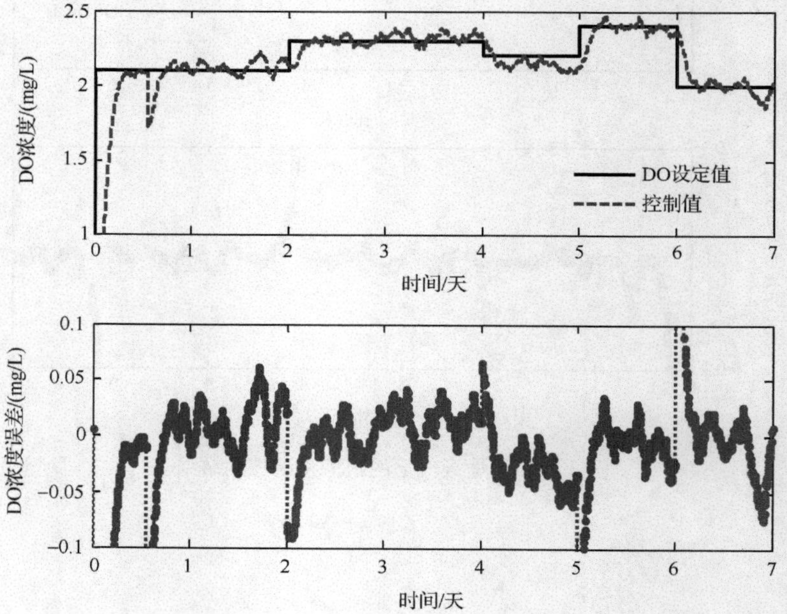

图 9-24　暴雨天气下的跟踪预测控制结果

在线控制结果验证了所提 F-RBF-MPC 能够控制污水处理过程溶解氧达到设定值,并且实际输出与期望输出之间的误差为±0.1 mg/L（±5%）。由图 9-20 可以发现,对于离线训练好的 F-RBF 神经网络,由于测试数据和训练数据之间存在差异,神经网络用于在线控制时网络结构在开始时发生较大的调整,通过结构调整快速提高模型的精度,从而提高整个 F-RBF-MPC 的控制性能。

以下给出了 F-RBF-MPC 与其他三种不同控制方法——PI 控制[76],一般预测控制(MPC)[77]以及多元 PID(MPID)控制[78]方法之间的比较,定义绝对误差积分(integrated absolute error,IAE):

$$\mathrm{IAE}(t)=\frac{1}{T}\sum_{t=1}^{T}\left|y(t)-y_d(t)\right| \tag{9-26}$$

其中 $y(t)$和 $y_d(t)$分别为 t 时刻系统实际输出与期望输出值,T 为总体样本数。以上几种控制方法的性能比较如表 9-4 所示。

表 9-4　不同控制器间的性能比较(预测时域是 5)

天气	控制器	IAE/(mg/L)
干燥	**D-RBF-MPC**	**0.052(2.6%)**
	PI	0.218(10.9%)
	MPC	0.089(4.45%)
	MPID	0.134(6.7%)
潮湿	**D-RBF-MPC**	**0.081(4.5%)**
	PI	0.256(12.8%)
	MPC	0.150(7.5%)
	MPID	0.166(8.3%)
暴雨	**D-RBF-MPC**	**0.064(3.2%)**
	PI	0.231(11.5%)
	MPC	0.105(5.25%)*
	MPID	0.142(7.1%)*

* 在原文中不存在。

本节同时给出了不同预测界限 H_p 时对预测控制性能方面的比较,具体结果如表 9-5 所示。当 H_p 较小时,绝对误差积分较小,但是 K_{La} 的调整较大;而当 H_p 较大时,绝对误差积分较大,但是 K_{La} 的调整较平滑。绝对误差积分与最终控制性能相关,绝对误差积分越小,控制性能越优;K_{La} 的调整与能量消耗有关,K_{La} 的调整越大,所需能量越多,反之亦然。因此,综合考虑多方面因素,书中选取 $H_p=5$。

表 9-5　不同预测时域时 F-RBF-MPC 的性能比较

预测时域	$H_p=1$	$H_p=3$	$\boldsymbol{H_p=5}$	$H_p=10$
		干燥		
Set-point/(mg/L)	2.0～2.4	2.0～2.4	**2.0～2.4**	2.0～2.4
IAE/(mg/L)	0.051	0.051	**0.052**	0.214
Max deviation ΔK_{La}	43.37	30.12	**23.47**	19.33
		潮湿		
Set-point/(mg/L)	1.8～2.3	1.8～2.3	1.8～2.3	1.8～2.3
IAE/(mg/L)	0.78	0.080	**0.081**	0.432
Max deviation ΔK_{La}	41.36	31.34	**24.91**	21.67
		暴雨		
Set-point/(mg/L)	1.8～2.3	1.8～2.3	**1.8～2.3**	1.8～2.3
IAE/(mg/L)	0.57	0.062	**0.064**	0.312
Max deviation ΔK_{La}	43.51	30.46	**24.57**	19.97

9.5 本章小结

RBF 神经网络由于其特有的拓扑结构和全局逼近能力，得到了广泛的应用。为了解决 RBF 神经网络结构动态调整问题，提出一种弹性结构动态优化设计方法，利用神经元的活跃度以及神经元修复准则，判断增加或删除 RBF 神经网络隐含层中的神经元，并给出了神经网络结构动态变化过程中收敛性证明。快速下降参数修正算法保证了最终 RBF 网络的精度，提高了 RBF 神经网络的性能，实现了 RBF 神经网络的结构和参数自校正，解决了 RBF 神经网络结构过大或过小的问题，并通过实验证明了该弹性 RBF 的性能，得到以下结论：

(1) 从 RBF 神经网络结构出发，借助神经元的活跃度以及神经元修复准则，研究 RBF 神经网络结构动态优化设计方法，获得一套 RBF 神经网络结构动态调整的演化机制和实时优化学习算法，在确保神经网络收敛的前提下，使得神经网络能够根据承担任务的需要自动地调整网络结构(即增加或删减神经元)，从而提高神经网络的自组织、自适应能力。

(2) 快速下降算法保证了神经网络的收敛性，F-RBF 神经网络的收敛性不受网络结构调整的影响，最终神经网络收敛，进而促进其应用。

(3) 非线性函数逼近的结果显示，较之现有的几种自组织 RBF 神经网络算法，F-RBF 能够平稳地获取合适隐含层神经元，不但最终网络结构简单，而且性能优越；两个非线性函数逼近的结果充分证明：在相同的初始条件下，F-RBF 训练时间较短，结构最紧凑，所需存储空间最小。另外，在利用神经网络进行函数逼近时MRAN与GGAP-RBF训练后的神经网络的检测误差也比F-RBF的大，F-RBF神经网络具有较好泛化能力和较强的非线性函数逼近能力。

(4) 具有混沌特征的非线性系统建模结果显示，F-RBF在处理非线性建模任务时，同样具备较好的性能，在与MRAN、GGAP-RBF以及SORBF的性能比较中各项指标基本都占优势，进一步证明了F-RBF的优越性能；基于F-RBF的非线性系统建模结果又进一步推动了RBF神经网络的应用，促进了RBF神经网络发展。因此，F-RBF不但解决了RBF神经网络设计的问题，而且推动了RBF神经网络理论的发展和应用。

(5) 针对污水处理过程强非线性、模型不确定等特性，提出了一种基于F-RBF神经网络的模型预测控制器。F-RBF-MPC能够较好地控制污水处理过程中溶解氧浓度，同时书中还给出了它的具体实现方法以及模型精度分析。这种基于F-RBF的模型预测控制器有良好的跟踪控制性能，与其他控制方法相比较，F-RBF-MPC具有较强的预测控制能力，性能稳定，为复杂系统控制提供了技术支持。

最后，为了理解弹性RBF神经网络，本章最后部分给出了信息熵的部分知识。

附录C　熵

附录C.1　熵的概念[79～82]

熵是表示物质系统状态的一个物理量，它表示该状态可能出现的程度。在热力学中，是用以说明热学过程不可逆性的一个比较抽象的物理量。孤立体系中实际发生的过程必然要使它的熵增加。

熵的概念对于很多人，一直是一个较抽象并难以通俗表达的物理概念。但是，熵可以感性认为：熵代表了系统的混乱程度，熵越大分子的分布越趋于无序。同时可以证明，信息熵与热力学熵二者之间成正比关系。从某种意义上讲，完全可以这样看，熵概念在热力学中即为热力学熵，应用到信息论中则是信息熵。近年来，熵的概念有了迅速而广泛的发展。在天体物理中，黑洞的熵与面积这样的几何概念有联系；在信息论中，信息的熵与信息量的概念有联系，并且出现负熵的概念；在生物学中，生命现象也与熵有着密切关系。这里主要讨论信息熵。

1928年统计学家哈特利就把等可能结局的个数 n 的对数值称为信息量。现代信息论（关于通信的数学理论）的创始人香农则把它称为不确定性（程度）。文献中多以 H 表示某一实验结局的不确定程度。这样就有

$$H = C\lg n \tag{C-1}$$

这里的常数 C 可以取任何值。

香农把前述随机事件结局的不确定性称为信息熵。从式(C-1)可以发现结局的可能个数 n 越大,不确定程度越大。

如果共有 n 个等可能结局,那么每个结局的出现概率 P 就是 $1/n$ 。所以式(C-1)也可以写成

$$H=-C\lg P \tag{C-2}$$

这样信息熵就与概率问题初步联系起来。

信息熵计量的是随机实验的结局的不确定性。自然界中存在着大量的随机事件,这些随机事件的出现概率如果并不相等,那么式(C-2)还难以应用。把式(C-2)推广为各随机事件出现概率不尽相等时熵的计算式是香农的重要贡献。他给的普遍形态下的熵的公式为

$$H=-C\lg P \tag{C-3}$$

在概率论中,随机实验的结局如能用数值来表示,则称此变量为随机变量。所以有时以 $p(x_i)$来代替式(C-3)中的 p_i。这样熵式(C-3)变成了下式。

$$H(X)=-C\sum p(x_i)\lg p(x_i) \tag{C-4}$$

符号 $H(X)$表示 H 是随机变量 X 的熵。$p(x_i)$表示 x 取值为 x_i 这种事件出现的概率。有时也把它称为关于 x 的概率分布。

当把熵函数写成式(C-4)时其随机变量 x 可以是一般的标量,也可以是一个矢量。当其为矢量时概率分布就由相应的矢量中各分量的联合概率分布所代替,这种熵有时称为复合熵。

以上介绍的随机变量的熵公式都是针对变量是离散值(可数的,不连续的)的场合来说的。如果随机变量是连续型的变量,在多数场合可以仿式(C-4)把熵的公式写成

$$H(x)=-C\int_a^b f(x)\lg f(x)\mathrm{d}x \tag{C-5}$$

此式中 $f(x)$是 x 的概率密度分布函数。

附录 C.2 互信息[83~89]

在设计一个系统时,目的就是根据输入模式来获得一个模型,该模型能够学习输入和输出的关系。在这个背景下,由于互信息的概念有很多好的性质,所以非常重要。为了以后的讨论,假定随机系统具有输入 X 和输出 Y,而且 X 和 Y 只允许取离散的值,分别有 x 和 y 表示。熵 $H(X)$表示 X 的先验不确定性。那么,当观测到 Y 后我们如何让度量对 X 的不确定性?

当随机变量 y 与随机变量 x 有关系时,除了有 x,y 的联合概率分布 $p(x_i,y_j)$以外,还有当 y 已知时的 x 的概率分布,即所谓条件概率分布。这常用 $p(X|Y)$表示,可以定义在给定 Y 时 X 的条件熵为[90]

$$H(X \mid Y) = H(X,Y) - H(Y) \tag{C-6}$$

具有性质：

$$0 \leqslant H(X \mid Y) \leqslant H(X) \tag{C-7}$$

条件熵 $H(X|Y)$表示在观测到系统输出 Y 后，对条件 X 保留的不确定性度量。在式(9-32)中 $H(X|Y)$是 X 和 Y 的联合熵，可用下面的式(C-8)计算：

$$H(X \mid Y) = -c\sum_{i=1}^{n}\sum_{j=1}^{m} p(x_i, y_j)\lg p(x_i, y_j) \tag{C-8}$$

此处的 m 代表 y 共有 m 个取值，当 x 与 y 无关时，$H(X|Y) = H(X)$，而在其他场合，它都小于 $H(X)$，故有

$$H(X \mid Y) \leqslant H(X) \tag{C-9}$$

由于熵 $H(X)$ 表示在没有观测输出前对系统输入的不确定性，条件熵 $H(X|Y)$表示在观测到系统输出后对系统输入的不确定性，$H(X)-H(X|Y)$表示观察到系统输出之后对系统输入的不确定性的减少。这个量就叫做随机变量 X 和 Y 之间的互信息，由 $M(X;Y)$表示，可以写成[91]

$$M(X;Y) = H(Y) - H(X \mid Y) = -\sum_{x\in X'}\sum_{y\in Y'} p(x,y)\lg\left(\frac{p(x,y)}{p(x)p(y)}\right) \tag{C-10}$$

熵其实是互信息的一个特例：

$$H(X) = I(X;X) \tag{C-11}$$

两个离散随机变量 X 和 Y 的互信息 $M(X;Y)$有如下的性质：

(1) X 和 Y 的互信息具有对称性，即

$$M(Y;X) = M(X;Y) \tag{C-12}$$

其中，互信息 $M(X;Y)$表示观察系统输入 X，对系统输出 Y 的不确定性的减少，而 $M(X;Y)$表示观测系统输出后对系统输入的不确定性的减少。

(2) X 和 Y 的互信息总是非负的，即

$$M(X;Y) \geqslant 0 \tag{C-13}$$

实际上，这个性质说明，通过观测系统的输出 Y，平均说来我们不可能丢失信息。而且，当且仅当输入和输出统计独立时互信息为 0。

(3) X 和 Y 的互信息也可以用 Y 的熵表示，即

$$M(X;Y) = H(Y) - H(Y \mid X) \tag{C-14}$$

其中 $H(X|Y)$是条件熵。式(C-14)的右端表示系统输出 Y 的总体平均传达信息减去我们知道系统输入 X 后关于 Y 的总体平均传达信息 $M(X|Y)$。后一个量 $H(X|Y)$传达关于处理噪声而不是关于系统输入 X 的信息。

图 C-1 用一个可视化的图来解释式(C-13)和式(C-14)。系统的输入 X 的熵 $H(X)$用左边的圆表示，输出 Y 的熵 $H(Y)$用右边的圆表示，X 和 Y 的互信息用图

中的两圆的交集表示。

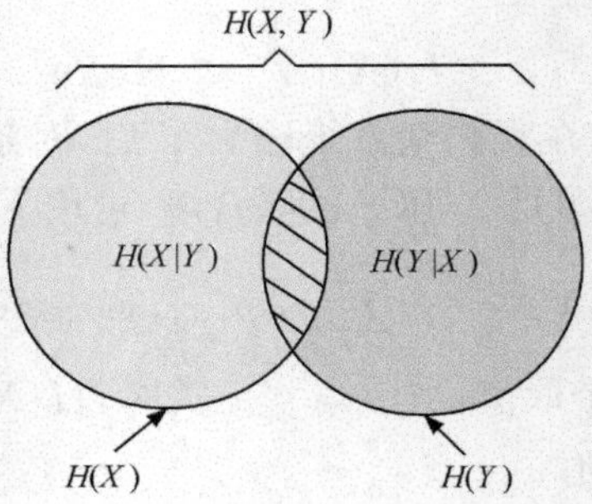

图 C-1 互信息 $M(X;Y)$和熵 $H(X)$及熵 $H(Y)$的关系

对于连续随机变量的互信息，给定一对连续的随机变量 X 和 Y，类似式(C-8)，定义随机变量 X 和 Y 的互信息为

$$I(X;Y)=\int_{-\infty}^{\infty}\int_{-\infty}^{\infty}f_{X,Y}(x,y)\lg\left(\frac{f_X(x\mid y)}{f_X(x)}\right)\mathrm{d}x\mathrm{d}y \tag{C-15}$$

其中 $f_{X,Y}(x,y)$ 是 X 和 Y 联合概率密度函数，$f_X(x\mid y)$ 是当 $Y=y$ 时 X 的条件概率密度函数，且

$$f_{X,Y}(x,y)=f_X(x\mid y)f_Y(y) \tag{C-16}$$

在式(C-15)中给出的互信息适用于随机变量 X 和 Y。

参 考 文 献

[1] 叶健，葛临东，吴月娴．一种优化的 RBF 神经网络在调制识别中的应用．自动化学报，2007，33(6)：652-654.

[2] Peng H, Wu J, Inoussa G, et al. Nonlinear system modeling and predictive control using the RBF nets-based quasi-linear ARX model. Control Engineering Practice, 2009, 17 (1): 59-66.

[3] Beyhan S, Aici M. Stable modeling based control methods using a new RBF network. ISA Transactions, 2010, 49(4): 510-518.

[4] Platt J. A resource-allocating network for function interpolation. Neural Computation, 1991, 3 (2): 213-225.

[5] Yingwei L, Sundararajan N, Saratchandran P. A sequential learning scheme for function approximation using minimal radial basis function (RBF) neural networks. Neural Computation, 1997, 9(2): 461-478.

[6] Panchapakesan C, Palaniswami M, Ralph D, et al. Effects of moving the centers in an RBF network. IEEE Transaction on Neural Networks, 2002, 13(6): 1299-1307.

[7] Gonzalez J, Rojas I, Ortega J, et al. Multi-objective evolutionary optimization of the size, shape, and position parameters of radial basis function networks for function approximation. IEEE Transaction on Neural Networks, 2003, 14(6): 1478-1495.

[8] Feng H M. Self-generation RBFNs using evolutional PSO learning. Neurocomputing, 2006, 70(1-3): 241-251.

[9] Lian J M, Lee Y G, Scott D S, et al. Self-organizing radial basis function network for real-time approximation of continuous-time dynamical systems. IEEE Transaction on Neural Networks, 2008, 19 (3): 460-474.

[10] Venkatesh Y V, Kumar Raja S, Ramya N. Multiple contour extraction from graylevel images using an artificial neural network. IEEE Transactions on Image Processing, 2006, 15(4): 892-899.

[11] Huang G B, Saratchandran P, Sundararajan N. A generalized growing and pruning RBF (GGAP-RBF) neural net-work for function approximation. IEEE Transactions on Neural Networks, 2005, 16 (1): 57-67.

[12] Huang D S, Du J X. A constructive hybrid structure optimization methodology for radial basis probabilistic neural networks. IEEE Transactions on Neural Networks, 2008, 19(12): 2099-2115.

[13] Narasimha P L, Delashmit W H, Manry M T, et al. An integrated growing-pruning method for feedforward network training. Neurocomputing, 2008, 71(13-15): 2831-2847.

[14] Chen S, Hong X, Luk B L, et al. Construction of tunable radial basis function networks using orthogonal forward selection. IEEE Transactions on Systems, Man, and Cybernetics, Part B: Cybernetics, 2009, 39(2): 457-466.

[15] Hsu C F. Adaptive growing-and-pruning neural network control for a linear piezoelectric ceramic motor. Engineering Applications of Artificial Intelligence, 2008, 21(8): 1153-1163.

[16] Trenn S. Multilayer perceptrons: approximation order and necessary number of hidden units. IEEE Transactions on Neural Networks, 2008, 19(5): 836-844.

[17] Huang G B, Saratchandran P, Sundararajan N. An efficient sequential learning algorithm for growing and pruning RBF (GAP-RBF) networks. IEEE Transactions on Systems, Man, and Cybernetics—Part B: Cybernetics, 2004, 34(6): 2284-2292.

[18] Ma L, Khorasani K. New training strategies for constructive neural networks with application to regression problems. Neural Networks, 2004, 17(4): 589-609.

[19] Islam M M, Murase K. A new algorithm to design compact two hidden-layer artificial neural networks. Neural Networks, 2001, 14(9):1265-1278.

[20] García-Pedrajas N, Ortiz-Boyer D. A cooperative constructive method for neural networks for pattern recognition. Pattern Recognition, 2007, 40(1): 80-98.

[21] Li K, Peng J X, Bai E W. A two-stage algorithm for identification of nonlinear dynamic systems. Automatica, 2006, 42(7):1189-1197.

[22] Pei J S, Mai E C. Constructing multilayer feedforward neural networks to approximate nonlinear functions in engineering mechanics applications. Journal of Applied Mechanics, 2008, 75(6): 061002.

[23] Almeida L M, Ludermir T B. A multi-objective memetic and hybrid methodology for optimizing the parameters and performance of artificial neural networks. Neurocomputing, 2010, 73(7-9): 1438-1450.

[24] Romero E, Alquézar R. Heuristics for the selection of weights in sequential feed-forward neural networks: an experimental study. Neurocomputing, 2007, 70(16-18): 2735-2743.

[25] Pedzisz M, Mandic D P. A homomorphic neural network for modeling and prediction. Neural Computation, 2008, 20(4): 1042-1064.

[26] Scaglione A, Foffani G, Scannella G, et al. Mutual information expansion for studying the role of correlations in population codes: how important are autocorrelations. Neural Computation, 2008, 20(11): 2662-2695.

[27] Ince R A A, Senatore R, Arabzadeh E, et al. Information-theoretic methods for studying population codes. Neural Networks, 2010, 23(6): 713-727.

[28] Tang A, Jackson D, Hobbs J, et al. A maximum entropy model applied to spatial and temporal correlations from cortical networks in vitro. Journal of Neuroscience, 2008, 28 (2): 505-518.

[29] Pillow J W, Shlens J, Paninski L, et al. Spatio- temporal correlations and visual signalling in a complete neuronal population. Nature, 2008, 454: 995-999.

[30] Martino G, Franklin R J M, Evercooren A B V, et al. Stem cell transplantation in multiple sclerosis: current status and future prospects. Nature Reviews Neurology, 2010, 6(4): 247-255.

[31] Gilbert P M, Havenstrite K L, Magnusson K E G, et al. Substrate elasticity regulates skeletal muscle stem cell self-renewal in culture. Science, 2010, 329(5995): 1078-1081.

[32] Sharpless N E, DePinho R A. How stem cells age and why this makes us grow old. Nature Reviews Molecular Cell Biology, 2007, 8(9): 703-713.

[33] Krivov S, Ulanowicz R E, Dahiya A. Quantitative measures of organization for multiagent systems. Biosystems, 2003, 69(1): 39-54.

[34] Han H G, Chen Q L, Qiao J F. Research on an on-line self-organizing radial basis function neural network. Neural Computing & Applications, 2010, 19(5): 667-676.

[35] Juang C F, Lin C T. An on-line self-constructing neural fuzzy inference network and its applications. IEEE Transaction on Fuzzy Systems, 1998, 6(1): 12-32.

[36] Takagi T, Sugeno M. Fuzzy identification of systems and its applications to modeling and control. IEEE Transaction on Systems Man Cybernetics, 1985, SMC-15(1): 116-132.

[37] Wu S Q, Er M J, Gao Y. A fast approach for automatic generation of fuzzy rules by generalized dynamic fuzzy neural networks. IEEE Transaction on Fuzzy Systems, 2001, 9(4): 578-594.

[38] Wang N, Er M J, Meng X Y. A fast and accurate online self-organizing scheme for parsimonious fuzzy neural networks. Neurocomputing, 2009, 72(16-18): 3818-3829.

[39] Rubio J D J. Sofmls: online self-organizing fuzzy modified least-squares network. IEEE Transaction on Fuzzy Systems, 2009, 17(6): 1296-1309.

[40] Shi Y, Eberhart R, Chen Y. Implementation of evolutionary fuzzy systems. IEEE Transaction on Fuzzy Systems, 1999, 7(1): 109-119.

[41] Leng G, McGinnity T M, Prasad G. Design for self-organizing fuzzy neural networks based on genetic algorithms. IEEE Transaction on Fuzzy Systems, 2006, 14(6): 755-761.

[42] Alcalá-Fdez J, Alcalá R, Gacto M J, et al. Learning the membership function contexts for mining fuzzy association rules by using genetic algorithms. Fuzzy Sets and Systems, 2009, 160(7): 905-921.

[43] Suykens J A K, Vandewalle J. Least squares support vector machine classifiers. Neural Processing Letters, 1999, 9(3): 293-300.

[44] Juang C F, Chiu S H, Chang S W. A self-organizing TS-Type fuzzy network with support vector learning and its application to classification problems. IEEE Transaction on Fuzzy Systems, 2007, 15 (5): 998-1008.

[45] Chiang J H, Hao P Y. Support vector learning mechanism for fuzzy rule-based modeling: A new approach. IEEE Transaction on Fuzzy Systems, 2004, 12(1): 1-12.

[46] Juang C F, Shiu S J. Using self-organizing fuzzy network with support vector learning for face detection in color images. Neurocomputing, 2008, 71(16-18): 3409- 3420.

[47] Lin C T, Yeh C M, Liang S F, et al. Support-vector-based fuzzy neural network for pattern classification. IEEE Transaction on Fuzzy Systems, 2006, 14(1): 31-41.

[48] Kasabov N K, Song Q. Denfis: dynamic evolving neural-fuzzy inference system and its application for time-series prediction. IEEE Transaction on Fuzzy Systems, 2002, 10(2): 144-154.

[49] Leng G, McGinnity T, Prasad G. An approach for on-line extraction of fuzzy rules using a self-organizing fuzzy neural network. Fuzzy Sets and Systems, 2005, 150(2): 211-243.

[50] Rong N S H J, Huang G B, Saratchandran P. Sequential adaptive fuzzy inference system (SAFIS) for nonlinear system identification and prediction. Fuzzy Sets and Systems, 2006, 157(9): 1260-1275.

[51] 乔俊飞,韩红桂. RBF 神经网络的结构动态优化设计. 自动化学报, 2010, 36(6): 865-872.

[52] Rumelhart D E, Hinton G E, Willams R J. Learning Representation by BP Error. Nature, 1986, 7: 149-154.

[53] Lee C Y, Lin C J, Chen H J. A self-constructing fuzzy CMAC model and its applications. Information Sciences, 2007, 177(1): 264-280.

[54] Shannon M A, Bohn P W, Elimelech M, et al. Science and technology for water purification in the coming decades. Nature, 2008, 452: 301-310.

[55] Grimm N B, Faeth S H, Golubiewski N E, et al. Global change and the ecology of cities. Science, 2008, 319(5864): 756-760.

[56] Houweling D, Kharoune L, Escalas A, et al. Dynamic modelling of nitrification in an aerated facultative lagoon. Water Research, 2008, 42(1-2): 424-432.

[57] Machado V C, Tapia G, Gabriel D, et al. Systematic identifiability study based on the Fisher Information Matrix for reducing the number of parameters calibration of an activated sludge model. Environmental Modelling & Software, 2009, 24(11): 1274-1284.

[58] Freni G, Mannina G, Viviani G. Urban water quality modelling: a parsimonious holistic approach for a complex real case study. Water Science & Technology, 2010, 61(2): 521-536.

[59] Fenu A, Guglielmi G, Jimenez J, et al. Activated sludge model (ASM) based modelling of membrane bioreactor (MBR) processes: a critical review with special regard to MBR specificities. Water Research, 2010, 44(15): 4272-4294.

[60] Jiang T, Sin G, Spanjers H, et al. Comparison of the modeling approach between membrane bioreactor and conventional activated sludge processes. Water Environment Research, 2009, 81(4): 432-440.

[61] Hussain A, Al-Rawajfeh A E, Alsaraierh H. Membrane bio reactors (MBR) in waste water treatment: a review of the recent patents. Recent Patents on Biotechnology, 2010, 4(1): 65-80.

[62] Rivett M O, Buss S R, Morgan P, et al. Nitrate attenuation in groundwater: a review of biogeochemical controlling processes. Water Research, 2008, 42(16): 4215-4232.

[63] Vazquez-Padin J R, Mosquera-Corral A, Campos J L, et al. Modelling aerobic granular SBR at variable COD/N ratios including accurate description of total solids concentration. Biochemical Engineering Journal, 2010, 49(2): 173-184.

[64] Marsili-Libelli S. Modelling and automation of water and wastewater treatment processes. Environmental Modelling & Software, 2010, 25(5): 613-615.

[65] Gujer W, Henze M, Mino T, et al. The activated sludge model no. 2: biological phosphorus removal. Water Science & Technology, 1995, 31(2): 1-11.

[66] Gujer W, Henze M, Mino T, et al. Activated sludge model No. 3. Water Science & Technology, 1999,

39(1):183-193.

[67] Stare A, Vrecko D, Hvala N, et al. Comparison of control strategies for nitrogen removal in an activated sludge process in terms of operating costs: a simulation study. Water Research, 2007, 41(9): 2004-2014.

[68] Iacopozzi I, Innocenti V, Marsili-Libelli S, et al. A modified activated sludge model No. 3 (ASM3) with two-step nitrification-denitrification. Environmental Modelling & Software, 2007, 22(6): 847-861.

[69] Nopens I, Batstone D J, Copp J B, et al. An ASM/ADM model interface for dynamic plant-wide simulation. Water Research, 2009, 43(7): 1913-1923.

[70] Liwarska-Bizukojc E, Biernacki R. Identification of the most sensitive parameters in the activated sludge model implemented in BioWin software. Bioresource Technology, 2010, 101(19): 7278-7285.

[71] Kim H, Noh S, Colosimo M. Modeling a bench-scale alternating aerobic/anoxic activated sludge system for nitrogen removal using a modified ASM1. Journal of Environmental Science and Health. Part A, Toxic/Hazardous Substances & Environmental Engineering, 2009, 44(8): 744-751.

[72] Kim Y S, Kim M H, Yoo C K. A new statistical framework for parameter subset selection and optimal parameter estimation in the activated sludge model. Journal of Hazardous Materials, 2010, 183(1-3): 441-447.

[73] Nelson M I, Sidhu H S. Analysis of the activated sludge model (number 1). Applied Mathematics Letters, 2009, 22(5): 629-635.

[74] Jeppsson U, Rosen C, Alex J, et al. Towards a benchmark simulation model for plant-wide control strategy performance evaluation of WWTPs. Water Science & Technology, 2006, 53(1): 287-295.

[75] Jeppsson U, Pons M N. The COST benchmark simulation model—current state and future perspective. Control Engineering Practice, 2004, 12(3): 299-304.

[76] Ayesa E, Sota A D, Grau P, et al. Supervisory control strategies for the new WWTP of Galindo-Bilbao: the long run from the conceptual design to the full-scale experimental validation. Water Science and Technology, 2006, 53(4-5): 193-201.

[77] Holenda B, Domokos E, Redey A, et al. Dissolved oxygen control of the activated sludge wastewater treatment process using model predictive control. Computers and Chemical Engineering, 2008, 32(6): 1270-1278.

[78] Wahaba N A, Katebia R, Balderud J. Multivariable PID control design for activated sludge process with nitrification and denitrification. Biochemical Engineering Journal, 2009, 45(3): 239-248.

[79] Shannon C E. Prediction and entropy of printed English, The Bell System Technical Journal, 1951, 30: 50-64.

[80] Göran L. Entropy, information and quantum measurements. Communications in Mathematical Physics, 1973, 33(4): 305-322.

[81] Chatzisavvas K C, Moustakidis C C, Panos C P. Information entropy, information distances, and complexity in atoms. Journal of Chemical Physics, 2005, 123(17): 111-174.

[82] Werner E. Entropy and information in processes of self-organization: uncertainty and predictability. Physica A: Statistical Mechanics and its Applications, 1993, 194(1-4): 563-575.

[83] Machta J. Entropy, information, and computation. American Journal of Physics, 1999, 67(12): 1074-1077.

[84] Schürmann T. Bias analysis in entropy estimation. Journal of Physics A Mathematical and General, 2004, 37(27): 295-301.

[85] Jacob D B. How does the entropy/information bound work. Physics and Astronomy, 2005, 35(11): 1805-1823.

[86] Strong S P, Roland K, Rob R, et al. Entropy and information in neural spike trains. Physical Review Letters, 1998, 80(1): 197-200.

[87] Fraser A M. Information and entropy in strange attractors. IEEE Transactions on Information Theory, 1989, 35(2): 245-262.

[88] Yang H H, Amari S. Adaptive online learning algorithms for blind separation: maximum entropy and minimum mutual information. Neural Computation, 1997, 9(7): 1457-1482.

[89] Liam P. Estimation of entropy and mutual information. Neural Computation, 2003, 15(6): 1191-1253.

[90] Han H G, Chen Q L, Qiao J F. An efficient self-organizing RBF neural network for water quality predicting. Neural Networks, 2011. 24(7): 717-725.

[91] Vedral V. The role of relative entropy in quantum information theory. Reviews of Modern Physics, 2002, 74(1): 197-234.

第 10 章　自组织模糊神经网络

10.1 引　言

模糊神经网络将模糊推理与神经网络相结合[1~8]，通过神经网络来实现模糊逻辑，同时利用神经网络的自学习能力，可动态调整隶属函数，在线优化规则，所以模糊神经网络具有较好的性能。然而，在利用模糊神经网络时，由于模糊神经网络规则需要预先确定，即使是同行专家也很难预先给出适合于研究对象的模糊规则数。因此，模糊神经网络的运行经常处于不饱和状态。

由于模糊神经网络融合了神经网络和模糊算法的优点[9]，近年来，基于神经网络结构设计对模糊神经网络结构的研究也变得越来越繁荣。早在 2001 年 Wu 和 Er 基于文献[10]的研究成果，提出一种在线自组织结构动态模糊神经网络(DFNN)[11,12]。DFNN 算法中隐含层神经元代表 Takagi-Sugeno-Kang (TSK)规则[13]，这些规则能够通过调整网络结构得到相应的调整。然而，在 DFNN 的结构调整过程中隶属函数(MF)的中心值和宽度值不能在线调整，因此，在处理输入变量运行区间较大的问题时，DFNN 信息处理效果较差。为了提高 DFNN 的性能，Wu 等又提出一种改进型自组织结构动态模糊神经网络(GDFNN)[14]。GDFNN 通过引入 RBF 神经元，在线修改 MF 的中心值，而且对模糊神经元的宽度值则选择较为合适数值以提高最终网络的性能。但是，GDFNN 对网络结构的调整和参数的训练必须基于全体样本的特征，这一限制条件使得 GDFNN 较适合于离线训练。为了提高模糊神经网络的学习速度和在线训练的能力，Wang 等提出一种快速精确在线自组织模糊神经网络(FAOS-PFNN)[15]，FAOS-PFNN 初始隐含层没有神经元，在学习过程中根据增长法则不断增加隐含层神经元，但是，FAOS-PFNN 整体算法学习速度并不快，而且最终网络的收敛性并没有提及。近几年，Rubio 等提出一种在线自组织改进型模糊最小二乘算法(SOFMLS)[16]，SOFMLS 能够从大量的输入数据中提炼出合适的模糊规则，通过判断新数据与模糊规则之间的欧式距离决定增加和删减模糊规则。但是，SOFMLS 的结构调整只是依靠新数据而过度遗忘历史数据，使得网络结构改变比较剧烈，并且由于每层结构调整阶段只能增加或删减一个隐含层神经元，结构调整过程较慢，滞后于实际研究对象。

遗传算法作为一种有效的全局寻优的方法也经常被用于模糊神经网络的结构调整[17~19]，文献[17]提出一种基于遗传算法的模糊规则优化方法，通过对现有推理的分析，利用遗传算法对规则数、规则的隶属函数宽度等参数进行处理。Leng 等提出一种新颖混杂自组织模糊神经网络(SOFNNGA)[18]，SOFNNGA 不依赖于现有推理，使用范围更广泛。但是，和以上基于遗传算法的前馈神经网络结构调整类似，遗传算法由于是一种全局优化算法，基于遗传算法的模糊神经网络的结构优化设计方法的运算时间是其最突出的问题[17~19]。

近年来，基于支持向量机(SVM)[20]的自组织模糊神经网络也吸引了众多的目光[21~24]，在文献[21]和[23]中，利用 SVM 自动产生模糊规则，模糊规则数和支持向量的个数相同。Lin 等提出一种支持向量模糊神经网络(SVFNN)[24]，SVFNN 初始结构中模糊规则和支持向量个数相同，通过分析支持向量的相关性，确定模糊神经网络的结构。然而，基于 SVM 的自组织模糊神经网络最大缺陷就是存在所谓的“死点问题”[22]。

其他还有一些自组织模糊神经网络结构设计[25~27]，虽然自组织模糊神经网络的研究取得了一些令人鼓舞的成绩，但是，模糊神经网络结构优化设计研究依然存在一些问题需要解决[28,29]。

(1) 现有自组织模糊神经网络基本都需要对网络进行预处理，当模糊神经网络误差达到一个较小值或出现“过拟合”现象时才对网络结构进行调整，而不是在模糊神经网络训练初始阶段就进行。

(2) 增长和修剪调整机制的判据是基于当前网络性能，如果增长和修剪过程不是训练过程每步都进行，则判据显得不太客观；然而，如果训练过程每步都进行结构调整，又引入复杂的运算过程和剧烈的网络结构调整。因此，结构增长和删减机制仍需进一步研究。

(3) 自组织模糊神经网络的收敛性极少讨论，在结构调整过程中和结构调整后没有考虑由于结构调整对模糊神经网络学习的影响。

鉴于此，本章提出了一种自组织模糊神经网络。利用神经网络敏感度分析规则化层神经元的输出加权值对网络输出的影响，进而分析模糊化层神经元数，利用改进型递归最小二乘参数修正算法保证了最终模糊神经网络的精度，实现了自组织模糊神经网络的结构和参数自校正，并给出了自组织模糊神经网络的收敛性证明。利用自组织模糊神经网络对非线性系统建模、Mackey-Glass 混沌系统预测、污水处理过程关键水质参数预测以及污水处理 DO 控制，结果证明了自组织模糊神经网络具有良好的自适应能力和逼近能力。最后，给出了自组织模糊神经网络的小结。

10.2　模糊神经网络

模糊神经网络是按照模糊逻辑系统的运算步骤分层构造，典型的模糊神经网络结构是被称为模糊多层感知器的模糊神经网络结构，其结构如图 10-1 所示。模糊神经网络是根据模糊系统的结构，决定等价的神经网络，使神经网络的每个层、每个节点对应模糊系统的一部分。因此，神经网络在这里不同于常规网络的黑箱型，它的所有参数都具有了物理意义。模糊神经网络利用神经网络学习算法进行参数学习，它不改变模糊逻辑系统的基本功能，如模糊化、模糊推理和解模糊化等。由于模糊逻辑系统可和多种神经网络相结合生成模糊神经网络，所以模糊神经网络的结构和学习算法也较多。

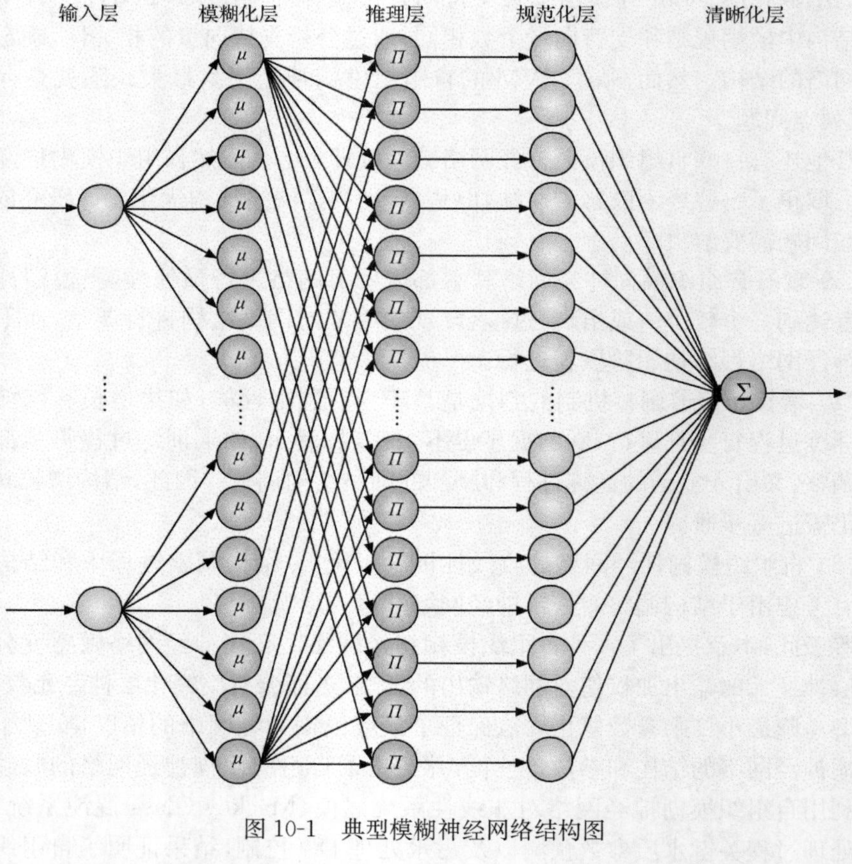

图 10-1 典型模糊神经网络结构图

模糊神经元是模糊神经网络的基本处理单元，具有模糊信息处理能力，其结构由输入、加权求和，以及经历一个激励传递函数之后的输出组成。模糊神经网络是一个利用学习算法来训练的模糊逻辑网络，学习算法由神经网络导出，学习过程不仅可以基于知识，而且可以基于数据。模糊神经网络不但可以用训练数据来构造模糊规则，也可以利用先验知识来初始化模糊规则。

由于如图 10-1 所示的模糊神经结构存在着明显的缺陷[30~34]：一是模糊化层

神经元数目需要根据经验事先给定，网络结构在学习过程中保持不变，容易造成模糊规则的欠缺或冗余，使得模糊神经网络性能大大降低；二是对于复杂系统，随着输入变量数目的增加，模糊规则数目成指数级增长，从而带来维数灾难，极大地浪费了计算时间和存储空间。

因此，书中讨论的模糊神经网络初始结构如图 10-2 所示。

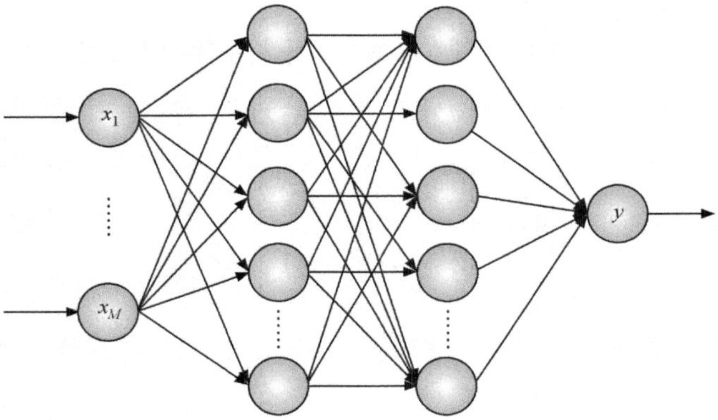

图 10-2　模糊神经网络初始结构图

模糊神经网络主要由输入层、RBF 层、规则化层以及输出层组成，较之模糊多层感知器的模糊神经网络结构少一层。

以下给出模糊神经网络每层的功能。

输入层：该层有 M 个神经元：

$$u_i = x_i \quad (i = 1, 2, \cdots, M) \tag{10-1}$$

其中，u_i 是第 i 个神经元的输出，并且输入变量为 $\boldsymbol{x}=(x_1, x_2, \cdots, x_M)$，由第一层到第二层的连接权值为 1。

RBF 层：该层的功能是对输入量进行模糊化，由于人的思维对事物判断沿正态分布的特点，因此，选取 RBF 神经元作为隶属函数进行模糊化。每个 RBF 神经元由中心值和宽度组成，其中心值的维数和输入变量相同。

图 10-3 给出了第 j 个 RBF 神经元的内部结构，其输入为 $\boldsymbol{U}=(u_1, u_2, \cdots, u_M)$，并且其中心值和宽度为 $\boldsymbol{c}_j=(c_{1j}, c_{2j}, \cdots, c_{Mj})$ 和 $\boldsymbol{\sigma}_j=(\sigma_{1j}, \sigma_{2j}, \cdots, \sigma_{Mj})$。

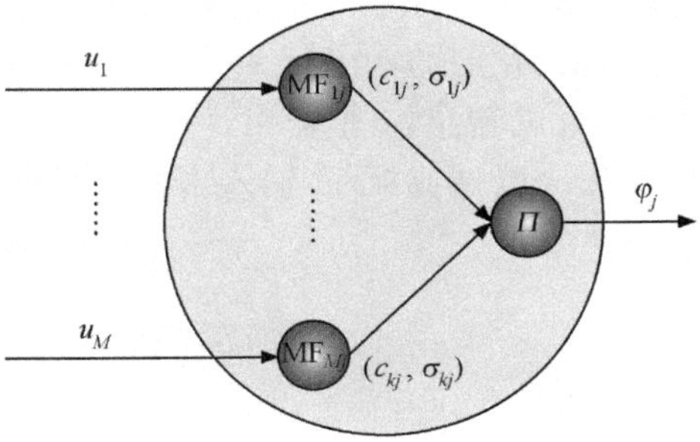

图 10-3　第 j 个 RBF 神经元结构

每个 RBF 神经元代表模糊规则中的 if 部分，模糊规则选取正态分布的特点函数，该层的输出为

$$\varphi_j = \prod_{i=1}^{M} \mathrm{e}^{-\frac{(x_i-c_{ij})^2}{2\sigma_{ij}^2}} = \mathrm{e}^{-\sum_{i=1}^{M}\frac{(x_i-c_{ij})^2}{2\sigma_{ij}^2}} \tag{10-2}$$

$$i = 1,2,\cdots,M; j = 1,2,\cdots,P$$

其中，φ_j 是第 j 个神经元的输出，c_{ij} 是神经元 j 的中心值，σ_{ij} 是神经元 j 的隶属函数宽度，P 是该层中神经元数目。

规则化层：该层有 P 个神经元(神经元个数与 RBF 层相同)。

$$v_l = \frac{\varphi_l}{\sum_{j=1}^{P}\varphi_j} = \frac{\mathrm{e}^{-\sum_{i=1}^{k}\frac{(x_i-c_{il})^2}{2\sigma_{il}^2}}}{\sum_{j=1}^{P}\mathrm{e}^{-\sum_{i=1}^{k}\frac{(x_i-c_{ij})^2}{2\sigma_{ij}^2}}} \tag{10-3}$$

$$j = 1,2,\cdots,P; l = 1,2,\cdots,P$$

其中，v_l是第 l 个神经元的输出。

输出层：本层的作用是实现解模糊，书中采用重心法来进行清晰化：

$$I_l = w_l v_l = \frac{w_l \mathrm{e}^{-\sum_{i=1}^{M}\frac{(x_i-c_{il})^2}{2\sigma_{il}^2}}}{\sum_{j=1}^{P}\mathrm{e}^{-\sum_{i=1}^{M}\frac{(x_i-c_{ij})^2}{2\sigma_{ij}^2}}}$$

$$\begin{aligned} y &= \sum_{l=1}^{P} w_l v_l \\ &= \frac{\sum_{l=1}^{P} w_l \mathrm{e}^{-\sum_{i=1}^{M}\frac{(x_i-c_{il})^2}{2\sigma_{il}^2}}}{\sum_{j=1}^{P}\mathrm{e}^{-\sum_{i=1}^{M}\frac{(x_i-c_{ij})^2}{2\sigma_{ij}^2}}} \end{aligned} \tag{10-4}$$

$$j = 1,2,\cdots,P; l = 1,2,\cdots,P,$$

其中，$\boldsymbol{w} = (w_1, w_2, \cdots, w_P)$是规则化层与输出层之间的连接权值，$\boldsymbol{v} = (v_1, v_2, \cdots, v_P)^{\mathrm{T}}$是规则化层的输出，$\boldsymbol{I} = (I_1, I_2, \cdots, I_P)^{\mathrm{T}}$输出层的输入，$I_l$是来自规则化层的第 l 个神经元的输出，y 是输出。

不失一般性，对于多输入多输出模糊神经网络，其输出可以表示为

$$\boldsymbol{y} = \boldsymbol{W}\boldsymbol{v} \tag{10-5}$$

其中

$$\boldsymbol{y} = (y_1, y_2, \cdots, y_Q)^{\mathrm{T}}$$

$$W = \begin{pmatrix} \boldsymbol{w}^1 \\ \boldsymbol{w}^2 \\ \vdots \\ \boldsymbol{w}^Q \end{pmatrix} \tag{10-6}$$

其中，y_q 为输出层第 q 个神经元的输出，$\boldsymbol{W}$ 为权值矩阵，$\boldsymbol{w}^q=(w_1^q, w_2^q, \cdots, w_P^q)$ $(q=1,2,\cdots,Q)$ 是输出层第 q 个神经元与规则化层神经元之间的连接权值，Q 是输出层神经元数，$\boldsymbol{v}$ 是规则化层神经元的输出向量。

模糊神经网络的研究主要包括两个方面：模糊神经网络结构的研究和模糊神经网络算法的研究；对于以上两个方面的研究目前还存在以下问题[35～43]。

(1) 利用模糊神经网络时，由于模糊神经网络规则需要预先确定，即使是同行专家也很难预先给出适合于研究对象的模糊规则数，模糊神经网络的运行经常处于不饱和状态。因此，模糊神经网络结构优化设计研究非常必要，如何获取一种在线自组织模糊神经网络是提高模糊神经网络性能的客观需要。

(2) 典型的模糊神经网络一般采取梯度下降的参数学习算法，研究表明，梯度下降算法在学习率较小时能够保证最终网络的收敛，但是学习率过小时模糊神经网络的训练速度很慢。为了提高训练速度，有时将学习率变大，较大的学习率虽然有较快的训练速度，但是由于学习率较大，模糊神经网络输出误差会出现明显的震荡现象，有时甚至导致最终算法不收敛。因此，参数学习算法是模糊神经网络研究的另一个关键问题。

10.3　自组织模糊神经网络分析

10.3.1　模糊神经网络结构优化

自组织模糊神经网络结构优化设计基于神经网络输出敏感度分析，将模糊神经网络结构分解为两个部分：第一部分是输入层、RBF 层和规则化层连接，第二部分是规则化层与输出层连接，分解图如 10-4 所示：

对模糊神经网络进行敏感度分析，其主要研究对象是分解图中的第二部分，对第二部分进行敏感度分析：

$$S_h^q = \frac{\mathrm{Var}_{I_h^q}[E(Y^q \mid I_h^q)]}{\mathrm{Var}(Y^q)} \tag{10-7}$$

$$h = 1,2,\cdots,P; q = 1,2,\cdots,Q$$

其中模糊神经网络输出层的输入 I_h^q 作为敏感度分析中的输入变量，$E(Y^q \mid I_h^q)$ 是当输入量等于 I_h^q 时对输出 Y^q 的期望，其他变量与式(8-20)的定义相同。模糊神经网络的敏感度分析主要针对规则化层神经元，对于规则化层中的神经元 h 其敏感度计算公式为

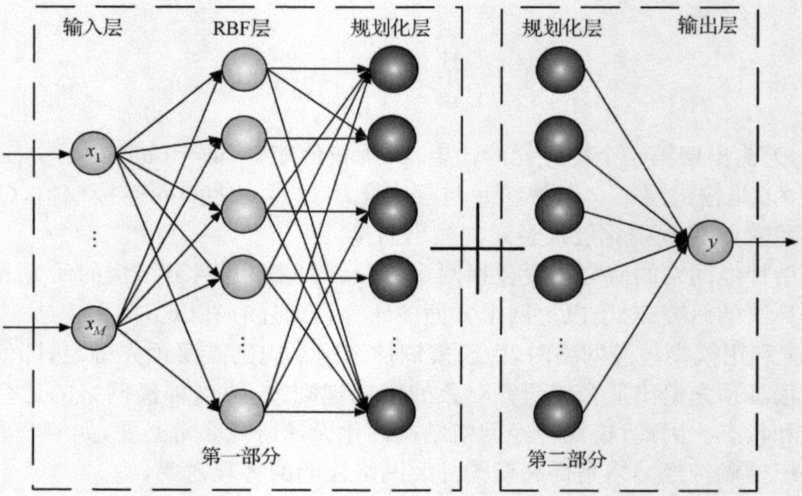

图 10-4　模糊神经网络结构分解图

$$\mathrm{ST}_h = \frac{\sum_{q=1}^{Q} \mathrm{ST}_h^q}{\sum_{q=1}^{Q}\sum_{h=1}^{P} \mathrm{ST}_h^q} = \frac{\sum_{q=1}^{Q} \mathrm{ST}_h^q}{Q} \tag{10-8}$$

其中 ST_h 为规则化层第 h 神经元的敏感度值，Q 为输出层神经元数，P 为规则化层神经元数。

模糊神经网络的结构可以根据敏感度分析结果实现在线优化设计，其主要思想为：利用神经网络输出敏感度分析确定规则化层神经元的敏感度值，增加或修建规则化层神经元，并根据规则化层与 RBF 层神经元的关系，进一步调整 RBF 层神经元数，达到神经网络结构自调整的目的，同时，利用改进型递归最小二乘算法对其模糊神经网络连接权值进行修改，利用梯度下降算法对 RBF 神经元的中心值和方差进行修改。RBF 层第 $i(i=1,2,\cdots,P)$ 个神经元的中心值和方差修改公式为[44]

$$\begin{aligned} \mu_i(t+1) &= \mu_i(t) - \eta_1 \cdot \mathrm{ST}_i(t) \cdot \frac{\partial E(t)}{\partial \mu_i(t)} \\ \sigma_i(t+1) &= \sigma_i(t) - \eta_2 \cdot \mathrm{ST}_i(t) \cdot \frac{\partial E(t)}{\partial \sigma_i(t)} \end{aligned} \tag{10-9}$$

其中

$$E(t) = \sqrt{\frac{1}{N}\sum_{t=1}^{N}\sum_{q=1}^{Q} \left(y_q(t) - y_{dq}(t)\right)^2} \tag{10-10}$$

$E(t)$是模糊神经网络的均方根误差，ST_i 为规则化层第 i 神经元的敏感度值，$0 < \eta_1 < 1, 0 < \eta_2 < 1$ 为参数学习步长，$y_q(t)$和 $y_{dq}(t)$分别为输出层第 q 个神经元的

实际输出与期望输出。

模糊神经网络结构调整过程如下：

1. 增长过程

当第一个样本($\boldsymbol{x}(1)$, $\boldsymbol{y}_d(1)$)进入网络进行训练，$\boldsymbol{x}(1)$第一个样本的输入值，$\boldsymbol{y}_d(1)$是期望值，并且($\boldsymbol{y}_d(1)=(y_{d1}(1), y_{d2}(1), \cdots, y_{dQ}(1))$)，则网络第一个神经元设定为

$$\begin{aligned} \boldsymbol{c}_1 &= \boldsymbol{x}(1) \\ \boldsymbol{\sigma}_1 &= (\sigma_0, \sigma_0, \cdots, \sigma_0)^{\mathrm{T}} \end{aligned} \tag{10-11}$$

其中 $\boldsymbol{c}_1$ 是神经元中心值，其维数是 $M\times 1$，$\boldsymbol{\sigma}_1$ 隶属函数宽度，其维数也是 $M\times 1$，σ_0 是预先定义的隶属函数宽度值。时刻 t 模糊神经网络的输出为 $\boldsymbol{y}(t)$，期望输出是 $\boldsymbol{y}_d(t)$，则模糊神经网络的逼近误差定义为

$$\boldsymbol{\varepsilon}(t) = \boldsymbol{y}^{\mathrm{T}}(t) - \boldsymbol{y}_d(t) \tag{10-12}$$

其中，$\boldsymbol{\varepsilon}(t) = (\varepsilon_1(t), \varepsilon_2(t), \cdots, \varepsilon_Q(t))$，维数是 $1\times Q$。

如果 $E(t)>\zeta(t)$ ($\zeta(t) = t^{-\tilde{n}}$, $0.5<\tilde{n}<0.8$)，说明此时网络的处理能力较弱，规则化层需要增加神经元。假设规则化层现有神经元 P 个，找出贡献值 ST_h 大于 λ_1(λ_1 为设定活跃敏感度阀值)的规则化层神经元进行分裂，调整神经网络结构；新增神经元以及神经元 h 的参数为

$$\begin{aligned} \boldsymbol{c}_{\text{new}} &= \boldsymbol{c}_{P+1} = \frac{1}{2}(\boldsymbol{c}_h + \boldsymbol{x}(t)) \\ \boldsymbol{\sigma}_{\text{new}} &= \boldsymbol{\sigma}_{P+1} = \boldsymbol{\sigma}_1 \\ \boldsymbol{w}_{\cdot\text{new}} &= \boldsymbol{w}_{\cdot P+1} = \frac{\boldsymbol{y}_d{}^{\mathrm{T}}(t) - \boldsymbol{y}(t)}{\mathrm{e}^{-\sum\limits_{i=1}^{M}\frac{(x_i(t)-c_{i\text{new}})^2}{2\sigma_{i\text{new}}^2}}} \\ \boldsymbol{c}'_h &= \boldsymbol{c}_h \\ \boldsymbol{w}'_{\cdot h} &= \boldsymbol{w}_{\cdot h} \\ \boldsymbol{\sigma}'_h &= \boldsymbol{\sigma}_h \end{aligned} \tag{10-13}$$

其中，$\boldsymbol{c}_{\text{new}}$新增神经元的中心值，$\boldsymbol{x}(t)$是当前输入样本值，$\boldsymbol{\sigma}_{\text{new}}$ 是新增神经元的隶属函数宽度，$\boldsymbol{w}_{\cdot\text{new}} = (w_{1\text{new}}, w_{2\text{new}}, \cdots, w_{Q\text{new}})^{\mathrm{T}}$ 新增神经元与输出层神经元之间的连接权值；$\boldsymbol{c}_h$ 和 $\boldsymbol{c}'_h$ 分别是神经元 h 结构调整前后的中心值，$\boldsymbol{\sigma}_h$ 和 $\boldsymbol{\sigma}'_h$ 分别是神经元 h 结构调整前后的隶属函数宽度，$\boldsymbol{w}_{\cdot h} = (w_{1h}, w_{2h}, \cdots, w_{Qh})^{\mathrm{T}}$ 和 $\boldsymbol{w}_{\cdot h}$ 分别是神经元 h 结构调整前后与输出层神经元连接权值。

2. 修剪过程

如果贡献值 ST_h小于 λ_2(λ_2 为设定衰减敏感度阀值)，则规则层神经元 h 将被删除，进而调整神经网络结构；假设与神经元 h 欧氏距离最近的神经元为 $h-t$，删除神经元 h，神经元 h 和 $h-t$ 的参数为

$$
\begin{gathered}
\boldsymbol{c}'_{h-t} = \boldsymbol{c}_{h-t} \\
\boldsymbol{\sigma}'_{h-t} = \boldsymbol{\sigma}_{h-t} \\
\boldsymbol{w}'_{\cdot h-t} = \frac{\boldsymbol{w}_{\cdot h-t}\mathrm{e}^{-\sum\limits_{i=1}^{M}\frac{(x_l(t)-c_{h-t,l})^2}{2\sigma_{h-t,l}^2}} + \boldsymbol{w}_{\cdot h}\mathrm{e}^{-\sum\limits_{i=1}^{M}\frac{(x_l(t)-c_{h,l})^2}{2\sigma_{h,l}^2}}}{\mathrm{e}^{-\sum\limits_{i=1}^{M}\frac{(x_l(t)-c_{h-t,l})^2}{2\sigma_{h-t,l}^2}}} \qquad (10\text{-}14) \\
\boldsymbol{c}'_h = \boldsymbol{0} \\
\boldsymbol{\sigma}'_h = \boldsymbol{0} \\
\boldsymbol{w}'_{\cdot h} = \boldsymbol{0}
\end{gathered}
$$

其中，$\boldsymbol{w}_{\cdot h}$和$\boldsymbol{w}'_{\cdot h}$ 分别是神经元h 结构调整前后与输出层神经元连接权值，$h-t$ 是神经元h 欧氏距离最近的神经元，并且 $\mathrm{ST}_{h-t}\geqslant\lambda_2$，$\boldsymbol{w}_{\cdot h-t}$和$\boldsymbol{w}'_{\cdot h-t}$分别是神经元$h-t$ 结构调整前后与输出层神经元之间的连接权值，$\boldsymbol{c}'_h$ 和$\boldsymbol{\sigma}'_h$ 分别是神经元h 结构调整后的中心值和隶属函数宽度，$\boldsymbol{c}_{h-t}$和$\boldsymbol{c}'_{h-t}$ 分别是神经元$h-t$ 结构调整前后的中心值，$\boldsymbol{\sigma}_{h-t}$ 和$\boldsymbol{\sigma}'_{h-t}$ 分别是神经元$h-t$ 结构调整前后的隶属函数宽度，剩余神经元的参数不作修改。

由于规则层神经元结构发生调整，RBF 层神经元相应作出调整，通过规则层神经元调整后假设有 r 个 RBF 神经元有相同的中心值，而有不同的函数宽度 $\boldsymbol{\sigma}_{\gamma 1}$，$\boldsymbol{\sigma}_{\gamma 2}$，…，$\boldsymbol{\sigma}_{\gamma r}$，则对这些神经元进行合并，合并后的神经元参数为

$$
\begin{gathered}
\boldsymbol{c}_{\mathrm{new}} = \boldsymbol{c}_{\gamma} \\
\boldsymbol{\sigma}_{\mathrm{new}} = \frac{\boldsymbol{\sigma}_{\gamma 1} + \boldsymbol{\sigma}_{\gamma 2} + \cdots + \boldsymbol{\sigma}_{\gamma r}}{r} \qquad (10\text{-}15)
\end{gathered}
$$

通过以上结构调整，模糊神经网络 RBF 层和规则层神经元得到调整，从而达到模糊神经网络结构在线自组织的能力。

10.3.2　模糊神经网络自组织设计算法

与传统的模糊神经网络相比，自组织模糊神经网络具有以下特点：① 适用于不易获得模糊神经网络结构的情况，不需要操作人员或领域专家的经验或知识；② 自组织模糊神经网能够根据被研究对象在线调整网络结构，同时能够调整网络参数，使得最终模糊神经网络能够解决所研究的问题；③ 自组织模糊神经网络具有内在的并行处理机制，表现出极强的鲁棒性，尤其适用于非线性、时变、滞后系统的控制；④ 算法简单，执行快，容易实现。

基于以上分析，自组织模糊神经网络算法运行的具体步骤如下（为了便于理解，图 10-5 给出了整个算法的流程图）：

（1）给定一个规则层和 RBF 层神经元为任意自然数的神经网络，进行训练。

（2）找出每一个输出层神经元输入 I_h的最大值 b_h和最小值 a_h，为模糊神经网络规则化层神经元敏感度值计算作准备。

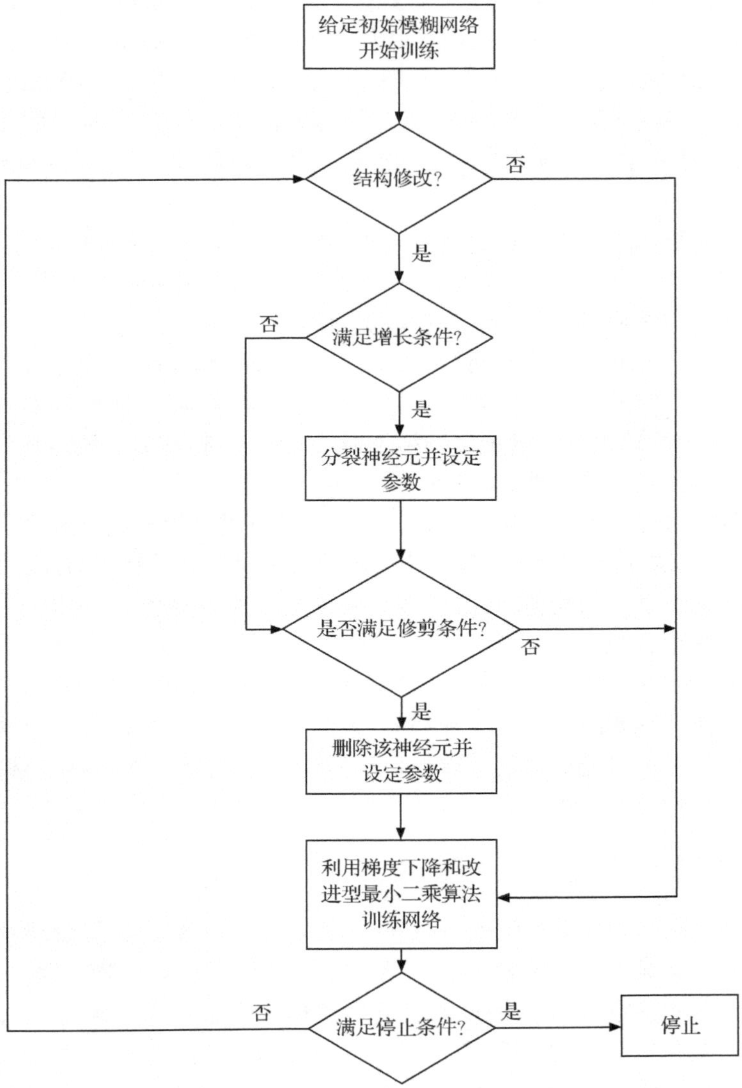

图 10-5　自组织模糊神经网络流程图

(3) 利用式(10-7)和式(10-8)对每一个输出层神经元输入 I_h 进行敏感度分析,计算其对输出的贡献值。

(4) 根据增长判断条件对网络规则层神经元进行分析,如神经元需分裂,调整神经网络结构,利用式(10-13)对新增长神经元进行初始权值、中心值和隶属函数宽度设定,且利用式(10-13)对被分裂神经元权值、中心值和隶属函数宽度进行调整;否则,跳往步骤(5)。

(5) 根据修剪条件对网络隐含层神经元进行分析，删除贡献值小于 λ_2 的规则层神经元，调整神经网络结构，利用式(10-14)对被删除神经元欧氏距离最近的神经元权值、中心值和隶属函数宽度进行调整，并同时对网络 RBF 层神经元进行调整。

(6) 利用梯度下降算法对网络 RBF 神经元的中心值和隶属函数宽度进行修改，利用改进型最小二乘算法对网络的连接权值进行修改，以保证模糊神经网络的最终收敛。

(7) 满足所有停止条件或达到计算步骤时停止计算，否则转向(2)进行重新训练。

对于该自组织模糊神经网络，具有以下优点：

(1) 一般自组织模糊神经网络(文献[12]～[22]和文献[26]、[27])需要在均方根误差达到一定的值时才能够对网络结构进行调整，以保证最终模糊神经元的收敛性，而书中所提出的模糊神经网络不需要对网络进行初始训练，在训练起始阶段就能够对网络结构进行调整。

(2) 书中利用基于傅里叶变换的神经网络敏感度分析方法对规则层神经元进行分析，在 t 时刻对神经网络隐含层神经元的输出权值的贡献值的计算是 t 时刻之前一段时间的贡献值的均值，较之一般结构自组织神经网络 [12～29] 以 t 时刻当前值作为判断依据更客观。

(3) 该自组织模糊神经网络在修建阶段能够对网络的冗余神经元进行删减，而且可以一次调整删减多个冗余神经元，较之一般的自组织模糊神经网络一次调整只能删减一个神经元更加快速有效；另外，该自组织模糊神经网络具备收敛性，下面给出收敛性定量分析。

10.3.3 收敛性分析

模糊神经网络的收敛性证明过程主要分为两部分：结构调整阶段和结构固定阶段。只要能够保证结构调整阶段网络均方根误差不发生发散，在结构固定阶段网络逼近误差能够收敛到 0，则说明最终网络能够保证收敛。该证明方法是解决结构在线动态调整网络收敛性定量分析的一种有效的方法。

1. 结构调整阶段

模糊神经网络结构调整主要由神经元分裂和神经元删除两部分组成，在神经网络调整阶段，尤其是分裂阶段神经元初始参数的设定对网络的训练误差影响较大，为了证明上述神经元初始参数设定的有效性，下面对神经元调整期间神经网络收敛性进行讨论。

假设在 t 时刻规则层和 RBF 层各有 P 个神经元，当前逼近误差为 $\boldsymbol{\varepsilon}(t)$，期望误差为 E_d。

1）结构增长阶段

若在 t 时刻规则层需要增加神经元（规则层神经元增加后变为 $P+1$ 个），则增加神经元后模糊神经网络的输出逼近误差将变为

$$\begin{aligned}\boldsymbol{\varepsilon}'(t) &= \boldsymbol{y}_d(t) - \boldsymbol{y}'^{\mathrm{T}}(t) \\ &= \boldsymbol{y}_d(t) - \boldsymbol{v}^{\mathrm{T}}(t)\boldsymbol{W}'^{\mathrm{T}}(t) \\ &= \boldsymbol{y}_d(t) - \left[\sum_{j=1}^{P}\boldsymbol{w}_{\cdot,j}(t)\cdot v_j(t) + \boldsymbol{w}_{\cdot,P+1}(t)\cdot v_{P+1}(t)\right]^{\mathrm{T}}\end{aligned} \tag{10-16}$$

其中，$\boldsymbol{y}_d(t)$是期望输出，$\boldsymbol{y}(t)$模糊神经网络在规则层有 P 个神经元时的输出，$\boldsymbol{y}'(t)$是在模糊神经网络规则层有 $P+1$ 个神经元时的输出，由式（10-13）给定的参数调整规则可以得到下面等式：

$$\begin{aligned}\boldsymbol{\varepsilon}'(t) &= \boldsymbol{y}_d(t) - \boldsymbol{y}^{\mathrm{T}}(t) - \frac{\boldsymbol{y}_d(t) - \boldsymbol{y}^{\mathrm{T}}(t)}{\mathrm{e}^{-\sum_{i=1}^{M}\frac{(x_i(t)-c_{i\mathrm{new}})^2}{2\sigma_{i\mathrm{new}}^2}}}\cdot v_{P+1}(t) \\ &= \boldsymbol{y}_d(t) - \boldsymbol{y}^{\mathrm{T}}(t) - (\boldsymbol{y}_d(t) - \boldsymbol{y}^{\mathrm{T}}(t)) \\ &= \boldsymbol{\varepsilon}(t) - \boldsymbol{\varepsilon}(t) \\ &= 0\end{aligned} \tag{10-17}$$

所以新增加的神经元并没有对网络输出造成突变，网络输出逼近误差反而得到补偿，把上述新增神经元初始参数设定方法称为误差补偿。因此，自组织模糊神经网络结构增长改善了网络的处理信息能力，从另一个侧面验证了网络结构在线调整的必要性。

2）结构删减阶段

在神经网络神经元删除后，一般神经网络误差会发生抖动，为了避免发生这种情况，书中在神经元删减后对神经网络剩余神经元的参数按照式（10-14）进行设定，若在 t 时刻隐含层需要删减神经元（规则层神经元为 h 需要删减，与其欧氏距离最近的神经元为 $h-t$，删减后网络规则层有 $P-1$ 个神经元），则删减神经元后模糊神经网络的输出逼近误差将变为

$$\begin{aligned}\boldsymbol{\varepsilon}'(t) &= \boldsymbol{y}_d(t) - \boldsymbol{y}'^{\mathrm{T}}(t) \\ &= \boldsymbol{y}_d(t) - \left(\sum_{j=1,j\neq h}^{P}\boldsymbol{w}'_{\cdot,j}(t)v_j(t)\right)^{\mathrm{T}}\end{aligned} \tag{10-18}$$

根据式（10-14）给定的参数调整规则，式（10-18）可变为

$$\begin{aligned}\boldsymbol{\varepsilon}'(t) &= \boldsymbol{y}_d(t) - \sum_{j=1,j\neq h,j\neq h-t}^{P}\boldsymbol{w}'_{\cdot,j}(t)v_j(t) - \boldsymbol{w}'_{\cdot,h-t}(t)v_{h-t}(t) \\ &= \boldsymbol{y}_d(t) - \sum_{j=1,j\neq h,j\neq h-t}^{P}\boldsymbol{w}'_{\cdot,j}(t)v_j(t) \\ &\quad - \frac{\boldsymbol{w}_{\cdot,h-t}\mathrm{e}^{-\sum_{i=1}^{M}\frac{(x_l(t)-c_{h-t,l})^2}{2\sigma_{h-t,l}^2}} + \boldsymbol{w}_{\cdot,h}\mathrm{e}^{-\sum_{i=1}^{M}\frac{(x_l(t)-c_{h,l})^2}{2\sigma_{h,l}^2}}}{\mathrm{e}^{-\sum_{i=1}^{M}\frac{(x_l(t)-c_{h-t,l})^2}{2\sigma_{h-t,l}^2}}}v_{h-t}(t)\end{aligned}$$

$$= \boldsymbol{y}_d(t) - \sum_{j=1}^{P} \boldsymbol{w}_{\cdot,j}(t) v_j(t) \\ = \boldsymbol{\varepsilon}(t) \tag{10-19}$$

通过分析可知，删除神经元也没有对网络输出造成突变，网络输出逼近误差与未删减神经元时相等。结合增长过程与删减过程，模糊神经网络结构调整并没有破坏原来网络的收敛性，有助于网络收敛。

2. 结构固定阶段

结构固定阶段神经元的参数按照梯度下降和改进型最小二乘算法进行调整；在 2.3 节已经证明，基于改进型最小二乘算法的网络参数调整能够最终保证网络的收敛性，这里就不再重复。

综上所述，书中提出的自组织模糊神经网络(GP-FNN)能够保证最终神经网络收敛，为 GP-FNN 的成功应用提供保障。

10.4 自组织模糊神经网络应用

自组织模糊神经网络由于其结构调整和参数学习算法的特殊性，将其应用于非线性系统建模、Mackey-Glass 混沌系统预测、污水处理过程关键水质参数预测以及污水处理溶解氧控制，验证 GP-FNN 的有效性，实验结果与动态结构模糊神经网络[10]、改进型动态结构神经网络[14]、快速准确在线自组织模糊神经网络[15]、在线自组织最小方根模糊神经网络[16]以及基于遗传算法的自组织模糊神经网络[18]进行比较。

在前三个应用中，为了充分体现 GP-FNN 的性能，利用平均百分比误差(APE)计算网络的精确度

$$\text{APE} = \frac{1}{N \times Q} \sum_{t=1}^{N} \sum_{i=1}^{Q} \frac{|y_i(t) - y_{di}(t)|}{|y_{di}(t)|} \times 100\% \tag{10-20}$$

其中，$y_i(t)$ 和 $y_{di}(t)$ 分别是 t 时刻第 i 个输出神经元的实际输出和期望输出，N 为样本总量，Q 为输出层神经元数。

10.4.1 非线性系统建模

式(10-21)给出了一个典型的非线性系统，该系统经常用于检测模糊神经网络算法的有效性[10,14,15,16,18,21,22]。

$$y(t+1) = \frac{y(t)y(t-1)[y(t)+2.5]}{1+y^2(t)+y^2(t-1)} + u(t) \tag{10-21}$$

其中，$y(0)=0$，$y(1)=0$，$u(t)=\sin(2\pi t/25)$。

该模型可以用以下方式表示：

$$\hat{y}(t+1)=\hat{f}(y(t),y(t-1),u(t)) \tag{10-22}$$

在模糊神经网络中，其输入为$(y(t),y(t-1),u(t))$，输出为$\hat{y}(t+1)$，在训练过程中，选取式(10-22)在$t\in[0,400]$生成的样本用于训练，对$t\in[401,500]$生成的样本进行建模测试。GP-FNN 输入层神经元为 3 个，输出层为 1 个，初始 RBF 层与规则层的神经元分两种情况讨论：$P=2$(Case A. 1)和$P=12$(Case A. 2)，期望稳定均方根误差设为 0.01。

图 10-6 给出了 GP-FNN 训练过程中均方根误差的变化曲线(Case A. 1)，图 10-7给出了训练过程中 RBF 层神经元变化(Case A. 1)，图 10-8 给出了 GP-FNN最终模糊神经网络的隶属度函数(Case A. 1)。图 10-6 表明 GP-FNN 训练过程中 RMSE 能够较快的收敛到期望均方根误差值。结合图 10-8 显示的结果，GP-FNN 能够较快的调整模糊神经网络结构以达到信息处理的要求。

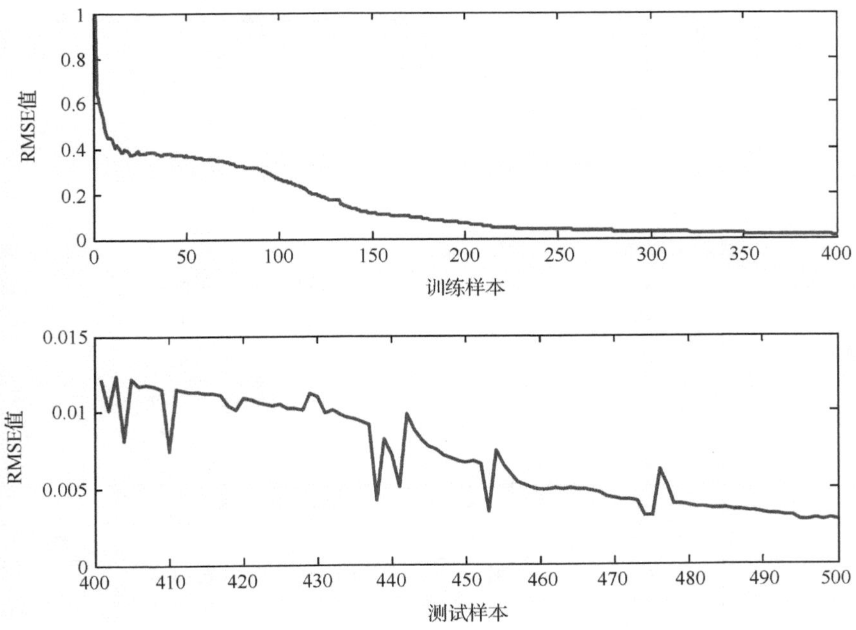

图 10-6　训练及测试 RMSE 值(Case A. 1)

利用 GP-FNN 对该非线性系统进行建模时，与其他自组织模糊神经网络比较的性能指标如下：RBF 层剩余神经元数、测试均方根误差、平均百分比误差、运行时间以及模糊神经网络参数总量；表 10-1 给出了它们详细比较结果。

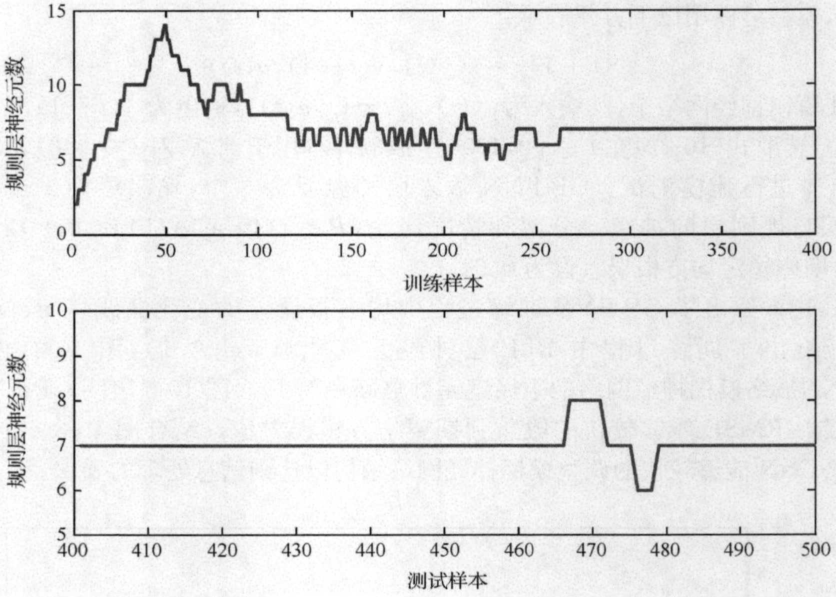

图 10-7　GP-FNN 结构调整过程(Case A. 1)

表 10-1　不同算法性能比较(经过 30 次独立训练取其平均值)

算法	Case A. 1:2 个初始 RBF 神经元				
	最终 RBF 神经元数	运行时间/s	测试 RMSE	测试 APE	最终参数总量
GP-FNN	**6**	**16.14**	**0.0107**	**0.0039**	**50**
DFNN	6	17.23	0.0283	0.0104*	48
GDFNN	8	18.12	0.0108	0.0040*	56
FAOS-PFNN	6	7.25	0.0252	0.0093	30
SOFMLS	6	16.22*	0.0290	0.0107*	48
SOFNNGA	4	63.31*	0.0146	0.0054*	34
算法	Case A. 2:12 个初始 RBF 神经元				
	最终 RBF 神经元数	运行时间/s	测试 RMSE	测试 APE	最终参数总量
GP-FNN	**6**	**32.01**	**0.0105**	**0.0039**	**50**
DFNN	6*	36.55*	0.0124*	0.0046*	50*
GDFNN	8*	42.33*	0.0105*	0.0039*	58*
FAOS-PFNN	7*	15.23*	0.0232*	0.0084*	35*
SOFMLS	6*	33.24*	0.0276*	0.0102*	48*
SOFNNGA	5*	91.01*	0.0138*	0.0051*	48*

* 在原始文章中不存在。

表 10-1 表明对于该非线性系统的建模,GP-FNN 不但最终网络结构最紧凑,而且其性能较之其他自组织模糊神经网络更好,GP-FNN 最终网络的结构不受初

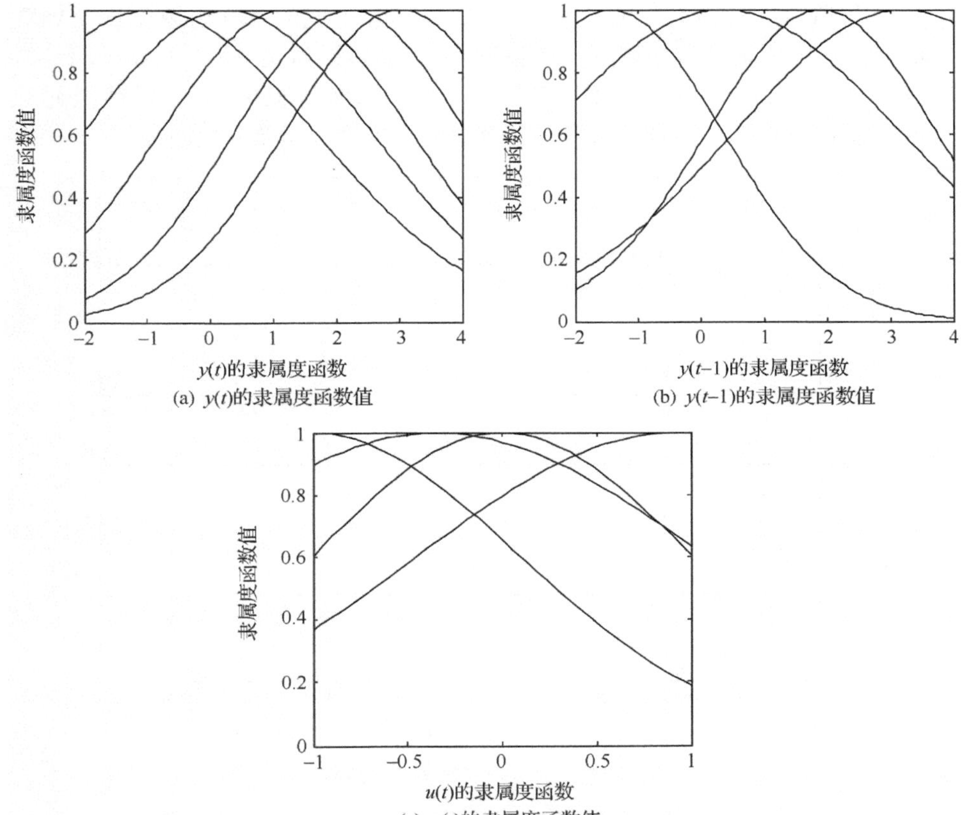

(a) y(t)的隶属度函数值
(b) y(t−1)的隶属度函数值
(c) u(t)的隶属度函数值

图 10-8　GP-FNN 隶属度函数(Case A. 1)

始结构的影响，能够根据研究对象在线调整网络的结构，达到模糊神经网络在线自组织的目的。

10.4.2　Mackey-Glass 时间序列系统预测

Mackey-Glass 混沌时间序列预测是模糊神经网络计算处理的一个典型基准问题[10,14,15,18,21,25]，其离散表达式为

$$x(t+1)=(1-a)x(t)+\frac{bx(t-\tau)}{1+x^{10}(t-\tau)} \tag{10-23}$$

其中，$a=0.1$，$b=0.2$，$\tau=17$，并且初始状态是 $x(0)=1.2$；需要根据 $\{x(t),x(t-\Delta t),y,x(t-(\check{n}-1)\Delta t)\}$ 预测 $x(t+\hat{H})$ 的状态，$\hat{H}=\Delta t=6$ 并且 $\check{n}=4$，预测模型又可以描述为以下形式：

$$x(t+\hat{H})=\bar{f}(x(t),x(t-6),x(t-12),x(t-18)) \tag{10-24}$$

在训练阶段，初始 $t=1$ 到 $t=500$ 由式(10-23)生成的 500 组数据用于训练，$t=501$ 到 $t=1000$ 的 500 组数据用于预测，训练期望误差是 0.01，初始 RBF 层神经元为 3 个；图 10-9 给出 GP-FNN 训练过程和预测过程中 RBF 层神经元数；图 10-10显示 GP-FNN 在训练过程和预测过程中均方根误差变化曲线。

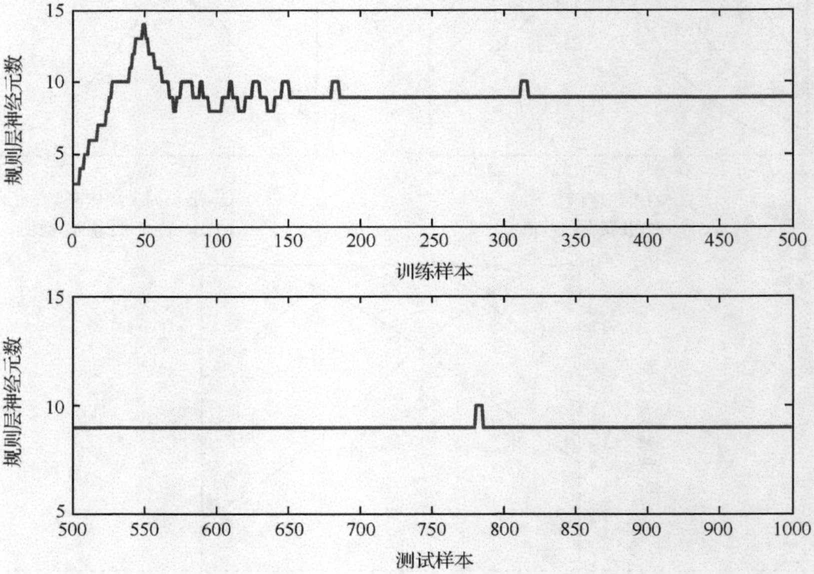

图 10-9　GP-FNN 结构调整过程

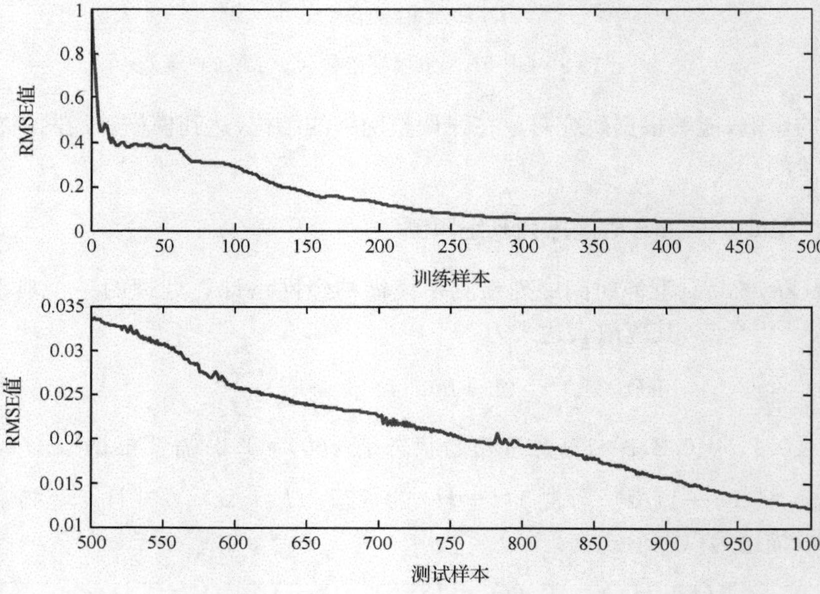

图 10-10　训练及测试 RMSE 值

对该系统的预测结果如图 10-11 所示，预测结果与实际结果之间的误差如图 10-12所示；GP-FNN 与其他自组织模糊神经网络性能比较如表 10-2 所示。

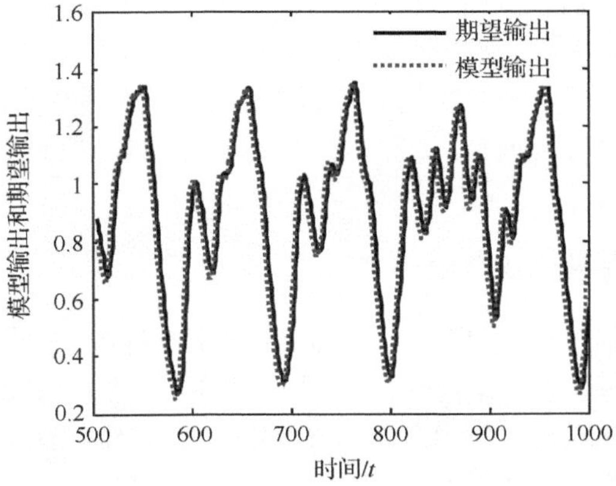

图 10-11　预测结果

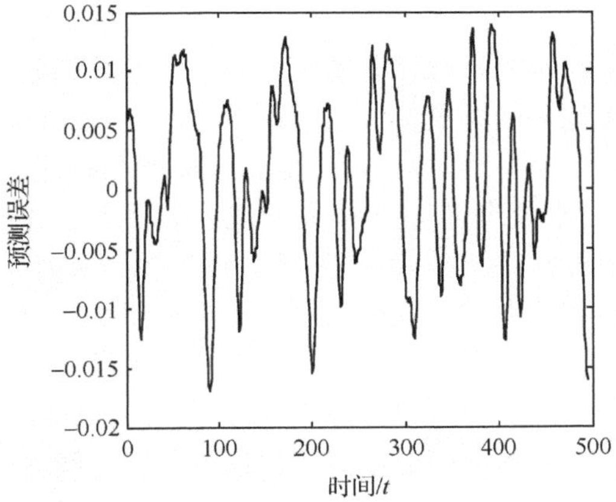

图 10-12　预测误差

表 10-2　不同算法性能比较(经过 30 次独立训练取其平均值)

算法	3 个初始 RBF 神经元			
	最终 RBF 神经元数	运行时间/s	测试 RMSE	测试 APE
GP-FNN	**9**	**56.14**	**0.0107**	**0.0076**
DFNN	7	92.23	0.0131	0.0093*
GDFNN	11	87.12	0.0118	0.0084*
FAOS-PFNN	11	18.18	0.0127	0.0090*
SOFMLS	7	52.35*	0.0471	0.0335*
SOFNNGA	7	168.35*	0.0132	0.0094*

* 在原始文章中不存在。

图 10-9 和图 10-10 表明 GP-FNN 不但能够实现模糊神经网络结构在线调整，而且通过结构调整和参数学习 GP-FNN 的性能得到提高，能够较好的对 Mackey-Glass 混沌时间序列进行预测。图 10-11 和图 10-12 表明 GP-FNN 具有较高的预测精度。

表 10-2 显示：GP-FNN 测试均方根误差(RMSE)和平均百分比误差(APE)均小于其他自组织模糊神经网络，虽然运行时间不是最短，但是具有最好的预测能力和最紧凑的网络结构。

10.4.3 污水处理关键水质参数预测

污水处理的控制目标就是使出水达到国家排放标准(如 GB18918)，主要涉及的参数有生化需氧量、化学需氧量、悬浮物、氨氮、总氮和总磷等。其中水质参数 BOD 和 COD 是指在规定时间内分解单位有机物所需要的氧量，不能在线测量，直接导致污水处理过程难以实现闭环控制。另外，污水中污染物的数量多、含量各异，对检测是一大挑战。因此，需要研究新的测量方法解决过程参数的实时测量问题[44~49]。

由于活性污泥法污水处理过程非常复杂，机理模型只能反映出其部分动力学行为。为了更加准确地刻画系统特性，应该加强特征模型的研究。在污水处理系统控制中，经常会遇到“数据很丰富”，而“信息很贫乏”的情况。研究污水处理过程特征模型，分析影响污水处理过程控制、优化的主要因素。通过对污水处理实际数据聚类、回归、挖掘等办法，从众多可控参量中确定特征参量，建立可用于实时控制的特征模型。特征模型建立的原则是可以反映出控制变量与出水指标之间蕴含关系，模型结构尽可能简单，易于工程实现。模型的一个最关键的特征就是能对污水处理厂的行为进行预测[50~55]。因此，必须考虑预测的量程问题，对于不同的目的，预测的范围也不同。有些水质指标不需要快速的预测时间。而有些则需要进行即使处理，即在短时间内预测出相关参数，比如预测丝状菌引起的污泥膨胀，这种膨胀发生率是相当高的。此外，对于大型污水处理厂，日进水量达数十万吨，然而受水质指标测定仪表和测定方法的限制，某些关键的出水水质指标不能很快获得，以 COD 为例，实验测定大约需要 3h 才能获得结果。对于依据处理后的水质指标做出操作决断来说，有必要提前预知处理后的污水水质指标情况，以便及时调整运行参数，使系统处于最佳的运行状态，发挥最大的处理效能[56~59]。

BOD、COD 等关键水质参数无法实时测量，而作为控制目标又必须实时提供这些水质参数值。为解决 BOD、COD 等实时获得的问题，需要深入分析排放指标 BOD、COD 等与污水处理过程中其他可测参数之间的关系，基于书中提出的 GP-FNN，对其进行预测。

选取北京市某污水处理厂 2006 年全年数据进行仿真，在提出不正常数据后，还剩余 9520 组数据，其中，10 月到 12 月间的 3520 组数据用于测试，其他 1 月到 9 月间的 7000 组数据用于训练；初始 RBF 层神经元为 4 个。

仿真结果如图 10-13 和图 10-14 所示，图 10-13 给出了 GP-FNN 训练过程中 RBF 层神经元的变化，图 10-14 给出了 BOD 预测结果以及预测误差，COD 的预测结果和预测误差如图 10-14；表 10-3 给出了 GP-FNN 与其他 COD 和 BOD 预测模型的性能比较。

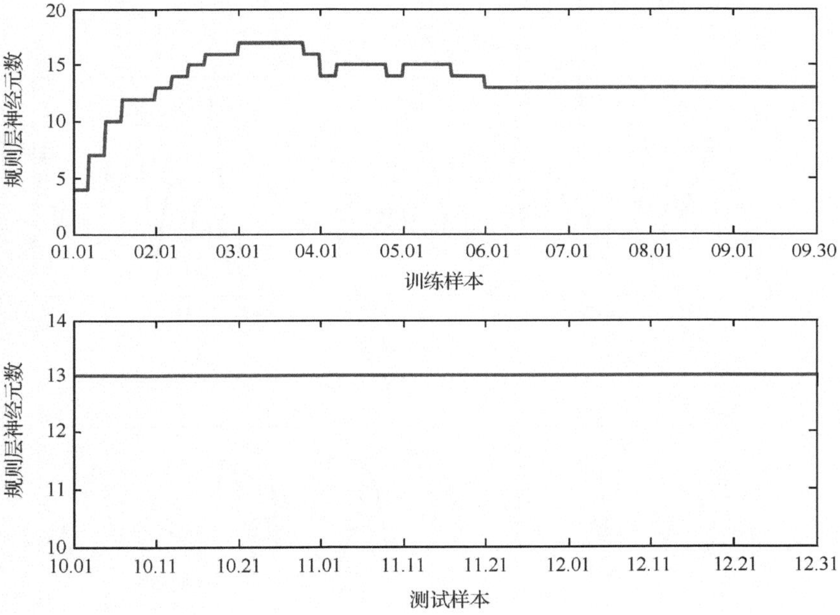

图 10-13　GP-FNN 结构调整过程

表 10-3　不同算法性能比较(经过 20 次独立训练取其平均值)

预测量	算法	隐含层神经元	测试 MSE	测试 APE	准确率/%	
					最小	最大
BOD	**GP-FNN**	**9**	**0.3038**	**0.0132**	**97.19**	**98.81**
	ANNs[60]	50	0.5378	0.0233*	92.66*	94.71
	Bayesian Approach[61]	—	0.8427	0.0366*	90.15*	94.32
	MLP[62]	50	0.8191	0.0356*	93.48*	95.52
COD	**GP-FNN**	**8**	**0.4511**	**0.0136**	**97.51**	**98.70**
	ANNs[60]	50	1.2011	0.0363*	86.21*	95.30
	Bayesian Approach[61]	—	1.1205	0.0340*	89.32*	94.34
	MLP[62]	50	1.0024	0.0303*	93.01*	96.24

注：— 没有意义 (Bayesian Approach 不是网络结构)。

* 在原始文章中不存在。

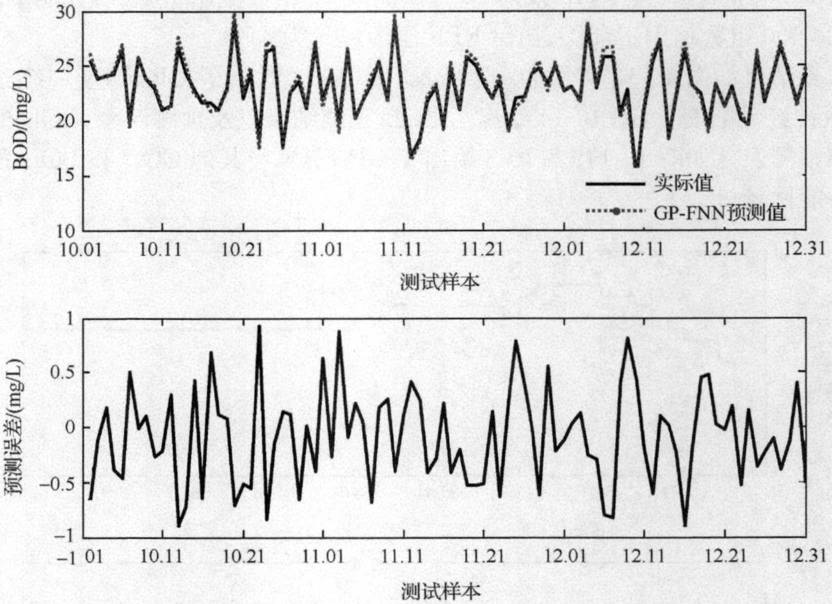

(a) BOD预测结果及误差

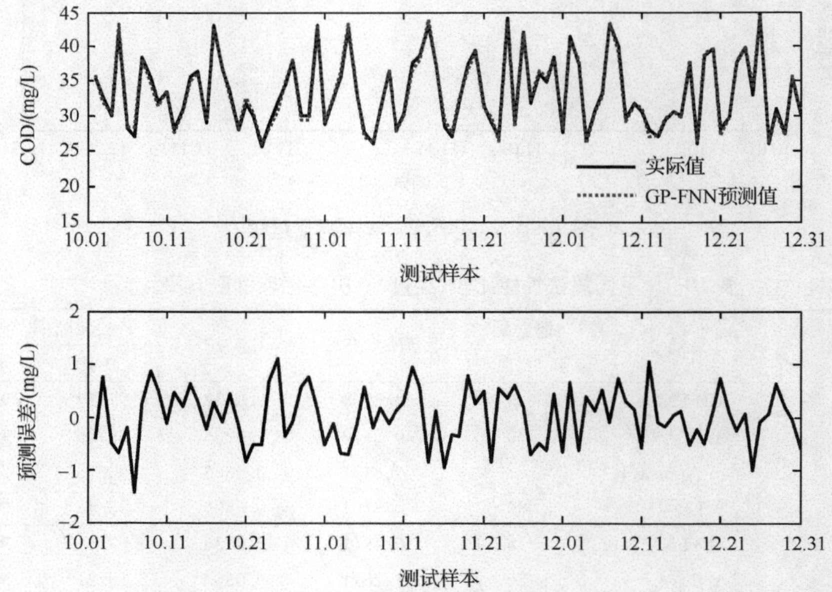

(b) COD预测结果及误差

图 10-14　BOD 和 COD 预测结果及误差

图 10-13 显示最终 RBF 层神经元是 13 个(9 个与 BOD 输出神经元相连,4 个与 COD 输出神经元相连),图 10-14 表明 GP-FNN 能够很好预测 BOD 和 COD 的值。

表 10-3 证明 GP-FNN 较之于其他方法更有效,并进一步说明利用变量 MLSS,PH,Oil,TCN 和 NH_3-N 能够预测出 COD 和 BOD 的值,为污水处理过程闭环控制提供了条件。

10.4.4　污水处理过程溶解氧控制

在污水处理过程中,采用优化控制技术可以优化微生物生长环境,促进其新陈代谢,提高系统的可靠性和稳定性,同时也可以降低运行成本、保证出水质量符合排放标准。污水处理过程控制系统是多变量控制系统,需要同时控制溶解氧浓度、污泥浓度、污泥龄、化学药剂量等。该系统特点体现在:第一,污水处理生化反应过程复杂,过程参数随时间呈现动态变化,系统具有明显不确定性和时变特性。第二,从“厌氧”反硝化脱氮到“好氧”硝化去除氨氮的过程需要较长时间,从开始曝气到曝气池内溶解氧浓度变化,系统均存在大时滞。第三,随着进水流量、污水浓度、天气和气温等条件变化,污水处理系统经常受到这些不同类型干扰(如脉冲、阶跃、斜坡和周期干扰)的影响[63~66]。因此,需要研究不确定、时变、时滞系统的控制方法,解决污水处理系统控制问题[67~70]。

污水处理系统负荷扰动大,不确定性干扰严重,系统多运行于非平稳状态。对于这样复杂的控制系统,即使是其中单个变量的控制,也体现出滞后、不确定、强非线性等特点。溶解氧浓度是目前污水处理过程中最重要的控制变量,而且 DO 也是活性污泥法污水处理运行操作的最重要的关键变量。活性污泥法污水处理重要的措施之一就是向曝气池中的混合液注入适当的氧量,以维持一定浓度的溶解氧,并利用污泥中好氧菌的生命活动分解掉污水中的有机污染物,达到净水的目的。当溶解氧不足或过量时都会导致污泥生存环境恶化:氧气不足时,会引起好氧菌的生长速率降低,使得出水水质下降;而当氧气过量时则会因为絮凝剂遭到破坏,导致悬浮固体沉降性变差,同时由于提供压缩空气导致了大量的能量消耗,所以它明显的增加了污水处理厂的运行操作费用。因此,溶解氧浓度是污水处理过程中的主要影响因素[71~75]。由于 GP-FNN 具有非常好的自适应能力和非线性逼近能力,且污水生化反应时间缓慢,书中采用基于 GP-FNN 的控制方法解决污水处理过程中的操作变量控制问题。

污水处理过程模型基于国际水协废水生物处理设计与运行数学模型课题组提出的活性污泥 1 号模型(ASM1)[76],污水处理过程的简化过程如图 10-15 所示。

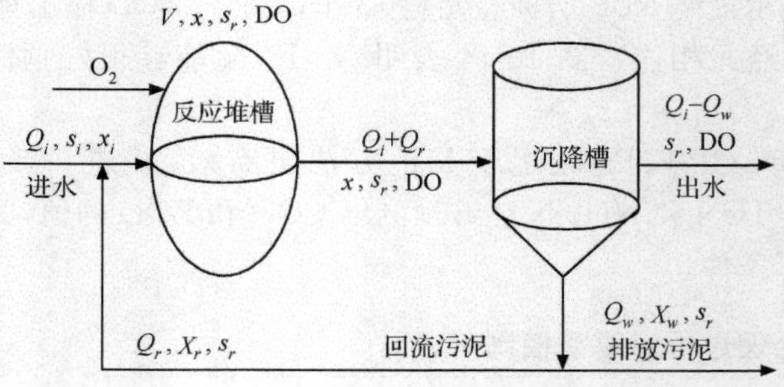

图 10-15 活性污泥法污水处理过程

根据物料平衡关系,可得到下面模型[77]

$$\begin{cases}\dfrac{\mathrm{d}X}{\mathrm{d}t}=\dfrac{Q}{V}X_i-\dfrac{Q_w}{V}CX+\hat{\mu}\dfrac{SX}{K_s+S}\dfrac{O}{K_o+O}-K_dX\\ \dfrac{\mathrm{d}S}{\mathrm{d}t}=-\dfrac{\hat{\mu}}{Y}\dfrac{SX}{K_s+S}\dfrac{O}{K_o+O}+\dfrac{Q}{V}(S_i-S)\\ \dfrac{\mathrm{d}O}{\mathrm{d}t}=-\hat{\mu}\dfrac{1-ff_xY}{fY}\dfrac{SX}{K_s+S}\dfrac{O}{K_o+O}-f_xK_dX+u\end{cases}\tag{10-25}$$

其中,$X(t)$为微生物浓度(g/m^3),$S(t)$为底物浓度(g/m^3),$O(t)$为溶解氧浓度(g/m^3),$\hat{\mu}$为微生物最大比增长速率(天$^{-1}$),X_i为进水微生物浓度(g/m^3),K_s为半速度常数(g/m^3),K_d为自衰减系数,C为二沉池污泥浓缩系数,Q_w为排出污泥流量(m^3/天),V为生物反应池容积(m^3),Q为进水流量(m^3/天),f为联系有机物与需氧量的因子,Y为产率系数,f_x为消耗因子,u为曝气量[g/(m^3·天)]。

根据污水处理厂的实际情况,状态方程(10-25)中的参数是在一定的范围内变动的,属于不确定参数有界系统。其上下界为

$$\begin{gathered}u_H-k_d-\frac{CQ_W}{V}\in[\beta_{1\min},\beta_{1\max}]\\ \frac{u_H}{Y_{NH}}\in[\beta_{2\min},\beta_{2\max}]\\ \frac{Q}{V}\in[\beta_{3\min},\beta_{3\max}]\\ \frac{u_H(1-\eta f_{x_1}Y_{NH})+\eta f_{x_1}Y_{NH}k_d}{\eta Y_{NH}}\in[\beta_{4\min},\beta_{4\max}]\\ \bar{q}=\frac{QS_i}{V}\in[\beta_{5\min},\beta_{5\max}]\end{gathered}\tag{10-26}$$

在研究的过程中以某二级处理能力的污水处理厂为例,该污水处理厂的日污水处理能力为 2×10^4 m^3/天。根据污水处理厂的性质及动力学参数,确定该污水处理厂污水系统(10-25)中各参数的上、下界值如下式:

$$
\begin{aligned}
[\beta_{1\min}, \beta_{1\max}] &= [2.9495, \quad 5.9495] \\
[\beta_{2\min}, \beta_{2\max}] &= [9.0634, \quad 18.1296] \\
[\beta_{3\min}, \beta_{3\max}] &= [10.05, \quad 6.05] \\
[\beta_{4\min}, \beta_{4\max}] &= [4.9364, \quad 9.9436] \\
[\beta_{5\min}, \beta_{5\max}] &= [0.012, \quad 0.142]
\end{aligned} \tag{10-27}
$$

利用 GP-FNN 对污水处理过程 DO 浓度进行跟踪控制，以溶解氧的误差 $e(t)=y_d(t)-y(t)$ 及误差变化率 $ec(t)=e(t)-e(t-1)$ 量化后的值作为输入量，$y_d(t)$ 和 $y(t)$ 分别是 t 时刻 DO 设定值和网络输出值。定义控制误差为

$$\text{Error}(t) = |y(t) - y_d(t)|^2 \tag{10-28}$$

GP-FNN 初始 RBF 神经元为 10 个，期望均方根误差为 0.01，图 10-16 给出了控制结果图，控制误差曲线如图 10-17 所示，通过网络结构调整，最终 RBF 层神经元为 7 个，最终参数总量为 39 个；误差以及误差变化率的隶属度函数如图 10-18 所示，表 10-4 给出了 GP-FNN 与其他控制方法的控制性能比较。

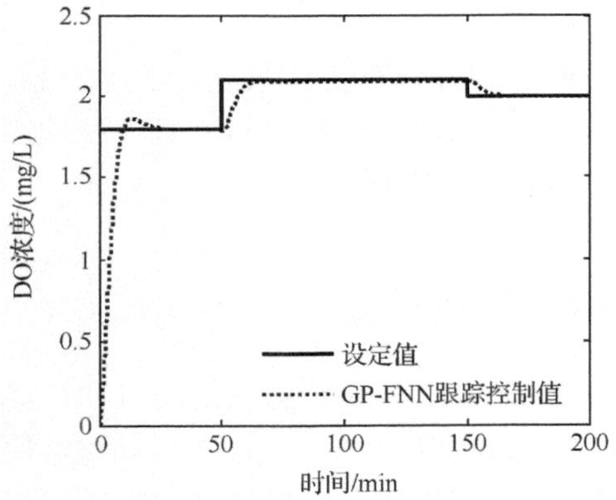

图 10-16　DO 浓度控制结果

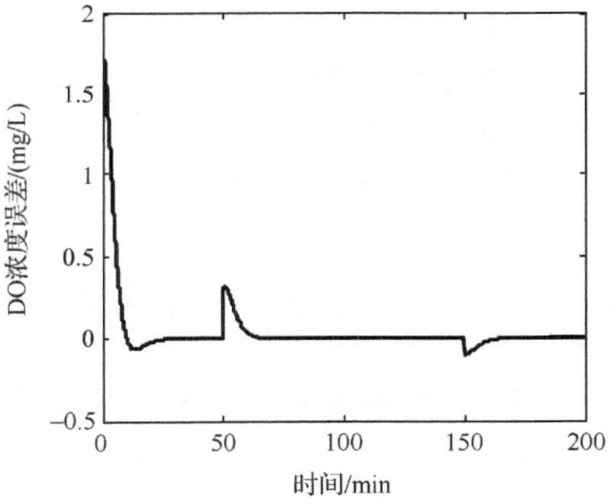

图 10-17　控制误差

表 10-4　不同算法性能比较

控制方法	误差/%	
	平均值	最大值
GP-FNN	**0.013(0.65)**	**0.102(5.10)**
BLS black-box-MPC[78]	0.028 (1.40)	0.346 (17.30)
Fuzzy[79]	0.045 (2.25)	0.380 (19.00)
HLMPC[80]	0.023 (1.15)	0.211 (10.55)

实验研究结果显示：输入量初始设定的控制器结构已经被调整，所设计的 GP-FNN 控制器对 DO 浓度实现了快速、准确的跟踪控制，使 DO 浓度保持在适当水

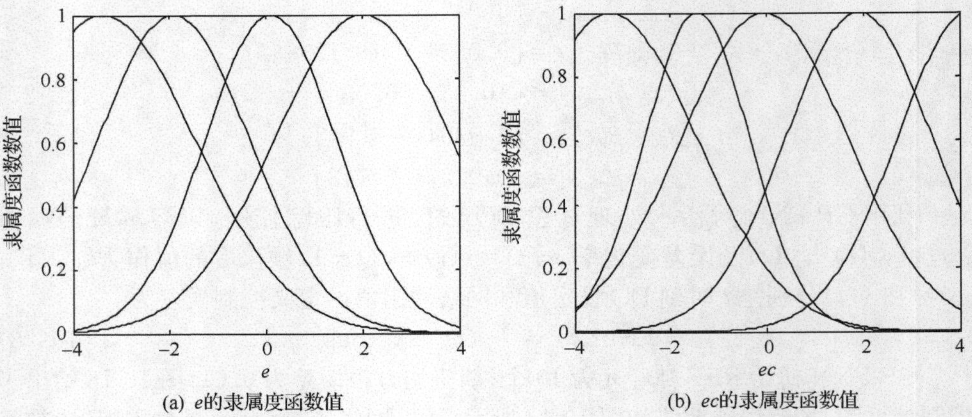

图 10-18　训练后输入变量(e 和 ec)隶属度函数

平范围之内，而传统的固定结构模糊控制和预测控制，则无法对具有时变性、强干扰的污水系统进行有效控制。

实验结果表明，基于 GP-FNN 的控制器能够很好地对溶解氧进行实时控制，具有较短的调节时间，较小的超调量，最终 GP-FNN 结构比较简单，并且在后续实验结果发现该控制器能够减小整个污水处理过程中的能耗。

10.5　本章小结

模糊神经网络结合了模糊算法善于利用经验知识、推理能力强的特点和神经网络算法的自学习和自适应的功能，得到了广泛的应用，但至今仍缺乏对网络结构的设计方法。为了解决模糊神经网络结构优化设计的问题，基于神经网络敏感度分析，提出一种增长修剪型自组织神经网络，通过对非线性系统的建模、Mackey-Glass 时间序列系统预测、污水处理关键水质参数预测和污水处理过程溶解氧控制，验证了 GP-FNN 的性能，得到以下结论：

(1) 针对模糊神经网络结构无法在线调整的问题，基于神经网络敏感度分析和改进型最小二乘算法，研究模糊神经网络结构动态优化设计方法，获得一套模糊神经网络结构动态调整的演化机制和实时优化学习算法——增长修剪型自组织神经网络。GP-FNN 在确保神经网络系统运行稳定的前提下，使得模糊神经网络能够根据承担任务的需要自动地调整网络结构(即增加或删减神经元)，从而提高模糊神经网络的自组织、自适应能力。

(2) 对非线性系统建模和污水处理过程关键水质参数预测的结果显示，GP-RBF 能够平稳地获取合适隐含层神经元，从而获得合适模糊规则，最终网络结构简单，性能较好。非线性系统建模和污水处理过程关键水质参数预测结果充分证明：在相同的初始条件下，GP-FNN 训练时间较短，结构最紧凑，所需存储空间最小。另外，GP-FNN 对非线性系统建模和污水处理过程关键水质参数预测时具有较强的非线性处理能力，基于 GP-FNN 的 BOD 在线预测软测量模型的实现，便于开发 BOD 虚拟测量仪，在污水处理过程中推广应用。

(3) 利用 GP-FNN 对 Mackey-Glass 时间序列系统预测结果显示，GP-FNN 在处理非线性预测任务时，同样具备较好的性能，在与 MRAN、GGAP-RBF 以及 SORBF 的性能比较中各项指标基本都占优势，进一步证明了 GP-FNN 的优越性能；基于 GP-FNN 的非线性系统建模结果又进一步推动了模糊神经网络的应用，促进了模糊神经网络发展。

(4) 基于自组织模糊神经网络，设计了一种用于控制污水处理过程中溶解氧的控制器，通过对污水处理系统模型进行仿真实验，得到了良好的控制效果。自组织模糊神经网络根据对象性能变化实现结构优化，解决了模糊神经网络控制器中神经网络结构固定的问题；基于模糊神经网络的控制器控制精度高、超调量小、调节时间短、静态误差小，当控制目标值改变时该控制器有较强的自适应能力；自组织模糊神经网络在节能方面具有较强的潜力，为污水处理过程中溶解氧浓度的控制提供了一种有效的控制方法。同时，该模糊神经网络控制器对其他非线性、大滞后复杂系统控制也有很好的借鉴作用。

通过以上分析不难看出本章提出的这种 GP-FNN 具有较好的结构自组织和参数自学习能力，适用于非线性系统的建模和控制，为复杂系统的建模和控制提供一种行之有效的智能方法。

参考文献

[1] Chen C S. Robust self-organizing neural-fuzzy control with uncertainty observer for MIMO nonlinear systems. IEEE Transactions on Fuzzy Systems, 2011, 19(4): 694-706.

[2] Juang C F, Chen T C, Cheng W Y. Speedup of implementing fuzzy neural networks with high-dimensional inputs through parallel processing on graphic processing units. IEEE Transactions on Fuzzy Systems, 2011, 19(4): 717-728.

[3] Chen Z F, Aghakhani S, Man J, et al. Ancfis: a neurofuzzy architecture employing complex fuzzy sets. IEEE Transactions on Fuzzy Systems, 2011, 19(2): 305-323.

[4] Tung S W, Quek C, Guan C. SaFIN: a self-adaptive fuzzy inference network. IEEE Transactions on Neural Networks, 2011, 22(12): 1928-1939.

[5] Luis D, Tetsuko K, Ichiro H, et al. Neuro-fuzzy quantification of personal perceptions of facial images based on a limited data set. IEEE Transactions on Neural Networks, 2011, 22(12): 2422-2434.

[6] Zhang H G, Liu J H, Ma D Z, et al. Data-core-based fuzzy min-max neural network for pattern classification. IEEE Transactions on Neural Networks, 2011, 22(12): 2339-2352.

[7] Yeh C Y, Jeng W H R, Lee S J. Data-based system modeling using a type-2 fuzzy neural network with a

hybrid learning algorithm. IEEE Transactions on Neural Networks,2011,22(12): 2296-2309.
[8] Roh S B,Oh S K,Pedrycz W. Design of fuzzy radial basis function-based polynomial neural networks. Fuzzy Sets and Systems,2011,185(1): 15-37.
[9] Lin C T, Lu Y C. A neural fuzzy system with fuzzy supervised learning. IEEE Transactions on Systems, Man,and Cybernetics,Part B: Cybernetics,1996,26(2): 744-763.
[10] Wu S, Er M J. Dynamic fuzzy neural networks—a novel approach to function approximation. IEEE Transactions on Systems,Man,Cybernetics-Part B: Cybernetics,2000,30(2): 358-364.
[11] Cho K B,Wang B H. Radial basis function based adaptive fuzzy systems and their applications to system identification and prediction. Fuzzy Sets and Systems,1996,83(3): 325-339.
[12] Juang C F, Lin C T. An on-line self-constructing neural fuzzy inference network and its applications. IEEE Transactions on Fuzzy Systems,1998,6(1): 12-32.
[13] Takagi T, Sugeno M. Fuzzy identification of systems and its applications to modeling and control. IEEE Transactions on Systems Man Cybernetics,1985,SMC-15(1): 116-132.
[14] Wu S Q,Er M J,Gao Y. A fast approach for automatic generation of fuzzy rules by generalized dynamic fuzzy neural networks. IEEE Transactions on Fuzzy Systems,2001,9(4): 578-594.
[15] Wang N,Er M J, Meng X Y. A fast and accurate online self-organizing scheme for parsimonious fuzzy neural networks. Neurocomputing,2009,72(16-18): 3818-3829.
[16] Rubio J D J. Sofmls: online self-organizing fuzzy modified least- squares network. IEEE Transactions on Fuzzy Systems,2009,17(6): 1296-1309.
[17] Shi Y,Eberhart R, Chen Y. Implementation of evolutionary fuzzy systems. IEEE Transactions on Fuzzy Systems,1999,7(1): 109-119.
[18] Leng G,McGinnity T M, Prasad G. Design for self-organizing fuzzy neural networks based on genetic algorithms. IEEE Transactions on Fuzzy Systems,2006,14(6): 755-761.
[19] Alcalá-Fdez J,Alcalá R,Gacto M J,et al. Learning the membership function contexts for mining fuzzy association rules by using genetic algorithms. Fuzzy Sets and Systems,2009,160(7): 905-921.
[20] Suykens J A K, Vandewalle J. Least squares support vector machine classifiers. Neural Processing Letters,1999,9(3): 293-300.
[21] Juang C F,Chiu S H, Chang S W. A self-organizing TS-Type fuzzy network with support vector learning and its application to classification problems. IEEE Transactions on Fuzzy Systems,2007,15(5): 998-1008.
[22] Chiang J H, Hao P Y. Support vector learning mechanism for fuzzy rule-based modeling: a new approach. IEEE Transactions on Fuzzy Systems,2004,12(1): 1-12.
[23] Juang C F, Shiu S J. Using self-organizing fuzzy network with support vector learning for face detection in color images. Neurocomputing,2008,71(16-18): 3409- 3420.
[24] Lin C T,Yeh C M,Liang S F,et al. Support-vector-based fuzzy neural network for pattern classification. IEEE Transactions on Fuzzy Systems,2006,14(1): 31-41.
[25] Kasabov N K, Song Q. Denfls: dynamic evolving neural-fuzzy inference system and its application for time-series prediction. IEEE Transactions on Fuzzy Systems,2002,10(2): 144-154.
[26] Leng G,McGinnity T, Prasad G. An approach for on-line extraction of fuzzy rules using a self-organizing fuzzy neural network. Fuzzy Sets and Systems,2005,150(2): 211-243.
[27] Rong N S H J,Huang G B, Saratchandran P. Sequential adaptive fuzzy inference system (SAFIS) for

nonlinear system identification and prediction. Fuzzy Sets and Systems, 2006, 157(9): 1260-1275.

[28] Lughofer E D. Flexfls: a robust incremental learning approach for evolving takagi-sugeno fuzzy models. IEEE Transactions on Fuzzy Systems, 2008, 16(6): 1393-1410.

[29] Juang C F, Tsao Y W. A self-evolving interval type-2 fuzzy neural network with online structure and parameter learning. IEEE Transactions on Fuzzy Systems, 2008, 16(6): 1411-1424.

[30] Sankar K P, Rajat K D, Jayanta B. Unsupervised feature evaluation: a neuro-fuzzy approach. IEEE Transactions on Neural Networks, 2000, 11(2): 366-376.

[31] Zadeh L A. Outline of a new approach to the analysis of complex systems and decision processes. IEEE Transactions on Systems, Man and Cybernetics, 1973, SMC-3(1): 28-44.

[32] Yang T N, Wang S D. Fuzzy auto-associative neural networks for principal component extraction of noisy data. IEEE Transactions on Neural Networks, 2000, 11(3): 808-810.

[33] Shann J J, Fu H C. A fuzzy neural network for rule acquiring on fuzzy control systems. Fuzzy Sets and Systems, 1995, 71(3): 345-357.

[34] Li H X, Chen C L P. The equivalence between fuzzy logic systems and feedforward neural networks. IEEE Transactions on Neural Networks, 2000, 11(2): 356-365.

[35] Wang W Y, Chien Y H, Leu Y G, et al. Adaptive T-S fuzzy-neural modeling and control for general MIMO unknown nonaffine nonlinear systems using projection update laws. Automatica, 2010, 46(5): 852-863.

[36] Chen M, Linkens D A. A systematic neuro-fuzzy modeling framework with application to material property prediction. IEEE Transactions on Systems, Man, and Cybernetics, Part B: Cybernetics, 2001, 31(5): 781-790.

[37] Jandaghi G, Tehrani R, Hosseinpour D, et al. Application of fuzzy-neural networks in multi-ahead forecast of stock price. African Journal of Business Management, 2010, 6(4): 903-914.

[38] Fei X, He X, Luo J, et al. Fuzzy neural network based traffic prediction and congestion control in high-speed networks. Journal of Computer Science and Technology. 2000, 15(2): 144-149.

[39] Rubaai A, Ricketts D, Kankam M D. Development and implementation of an adaptive fuzzy-neural-network controller for brushless drives. IEEE Transactions on Industry Applications, 2002, 38(2): 441-447.

[40] Wang C, Liu H, Lin T. Direct adaptive fuzzy-neural control with state observer and supervisory controller for unknown nonlinear dynamical systems. IEEE Transactions on Fuzzy Systems, 2002, 10(1): 39-49.

[41] Wu S Q, Er M J. Dynamic fuzzy neural networks - a novel approach to function approximation. IEEE Transactions on Systems Man and Cybernetics Part B-Cybernetics, 2000, 30(2): 358-364.

[42] Wang L X, Mendel J M. Fuzzy basis functions, universal approximation, and orthogonal least-squares learning. IEEE Transactions on Neural Networks, 1992, 3(5): 807-814.

[43] Lu Y W, Sundararajan N, Saratchandran P. A sequential learning scheme for function approximation using minimal radial basis function neural networks. Neural Computation, 1997, 9(2): 461-478.

[44] Aziz J A, Tebbutt T H Y. Significance of cod, bod and toc correlations in kinetic models of biological oxidation. Water Research, 1980, 14(4): 319-324.

[45] Reynolds D M, Ahmad S R. Rapid and direct determination of wastewater bod values using a fluorescence technique. Water Research, 1997, 31(8): 2012-2018.

[46] Dasgupta P K, Petersen K. Kinetic approach to the measurement of chemical oxygen demand with an automated micro batch analyzer. Analytical Chemistry,1990,62(4): 395-402.

[47] Suárez J, Puertas J. Determination of cod,bod,and suspended solids loads during combined sewer overflow (cso) events in some combined catchments in spain. Ecological Engineering,2005,24(3): 199-217.

[48] Inoue T, Ebise S. Runoff characteristics of cod,bod,c,n and p loadings from rivers to enclosed coastal seas. Marine Pollution Bulletin,1991,23(0): 11-14.

[49] Rivett M O,Buss S R,Morgan P,et al. Nitrate attenuation in groundwater: a review of biogeochemical controlling processes. Water Research,2008,42(16): 4215-4232.

[50] Gernaey K V, van Loosdrecht M C M, Henze M, et al. Activated sludge wastewater treatment plant modelling and simulation: state of the art. Environmental Modelling & Software, 2004, 19 (9): 763-783.

[51] Vanhooren H,Meirlaen J,Amerlinck Y,et al. West: modelling biological wastewater treatment. Journal of Hydroinformatics,2003,5(1): 27-50.

[52] Côté M,Grandjean B P A,Lessard P,et al. Dynamic modelling of the activated sludge process: improving prediction using neural networks. Water Research,1995,29(4): 995-1004.

[53] Hamed M M,Khalafallah M G, Hassanien E A. Prediction of wastewater treatment plant performance using artificial neural networks. Environmental Modelling & Software,2004,19(10): 919-928.

[54] Tong R M,Beck M B, Latten A. Fuzzy control of the activated sludge wastewater treatment process. Automatica,1980,16(6): 695-701.

[55] Hanbay D,Turkoglu I, Demir Y. Prediction of wastewater treatment plant performance based on wavelet packet decomposition and neural networks. Expert Systems with Applications, 2008, 34 (2): 1038-1043.

[56] Steffens M A,Lant P A, Newell R B. A systematic approach for reducing complex biological wastewater treatment models. Water Research,1997,31(3): 590-606.

[57] Taylor M,Clarke W P, Greenfield P F. The treatment of domestic wastewater using small-scale vermicompost filter beds. Ecological Engineering,2003,21(2-3): 197-203.

[58] Grimvall A,Stålnacke P, Tonderski A. Time scales of nutrient losses from land to sea — a european perspective. Ecological Engineering,2000,14(4): 363-371.

[59] Bush A W, Cool A E. The effect of time delay and growth rate inhibition in the bacterial treatment of wastewater. Journal of Theoretical Biology,1976,63(2): 385-395.

[60] Akratos C S,Papaspyros J N E, Tsihrintzis V A. An artificial neural network model and design equations for BOD and COD removal prediction in horizontal subsurface flow constructed wetlands. Control Engineering Practice,2008,143(1-3): 96-110.

[61] Liu Y,Yang P J,Hu C,et al. Water quality modeling for load reduction under uncertainty: a bayesian approach. Water Research,2008,42(13): 3305-3314.

[62] Chandramouli V,Brion G,Neelakantan T R,et al. Backfilling missing microbial concentrations in a riverine database using artificial neural networks. Water Research,2007,41(1): 217-227.

[63] Nopens I,Batstone D J,Copp J B,et al. An ASM/ADM model interface for dynamic plant-wide simulation. Water Research,2009,43(7): 1913-1923.

[64] Liwarska-Bizukojc E, Biernacki R. Identification of the most sensitive parameters in the activated sludge model implemented in BioWin software. Bioresource Technology,2010,101(19): 7278-7285.

[65] Kim H, Noh S, Colosimo M. Modeling a bench-scale alternating aerobic/anoxic activated sludge system for nitrogen removal using a modified ASM1. Journal of Environmental Science and Health. Part A, Toxic/Hazardous Substances & Environmental Engineering, 2009, 44(8): 744-751.

[66] Kim Y S, Kim M H, Yoo C K. A new statistical framework for parameter subset selection and optimal parameter estimation in the activated sludge model. Journal of Hazardous Materials, 2010, 183(1-3): 441-447.

[67] Choi D, Park H. A hybrid artificial neural network as a software sensor for optimal control of a wastewater treatment process. Water Research, 2001, 35(16): 3959-3967.

[68] Manesis S A, Sapidis D J, King R E. Intelligent control of wastewater treatment plants. Artificial Intelligence in Engineering, 1998, 12(3): 275-281.

[69] Dochain D, Perrier M. Control design for nonlinear wastewater treatment processes. Water Science & Technology, 1994, 28(11-12): 283-293.

[70] Zeng G M, Qin X S, He L, et al. A neural network predictive control system for paper mill wastewater treatment. Engineering Applications of Artificial Intelligence, 2003, 16(2): 121-129.

[71] Holenda B, Domokos E, Redey A, et al. Dissolved oxygen control of the activated sludge wastewater treatment process using model predictive control. Computers and Chemical Engineering, 2008, 32(6): 1270-1278.

[72] Vazquez-Padin J R, Mosquera-Corral A, Campos J L, et al. Modelling aerobic granular SBR at variable COD/N ratios including accurate description of total solids concentration. Biochemical Engineering Journal, 2010, 49(2): 173-184.

[73] Marsili-Libelli S. Modelling and automation of water and wastewater treatment processes. Environmental Modelling & Software, 2010, 25(5): 613-615.

[74] Han H G, Qiao J F. Adaptive dissolved oxygen control based on dynamic structure neural network. Applied Soft Computing, 2011, 11(4): 3812-3820.

[75] Han H G, Qiao J F. A self-organizing fuzzy neural network based on a growing-and-pruning algorithm. IEEE Transactions on Fuzzy Systems, 2010, 18(6): 1129-1143.

[76] Henze M, Grady C P, Gujor W. Activated sludge model No. 1. International Association on Water Pollution Research and Control Scientific and Technical Reports. London, England, 1986.

[77] Chotkowski W, Brdys M A, Konarczak K. Dissolved oxygen control for activated sludge processes. International Journal of Systems Science, 2005, 36(12): 727-736.

[78] Ekman M. Bilinear black-box identification and MPC of the activated sludge process. Journal of Process Control, 2008, 18(7-8): 643-653.

[79] Traore A, Grieu S, Puig S, et al. Fuzzy control of dissolved oxygen in a sequencing batch reactor pilot plant. Chemical Engineering Journal, 2005, 111(1): 13-19.

[80] Piotrowski R, Brdys M A, Konarczak K, et al. Hierarchical dissolved oxygen control for activated sludge processes. Control Engineering Practice, 2008, 16(1): 114-131.

索引